David Joller

Escherichia coli F4 diarrhoea in pigs

David Joller

Escherichia coli F4 diarrhoea in pigs

Comparative molecular approaches to identify host determinants mediating adhesion of E. coli F4 strains in pigs

Südwestdeutscher Verlag für Hochschulschriften

Impressum/Imprint (nur für Deutschland/ only for Germany)
Bibliografische Information der Deutschen Nationalbibliothek: Die Deutsche Nationalbibliothek verzeichnet diese Publikation in der Deutschen Nationalbibliografie; detaillierte bibliografische Daten sind im Internet über http://dnb.d-nb.de abrufbar.

Alle in diesem Buch genannten Marken und Produktnamen unterliegen warenzeichen-, marken- oder patentrechtlichem Schutz bzw. sind Warenzeichen oder eingetragene Warenzeichen der jeweiligen Inhaber. Die Wiedergabe von Marken, Produktnamen, Gebrauchsnamen, Handelsnamen, Warenbezeichnungen u.s.w. in diesem Werk berechtigt auch ohne besondere Kennzeichnung nicht zu der Annahme, dass solche Namen im Sinne der Warenzeichen- und Markenschutzgesetzgebung als frei zu betrachten wären und daher von jedermann benutzt werden dürften.

Verlag: Südwestdeutscher Verlag für Hochschulschriften Aktiengesellschaft & Co. KG
Dudweiler Landstr. 99, 66123 Saarbrücken, Deutschland
Telefon +49 681 37 20 271-1, Telefax +49 681 37 20 271-0
Email: info@svh-verlag.de
Zugl.: Zürich, ETH, Diss., 2009

Herstellung in Deutschland:
Schaltungsdienst Lange o.H.G., Berlin
Books on Demand GmbH, Norderstedt
Reha GmbH, Saarbrücken
Amazon Distribution GmbH, Leipzig
ISBN: 978-3-8381-1483-5

Imprint (only for USA, GB)
Bibliographic information published by the Deutsche Nationalbibliothek: The Deutsche Nationalbibliothek lists this publication in the Deutsche Nationalbibliografie; detailed bibliographic data are available in the Internet at http://dnb.d-nb.de.

Any brand names and product names mentioned in this book are subject to trademark, brand or patent protection and are trademarks or registered trademarks of their respective holders. The use of brand names, product names, common names, trade names, product descriptions etc. even without a particular marking in this works is in no way to be construed to mean that such names may be regarded as unrestricted in respect of trademark and brand protection legislation and could thus be used by anyone.

Publisher: Südwestdeutscher Verlag für Hochschulschriften Aktiengesellschaft & Co. KG
Dudweiler Landstr. 99, 66123 Saarbrücken, Germany
Phone +49 681 37 20 271-1, Fax +49 681 37 20 271-0
Email: info@svh-verlag.de

Printed in the U.S.A.
Printed in the U.K. by (see last page)
ISBN: 978-3-8381-1483-5

Copyright © 2010 by the author and Südwestdeutscher Verlag für Hochschulschriften Aktiengesellschaft & Co. KG and licensors
All rights reserved. Saarbrücken 2010

Acknowledgements

I wish to thank Prof. Peter Vögeli, head of our group at the Institute of Animal Sciences, ETH Zurich, for giving me the opportunity to do this thesis in his group and for supervising my work.

I am very grateful to Prof. Hans Ulrich Bertschinger for taking over the co-examination of my thesis and reviewing the manuscript. I specially thank for his precious work in phenotyping of the intestinal samples.

Sincere thanks go as well to Dr. Claus B. Jørgensen for taking over the second co-examination of my thesis. The collaboration in the *E. coli* F4 project of his group at the University of Copenhagen and our group was a great help for this project.

I thank Dr. Esther Bürgi from the Faculty of Veterinary Medicine, Vetsuisse Faculty, University of Zurich, for taking care of the pigs and for managing piggery and slaughtering. Thanks as well to Esthers (former) PhD students Dr. Claudia Stannarius, Madeleine Baumgartner and Sandra Welti and all the people that were involved in this project. I thank Dr. Benjamin Bucher for his professional support through the last 10 years.

Thanks to all the people from our group:

- Prof. em. Gerald Stranzinger, the former head of the breeding biology group,

- the floor and lab mate PhD student Monika Haubitz for her support and the interesting conversations,

- Benita Pineroli for the technical and personal assistance,

- Dr. Markus Schneeberger for the support in statistics,

- Dr. Claude Schelling, Dr. Hannes Jörg, Dr. Stefan Neuenschwander, for their advice and for sharing their experience,

- Dr. Michael Goe for his English corrections,

- Dr. Aldona Pienkowska-Schelling,

- Dr. Johannes Kaiser,

- PhD student Bruno Dietrich,

Acknowledgements

- Gerda Bärtschi and Elisabeth Wenk for keeping alive the house,
- Dr. Christian Hagger for the introduction to CRIMAP,
- Kathelijne Wüthrich, Susanna Beerli, Antonia Frei and Dagmar Steiger, for their former work in lab and office,
- Agnieszka Wengi-Piasecka for taking time to show me the molecular methods in the lab,
- Dr. Mika Asai Coakwell, Dr. Sem Genini, Dr. Dasha Graphodatskaya, Dr. Frédéric Ménétrey,
- the student apprentices, specially Daniela Stütz and Thanh Trung Nguyen,
- the veterinary PhD students that were coming and going,
- Prof. Peter Wild, Institutes of Veterinary Anatomy and Virology, University of Zurich, for the picture of *E. coli* F4.

Many thanks go to my family, the Agrotreff (Dr. Bruno Studer, Dr. Pascal L. Zaffarano, Claudio von Felten, Michael Dubach), the friends from Scouts of Buochs, of the Kantonalverband Unterwalden, of the Verband Katholischer Pfadi VKP, and the friends from the Musikverein Buochs, especially Sophie Sax, for supporting me.

I wish Antonio Rampoldi that he may have the luck to bring this project to a favourable issue.

This project was financed by the Swiss National Science Foundation (no. 3100A0-102094) the ETH Zurich and the SUISAG (Dr. Andreas Hofer).

Contents

Acknowledgements   v

Notation   xi

Summary   xv

Zusammenfassung   xvii

1. **Introduction**   1
   - 1.1. *Escherichia coli* diarrhoea 1
     - 1.1.1. F4 fimbriae 1
     - 1.1.2. F4 enterotoxins 2
   - 1.2. Prevalence of *E. coli* F4 and F18 diarrhoea 4
     - 1.2.1. *E. coli* F4 prevalence 5
     - 1.2.2. *E. coli* F4ac susceptibility among breeds 5
   - 1.3. F4 receptors in pigs 6
     - 1.3.1. Determination of the F4 phenotype 6
     - 1.3.2. F4ab/F4ac inheritance 7
     - 1.3.3. F4ad inheritance 7
     - 1.3.4. Genetic mapping of *F4bcR* 8
   - 1.4. Intestinal host receptor proteins 10
   - 1.5. Measures against F4 diarrhoea 10
     - 1.5.1. Antibiotics 11
     - 1.5.2. Immunisation 11
     - 1.5.3. Feed measures 12
   - 1.6. Candidate genes for *F4bcR* 13
     - 1.6.1. *MUC4* 13
     - 1.6.2. *TNK2* 14
     - 1.6.3. *C3orf21* 14
     - 1.6.4. *CLDN1* 15
     - 1.6.5. *ST6GAL1* 15
   - 1.7. Objectives of the study 16

2. **Materials and Methods**   17
   - 2.1. Pigs 17

Contents

- 2.2. Determination of the phenotype 18
  - 2.2.1. Preparation of bacterial strains 18
  - 2.2.2. Sampling of intestinal tissues 18
  - 2.2.3. Purification of enterocytes 19
  - 2.2.4. Microscopic adhesion test 19
  - 2.2.5. Enterocytes for adhesion control 21
- 2.3. DNA methods 21
  - 2.3.1. DNA extraction from blood 21
  - 2.3.2. Polymerase chain reaction 22
  - 2.3.3. Agarose gel electrophoresis 22
  - 2.3.4. Genescan analysis 24
  - 2.3.5. PCR restriction 24
  - 2.3.6. PCR purification and sequencing 24
- 2.4. RNA methods 26
  - 2.4.1. RNA extraction 26
  - 2.4.2. RNA quantification 27
  - 2.4.3. Reverse transcription-PCR 27
  - 2.4.4. PCR and sequencing 27
- 2.5. Computational methods 28
  - 2.5.1. Linkage analysis 28
  - 2.5.2. Statistics of F4ad adhesion 28
  - 2.5.3. *In silico* mapping 28

3. Results   31
- 3.1. *E. coli* F4 adhesion to enterocytes 31
  - 3.1.1. Phenotypes of the experimental herd pigs 31
  - 3.1.2. Phenotypes of the Swiss performing station pigs 34
- 3.2. F4ab/F4ac receptor position on SSC13 34
  - 3.2.1. Physical mapping of markers 38
- 3.3. Sequencing of candidate genes 39
  - 3.3.1. *MUC4* 39
  - 3.3.2. *TNK2* 39
  - 3.3.3. *C3orf21* 39
  - 3.3.4. *CLDN1* 39
  - 3.3.5. *ST6GAL1* 40
- 3.4. Sequence variants in *MUC4* and *TNK2* 40
  - 3.4.1. Sequence variants in *MUC4* 40
  - 3.4.2. Sequence variants in *TNK2* 40
- 3.5. *MUC4* g.8227C>G polymorphism as a marker for F4ac susceptibility and resistance 49
- 3.6. *MUC4* and *TNK2* haplotypes 50
- 3.7. F4ad susceptibility 54

	3.7.1.	F4ad adhesion of repeated matings	54
	3.7.2.	Influence of intestinal contents on F4ad adhesion	54
	3.7.3.	Threshold of 60% for F4ad susceptibility	58
	3.7.4.	Offspring of phenotyped parents	59
	3.7.5.	Repeated intestinal biopsies	62

4. Discussion   **65**
- 4.1. *E. coli* F4 adhesion 65
  - 4.1.1. Adhesion phenotypes 65
  - 4.1.2. Strong F4ab/F4ac adhesion 65
  - 4.1.3. Weak F4ab adhesion 66
  - 4.1.4. F4ac adhesion differences between breeds 66
- 4.2. F4ab/F4ac mapping on SSC13 67
  - 4.2.1. Sequence variants in candidate genes 69
  - 4.2.2. Discordance between *F4bcR* and *MUC4* g.8227C>G 71
- 4.3. Inheritance of F4ad susceptibility 72
  - 4.3.1. Ambiguous F4ad adhesion 72
  - 4.3.2. Application of an alternative F4ad threshold 74
  - 4.3.3. Genetic impact on F4ad susceptibility 74
  - 4.3.4. Age related expression of F4ad receptor 75
  - 4.3.5. Other influences on F4ad adhesion 76
- 4.4. Conclusions and perspectives 76

Bibliography   **79**

List of Figures   **95**

List of Tables   **97**

Appendix   **99**

A. Appendix   **101**

Notation

Abbreviations

Abbreviation	Description
A,T,G,C	Adenine, thymine, guanine, cytosine
ADP	Adenosine diphosphate
BAC	Bacterial artificial chromosome
bp	Base pair
cAMP	Cyclic adenosine monophosphate
cDNA	Complementary Deoxyribonucleic acid
cGMP	Cyclic guanosine monophosphate
ddH$_2$O	Double destilled water
del	Deletion of a nucleotide
delins	Deletion and insertion of a nucleotide
df	Degree of freedom
DNA	Deoxyribonucleic acid
dNTP	Deoxynucleotide triphosphate
EMBL	European Molecular Biology Laboratory
EST	Expressed sequence tag
ETEC	Enterotoxigenic E. Coli
F18	Fimbriae of type F18
F4ab, F4ac, F4ac	Fimbriae of type F4 with ab, ac or ad antigens
FA	Formaldehyde agarose
FaeG	Major subunit protein of F4 fimbriae
HSA	Homo sapiens, human

Continued on next page

Notation

Concluded from previous page

Abbreviation	Description
IgA	Immunoglobulin A
IgG	Immunoglobulin G
IgM	Immunoglobulin M
ins	Insertion of a nucleotide
IQR	Interquartile range
LT-I, LT-II	Heat-labile enterotoxin I and II
NEH	Nordic experimental herd
PCR	Polymerase chain reaction
r_s	Spearman correlation
RFLP	Restriction fragment length polymorphism
RNA	Ribonucleic acid
RT-PCR	Reverse transcriptase-PCR
SDS-page	Sodium dodecylsulfate polyacrylamide gel electrophoresis
SEH	Swiss experimental herd
SNP	Single nucleotide polymorphism
SPS	Swiss performing station
SSC	Sus scrofa, swine
STa, STb	Heat-stabile enterotoxin a and b
UTR	Untranslated region of a RNA

Units

Symbol	Meaning
dimensions	
k	10^3
m	10^{-3}
µ	10^{-6}
n	10^{-9}
p	10^{-12}
g	gram
g	m s^{-2}, gravity constant
cM	centi Morgan
kDa	kilo Dalton
LOD score	log_{10} of the odds
M	mol litre^{-1}
Mb	10^6 base pairs
mol	6×10^{23} molecules

Summary

The ability to colonise the intestine is a common feature of pathogenic and non-pathogenic bacteria. Enterotoxigenic *Escherichia (E.) coli* (ETEC) can adhere to the brush borders of small intestine enterocytes by means of fimbriae. ETEC produce toxins that cause a secretory diarrhoea. *E. coli* diarrhoea is the most important source of mortality in newborn and weaned pigs, and causes high losses in the pig industry. Susceptibility is conferred by specific receptors on the brush borders of enterocytes. Three *E. coli* variants carrying F4 fimbriae are known: F4ab, F4ac and F4ad. In most cases, the variant F4ac is isolated in pigs affected by ETEC diarrhoea. The receptor gene for F4ab and F4ac (*F4bcR*) is inherited as an autosomal dominant trait and was mapped to porcine chromosome 13.

A multipoint linkage analysis of eight microsatellites and one single nucleotide polymorphism (SNP) localised the *F4bcR* inside the interval *SW207* – [*MUC4-8227, MUC4gt*] – *S0075*. Genotyping and phenotyping data of 331 pigs from the Swiss experimental herd (SEH), 143 pigs from the Swiss performing station (SPS) and 236 pigs from the Nordic experimental herd were used. *F4bcR* was strongly associated with the g.8227C>G polymorphism in *MUC4*. Only 3 of 331 SEH pigs (1%) and 6 of 78 SPS offspring (8%) were discordant between this polymorphism and the phenotype. The *MUC4* g.7947A>G polymorphism was in complete linkage disequilibrium with the g.8227C>G polymorphism in 180 analysed pigs and, therefore, was equally reliable for prediction of susceptibility to *E. coli* F4ab/F4ac infection. We examined further four genes as candidates for the *F4bcR*: *TNK2*, *ST6GAL1*, *CLDN1* and *C3orf21*.

Comparison between the sequences in *TNK2* from two resistant and two homozygous susceptible pigs revealed 112 sequence variants. In further 180 pigs, three of these SNPs were genotyped, but their haplotypes did not coincide with the phenotype in 8.5% of these pigs. None of these three SNPs and the two SNPs in *MUC4* are located in the regulatory regions and change amino acids. Therefore, none of them are strong candidates. No sequence variants were identified in the other three candidate genes.

The number of *E. coli* F4ad that adhered to enterocytes varied considerably in the adhesion test within and between litters of repeated matings. External factors may particularly affect the adhesion strength of F4ad bacteria. Aside from the fully resistant and susceptible adhesion phenotypes, some pigs belonged to an intermediate phenotype with some to many enterocytes devoid of bacteria. Parent pigs with a known phenotype were divided into a resistant, an intermediate and

Summary

a highly susceptible class. Adhesion strengths of 1166 offspring from the resulting six mating combinations were recorded. Offspring from highly susceptible parents showed clearly more adhesive enterocytes than offspring from resistant or weak adhesive parents. We therefore conclude that the F4ad adhesion is genetically influenced by one or several receptors.

The *MUC4* g.8227C>G polymorphism, segregating with susceptibility and resistance to *E. coli* F4ab/F4ac, can be used in selection programs, although the underlying genetic variation remains unknown. The current progress in pig genome sequencing will make it possible to find new markers that allow to finally identifying the causal mutation for *F4bcR*.

Zusammenfassung

Die Besiedlung des Darms durch Bakterien ist eine gemeinsame Eigenschaft von nicht-pathogenen und pathogenen Bakterien. Von den pathogenen Bakterien haften enterotoxigene *Escherichia coli* (*E. coli*) mit ihren Fimbrien an spezifische Rezeptoren auf den Bürstensäumen von Enterozyten im Dünndarm und produzieren Toxine, die bei Ferkeln eine Durchfallerkrankung verursachen. *E. coli* Diarrhö ist die wichtigste Abgangsursache bei neugeborenen Ferkeln und Absetzferkeln und führt zu hohen Verlusten in der Schweineproduktion.

Von den drei bekannten *E. coli* Varianten mit F4 Fimbrien F4ab, F4ac und F4ad wird die F4ac Variante am häufigsten als Verursacherin von *E. coli* Durchfall gefunden. Das Rezeptor-Gen für die *E. coli* F4ab und F4ac Anfälligkeit (*F4bcR*) wird autosomal dominant vererbt und wurde auf dem Schweinechromosom 13 kartiert.

Mit einer Kopplungs-Analyse von acht Mikrosatelliten und einem einfachen Sequenzpolymorphismus (SNP) wurde der Bereich für den *F4bcR* auf das Intervall *SW207* − [*MUC4-8227, MUC4gt*] − *S0075* eingegrenzt. Dazu wurden Daten der Phänotypen und Genotypen von insgesamt 331 Schweinen aus unserer Versuchsherde (SEH), 143 Schweinen aus der Schweizer Schweinepopulation (SPS) und 236 Schweinen der Nordischen Versuchsherde verwendet. *F4bcR* war eng gekoppelt mit dem g.8227C>G Polymorphismus im Kandidatengen *MUC4*. In nur 3 von 331 SEH Schweinen (1%) und 6 von 78 SPS Nachkommen (8%) stimmte der F4ab/F4ac Phänotyp nicht mit dem Polymorphismus überein. Der *MUC4* g.7947A>C Polymorphismus war in 180 analysierten SEH und SPS Schweinen in einem kompletten Kopplungsungleichgewicht mit dem g.8227C>G Polymorphismus und war ebenso aussagekräftig für die Diagnose der Empfänglichkeit auf eine *E. coli* F4ab/F4ac Infektion.

Weitere vier Kandidatengene wurden untersucht: *TNK2*, *ST6GAL1*, *CLDN1* und *C3orf21*. Beim Vergleich der *TNK2* Sequenzen von zwei resistenten und zwei homozygot empfänglichen Tieren wurden 112 Sequenzvarianten gefunden. Drei dieser SNPs wurden in 180 SEH und SPS Schweinen untersucht, ihr Haplotyp stimmte jedoch in 8.5% der Fälle nicht mit dem F4ab/F4ac Phänotyp überein. Diese drei SNPs und die zwei SNPs in *MUC4* liegen in Intronsequenzen und sind deshalb keine bedeutenden Kandidaten für *F4bcR*. Gleiches gilt für die Sequenzen der anderen drei Kandidatengene, in welchen keine Sequenzvarianten gefunden wurden.

Bei der Untersuchung der *E. coli* F4ad Adhäsion zeigte sich, dass die Anzahl F4ad an den Bürstensäumen beträchtlich variierte, sowohl innerhalb der Würfe, als auch zwischen den Würfen wiederholter Paarungen. Externe Faktoren beein-

Zusammenfassung

flussen vermutlich die Adhäsionsstärke der *E. coli* F4ad. Neben einem vollständig resistenten und empfänglichen Adhäsionsphänotyp wurde bei einigen Schweinen ein intermediärer Phänotyp gefunden mit einzelnen bis vielen Enterozyten ohne anhaftende Bakterien. Elterntiere mit bekanntem F4ad Phänotyp wurden in eine resistente, eine schwach empfängliche und eine hoch empfängliche Klasse eingeteilt. Der Vergleich der Adhäsionsstärke von 1166 Nachkommen aus den sechs möglichen Paarungskombinationen zeigte, dass Nachkommen hoch empfänglicher Eltern klar mehr Enterozyten mit anhaftenden Bakterien haben als Nachkommen resistenter oder schwach empfänglicher Eltern. Wir schliessend deshalb daraus, dass die *E. coli* F4ad Adhäsion genetisch beeinflusst wird durch einen oder mehrere Rezeptoren.

Der *MUC4* g.8227C>G Polymorphismus segregiert mit der Empfänglichkeit und Resistenz auf *E. coli* F4ab/F4ac und kann für die Selektion verwendet werden, obwohl die zugrunde liegende genetische Ursache unbekannt bleibt. Der gegenwärtige Fortschritt bei der Sequenzierung des Schweinegenoms wird es ermöglichen, neue Marker zu entwickeln und helfen, die kausale Mutation für *F4bcR* zu finden.

1. Introduction

1.1. *Escherichia coli* diarrhoea

Bacteria predominate the normal microflora in the intestinal tract of humans and animals and usually do not cause diseases. However, certain pathogenic strains of bacteria are able to colonize the intestinal tract of pigs and cause diarrhoea. Pathogenic *Escherichia coli* belong to the diarrhoeagenic bacteria and lead to high losses for pig industry. In a study from Denmark from the 1970s, about 12% of total losses of piglets was attributed to diarrhoea (Nielsen *et al.*, 1974). A study from Ontario, CA, reported an increase of mortality from 2% to 7% due to postweaning diarrhoea (Amezcua *et al.*, 2002).

These *E. coli* causing diarrhoea belong to the family Enterobacteriaceae within the gram-negative bacteria and are classified to six different categories: Enterotoxigenic *E. coli* (ETEC), enteropathogenic *E. coli* (EPEC), enterohaemorrhagic *E. coli* (EHEC), enteroaggregative *E. coli* (EAEC), enteroinvasive *E. coli* (EIEC) and diffusely adherent *E. coli* (DAEC) (reviewed by Nataro and Kaper, 1998).

ETEC can express one or more of the plasmid coded fimbrial type F4 (K88), F5 (K99), F6 (987P), F18 and F41. In pigs, *E. coli* F4 cause diarrhoea in newborn and weaned pigs. *E. coli* F4 and F18 are most prevalent (section 1.2). In contrast, in humans, the fimbrial types F2 (CFAI) and F3 (CFAII) are the most prevalent types. Three variants of *E. coli* F4 fimbriae have been found, F4ab, F4ac and F4ad (Guinée and Jansen, 1979), whereas antigen factor a always occurs with one of the three other antigens b, c or d (Wilson and Hohmann, 1974).

The fimbriae on the surface of the bacteria are a precondition for successful colonisation of the small intestine. Additionally, bacteria must penetrate the mucus barrier to be able to adhere to specific surface structures on the brush borders of epithelial cells. The adhesion to these receptors on the brush borders occurs by the mean of fimbriae (Jones and Rutter, 1972). Finally, bacteria release enterotoxins that are taken up into the intestinal cells and that induce diarrhoea.

1.1.1. F4 fimbriae

F4 fimbriae are composed of single copies of the minor subunit FaeC at the tip of the fimbrium, and of about 100 copies of the major subunit FaeG forming the fimbrium (pilus). Other *fae* genes are also involved in fimbrial biosynthesis, but

1. Introduction

do not affect fimbrial binding activity (reviewed by Van den Broeck *et al.*, 2000). One bacterium contains 100 to 300 of these filaments, which have length of 0.1 to 1 μm and a diameter of 2 to 4 nm. The molecular weight of the major subunit has been estimated between 23.5 and 26 kDa (Mooi and De Graaf, 1979). Later, the molecular weight of the FaeG proteins P14190 (F4ac), P14191 (F4ab) and P02970 (F4ad), based on amino acid composition was calculated between 27.4 and 27.6 kDa (Proteomics server on http://www.expasy.ch).

Removing the minor subunits FaeC of the F4 fimbriae by urea treatment did not affect adhesion properties. Therefore, it was proposed that the fimbrial binding site resides within FaeG (Bakker *et al.*, 1992b). Different regions in FaeG have been identified that determine the specificity of the three *E. coli* F4 variants. A domain determining the specificity of all three F4 variants was found in the hypervariable region between amino acids 163 and 174 of FaeG. Additionally, amino acids 136, 216, 81 and 105 were identified for F4ab specificity, and amino acid 147 for F4ac specificity (Bakker *et al.*, 1992a). An earlier study suggested that the region between amino acids 125 and 163 was responsible for determining the F4 binding specificity (Jacobs *et al.*, 1987). A recent study has confirmed the importance of this region and suggested that amino acid 152 was particularly important for F4ac and F4ad adhesion to brush borders (Zhang *et al.*, 2009). Another study determined the binding of monoclonal antibodies against F4ac to the amino acids between 64 and 107 of FaeG (Sun *et al.*, 2000).

1.1.2. F4 enterotoxins

Enterotoxigenic *E. coli* produce plasmid-regulated enterotoxins that are classified according to their thermal stability as heat-labile (LT-I, LT-II) or heat-stable (STa, STb) enterotoxins. Most *E. coli* strains with F4 fimbriae isolated in Switzerland in the 1990s produced LT(-I) and STb (Bertschinger, 1995; Bertschinger and Fairbrother, 1999), and few F4 strains produced STa (Sarrazin *et al.*, 2000).

STb is mainly produced by porcine ETEC and is the most frequently detected enterotoxin in *E. coli* isolates from pigs with diarrhoea. Casey *et al.* (1998) transformed a non enterotoxigenic F41 strain with STb and used this strain to infect pigs. They did not observe a significant contribution of STb to F4 diarrhoea in neonatal pigs. In another study, an F4 strain expressing LT was found to cause diarrhoea in all gnotobiotic piglets, whereas STb did not cause clinical symptoms in all infected piglets (Zhang *et al.*, 2006b). It has been suggested that LT promotes *in vitro* adhesion of ETEC to porcine intestinal cells (Johnson *et al.*, 2009).

The heat-labile enterotoxin

There are two known subtypes of the heat-labile enterotoxin (LT). LT-I is found in isolates that are toxic to humans and animals, and LT-II is mainly found in isolates

1.1. Escherichia coli diarrhoea

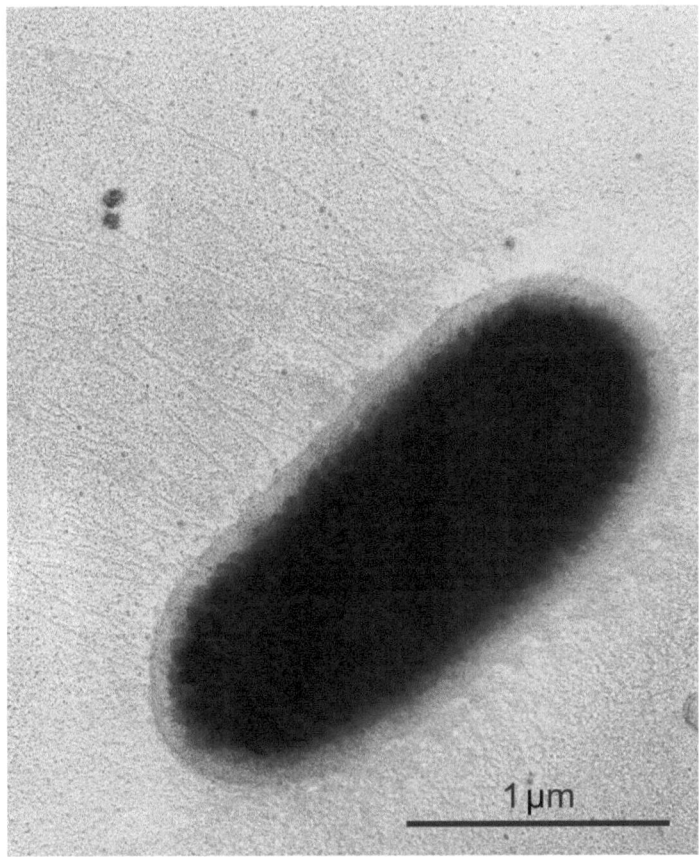

Figure 1.1.: *E. coli* bacterium with F4 fimbriae. Transmission electron micrograph after rotation shadowing with 5 nm carbon-platinum (Peter Wild, Laboratory for Electron Microscopy, Institutes of Veterinary Anatomy and Virology, University of Zurich).

that are toxic only to animals. Two variants of LT-II have been identified (LT-IIa and LT-IIb) but so far, neither has been reported to induce disease in humans or animals (reviewed by Sanchez and Holmgren, 2005).

The LT-I toxin is composed of one 28 kDa A subunit and 5 identical 11.5 kDa B subunits, which forms a pentagon around the A subunit. LT adheres to ganglioside GM_1 receptors or other receptors with a terminal galactose. After binding to the host cell membrane, the toxin is endocytosed and transported to the cytosol, where the A1 peptide of the subunit A catalyses the ADP ribosylation of the $G_{s\alpha}$ component of ADP. This ribosylation permanently activates the adenylyl cyclase, leading to increased levels of cAMP. The cAMP activates the cAMP dependent protein kinase, which activates chloride channels. An increased secretion of chloride ions and a reduced uptake of NaCl lead to an increased luminal ion concentration and draws water from the cells into the lumen.

The LT is similar to the cholera toxin (CT) expressed by *Vibrio cholerae*, regarding the amino acid sequence (80% identity), the 3d-structure and the intracellular pathway. However, diarrhoea in humans caused by CT is more severe and of longer duration than is the diarrhoea caused by LT-I. The reason for this could be a more efficient secretion of the toxin in *Vibrio cholerae*. Additionally, experiments with CT show that the enteric nervous system could be involved (reviewed by Sanchez and Holmgren, 2005).

The heat-stable enterotoxin

In contrast to the large oligomeric LT, the heat-stable enterotoxin exists in a 2 kDa STa and a 5 kDa STb subtype. The two predominantly plasmid encoded monomers differ in structure and mechanism. STa activates the transmembrane protein guanylate cyclase C on intestinal epithelial cells and leads to intracellular increase of cGMP level. The high cGMP level leads to increased Cl^- secretion into the lumen and reduced uptake of Na^+. Subsequently, water flows into the lumen, leading to diarrhoea (Sears and Kaper, 1996).

Details of the function of STb and its molecular characteristics are even less clear. STb seems not to affect cAMP or cGMP levels, but seems to stimulate non Cl^- secretion (reviewed by Dubreuil, 2008).

1.2. Prevalence of *E. coli* F4 and F18 diarrhoea

Enterotoxigenic *E. coli* are the most important cause of diarrhoea in newborn and weaned pigs and are dominated by F4 and F18 fimbriated *E. coli* (Frydendahl, 2002; Moon et al., 1999). The prevalence of F4 and F18 in piglets with diarrhoea varies with geographic regions. Of 175 fimbriated *E. coli* strains isolated of faeces or faecal swab from diarrhoeic piglets in South Dakota, USA, 65% expressed F4 fimbriae and 34% expressed F18 fimbriae (Zhang, 2007). In 113 isolates of pigs dying from diarrhoea or oedema disease in Switzerland, F4 fimbriae and genes for F18 fimbriae were both found in about 50% of the strains (Sarrazin et al., 2000). Of 4221 pigs dying from E. coli infection in Saxony, Germany between 1963 and 1990, almost all isolates carried the F4 variant (Wittig and Fabricius, 1992).

In Eastern European countries, F18 seems to be more prevalent than F4. Of 101 pigs from 20 farms in Slovakia, 19% of the isolates from these pigs with postweaning diarrhoea contained F4 genes and 35% contained F18 genes (Vu Khac et al., 2007). In Polish piglets suffering from E. coli disease, 62% of the 21 strains from pigs with post weaning diarrhoea and 82% of the 19 strains from pigs with oedema disease carried F18 genes, and 22% of 41 strains carried F4ac fimbriae (Osek et al., 1999). In a study from Cuba, no F4 strains were found in 36 strains of pigs with diarrhoea, but 61% carried F18 fimbriae and 8% carried F6 fimbriae (Blanco et al., 2006).

1.2.1. *E. coli* F4 prevalence

Among the three E. coli F4 fimbrial variants F4ab, F4ac and F4ad, the F4ac variant is the most prevalent strain isolated from pigs with diarrhoea. More than 98% of the E. coli F4 isolates from 237 Czech and 184 Slovakian pigs with diarrhoea carried genes for F4ac fimbriae (Alexa et al., 2001; Holoda et al., 2005). In a US study, all 415 F4 positive isolates of E. coli proved to be of the F4ac variant (Westerman et al., 1988). In another study, only 44 of 812 E. coli isolates from diarrhoeic pigs from Korea carried F4 genes. Of the F4 strains, 96% were carried F4ac genes and none carried F4ad genes (Choi and Chae, 1999).

As F4ac is the most prevalent F4 variant isolated from pigs with diarrhoea, it seems that E. coli F4ab and F4ad are not relevant for diarrhoea. However, a Chinese study found F4ad genes in 32 of 36 isolates of Chinese piglets suffering from diarrhoea caused by F4 fimbriae. Remarkably, in an earlier period with diarrhoeic pigs from a different region, all of the F4 strains carried F4ac genes (Wang et al., 2006).

1.2.2. *E. coli* F4ac susceptibility among breeds

Susceptibility to E. coli F4ac varies among breeds. In several studies, 47% to 79% of Landrace (47%, >60%, 79%), Large White (49%, 53%, 56%, >60%), Yorkshire (48%, 75%) and Piétrain (>60%) breed pigs were susceptible. Between 0% and 46% of pigs were susceptible among Chester White (15%, 36%), Duroc (33%, 40%), Hampshire (<20%, 22%, 46%), Meishan (0%) and Songliao Black (10%) breeds, and among the cross breeds Meishan x Minzu (27%), Meishan x Fengjing (24%) and Yorkshire x Landrace (41%) (Baker et al., 1997; Edfors-Lilja et al., 1986; Engel et al., 1998; Gautschi and Schwörer, 1988; Li et al., 2007; Michaels et al., 1994; Rapacz and Hasler-Rapacz, 1986). However, one has to consider that the threshold

1. Introduction

in phenotyping for susceptible pigs varied among these studies. In some studies, adhesion of at least one bacterium to more than two of 10 to 60 classified brush borders was sufficient for susceptibility (Engel, 1998; Engel *et al.*, 1998), while in other studies more than two (Baker *et al.*, 1997) or five (Li *et al.*, 2007) bacteria adhering to more than 10% of 20 enterocytes were necessary for a susceptible rating.

1.3. F4 receptors in pigs

1.3.1. Determination of the F4 phenotype

Three methods for the preparation of enterocyte surfaces have been reported for adhesion tests: (1) Brush border membrane vesicles prepared from enterocytes (Baker *et al.*, 1997; Bijlsma *et al.*, 1982; Sellwood *et al.*, 1975), (2) entire isolated enterocytes (Edfors-Lilja *et al.*, 1986; Hu *et al.*, 1993; Python *et al.*, 2002; Rapacz and Hasler-Rapacz, 1986; Vögeli *et al.*, 1996) and (3) villous brush borders (Cox and Houvenaghel, 1993; Rasschaert *et al.*, 2007). Bacterial adhesion to these structures was detected either by light microscopy or by phase contrast microscopy. Chandler *et al.* (1986) developed an ELISA with immobilised F4 fimbriae that were exposed to brush border membranes and subsequently detected by brush border antibodies.

The microscopic adhesion test used in our lab was first described by Vögeli *et al.* (1996) and based on Sellwood *et al.* (1975), who developed an *in vitro* test with *E. coli* F4ab and F4ac to distinguish between adherence and non-adherence of *E. coli* F4 to intestinal brush borders. Artificial *E. coli* F4ac infection of piglets showed that adhesion to brush borders is linked to neonatal diarrhoea of pigs, and non-adhesion is linked to resistance to *E. coli* F4 (Rutter *et al.*, 1975). It is accepted that adhesion of *E. coli* F4 is a prerequisite for diarrhoea. Nevertheless, in a study with gnotobiotic pigs, 8 of 17 pigs were F4 adhesion positive, but did not develop diarrhoea (Francis *et al.*, 1998).

Bijlsma *et al.* (1982) identified five patterns of *E. coli* F4 adhesion to brush borders of enterocytes. The adhesion phenotypes were confirmed (Rapacz and Hasler-Rapacz, 1986) and a sixth phenotype F was reported by Baker *et al.* (1997) (Table 1.1). In few cases, pigs with additional adhesion patterns were found: Li *et al.* (2007) reported 3 of 366 pigs with phenotype H (F4ab$^-$/F4ac$^+$/F4ad$^+$), and 3 other pigs with phenotype G (F4ab$^-$/F4ac$^+$/F4ad$^-$), assuming 10% of enterocytes with more than five adhering bacteria as the threshold for susceptibility. Additionally, Bonneau *et al.* (1990) reported phenotype G in 5 of 149 pigs, but gave no further details of the methods and results.

Table 1.1.: *E. coli* F4 phenotypes A through F according to Bijlsma *et al.* (1982) and Baker *et al.* (1997). Bacterial adhesion to enterocytes is marked with +, whereas no adhesion is marked with −.

E. coli	Phenotype					
variant	A	B	C	D	E	F
F4ab	+	+	+	−	−	+
F4ac	+	+	−	−	−	−
F4ad	+	−	+	+	−	−

1.3.2. F4ab/F4ac inheritance

The adhesion phenotype controlled by the F4ac receptor gene is inherited as an autosomal dominant trait (Gibbons *et al.*, 1977; Sellwood *et al.*, 1974). Some studies have indicated several distinct but linked genes for F4ab and F4ac receptor (*F4abR*, *F4acR*) (Edfors-Lilja *et al.*, 1995; Guérin *et al.*, 1993), but other studies have indicated a common receptor gene for F4ab and F4ac adhesion (*F4bcR*) (Bijlsma and Bouw, 1987; Jørgensen *et al.*, 2003; Python *et al.*, 2002). In recent Asian studies, two separate loci have been indicated (Li *et al.*, 2007; Peng *et al.*, 2007).

Besides the strong and unambiguous adhesion or non adhesion of F4ab and F4ac, a weak *E. coli* F4ac adhesion with only 3 to 4 bacteria per brush border has also been reported. The impact on diarrhoea does not seem very high, since oral *E. coli* F4ac infection of a litter with weak-adhesive piglets did not lead to diarrhoea in any of the 8 piglets (Sellwood, 1980, 1984). Several studies have mentioned a weak F4ab or a weak F4ac adhesion, but the inheritance and relevance of the weak adhesion remain unclear (Baker *et al.*, 1997; Bijlsma and Bouw, 1987; Li *et al.*, 2007; Michaels *et al.*, 1994; Python *et al.*, 2002, 2005). Bijlsma and Bouw (1987) propose that a weak adhesion arises from the influence of epistatic genes on the receptor expression or from modification of the receptor expression.

1.3.3. F4ad inheritance

The mode of inheritance of the F4ad receptor (*F4adR*) is not yet clear. According to the adhesion phenotypes, Bijlsma and Bouw (1987) have suggested a dominant receptor locus for *F4adR* that is independent from *F4bcR*. However, the inheritance of the receptor does not seem to be persistent, as adhesive enterocytes have been found in offspring of parents that had been phenotyped as resistant. Python *et al.* (2005) also suggest a dominant inheritance of *F4adR*, as the fraction of susceptible offspring did not deviate from the Mendelian inheritance pattern expected of a dominant receptor gene. Hu *et al.* (1993) proposed an age related expression of a low affinity F4ad receptor (*F4adL*) in phenotype D, which is not found in pigs

1. Introduction

older than 16 weeks of age, and a permanent high affinity receptor (*F4adH*) in phenotype A.

1.3.4. Genetic mapping of *F4bcR*

Guérin *et al.* (1993) reported a linkage of the *E. coli* F4ab and F4ac receptor loci with the transferrin locus on swine chromosome 13 (SSC13), which was confirmed by Edfors-Lilja *et al.* (1995). Our group mapped the locus for *F4bcR* to the interval between *S0068* and *SW1030* on SSC13q41 (Python *et al.*, 2002) and later refined it to the region between *SW207* and *SW225* (Python, 2003; Python *et al.*, 2005). The position of *F4bcR* was confirmed by Jørgensen *et al.* (2003).

The same group identified polymorphisms in the Mucin 4 gene (*MUC4*, DQ848681) that can be used as markers for F4ac susceptibility and resistance (Jørgensen *et al.*, 2004).

Several studies have analysed polymorphisms in *MUC4* and the association with the F4ac adhesion phenotype. Rasschaert *et al.* (2007) genotyped the *MUC4* DQ848681:g.8227C>G polymorphism of 63 pigs. With a threshold of five adhering bacteria to 5x50 µm brush borders, 19 (30%) F4ac susceptible pigs were resistant according to the g.8227C>G genotype. As there could be differences in the phenotype classification in their method compared to other methods, these numbers are difficult to interpret. Further, in a Chinese study, the g.8227G allele coincided with susceptibility in 92% of Landrace breed pigs (n=84), 95% of Large White (n=149) and 92% of Songliao Black (n=77) breed pigs (Li *et al.*, 2008).

Peng *et al.* (2007) analysed the intronic polymorphisms DQ848681:g.15581G>A and g.15672G>A of 748 White Duroc x Erhualian cross breed pigs. The F4ac adhesive phenotype coincided with the g.15581A allele in 95% of the pigs, and the resistant phenotype coincided with the g.15581GG genotype in 84% of the pigs. In three other studies, researchers from the same group investigated one informative polymorphism in *TFRC* (Wang *et al.*, 2007), three polymorphisms in *MUC13* (Zhang *et al.*, 2008), and three polymorphisms in *SLC12A8*, *MYLK* and *KPNA1* (Huang *et al.*, 2008). In all three studies, haplotypes were associated with F4ab and F4ac phenotypes, but the polymorphisms were not causative.

Further, analysis of cDNA in *TFRC*, *B3GNT5*, *B4GALT4* and *B3GALNT1* (former *B3GALT3*) mapping to the interval between *SW207* and *SW1030* did not reveal polymorphisms that were associated completely with F4ac susceptibility and resistance (Python, 2003; Python *et al.*, 2005). In a recent study, Ren *et al.* (2009) defined a small region on SSC13, spanning from the genes *DLG1* (HSA3:198.3 mb) to *KPNA1* (HSA3:123.6 mb), as region that harbours the *F4acR*.

Comparative mapping of humans and pigs showed homologies between human chromosome 3 (HSA3) and SSC13 with a few chromosomal rearrangements (Meyers *et al.*, 2005; Sun *et al.*, 1999; Van Poucke *et al.*, 1999, 2001, 2003; Vingborg *et al.*, 2009). The comparative map of SSC13 and HSA3 is shown in Figure 1.2.

1.3. F4 receptors in pigs

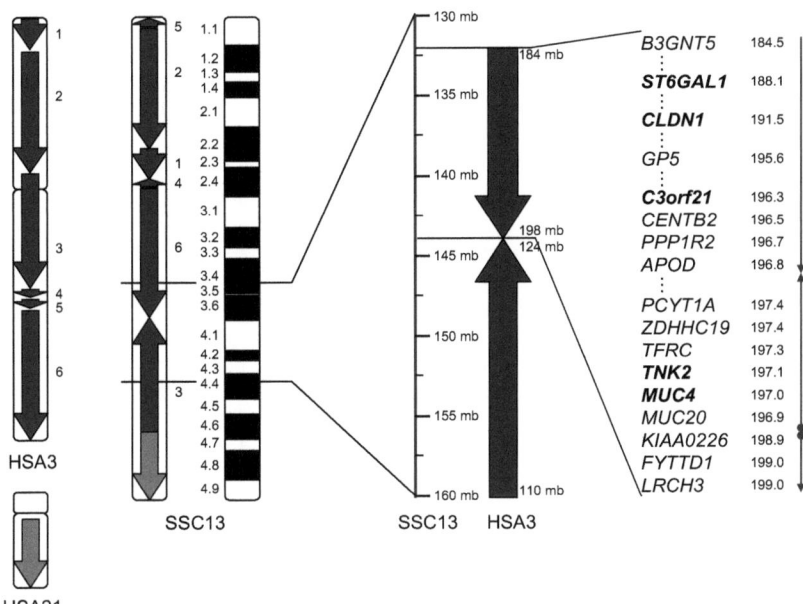

Figure 1.2.: Comparative map of porcine chromosome 13 (SSC13) and human chromosome 3 and 21 (HSA3 and HSA21) as determined by Meyers *et al.* (2005) is shown on the left. The number of the chromosomal segment and the direction of arrow are based on orthology to the human chromosome. The physical position of the mentioned genes on SSC13 are derived from the BAC fingerprint contig map (Humphray *et al.*, 2007), and reveals an inversion as shown to the right.

1.4. Intestinal host receptor proteins

Mucin type proteins and lipids are present on almost every epithelial tissue and are important for defence against pathogens from the exterior. Mucins are optimal targets for microbial attachment because they contain a variety of oligosaccharide structures providing binding sites for bacteria. All three *E. coli* F4 fimbrial variants appear to recognise glycoproteins or glycolipids on the surface of intestinal epithelial cells. In particular, they bind to terminal N-acetylgalactosamine (GalNAc) or N-acetylglucosamine (GlcNAc) that are 1,3β- or 1,4β-linked to galactose of glycoproteins (Galβ1,3GalNAc and Galβ1,3/4GlcNAc) (Anderson *et al.*, 1980; Seignole *et al.*, 1994). The terminal linkage of Gal to the GalNAc seems to enhance F4 binding (Grange *et al.*, 2002).

As receptors for F4ab and F4ac fimbriae, two intestinal brush border proteins of 210 to 230 kDa and 240 to 300 kDa were identified by Western blot of SDS-PAGE. These proteins were found only in adhesion positive pigs (Billey *et al.*, 1998; Erickson *et al.*, 1992). Pigs expressing these proteins in brush borders developed clinical symptoms for diarrhoea after infection with F4ab and F4ac strains (Francis *et al.*, 1998).

An intestinal transferrin of about 74 kDa (GP74) was identified as receptor protein for specific F4ab adhesion. The GP74 protein isolated from brush borders specifically bound to F4ab fimbriae, but not to F4ac or F4ad fimbriae (Grange and Mouricout, 1996). Another study identified a galactosylceramide receptor in mucus specific for F4ab adhesion (Blomberg *et al.*, 1993b). Further, adhesion of fimbriae to purified isolated mucus scrapings revealed glycoproteins of 40 to 42 kDa as receptors for F4ab adhesion (Metcalfe *et al.*, 1991), and glycoproteins of 26 kDa and 41 kDa (Fang *et al.*, 2000), and of 80 kDa (Jin *et al.*, 2000) as receptors for F4ac adhesion.

Specific binding of F4ad fimbriae to isolated intestinal brush borders of F4ad adhesive pigs identified a neutral glycosphingolipid with a terminal β-linked Gal as the receptor. This lipid was found in phenotypes A and D, but not in phenotype C (Grange *et al.*, 1999). The mechanism of interaction between the fimbriae and the host receptor has not yet been elucidated and the biochemical structure of the receptor remains unknown.

1.5. Measures against F4 diarrhoea

Different strategies can be pursued to reduce *E. coli* diarrhoea. One possibility is breeding for resistance by marker assisted selection. Other possibilities are to increase immunity by vaccination of the pigs, by medication or by feeding measures.

1.5.1. Antibiotics

In the past decades, the wide use of antibiotics as growth promoter in animal production led to tolerance and resistance of pathogens against antibiotics and is compromising reliable antibiotic therapy in humans and animals (Jensen et al., 2006; Lanz et al., 2003; Uemura et al., 2003). As a consequence, preventive administration of antibiotics is now prohibited for most animals in many countries around the world. However, according to Danmap, antibiotic consumption in pigs was still increasing in Denmark in 2007 (Emborg and Hammerum, 2008).

1.5.2. Immunisation

During pregnancy, embryos do not receive immune protection by immunoglobulins from the sow, as there is no placental transfer of macromolecules in pigs. An effective protection against neonatal infection was achieved by passive immunisation of piglets with colostrum and milk from an E. coli F4 susceptible sow, but not from a resistant sow (Sellwood, 1979, 1982). Furthermore, this passive immunisation is only given by sows that developed a systemic immune defence. In practice, pregnant sows are usually vaccinated by injection. Commercial available vaccines often contain inactivated or living F4 fimbriae and LT to temporarily protect the newborn piglets by antibodies in the milk. However, when maternal immunity is lost at weaning, an E. coli F4 infection will lead to post-weaning diarrhoea.

Administration of F4 fimbriae

One strategy to prevent post-weaning diarrhoea in pigs due to E. coli F4 infection would be vaccination with an inactivated or a live F4 vaccine. Few antigens have been described that would induce a specific immune response. Oral administration of purified F4ac fimbriae to 5 and 14 weeks old pigs resulted in specific IgG and IgA immune response and provided pigs with complete protection against E. coli F4 infection (Van den Broeck et al., 1999a). Oral administration of purified F4 fimbriae/human serum albumin (HSA) conjugates also induced a systemic and mucosal (IgG, IgA) immune response against HSA. The immune response was improved by coadministration of CT and was followed by reduced excretion of E. coli F4 in faeces (Verdonck et al., 2005).

Only a weak IgG immune response was found when seven-week-old pigs intradermally primed with expression-optimised FaeG and LT-Ib were challenged intragastrically with E. coli F4. Nevertheless, E. coli F4 excretion in faeces of F4 susceptible pigs was reduced more efficiently compared to the controls (Melkebeek et al., 2007). The systemic immune system was also primed in pigs without the F4 receptor by intramuscular administration of low dose F4 antigen (Van den Broeck et al., 2002). However, oral administration of non-replicating antigens can lead to reduced spe-

1. Introduction

cific immune response and to oral tolerance, especially when administered at high doses (Van den Broeck et al., 2002; Van der Stede et al., 2002).

Furthermore, an orally administered soluble antigen may be deactivated by acids, bile and enzymes on its way through the stomach. Antigens administrated in a solid form proved to be more resistant to denaturation. The encapsulated as well as the soluble form of F4 fimbriae could not completely prevent *E. coli* F4 colonisation. However, a significant reduction of *E. coli* F4 excretion was reported in piglets vaccinated with encapsulated F4 fimbriae (Snoeck et al., 2003).

Administration of transgenically expressed FaeG and LT-I

Transgenic expression of the fimbrial subunit FaeG and the enterotoxin LT-I has been reported for alfalfa, tobacco, barley grain, tomato, soybean leaves, maize, lettuce and ginseng (reviewed by Floss et al., 2007). FaeG produced in alfalfa and intragastrically administered to newly weaned pigs resulted in increased immune reaction against F4, but only in a slightly reduced excretion of *E. coli* F4 in faeces after challenging pigs with *E. coli* F4 (Joensuu et al., 2006). In another study, mice were immunised with FaeG produced in tobacco and barley. The mouse FaeG antiserum could inhibit the *in vitro* attachment of *E. coli* F4ac (Joensuu et al., 2006; Verdonck et al., 2004a) and F4ad (Liang et al., 2006) to receptors on porcine intestinal enterocytes. In recent studies, monoclonal antibodies and bacteriophages have been discussed as candidates for prevention and therapy of F4 diarrhoea (Harmsen et al., 2005; Jamalludeen et al., 2007).

Administration of egg yolk immunoglobulin

A distinctive reduction of diarrhoeic symptoms was found in 40-day-old pigs following treatment with chitosan-alginate encapsulated anti F4 egg yolk immunoglobulins (IgY), whereas non encapsulated IgY did not reduce symptoms as effectively (Li et al., 2009). In field trials, two weeks old pigs fed with spray-dried IgY were protected against F4 diarrhoea (Marquardt et al., 1999). IgY may be used prophylactically, but not therapeutically, as *E. coli* F4 did not adhere *in vitro* to intestinal mucus that was incubated with IgY, and as IgY could not remove previously bound F4 bacteria (Jin et al., 1998).

1.5.3. Feed measures

Dietary addition of probiotic bacteria seems to have an effect on F4 adhesion in small intestine. *In vitro* experiments with *Lactobacillus* strains reduced the amount of *E. coli* F4 in the small intestine and the *E. coli* F4 adhesion to the small intestine (Blomberg et al., 1993a; Roselli et al., 2007).

Furthermore, a temporary protection against *E. coli* infection was suggested upon administration of porcine spray-dried plasma to approximately three-week-old weaned pigs (Bosi *et al.*, 2004; Niewold *et al.*, 2007; Yi *et al.*, 2005) and of bromelain from pineapples to weaned pigs and fattening pigs (Chandler and Mynott, 1998; Mynott *et al.*, 1996). Lastly, non-starch polysaccharides (NSP) have been implicated as having an influence on pig diarrhoea (Hopwood *et al.*, 2004; Wellock *et al.*, 2008).

1.6. Candidate genes for *F4bcR*

Candidate genes for the *F4bcR* were selected according to their function and/or their position between *SW207* and *S0075* on SSC13. Comparative mapping in the human genome was used to search for and select genes, because most of the porcine genes currently remain unknown. As described in section 1.4, a glycoprotein like structure containing N-terminal GlcNAc or GalNAc on small intestinal cell surfaces may act as receptor for adhesion. Therefore, genes were selected that encode transferases or glycoprotein like structures that could be expressed in intestine.

1.6.1. *MUC4*

The Mucin 4 gene (*MUC4*) belongs to a family of 18 known mucins. In humans, these high-molecular weight glycoproteins are present on membranes on probably every mucosal epithelial tissue and are responsible for the viscous properties of the mucus layer (reviewed by Linden *et al.*, 2008). Mucins are important in the defence against pathogens in mucosal layers. They act as a barrier between the host and exterior environment and therefore act as infection site for many pathogens causing disease. The carbohydrate structures on mucins are determined by glycosyl transferases and vary between the mucins, tissue location and development stage. As described in section 1.4, mucin-like glycoproteins have been discussed as candidates for F4 adhesion in several studies (Erickson *et al.*, 1994; Francis *et al.*, 1998). Additionally, Jørgensen *et al.* (2004) determined several SNPs in *MUC4*, in which the g.8227C>G polymorphism was in high association with the F4ac phenotype.

Expression of *MUC4* in small intestine has been investigated in a few studies in humans. In one study, *MUC4* expression was found in human embryos (Zhang *et al.*, 2006a), but in another study, expression was not found in human small intestine by RT-PCR of the 3' end of *MUC4* (Moniaux *et al.*, 2000). In the gene expression repository of the NCBI website (GEO profile; http://www.ncbi.nlm.nih.gov/geo), only about 20 records of *MUC4* expression in small intestine were found. Records from small intestine were found for mice, humans and rats, but not for pigs.

1. Introduction

Mucin 4 is an integral membrane glycoprotein and may play a role in regulating cellular adhesion (reviewed by Chaturvedi et al., 2008). The human *MUC4* consists of 25 exons with a total genomic length of about 65 kb and is located on HSA3:196 959 – 197 024 kb (ENSG00000145113, release code 54 of May 2009; http://www.ensembl.org/Homo_sapiens/Info/Index). Based on BLAST searches on BAC clones and BAC end sequences of the fingerprint contig from the Wellcome Trust Sanger Institute (release code 53 of March 2009; http://pre.ensembl.org/Sus_scrofa_map/Info/Index), the homologue sequence of *MUC4* maps to SSC13:143 100 kb and makes *MUC4* also a positional candidate gene. More than 10 splicing variants of *MUC4* are known. The focus of this thesis is splicing variant 1 (ENST00000308466).

1.6.2. *TNK2*

The tyrosine kinase non-receptor 2 gene (*TNK2*) encodes a tyrosine kinase that binds to CDC42 (cell division cycle 42 protein), a GTPase of the Rho-subfamily, and inhibits its GTPase activity. *TNK2* expression in the small intestine of mice, humans and rats has been reported on GEO profile (about 30 records). It is not clear how *TNK2* interferes with receptors in the small intestine. In humans, several transcript variants for this gene have been found, but only two variants are full length-transcripts. The transcript variant 1 (ENST00000333602) referred to in this thesis is the more frequently occurring full-length transcript. Compared to variant 2, it contains a different alternate exon 11 (ENSE00001317846), and lacks one alternate 3' exon between exon 13 and exon 14 (ENSE00001317558). The human *TNK2* (ENSG00000061938) has a genomic length of about 46 kb and is located on HSA3:197 075 – 197 120 kb. The homologue position corresponds to SSC13:143 000 kb, proximal to *MUC4*, making *TNK2* a gene of interest.

1.6.3. *C3orf21*

The chromosome 3 open reading frame gene (*C3orf21*) encodes a hypothetical transmembrane protein, of unknown function in humans and animals. No records from intestine were found on GEO profile. According to the EST profile viewer on the UniGene server of NCBI (http://www.ncbi.nlm.nih.gov/unigene), the gene is expressed in almost all tissues, including the intestine. ESTs similar to *C3orf21* have been found in tissue of Danish pigs (personal communication Claus Jørgensen). The human *C3orf21* (ENSG00000173950) has a genomic length of 202 kb, contains 4 exons and is located on HSA3:196 270 – 196 473 kb. Of the three known transcript variants, this thesis refers to variant 1 (ENST00000310380). The homologue position of *C3orf21* corresponds to SSC13:141 100 kb.

1.6.4. CLDN1

The claudin 1 gene (*CLDN1*) encodes a protein with four transmembrane domains that are part of the tight junctions. This protein is expressed in almost all epithelial and endothelial cells in humans and most animals. Tight junctions allow the regulation of the molecular transport from cell to cell, prevent the intercellular passage of molecules and hold the cells together. According to the EST profile of *CLDN1*, its RNA is expressed in most human tissues including the small intestine. According to the GEO profile, small intestinal expression has been reported mainly for the mouse (30 records). Several studies have investigated *CLDN1* in mouse or human cancer cell lines, but there have been no reports for *CLDN1* in pigs. Human *CLDN1* consists of 4 exons with a total genomic length of 17 kb and is located on HSA3:191 506 −191 523 kb (ENSG00000163347). The homologue sequence in swine is located on SSC13:137 300 kb. One transcript variant (ENST00000295522) of *CLDN1* is known.

1.6.5. ST6GAL1

The ST6 β-galactosamide α-2,6-sialyltransferase 1 gene (*ST6GAL1*) encodes a membrane protein that transfers sialic acids to terminal β-D-galactosyl residues of glycoproteins or lactose. The protein exists in several isovariants and seems to be involved in the generation of cell surface carbohydrate determinants, in lymphozyte proliferation and activation and in embryonic development. According to the GEO profile, *ST6GAL1* is expressed in several tissues in humans, but not in the small intestine. In mouse and rat small intestine, *ST6GAL1* expression has been reported. The human *ST6GAL1* (ENSG00000073849) has a genomic length of 148 kb on HSA3:188 131 −188 279 kb and contains eight exons. Annotation in this thesis is referred to the first of the two transcript variants (ENST00000169298) of the gene. The homologue sequence of *ST6GAL1* maps to SSC13:133 900 kb. According to position and transferase activity, *ST6GAL1* was selected as a candidate gene.

1.7. Objectives of the study

The aims of this study were the following:

- to fine-map the *F4bcR* locus on chromosome 13 by linkage analysis using markers and F4ac phenotypes of informative families,

- to isolate the porcine *MUC4* and *TNK2* as candidate genes for the susceptibility to *E. coli* F4ac,

- to identify new markers that are associated with the F4ac phenotype to refine the *F4bcR* region,

- to develop a diagnostic test applicable to commercial herds to distinguish between *E. coli* F4ac susceptible and resistant pigs,

- to determine the inheritance of the receptor for F4ad by producing and testing informative families.

2. Materials and Methods

2.1. Pigs

Large White and Landrace purebred pigs and Large White/ Landrace crossbred pigs were bred at the Faculty of Veterinary Medicine, Vetsuisse Faculty, University of Zurich for several generations. In 1998, the *E. coli* F4 adhesion test was established and pigs were bred to determine an inheritance pattern for resistance and susceptibility to *E. coli* F4ac. The entire pig material consisted of about 1900 slaughtered pigs from 188 litters. Since the beginning of the year 2000, adhesion of all three F4 variants have been routinely determined in the pigs in this Swiss experimental herd (SEH).

In total, pigs between 37 and 98 days of age (mean age 65±10.1 days) and 151 older pigs were phenotyped with the three F4 variants until the end of November 2008. Of the total of 166 litters, 32 matings were done more than one time: 24 matings were done twice, 5 three times, 2 four times and 1 mating six times. The repeated matings produced 749 offspring from 77 litters.

Of 215 SEH pigs slaughtered between September 2004 and August 2005, intestinal samples free of contents and intestinal samples with contents were taken for phenotyping. Pigs were from 27 litters from 21 matings. Four matings were done two times, and one mating three times. Two intestinal samples free of contents and two with contents were taken from 59 of these 215 pigs. These pigs were from 12 litters. Two piglets from each of five SEH litters were selected for biopsies.

The 331 SEH pigs used for linkage analysis of the *E. coli* F4ab/F4ac receptor locus consisted of 14 founders (6 dams and 8 sires), 17 F_1 parents and 300 offspring from F4ac resistant x heterozygous susceptible matings. The phenotype was unknown in 7 founders, 1 F_1 parent, 1 offspring, and 3 pigs used for further production of piglets. This material comprised the pigs used in the studies of Python *et al.* (2002, 2005) and Python (2003).

The 236 pigs of the Nordic experimental herd (NEH) consisted of 10 purebred founders, 26 F_1 pigs and 200 F_2 offspring of a European Wild boar x Swedish Yorkshire cross and are described by Edfors-Lilja *et al.* (1995).

As a representative sample of the Swiss porcine population, 78 pigs from 38 litters with 65 parent pigs of Landrace and Large White breed were randomly selected at the Swiss Performing Station Sempach (SPS). In addition, 193 boars of Large White, Landrace, Piétrain x Duroc, Duroc and Piétrain breeds used for

2. Materials and Methods

artificial insemination in Switzerland in 2005 were used for genotyping the *MUC4* g.8227C>G polymorphism.

The pigs selected for DNA sequencing were from the SEH and consisted of two F4ac resistant pigs from two resistant x heterozygous susceptible litters (pig/lab no. 542/411, 741/1170), one homozygous susceptible male (534B/5064) and one homozygous susceptible female parent animal (179B/1450).

Tissue for RNA analysis was taken from the liver of a resistant (599/497) and a homozygous susceptible (633/748) piglet, and from intestinal scrapings of a resistant (601/499) and a homozygous susceptible (641/756) piglet. These four piglets were also from the SEH.

For analysis of sequence variants and of haplotypes of *TNK2* and *MUC4*, 180 pigs were taken. This group of pigs contained the 78 SPS offspring, the 48 SEH pigs of four resistant x heterozygous susceptible litters and 56 additional SEH pigs that showed a recombination in the interval between *SW207* and *SW398* (section 3.2).

2.2. Determination of the phenotype

2.2.1. Preparation of bacterial strains

The *E. coli* F4 strains E68I (O141:K85ab:F4ab), G4 (O45:KE65:F4ac) and Guinée (O8:K87:F4ad) (Thorns *et al.*, 1987) were obtained from the Veterinary Laboratories Agency Weybridge, Surrey, GB, grown on Columbia sheep blood agar plates and then stored at 4 °C. Every second month, material from five colonies was plated on a fresh blood agar plate. The expression of F4 fimbriae of each subculture was confirmed by slide agglutination of confluent growth with polyvalent F4 antiserum.

After three transfers on blood agar plates, the cultures were renewed from frozen stock. For frozen stock, bacteria of confluent growth on blood agar plates were harvested and frozen at −70°C in 0.5 ml trypticase soy broth (TSB) containing 10% glycerine. Each batch of frozen stock suspensions was confirmed by slide agglutination with OK antisera. The antisera were produced at the Institute of Veterinary Bacteriology, University of Zurich.

Confluent growth was picked on the blood agar plates and grown at 37 °C for 24 h in TSB in test-tubes one day before use. Shortly before use, 1 ml of bacterial culture was diluted 1:10 in prewarmed TSB and incubated at 37 °C for 90 min to achieve maximum growth rate of the bacteria.

2.2.2. Sampling of intestinal tissues

Piglets were slaughtered routinely at the age of about two months or at about 20 kg live weight. In most cases, pigs were weaned and food was withheld for one day before slaughter. Exceptionally, they were weaned earlier. About 30 min after the death of the piglets, 10 to 20 cm of a jejunal segment without contents was taken between 3.5 and 7.5 m distal the Arteria mesenterica cranialis.

A segment free of contents and a segment with contents was taken in the same jejunal region from 215 pigs. Two adjoining segments with contents and two adjoining segments without contents were taken from the same part of the small intestine from 59 pigs. These samples were made anonymous prior to purification of enterocytes. All segments were opened longitudinally, placed in wide-necked bottles containing 80 ml 4 °C EDTA buffer and stored at 4 °C until further processing.

Two biopsies of each of 10 pigs were taken to determine the influence of age on adhesion of *E. coli* F4ad. A first biopsy was taken at the age of four to six weeks and a second at the age of about six months. Pigs underwent surgery under general anaesthesia at the Veterinary Clinic of the Vetsuisse Faculty, University of Zurich. A part of the small intestine free of contents was surgically excised. The anatomical position of the intestinal segment could not be determined precisely.

2.2.3. Purification of enterocytes

The microscopic adhesion test was performed according to Sellwood *et al.* (1975) with modifications of Vögeli *et al.* (1996) and Python *et al.* (2002). Superficial layer of the intestinal segment was scraped off the surface with a microscopic slide and collected in 50 ml centrifuge tubes that contained 30 ml PBS-formaldehyde. The suspension was stirred vigorously with forceps for 1 min and stored at 4 °C for 15 min to sediment large cell fragments. The supernatant was decanted and stored at 4 °C for 20 min again for sedimentation of the cells. Subsequently, the supernatant was centrifuged at 200 g for 10 min. The pellet was carefully resuspended in 10 ml PBS and centrifuged again. The enterocytes were resuspended in 5 ml mannose buffer and diluted to a concentration of 10^5 to 10^6 cells/ml.

2.2.4. Microscopic adhesion test

One millilitre of resuspended enterocytes were incubated in 6-well macroplates at 37 °C for 30 min with 1 ml freshly grown culture from each of the three *E. coli* F4 strains. Subsequently, 20 well-separated and intact enterocytes were scored for each sample under a light microscope with a 400 x magnification. An enterocyte was classified as adhesive if more than five bacteria adhered to the brush border (Figure 2.1). Twenty additional enterocytes were scored if adhesion of more than five bacteria was observed in >0% to 30% of the scored enterocytes. Pigs with more than 15% of *E. coli* F4ac adhesive enterocytes, and pigs with more than 2.5% of F4ab and F4ad adhesive enterocytes were considered to be susceptible.

The same person performed sampling of jejunum, purification and classification of the enterocytes. As far as possible, a second person repeated the scoring of samples with ambiguous phenotypes.

2. Materials and Methods

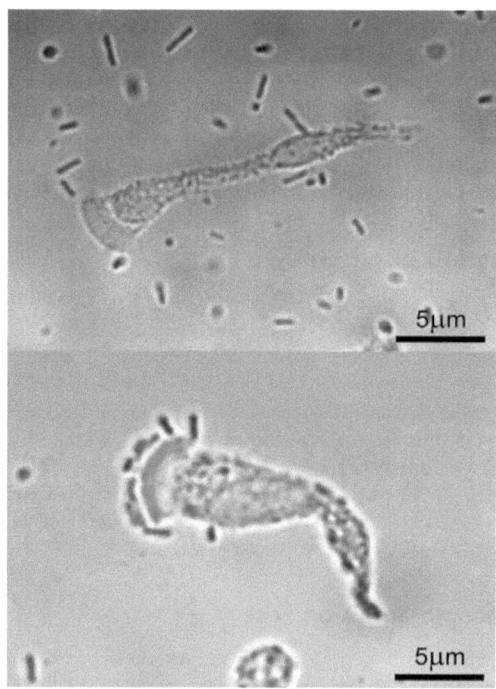

Figure 2.1.: Determination of receptor phenotype in the microscopic adhesion test after preparation of enterocytes. Cell without adhesion (top) and cell with multiple *E. coli* F4ac adhering to the brush border (bottom).

2.2.5. Enterocytes for adhesion control

Beginning in July 2006, adhesive and non adhesive enterocytes were kept for further use as positive and negative controls for F4 adhesion. After scoring, the remaining enterocytes in mannose buffer and the cells of the second decantation were pooled, supplemented with 10 ml of PBS and stored at 4 °C for 5 min for sedimentation of large cell fragments. After a centrifugation step at $200\,g$ for 10 min, the pellet was resuspended in 5 ml DMSO-Hanks-medium (Bosi et al., 2004). Aliquots of the suspension were frozen in cryotubes at −70°C.

Control cells were included in each test series. Before use, the cells were thawed at room temperature, diluted in 10 ml PBS-formaldehyde and centrifuged. The pellet was washed in PBS, centrifuged, resuspended in 1 ml mannose buffer and was ready for incubation with bacterial strains.

2.3. DNA methods

2.3.1. DNA extraction from blood

Blood was collected in Vacuette tubes or Venosafe tubes containing EDTA and stored at 4 °C or at −20 °C until processing. DNA extraction from blood samples was done using a lysis method described in Vögeli et al. (1994). In brief, 600 µl blood was mixed with 500 µl lysis buffer, left at room temperature for 15 to 30 min, and centrifuged at $13\,000\,g$ for 30 s. The pellet was resuspended in 1 ml lysis buffer and shaken vigorously or vortexed. After 15 min at room temperature, the mixture was centrifuged for 25 s. Resuspension and centrifugation were repeated two more times. The pellet was resuspended in 200 to 400 µl PCR turbo buffer, and 20 to 40 µl proteinase K (20 mg/ml) were added to the suspension. After incubation at 54 °C for 2 h and deactivation of the proteinase K at 95 °C for 10 min, samples were stored at −20 °C until further use.

Alternatively, a so-called quick and dirty method was used for DNA extraction from blood. First, 100 µl blood were mixed with 1 ml ddH$_2$O, vortexed and centrifuged at $13\,000\,g$ for 2 min. The pellet was suspended in 1 ml 0.9% NaCl and centrifuged. After adding 400 µl 0.2 M NaOH to the pellet, the suspension was incubated at 95 °C for 10 min. Subsequently, the solution was neutralised by adding 400 µl 0.2 M Tris-HCl (pH7.5) and centrifuged. The final the supernatant contained about 25 µg/µl DNA.

DNA concentration was estimated using 0.8% agarose plates with etidium bromide (EtBr). λ-phage DNA at concentrations of 5, 10, 25, 50, 75, 100 and 500 ng/µl was compared to the genomic DNA under UV-light after drying the DNA on the plate at room temperature.

2.3.2. Polymerase chain reaction

Primer design

Primers for PCR and sequencing were based on porcine DNA or RNA sequences or on homologous and conserved DNA sequences of human, cow, rat and chicken published on the EMBL/GeneBank databases. Primer sequences were 18 to 22 bp in length with a GC content of 40 to 60% and preferably with one or two G/C clamps at the 3' end. The primers were basically designed with the web-based software PRIMER3 VERSION 0.4 (Rozen and Skaletsky 2000; http://fokker.wi.mit.edu) and NETPRIMER (Premier Biosoft International, Palo Alto, USA; http://www.premierbiosoft.com/netprimer/index.html). Primer sequences, fragment lengths, names and positions within EMBL sequences are shown in Table 2.1.

Standard PCR

PCR was generally performed in 25 μl reaction volumes containing 50 to 250 ng DNA, 200 µM of each dNTP, standard PCR Buffer (10 mM Tris-HCl pH8.3, 50 mM KCl, 1.5 mM $MgCl_2$, 0.001% Gelatin), 0.4 µM of each the forward and reverse primer, up to 0.5 mM additional $MgCl_2$ and 1.5 U Taq DNA polymerase or 0.75 U Taq DNA Jumpstart polymerase. Amplification was carried out in 200 µl single tubes, 8-tube strips or 96-well plates on a PTC100 (MJ Research, Bioconcept, Allschwil) or a Robocycler (Stratagene, Agilent Technologies, Basel). After an initial denaturation at 95 °C for 5 min, the samples were cycled 30 to 38 times as follows: denaturation at 95 °C for 30 s, annealing at 55 to 65 °C for 30 s, extension at 72 °C for 30 to 40 s. For PCR fragments longer than 1 kb, extension time was set to 1 min. Finally, samples were extended at 72 °C for 7 min. For greater reaction volumes, the cycling times were extended.

PCR for the *MUC4* DQ848681:g.8227C>G polymorphism was done according to Jørgensen *et al.* (2004): After initial denaturation at 95 °C for 5 min, touchdown PCR was performed for the first 10 cycles by lowering the annealing temperature 1 °C per cycle, starting at 60 °C for 15 s. The other 19 cycles were performed with 50 °C annealing temperature for 45 s. Denaturation at 95 °C was for 15 s and extension at 72 °C for 1 min.

2.3.3. Agarose gel electrophoresis

PCR products were run on 1 to 1.5% agarose gels in 0.5x TBE buffer containing 100 µg/l EtBr at 75 to 100 mA for 0.5 to 1 h. A 6x DNA loading dye was added to the PCR products prior to loading. Depending on the size of the fragments, a 50 bp or 100 bp size standard was used. DNA was visualised under UV-light.

2.3. DNA methods

Table 2.1.: Primers for PCR and sequencing are given with the DNA (or cDNA) fragment size and the position within the EMBL sequences.

Accession no.	Gene symbol			
Sequence position (bp)	Primer name	Primer F (5' → 3')	Primer R (5' → 3')	Fragment size (bp)
DQ848681	*MUC4*			
6138–6887	MUC4-6138-F/6887-R	GTTACTGGCCTCGACTCTCC	AGGTTGTACCCTTGGCATTC	749
	MUC4-6668-R		TTCAACCTCCTAATACCCAGTGC	
7741–8429	MUC4-7741-F/8429-R	GGTCCTACGCCTTGTTTCTC	GTCCCCATCCATCTCTCTGT	688
	MUC4-8202-R		CCTTCATGGGGTTGTTGTAATA	
8012–8378	MUC4-8012-F/8378-R	CACTCTGCCGTTCTCTTTCC	GTGCCTTGGGTGAGAGGTTA	367
FN393558	*TNK2*			
<0–1649	TNK2e2j-F/3j-R	GTGGGACCAGGTGGGTACAG	GAAGCAAAGATGTCCTAGGTCCA	1666
	TNK2e2-3-Fv2	CTTAAGGCAGGGTCACCTGTTA		
	TNK2e2-3-Fb	TCTAGAGGTCCTAGTGTTCCTTGG		
	TNK2e2-3-Rb		CCGACTCTCTAGGCTAAAAGCAG	
1413–3254	TNK2e3-4-F/R	ATCCGACAGGGCACTTGTAGAG	AAGGTGCTCTGAGAGTGATGAGG	1842
	TNK2e3-4-Fb	GCCAGAAGAAGCCCTCAGACTA		
	TNK2e3-4-Rb		GCCAAAGGTCAAGGGACAGAAG	
3076–4607	TNK2e4j-F/4-5-R	TGGAAATTTAGCAAAGCCAGGA	CGAGTGCATGGCGTTGACCT	1532
	TNK2e4-5-Fb2	GCAGTAAAGCACACAGTTCTTGA		
	TNK2e4-5-Rb		ATCAAAATAGTGGCTTCCCTTGA	
	TNK2e4-5-Rc		CAGGGATGGAACTGGAGCCACAGC	
4515–5409	TNK2e5-6-F/R	GTGAGTGTGGCTGTGAAGTGC	TGTTCCTGCATGACGTAGTGG	895
5274–7260	TNK2e6-7-F/R	AGTCCAAGCGCTTTATTCACC	GACAGGGACACCAACAGCTAA	1987
	TNK2e6-7-Fb	GCTTATGGAGGTTCCCAGGCTA		
	TNK2e6-7-Rb		GGTGGAACCAAGAGAAATGAACT	
	TNK2e6-7-Fc	ACCATCCTGCTGAAATGACCCAA		
	TNK2e6-7-Fc2	GGAAGCCACTTTGATTGTTCTC		
	TNK2e6-7-Rc		TGACCGTACATCCTAGATTAGAAG	
7065–7846	TNK2e7-8-Fv2/8-9-R	TGAAGACACGCACCTTCTCC	ATCTGGATGTGCAGCTTGTCC	782
7503–8054	TNK2e9j-F/R	GAAGAGCTGGGTGCTCTGCTT	AGCGGCAGCTGCATACTTGA	552
8155–8723	TNK2e10j-F/R	CAGCATGGGAACCTACTCTGATC	TGGAAGCCTGTTTCCTAGTCCA	569
8824–9354	TNK2e11j-F/R	CAACCTGCGATCAGTTCGTTC	GGCGGATACAGCTGCCTCTC	531
9341–9867	TNK2e11Aj-F/R	CAGCTGTATCCGCCGAAGTG	ACCTTCCAGGAGGAGAGGAATG	527
9830–10603	TNK2e11-12-F/R	GCCCCCTCTCACTTCTCATTCC	GGCTCAGCCTCTTCAAGTCAC	774
10552–11436	TNK2e12b-Fv2/R	CCTGTGAGTGAAGACCAAGACC	CATGGTCTTCCCAGGTGAGC	885
	TNK2e12b-Rv2		CCCCATCTCCTCCTCACTTGA	
11157–11774	TNK2e12c-Fv2/12-Rv3	CAGCTCTCTTGTCCCCTTGC	CTGTTGTTGGTGGAGAAGTTGG	617
11558–12324	TNK2e12-14-Fv2/R	GCACCCACTACTACCTGCTACC	AGGTTCCAGTCGAACATCTCC	767
12255–13853	TNK2e14-15-Fv2/15j-R	AGCTATTTGGGTTGGGTCTGC	GTTAGGCCACAAGTCACATTCGT	1499
	TNK2e14-15-Fb	CAGAAGTGGTTAGAGGAGTGAATGA		
	TNK2e14-15-Rb		TGGCTAACTTCAGTGATGGTCTC	
FN392681	*C3orf21*			
1–229	CORF21e4-F/R	GCACACATTCTGGCAGTTC	CGATCATGGTGAAGAAGTCC	229
FM205928	*CLDN1*			
1–908	CLDN1e1-F/4-R	GCCCCAGTGGAGGATTTAC	TGCTTATGCCAACATAAAGAGA	908 (cDNA)
	CLDN1e2-F	GTGCCTTGATGGTAATTGG		
	CLDN1e2-R		TCTGCACCTCATCATCTTCC	
FN392680	*ST6GAL1*			
1–1220	ST6GAL1e4b-F/8b-R	GGACAGAGTGGTTTCCTTGAACA	CTTTCCCAAGCAGGTAGATGC	1220 (cDNA)
	ST6GAL1e4-F/4-R	CTGGTCTTTCTCCTGTTTTGC	GGAAGAGCTGTCCTTGTTCC	263
	ST6GAL1e8-F/8-R	ATGATGACGCTGTGTGACCA	CAGTGAATGGTCCGGAAGCCAG	228

23

2.3.4. Genescan analysis

Microsatellite polymorphisms of labelled PCR products were visualised by genescan analysis. A mixture of 0.5 µl PCR product, 2.5 µl formamide and 0.5 µl genescan 350 size standard was denatured at 95 °C for 5 min, and 1 to 2 µl was loaded on a 4.5% polyacrylamide gel. The samples were run on an ABI Prism 377 DNA sequencer and analysed with the software GENOTYPER 2.1 (Applied Biosystems, Rotkreuz). Table 2.2 shows the markers used for genescan analysis with accession number, labelling dye, annealing temperature, size range and reference.

2.3.5. PCR restriction

PCR products were digested in a total volume of 25 µl using 1 to 2 U restriction enzyme at appropriate temperature for 2 to 16 h according to the manufacturer's instructions. Positions of the polymorphisms in *TNK2* and *MUC4*, primer combinations, sequence variants, restriction enzymes and the fragment sizes are shown in Table 2.3. Restricted samples were run on agarose gels containing EtBr, to visualise and identify the restriction fragment length polymorphisms (RFLPs).

2.3.6. PCR purification and sequencing

PCR products used for sequencing were purified and concentrated using Montage PCR centrifugal filter devices as described in the manufacturer's protocol. The PCR product was applied to the filter and supplemented with ddH_2O to 400 µl. After centrifugation at $1000\,g$ for 15 min, 21 µl ddH_2O was added to the filter. After 5 min at room temperature, the filter was placed upright on an empty tube and centrifuged at $1000\,g$ for 2 min. Concentration of DNA was estimated by comparing 1 µl purified PCR product to different concentrations of λ-phage DNA on an agarose plate with EtBr. The templates were diluted to the concentration that was required and sent for sequencing (Microsynth, Balgach).

For sequencing on the ABI Prism 377 DNA sequencer, sequencing PCR was prepared as followed: 2 µl BigDye sequencing mix, 2 µl halfBD, 3.2 pmol primer and 1 µl DNA template were completed with ddH_2O to a total volume of 10 µl. The sequencing reaction was started with an initial denaturation at 95 °C for 5 min and followed by 35 cycles at 95 °C for 20 s, 50°C for 10 s and 72 °C for 4 min.

The sequenced product was precipitated by adding 10 µl 3 M Sodium acetate, 80 µl ddH_2O and 200 µl ice-cold 100% ethanol (EtOH) to the sequenced PCR solution, vortexing and storing at −20 °C for at least 20 min. The mix was centrifuged at $13\,000\,g$ at 4 °C for 30 min. The pellet was washed twice by adding 200 µl 70% ice-cold EtOH and centrifuging at 4 °C for 5 min. The pellet was air-dried or vacuum-dried, and the sequencing product was denatured in 1.5 µl formamide loading dye

Table 2.2.: Microsatellite markers used for genescan analysis shown with the accession number, fluorescent labelling at the 5' end of the forward primer and annealing temperature of the microsatellite, as well as size range of the PCR product. References: a) Fredholm et al. (1993), b) Winterø and Fredholm (1995), c) Robic et al. (1994), d) Davies et al. (1994), e) Rohrer et al. (1994), f) Alexander et al. (1996), g) Wang et al. (2001), h) Joller et al. (2009), i) Fahrenkrug et al. (2005).

Microsatellite marker	Accession no.	Modification at 5' end	Annealing temp. (°C)	Size range (bp)	Ref.
S0068	M97244	TET	62	211–260	a
S0075	AF044970	FAM/ HEX	62	134–162	b
S0222	L30151	FAM	55	178–202	c
S0283	X79925	FAM	62	132–148	d
SW207	AF235238	FAM	58	170–188	e
SW225	AF235243	TET	55	94–118	e
SW398	AF235289	FAM	55	166–192	e
SW520	AF235317	FAM	62	102–124	e
SW698	AF235339	TET/ FAM	58	194–224	e
SW1030	AF235172	FAM	58	137–145	e
SW1876	AF253726	FAM	65	204–258	f
SW1901	AF253734	FAM	58	107–129	f
SW2007	AF253772	TET	60	137–145	f
SWR1627	AF253889	FAM	60	158–168	f
KS502	AF305933	FAM	60	163–183	g
HSA125gt	FM877810	HEX	59	200–240	h
MUC4gt	FM877809	FAM	59	210–250	h
UMNp884	AY285570	HEX	62	138–138	i
UMNp894	AY285577	FAM	54	208–210	i
UMNp1062	AY285217	HEX	58	260–275	i
UMNp1197	AY285320	FAM	62	246–256	i
UMNp1226	AY285345	FAM	60	165–175	i
UMNp1239	AY285356	HEX	60	140–150	i
UMNp1298	AY285397	FAM	60	250–265	i
UMNp1320	AY285414	FAM	65	130–130	i
UMNp1341	AY285430	FAM	60	140–160	i

2. Materials and Methods

Table 2.3.: Six selected restriction fragment length polymorphisms in *TNK2* and *MUC4*. Position of the single nucleotide polymorphisms (SNPs) in the sequence and the nucleotide changing the restriction pattern of the enzyme are given.

Accession no. Position of SNP (bp)	Gene symbol Primer combination	SNP	Restriction enzyme	Length of digested fragments (bp)
FN393558	*TNK2*			
7075	TNK2e6-7-Fc2/R	C	*Taq*I	625
		A		189, 436
7717	TNK2e9j-F/R	T	*Bse*DI	9, 19, 24, 43, 45, 88, 142, 181
		C		9, 19, 24, 43, 45, 73, 88, 108, 142
11142	TNK2e12b-Fv2/Rv2	A	*Alu*I	18, 27, 97, 134, 214, 261
		G		17, 18, 27, 97, 117, 214, 261
DQ848681	*MUC4*			
6242	MUC4-6138-F/6887-R	G	*Hpy*F3I	99, 261, 383
		A		99, 102, 261, 281
7947	MUC4-7741-F/8202-R	G	*Hin*1II	7, 35, 42, 147, 231
		A		7, 35, 42, 102, 129, 147
8227	MUC4-8012-F/8378-R	C	*Xba*I	367
		G		154, 213

by incubating at 95 °C for 5 min. Finally, 1 µl was loaded on a 4.5% polyacrylamide gel and run for appropriate time.

Sequencing data were analysed and assembled using the software CHROMAS PRO 1.33 (Technelysium Pty Ltd, Tewantin, AUS). The software BIOEDIT 7 (Hall, 1999) was used to compare and align sequences.

2.4. RNA methods

Liver tissue for RNA extraction was taken immediately after the slaughter of pigs. Intestinal scrapings were removed with glass slides from an intestinal segment free of contents that was rinsed with ddH$_2$O or PBS. Liver tissue and scrapings were wrapped in aluminium foil or put in 1.5 ml tubes and frozen in liquid nitrogen. Samples were stored at −70 °C until RNA extraction.

2.4.1. RNA extraction

Total RNA from intestinal scrapings and from liver was extracted with an RNeasy Midi kit according to the protocol for animal tissues (version June 2001). The tissue was deep frozen in liquid nitrogen and ground with a pestle in a mortar. Of the ground material, 0.2 to 0.4 g was homogenised by vortex with 4 ml RLT buffer in a 15 ml centrifuge tube. The homogenate was centrifuged at 4800 g for 10 min. The supernatant was transferred to a new tube and homogenised in 1 volume of

70% EtOH by shaking vigorously. The solution was transferred to an RNeasy Midi column and centrifuged at $4800\,g$ for 5 min. After centrifugation, 2 ml RW1 buffer was added to the column followed again by centrifugation. The remaining DNA was removed by adding 20 µl DNase to the column. After incubation at room temperature for 15 min, 2 ml RW1 buffer was added to the column and the unit was left at room temperature for 5 min. The column was again centrifuged at $4800\,g$ for 5 min and the flow-through was discarded.

To wash the column, 2.5 ml RPE buffer was added to the column and the unit was centrifuged at $4800\,g$ for 2 min. Again, RPE buffer was added, followed by centrifugation for 5 min. The column was placed on a new tube and 150 µl RNase free water was added to the column. After incubation for 1 min, RNA was eluted by centrifugation of the column at $4800\,g$ for 3 min. The last step was repeated to increase the yield of RNA.

2.4.2. RNA quantification

The relative amount and quality of total RNA were estimated according to Qiagen's instructions. A 5 x RNA loading buffer was added to 8 µl RNA. The samples were incubated at 65 °C for 5 min, chilled on ice and loaded on a 1.2% formaldehyde agarose gel with EtBr. The gel was run in 1 x FA gel running buffer at 50 mA. The relative amount was estimated by comparing the intensity of the bands of the samples under UV-light. The quality of the RNA was estimated with the ratio of the 18S:28S RNA. High RNA quality should be present in a ratio of 1:1.8 for 18S:28S RNA.

2.4.3. Reverse transcription-PCR

The Reverse Transcription System was used for reverse transcription-PCR (RT-PCR) of total RNA according to the manufacturer's protocol (version June 2006). RT-PCR was performed in a 20 µl reaction volume containing 3 to 5 µl total RNA, 1 mM of each dNTP, reverse transcription buffer (10 mM Tris-HCl pH9.0, 50 mM KCl, 0.1% Triton X-100), 5 mM $MgCl_2$, 5 µM Oligo$(dT)_{15}$ primer, 20 U recombinant RNasin and 15 U AMV reverse transcriptase. The first strand synthesis was carried out in 200 µl PCR tubes or strips on PTC100 at 42 °C for 40 min. Denaturation at 95 °C for 5 min inactivated the reverse transcriptase. First strand cDNA was visualised under UV-light on agarose gel containing EtBr.

2.4.4. PCR and sequencing

The RT-PCR reaction volume was diluted with ddH_2O to 100 µl. Thereof, 3 to 5 µl was used for the specific PCR reaction with primers designed from exon sequences. PCR was performed in 100 µl reaction volumes analogous to subsection 2.3.2 but

2. Materials and Methods

with 0.5 µM of each the forward and reverse primer and 1.25 to 2.5 U Taq JumpStart DNA polymerase. After an initial denaturation at 95 °C for 5 min, the samples were cycled 35 to 40 times as follows: denaturation at 95 °C for 45 s, annealing at 55 to 65 °C for 45 s, extension at 72 °C for 70 s. Finally, samples were extended at 72 °C for 7 min. Purification and sequencing of cDNA was performed as described in subsection 2.3.6.

2.5. Computational methods

2.5.1. Linkage analysis

The software CRIMAP 2.4 (Green *et al.*, 1990) was recompiled and used on a HP/UX B.11.23 U Itanium processor based system at the ETH with standard settings for twopoint and multipoint linkage analyses. The significance level for linkage was set to a LOD score value above three. The option `build` was used to create a map based on a few highly informative markers, whose order was known from literature. Subsequently, the option `flips` was used to determine or confirm the most probable and statistically significant order(s). Finally, the option `chrompic` was used to find recombination and double recombination events.

2.5.2. Statistics of F4ad adhesion

Bacterial adhesion to enterocytes of most pigs was either 0% or 100%, and obviously, this adhesion strength is not distributed normally. A normal distribution would be difficult to achieve by transformation of the data. Therefore, for statistical analysis of the F4 adhesion distribution, tests were used that do not require normal distribution. Differences in F4ad adhesion strength between litters of repeated matings were compared using the Kruskal-Wallis one-way analysis of variance.

The Kruskal-Wallis test is based on ranks and does not require normal distribution. Differences in F4ad adhesion strength were also tested with the Kolmogorov-Smirnov test. This test compares the cumulative distribution of two independent datasets and tests whether the values fit the same distribution.

For sample sizes of more than five, this test behaves similar to Chi-square distribution with $n-1$ degrees of freedom (df). Statistical analysis and descriptive statistics were performed with the software SYSTAT 11 (Systat Software GmbH, Erkrath, D).

2.5.3. *In silico* mapping

Gene and microsatellite sequences were used for BLAST searches of the pig genome sequence being generated by the Swine Genome Sequencing Consortium (Schook *et al.* 2005; http://www.sanger.ac.uk/cgi-bin/blast/submitblast/s_scrofa). The physical position of the BAC clones comprising the BLASTed sequence was derived from the BAC fingerprint contig map (Humphray *et al.* 2007; http://pre.ensembl.org/Sus_scrofa_map/Info/Index).

3. Results

3.1. *E. coli* F4 adhesion to enterocytes

3.1.1. Phenotypes of the experimental herd pigs

The *E. coli* F4 phenotypes of 1569 pigs of the Swiss experimental herd (SEH) were determined with the microscopic adhesion test. The phenotypes according to Bijlsma *et al.* (1982) and Baker *et al.* (1997) are shown in Table 3.1. The 594 pigs of phenotypes A and B showed a strong adhesion, with more than 85% of F4ab and F4ac adhesive enterocytes. The 247 pigs of phenotypes C and F were adhesion negative for F4ac but adhesion positive for F4ab and showed a low adhesion strength, with about 20% of F4ab adhesive enterocytes. Ninety-five of these 247 pigs (42%) had <15% of adhesive enterocytes and only 12 pigs (5%) had >60% adhesive enterocytes.

The 799 F4ad adhesion positive pigs of phenotypes A, C and D had about 60% F4ad adhesive enterocytes in phenotypes A and C, and about 40% adhesive enterocytes in phenotype D. Standard deviation (SD) of F4ab and F4ac adhesion strength was at most ±23%, but it rose up to ±37% in the F4ad adhesion positive pigs.

The Spearman correlation (r_s) was r_s=0.878 between F4ac and F4ab adhesion, r_s=0.218 between F4ac and F4ad adhesion and r_s=0.363 between F4ab and F4ad adhesion. The scatterplot matrix of Figure 3.1 compares the F4 adhesion strengths, and the bar charts illustrate the accumulation of F4ab, F4ac and F4ad adhesion strength around 0% and around 100% of adhesive enterocytes.

F4ac adhesion to enterocytes was unambiguous in most pigs (Figure 3.2). More than 95% of the 1569 pigs had either >60% or ≤15% of F4ac adhesive enterocytes. Only 56 pigs had between >15% and ≤60% of adhesive enterocytes. F4ab adhesion to enterocytes was less clear, but still 90% of the pigs had >60% or ≤15% of adhesive enterocytes. With the current threshold for susceptibility of 2.5% of adhesive enterocytes, the percentage of unambiguously adhesive F4ab enterocytes was 82%.

F4ad adhesion to enterocytes was even less clear: 84% of pigs had >60% or ≤15% of adhesive enterocytes, and only 72% of pigs had >60% or ≤2.5% of adhesive enterocytes.

3. Results

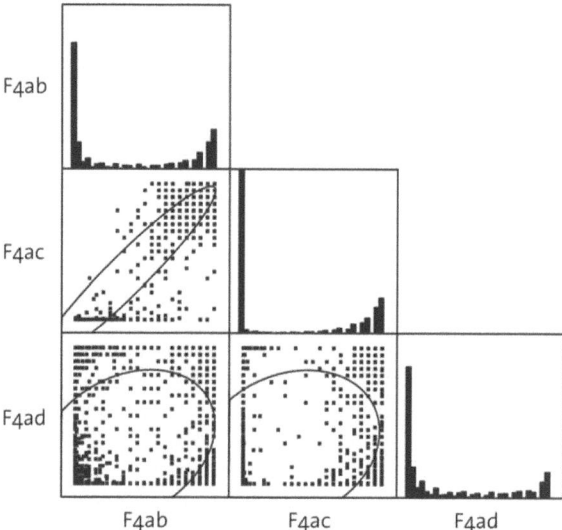

Figure 3.1.: Scatterplot matrix of F4ab, F4ac and F4ad adhesion of 1569 SEH pigs. The scatterplots compare the adhesion strengths of two F4 variants on a scale from 0% to 100%. Adhesion strength of one variant is shown on the vertical axis (with increasing % from bottom to top) and adhesion strength of the other variant is shown on the horizontal axis (with increasing % from left to right). The ellipse marks the 95% confidence interval. The bar charts show the distribution of F4 adhesion strength with number of pigs (vertical axis) and percentage of adhesive cells (horizontal axis).

Table 3.1.: *E. coli* F4 phenotypes of 1569 SEH pigs according to Bijlsma *et al.* (1982) and Baker *et al.* (1997). The phenotypes are explained in Table 1.1. Mean percentage ±standard deviation (SD) of adhesive enterocytes are given. An enterocyte was classified as adhesive if more than five bacteria were bound to the brush border. Pigs with more than 15% of F4ac adhesive enterocytes, and pigs with more than 2.5% of F4ab and F4ad adhesive enterocytes were considered to be susceptible.

E. coli variant	Phenotype and mean adhesion strength ±SD (%)					
	A	B	C	D	E	F
F4ab	89 ±14	85 ±17	23 ±18	0 ±1	0 ±0	22 ±23
F4ac	87 ±16	85 ±17	1 ±3	0 ±0	0 ±0	1 ±3
F4ad	60 ±36	0 ±0	58 ±37	42 ±31	0 ±0	1 ±1
Total no.	367	227	197	235	493	50
Percentage	23	14	13	15	31	3

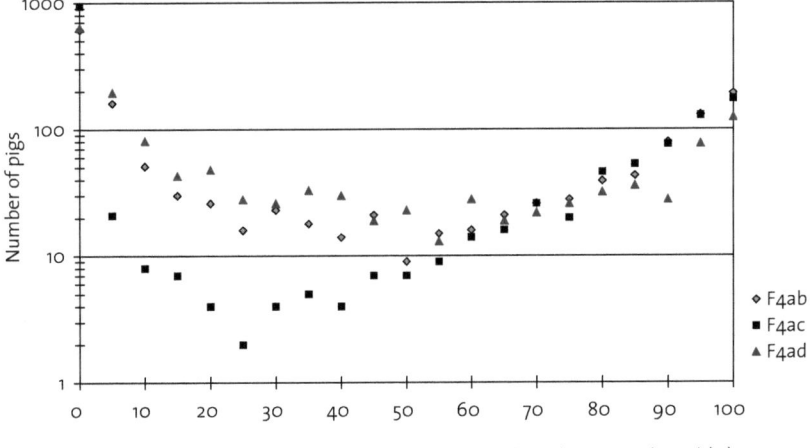

Figure 3.2.: Percentage of adhesive enterocytes of 1569 pigs phenotyped for F4ab, F4ac and F4ad adhesion. Number of pigs is shown in the vertical axis and percentage of adhesive enterocytes in the horizontal axis.

3.1.2. Phenotypes of the Swiss performing station pigs

Of the 78 offspring of 38 litters from the Swiss performing station (SPS), 64 pigs (83%) were of phenotypes A or B with more than 70% of F4ab and F4ac adhesive enterocytes (Table 3.2). The mean F4ad adhesion strength to enterocytes of the 41 pigs of phenotype A was 55%, but it was only 27% to enterocytes of the 5 pigs of phenotype D. Phenotype C was found in one pig but phenotype F was not found in any pigs. Ninety percent of the 61 Landrace breed pigs and 53% of the 17 Large White breed pigs were F4ab and F4ac adhesion positive (Table 3.5 on page 50).

The SD for the F4ab and F4ac adhesion strengths was greater in SPS pigs than in SEH pigs, but SD was smaller for the F4ad adhesion strength in SPS pigs. The Spearman correlation was $r_s=0.799$ between F4ab and F4ac adhesion, $r_s=0.223$ between F4ad and F4ab adhesion, and $r_s=0.226$ between F4ad and F4ac adhesion. Figure 3.3 shows the correlation between each of the pairwise comparisons and shows the distribution of the adhesion strengths.

Bacterial adhesion to enterocytes was less clear in SPS pigs compared to SEH pigs: 21% of the SPS pigs had between 15% and 60% of F4ab or F4ac adhesive enterocytes, and even 29% of the pigs had between 15% and 60% of F4ad adhesive enterocytes.

Table 3.2.: *E. coli* F4 phenotypes of 78 SPS pigs according to Bijlsma *et al.* (1982) and Baker *et al.* (1997). Mean percentage ±SD of adhesive enterocytes are given. An enterocyte was classified as adhesive if more than five bacteria were bound to the brush border. Pigs with more than 15% of F4ac adhesive enterocytes, and pigs with more than 2.5% of F4ab and F4ad adhesive enterocytes were considered to be susceptible.

E. coli variant	Phenotype and mean adhesion strength ±SD (%)					
	A	B	C	D	E	F
F4ab	72 ±27	81 ±20	18	0 ±0	0 ±0	-
F4ac	75 ±22	77 ±23	0	0 ±0	0 ±0	-
F4ad	55 ±28	0 ±0	55	27 ±22	0 ±0	-
Total no.	41	23	1	5	8	0
Percentage	53	30	1	6	10	0

3.2. F4ab/F4ac receptor position on SSC13

Genotyping data of two new microsatellite markers (*MUC4gt* and *HSA125gt*) and of six known microsatellite markers (*SW207*, *S0283*, *S0075*, *SW1876*, *SW225*, *SW1030*)

3.2. F4ab/F4ac receptor position on SSC13

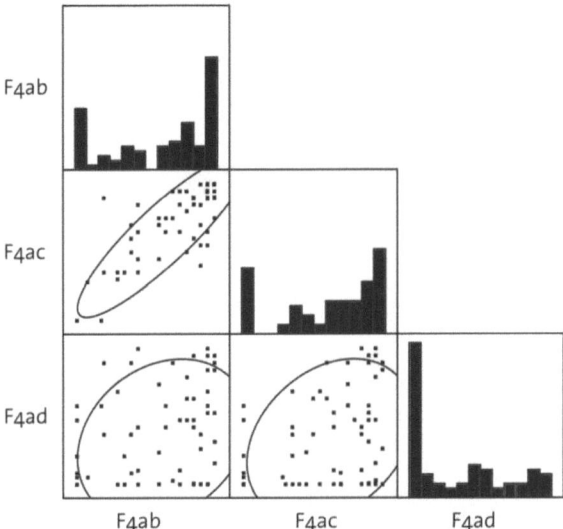

Figure 3.3.: Scatterplot matrix of F4ab, F4ac and F4ad adhesion of 78 SPS pigs. The scatterplots compare the adhesion strengths of two F4 variants on a scale from 0% to 100%. Adhesion strength of one variant is shown on the vertical axis (with increasing % from bottom to top) and adhesion strength of the other variant is shown on the horizontal axis (with increasing % from left to right). The ellipse marks the 95% confidence interval. The bar charts show the distribution of F4 adhesion strength with number of pigs (vertical axis) and percentage of adhesive cells (horizontal axis).

3. Results

in the interval *SW207* – *SW398* and of the *MUC4* g.8227C>G polymorphism (*MUC4-8227*) were used to generate a linkage map. The F4ac receptor locus (*F4acR*) of offspring from informative matings and of parents with a phenotype confirmed by progeny was coded with the genotype. *F4acR* of pigs with unconfirmed F4ac genotype was coded with the phenotype.

A total of 331 SEH pigs, 143 SPS pigs and 236 pigs from the Nordic experimental herd (NEH) were used. The linkage map of the combined data was built with the software CRIMAP 2.4 and is shown in Figure 3.4. A LOD score of more than 3 supported the order and was considered to be significant. For each marker interval, the differences in log_{10} likelihood ($\Delta \log L$) between the order as shown and the order with the two markers inverted, as well as the recombination fractions between the markers, are shown to the right. Microsatellites *S0222* and *SW398* were included in order to assist in the orientation of the linkage map. Due to software limitations, these were excluded from analysis. *F4bcR* could be assigned with significance to the interval

$$SW207 - [MUC4\text{-}8227,\ MUC4gt] - S0075.$$

The most likely order was *SW207* – (*F4bcR* – [*MUC4-8227* – *MUC4gt*] – *S0283* – *HSA125gt*) – *S0075* – *SW1876* – *SW225* – *SW1030* (log L -201.9). If *S0283* was omitted from the analysis, the most likely position for *F4bcR* shifted to [*MUC4-8227* – *MUC4gt*] – *S0075*. However, a clear position of *F4bcR* within the parentheses could not be established with a significant LOD score. Using the `chrompic` option of CRIMAP revealed 54 SEH pigs with a chromosomal recombination between *SW207* – *SW398*, based on the origin of grandparental chromosomes. Nine of these pigs were double recombinant in one microsatellite marker, i.e., the microsatellite was received from grandfather, while the adjacent markers were received from grandmother, or vice versa.

Further microsatellites were analysed in the Swiss pigs, but not in the Nordic pigs and therefore were not included in the linkage analysis. In the Swiss pigs, the option `build` of CRIMAP mapped the marker *S0068* close to *SW207* and the markers *SW2007* and *SWR1627* close to *SW1876*. The marker *SW698* was mapped close to *SW1030*, and the marker *SW520* was mapped between *SW1030* and *SW398*. Additional microsatellite markers were tested in four SEH litters with a total of 52 pigs. The three microsatellites *UMNp894*, *UMNp1239* and *UMNp1320* were not polymorphic in these litters. The six microsatellites *UMNp1062*, *UMNp1226*, *UMNp1298*, *UMNp1341*, *UMNp1197* and *UMNp884* showed only two alleles in the same four litters and were not considered for further analysis. The microsatellite *KS502* was not further considered as the alleles were not obviously linked to the F4ac phenotype.

3.2. F4ab/F4ac receptor position on SSC13

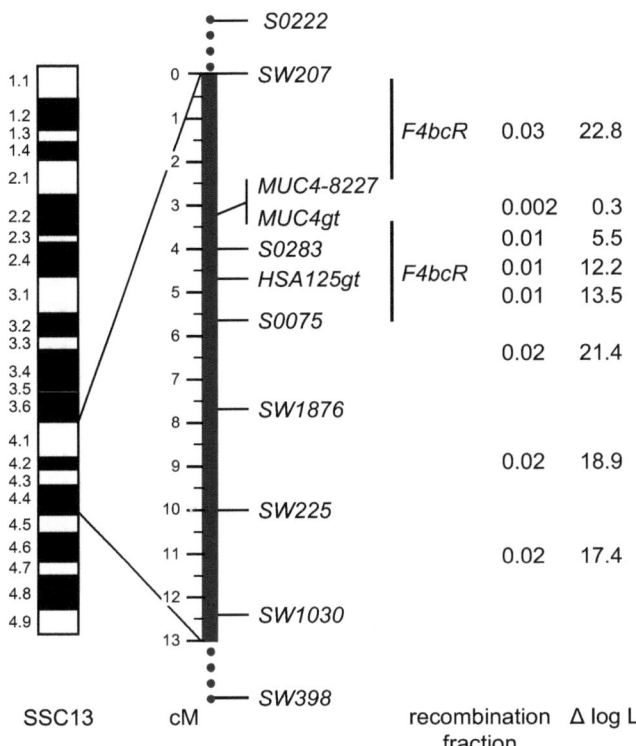

Figure 3.4.: Assignment of the receptor gene for *E. coli* F4ab/F4ac adhesion (*F4bcR*) on porcine chromosome 13 (SSC13). Data of Jørgensen *et al.* (2003) and Python *et al.* (2002, 2005) supplied by Nordic.2 map (Marklund *et al.*, 1996) and USDA MARC map (Rohrer *et al.*, 1996). The order of loci is supported by a LOD score of more than 3. Sex-averaged map distances are given in Kosambi cM. Recombination frequency of adjacent loci and differences in log_{10} likelihood (Δ log L) against the inversion of adjacent loci are shown to the right.

3.2.1. Physical mapping of markers

The microsatellite sequences were used to BLAST search pig genome sequences being generated by the Swine Genome Sequencing Consortium. The physical order of the BAC clones on the fingerprint contig from the Wellcome Trust Sanger Institute, which contains the marker sequences, was in agreement with the order of the markers on the linkage map. Table 3.3 shows the order of the BAC clones containing the marker, the BLAST search sequence and the physical position of the clones on SSC13.

Table 3.3.: Mapping by BLAST searches of microsatellite sequences to BAC clones being sequenced within the Swine Genome Sequencing Consortium pig genome project. The order of the clones corresponds to their physical order on SSC13, as indicated by the start position (based on release code 53 of March 2009; http://pre.ensembl.org/Sus_scrofa_map/Info/Index). Sequence identity was at least 90%. As statistical value the e-value is given.

Microsatellite marker	Search sequence no.	BAC clone name	Clone sequence no.	e-value	SSC13 start position of BAC clone (bp)
S0222	L30151	CH242-165E13	CU856425	4×10^{-95}	53 285 853
SW207	AF235238	CH242-42J12	CU861632	2×10^{-108}	132 271 767
MUC4gt	FM877809	CH242-240L11	CU468995	5×10^{-89}	142 999 145
S0283	X79925	CH242-89F13	CU466522	3×10^{-121}	144 341 579
HSA125gt	FM877810[a]				145 100 000
S0075	AF044970[b]	CH242-220A1	CU466991	2×10^{-70}	145 838 211
SW1876	AF253726	CH242-275M20	CU633693	4×10^{-130}	149 656 892
SW225	AF235243	CH242-81P9	CU928545	3×10^{-86}	158 364 572
SW225	AF235243	CH242-165L7	CU467096	3×10^{-86}	158 461 324
SW1030	AF235172	CH242-246E8	CU915590	4×10^{-89}	185 715 153
SW698	AF235339	CH242-170C13	CU928595	1×10^{-98}	187 105 963
SW398	AF235289	CH242-267N6	CU633688	1×10^{-64}	196 654 176

[a]*HSA125gt* was mapped to homologous regions on HSA3, as no sequenced pig clone was available in that region as of June 2009, and its position in SSC13 was estimated using the BAC contig.

[b]The sequence part containing the marker sequence was used for blasting.

A clone map in the region of *MUC4* was created by BLAST search of human gene sequences to pig sequences. The porcine gene order on the BAC fingerprint contig revealed a rearrangement compared to the human genome: The human part HSA3 196.9–198.9 Mb spanning from *MUC20* to *MFI2* comprising *MUC4* seems to be inverted in SSC13 141.2–143.2 Mb.

3.3. Sequencing of candidate genes

3.3.1. MUC4

Genomic DNA of *MUC4* was amplified using the primers described in Table 2.1 (page 23). The DQ848681:g.6138–6887 fragment spanning exon 6 (157 bp) and flanking sequences of intron 5 (231 bp) and intron 6 (362 bp) was sequenced from 25 pigs. The sequence g.7741–8429 containing part of intron 7 was sequenced from 19 pigs. The sequence variants are described in subsection 3.4.1. The accordance of the sequence variants with the F4ac phenotype is described in section 3.5 and section 3.6.

3.3.2. TNK2

Genomic DNA of *TNK2* of two F4ac susceptible and two resistant animals was sequenced using the *TNK2* primers in Table 2.1. A sequence length of about 14 kb was obtained, spanning from exon 2 to exon 15. The complete coding sequence of 3114 bp and most introns were obtained. The sequences of pigs with lab numbers 411, 1170 and 5064 are stored in the EMBL database under the accession numbers FN393558, FN393559 and FN393560. The sequence of pig 1450 was identical to the sequence of pig 5064. Intron 9 and intron 10 of the four sequences contain a gap of unknown length, and a part of intron 4 contains some unknown nucleotides due to the slightly superimposed sequence. The sequence variants and the accordance with the phenotypes are described in subsection 3.4.2 and section 3.6.

3.3.3. C3orf21

Genomic DNA was amplified using primers C3orf21e4-F/e4-R derived from a porcine EST (CN164007) and human *C3orf21*. The 229 bp sequence corresponds to the 5' part of human exon 4 and was identical in two F4ac susceptible and two resistant pigs. The sequence is stored in the EMBL database under the accession number FN392681. DNA amplification of other exons was not successful.

3.3.4. CLDN1

A 908 bp cDNA fragment of *CLDN1* was reverse transcribed from liver and from intestinal scrapings using primers CLDN1e1-F/e4-R. Compared with the human sequence, the sequenced cDNAs contain 143 bp (of 223 bp) of exon 1, exons 2 to 4 and 352 bp of 3' UTR, and were identical in the four sequenced pigs. The sequence is stored under the accession number FM205928. The primers based on a porcine mRNA sequence (AJ318102) and a porcine EST (BF079579).

3.3.5. ST6GAL1

A 1220 bp cDNA fragment of *ST6GAL1* was reverse transcribed from RNA of the liver and of the intestinal scrapings each of an F4ac resistant and a homozygous susceptible pig. The sequences were obtained with the primers ST6Gal1e4b-F/e8b-R. All four cDNA sequences were identical and are stored under the accession number FN392680. The sequence contains most coding sequence of the gene: 565 bp (of 607 bp) of exon 4, exon 5 to 7, and 239 bp (of 243 bp) of exon 8.

3.4. Sequence variants in *MUC4* and *TNK2*

3.4.1. Sequence variants in *MUC4*

Eleven single nucleotide polymorphisms (SNPs) and one deletion were found in *MUC4* DQ848681:g.6138–6887 by sequence analysis of 25 pigs. Two SNPs were found in g.7741–8429 by sequence analysis of 19 pigs (Table 3.8 on page 53). Of these sequence variants, the g.6242G>A *HpyF3*I, g.7947A>G *Hin1*II and g.8227 C>G *Xba*I polymorphisms were determined in 180 pigs consisting of 78 SPS offspring, 48 SEH pigs of four resistant x heterozygous susceptible litters and in 56 additional SEH pigs (Table 3.7 on page 52). Figure 3.5 and Figure 3.6 show examples of the RFLP of PCR products from a heterozygous susceptible, a susceptible and a resistant pig. PCR and restriction was performed according to Table 2.3 (page 26).

The three SNPs determined by enzyme restriction were selected according to the haplotype information of 10 NEH pigs and 10 Swiss pigs that was provided by the Danish group of Claus Jørgensen. The genotype of the SNPs that we analysed coincided with the F4ac phenotype in all 20 pigs. Three additional SNPs coincided with the F4ac phenotype in the 20 pigs: g.6308G>T, g.6317G>A and g.6321G>C.

3.4.2. Sequence variants in *TNK2*

A total of 104 SNPs, 2 di-nucleotide polymorphisms (DNPs), 9 insertions and 7 deletions were found in *TNK2* sequences of four sequenced SEH pigs (Table 3.4 on page 44ff). Of the totally 122 sequence variants, 104 were found in introns and 18 in exons. Amino acid changes can be expected in four exon SNPs, all of them in exon 12. The FN393558:g.10622C>A mutation alters p.Pro543His, g.11008G>A alters p.Val673Met, g.11585G>A alters p.Arg865His and g.11684G>C alters p.Ser989Thr. The other 14 exon polymorphisms do not lead to any change in

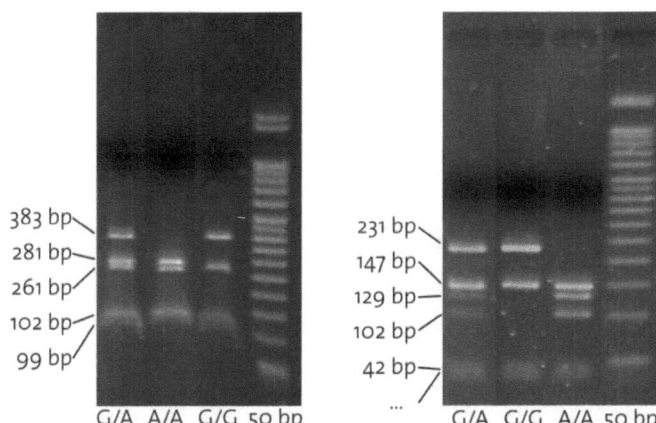

Figure 3.5.: Left: Restriction pattern of *HpyF3*I digestion of *MUC4* DQ848681: g.6138–6887 PCR products to determine the g.6242G>A polymorphism. The g.6242G>A substitution inserts a restriction site at 102 bp of the PCR product in addition to the existing restriction sites at 383 bp and 637 bp. Right: Restriction pattern of *Hin1*II digestion of *MUC4* g.7741–8202 PCR products to determine the g.7947A>G polymorphism. The g.7947A>G substitution removes the 206 bp restriction site, leaving the existing restriction sites at 35 bp, 77 bp, 308 bp and 455 bp of the PCR product. The digested samples were run with a 50 bp ladder on a 3% agarose gel.

3. Results

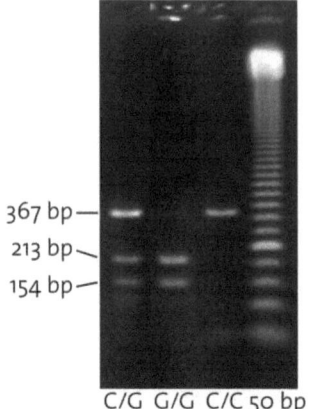

Figure 3.6.: Restriction pattern of XbaI digestion of MUC4 g.8012–8378 PCR products to determine the g.8227C>G polymorphism shown with a 50 bp ladder. The g.8227C>G substitution inserts a restriction site at 213 bp in the PCR product.

amino acids. Most of the deviating genotypes (79%) occurred in the F4ac resistant pig 1170: 81 SNPs, 1 DNP, 8 insertions and 7 deletions, whereas 25 SNPs and one DNP occurred in more than one pig.

Three SNPs were selected for further genotyping: the FN393558:g.7075C>A TaqI polymorphism of exon 7, the g.7717C>T BseDI polymorphism of intron 8 (Figure 3.7) and the g.11142G>A AluI polymorphism of exon 12 (Figure 3.8). These SNPs were in agreement with the F4ac genotype in the four sequenced pigs. Additional haplotype information of 10 phenotyped NEH pigs and of 6 SPS pigs, provided by Claus Jørgensen, supported the selection of the SNPs. The three SNPs were determined in 180 SEH and SPS pigs (Table 3.7 on page 52).

3.4. Sequence variants in MUC4 and TNK2

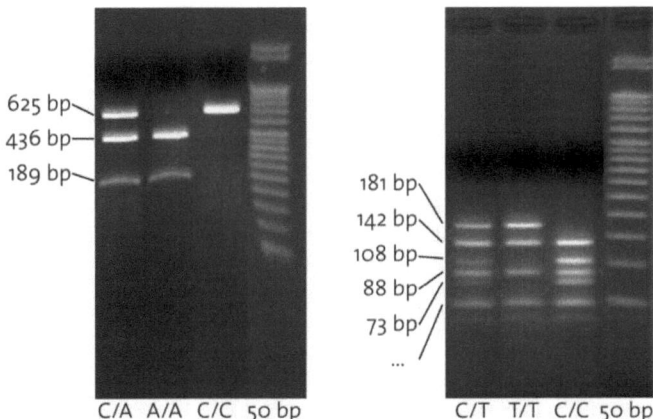

Figure 3.7.: Left: Restriction pattern of *Taq*I digestion of TNK2e6-7-Fc2/R PCR products to determine the FN393558:g.7075C>A polymorphism. The g.7075C>A substitution inserts a restriction site at 436 bp of the PCR product. Right: Restriction pattern of *Bse*DI digestion of TNK2e9j-F/R PCR products to determine the g.7717C>T polymorphism. The g.7717C>T substitution removes the 215 bp restriction site, leaving the existing restriction sites at 88 bp, 107 bp, 288 bp, 430 bp, 431 bp, 455 bp, 464 bp and 507 bp of the PCR product.

3. Results

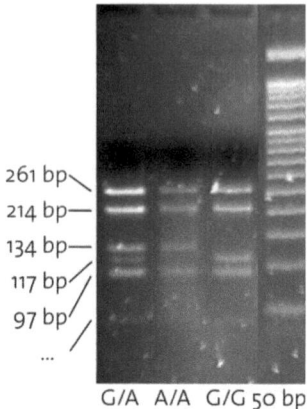

Figure 3.8.: Restriction pattern of *Alu*I digestion of TNK2e12b-Fv2/Rv2 PCR products to determine the FN393558:g.11142G>A polymorphism. The g.11142G>A substitution inserts an additional restriction site at 592 bp to the existing restriction sites at 214 bp, 475 bp, 609 bp and 706 bp of the PCR product.

Table 3.4.: Sequence variants in the genomic sequence of *TNK2* of two F4ac resistant (lab no. 411 and 1170) and two homozygous susceptible pigs (lab no. 1450 and 5064). Sequence variants and positions are given on the basis of the sequence FN393558 of pig 411 and noted as 1>2. The genomic information is giving for human.

Sequence position (bp)	Genomic information	Sequence variant	Haplotype of pigs F4ac resistant		susceptible	
			411	1170	1450	5064
233	Exon 2 165 bp	T>C	1 1	2 2	1 1	1 1
245	Exon 2 177 bp	G>T	1 1	2 2	1 1	1 1
					Continued on next page	

Table 3.4 – continued from previous page

Sequence position (bp)	Genomic information	Sequence variant	Haplotype of pigs F4ac			
			resistant		susceptible	
			411	1170	1450	5064
430	Intron 2 181 bp	G>C	1 1	2 2	1 1	1 1
454	Intron 2 205 bp	C>T	1 1	2 2	1 1	1 1
541	Intron 2 292 bp	G>A	1 1	2 2	1 1	1 1
616	Intron 2 367 bp	C>A	1 1	2 2	1 1	1 1
773	Intron 2 524 bp	T>C	1 1	2 2	1 1	1 1
812	Intron 2 563 bp	T>C	1 1	2 2	1 1	1 1
889	Intron 2 640 bp	A>G	1 1	2 2	1 1	1 1
1011	Intron 2 762 bp	T>C	1 1	2 2	1 1	1 1
1148	Intron 2 899 bp	C>G	1 1	2 2	1 1	1 1
1149_1150	Intron 2 901 bp	insCCC	1 1	2 2	1 1	1 1
1224	Intron 2 975 bp	C>T	1 1	2 2	1 1	1 1
1281	Exon 3 47 bp	C>T	1 1	2 2	1 1	1 1
1317	Intron 3 12 bp	G>A	1 1	2 2	1 1	1 1
1411	Intron 3 106 bp	G>T	1 1	2 2	1 1	1 1
1442	Intron 3 137 bp	A>G	1 1	2 2	1 1	1 1
1668	Intron 3 563 bp	T>C	1 1	2 2	1 1	1 1
1944	Intron 3 639 bp	G>A	1 1	2 2	1 1	1 1
2245	Intron 3 940 bp	A>G	1 1	2 2	1 1	1 1
2272	Intron 3 967 bp	delA	1 1	2 2	1 1	1 1
2313	Intron 3 1008 bp	C>T	1 1	2 2	1 1	1 1
2343	Intron 3 1038 bp	C>T	1 1	2 2	1 1	1 1
2356	Intron 3 1051 bp	G>T	1 1	2 2	1 1	1 1
2364	Intron 3 1059 bp	C>G	1 1	2 2	1 1	1 1
2379	Intron 3 1074 bp	T>G	1 1	2 2	1 1	1 1
2447_2448	Intron 3 1142 bp	insAGGGGGGG	1 1	2 2	1 1	1 1
2470_2471	Intron 3 1165 bp	insCT	1 1	2 2	1 1	1 1
2833	Intron 3 1528 bp	A>G	1 1	2 2	1 1	1 1
3049_3050	Intron 3 1744 bp	insG	1 1	2 2	1 1	1 1

Continued on next page

3. Results

Table 3.4 – continued from previous page

Sequence position (bp)	Genomic information	Sequence variant	Haplotype of pigs F4ac			
			resistant		susceptible	
			411	1170	1450	5064
3108	Intron 3 1803 bp	G>A	1 1	2 2	1 1	1 1
3164	Intron 3 1859 bp	G>A	1 1	2 2	1 1	1 1
3450	Intron 4 33 bp	G>A	1 1	2 2	1 1	1 1
3581	Intron 4 164 bp	A>G	1 1	2 2	1 1	1 1
3652	Intron 4 235 bp	G>C	1 1	2 2	1 1	1 1
3712_3940	partly superimposed					
3801	Intron 4 384 bp	delG	1 1	2 2	1 1	1 1
3882_3883	Intron 4 467 bp	ins300 bp	1 1	2 2	1 1	1 1
4189	Intron 4 774 bp	T>C	1 1	2 2	1 1	1 1
4217	Intron 4 802 bp	T>C	1 1	2 2	1 1	1 1
4406	Intron 4 991 bp	T>C	1 1	2 2	1 1	1 1
4778	Intron 5 110 bp	G>A	1 1	2 2	1 1	1 1
4850	Intron 5 182 bp	C>G	1 1	2 2	1 1	1 1
4860	Intron 5 192 bp	C>T	1 1	2 2	1 1	1 1
4905	Intron 5 237 bp	G>A	1 1	2 2	1 1	1 1
5038	Intron 5 370 bp	G>T	1 1	2 2	1 1	1 1
5081	Intron 5 413 bp	A>G	1 1	2 2	1 1	1 1
5085	Intron 5 417 bp	A>G	1 1	2 2	1 1	1 1
5107	Intron 5 439 bp	C>G	1 1	2 2	1 1	1 1
5451	Intron 6 20 bp	A>G	1 1	2 2	1 1	1 1
5498	Intron 6 67 bp	C>T	1 1	2 2	1 1	1 1
5718	Intron 6 287 bp	G>A	1 1	2 2	1 1	1 1
5738	Intron 6 307 bp	A>T	1 1	2 2	1 1	1 1
5842	Intron 6 411 bp	G>A	1 1	2 2	1 1	1 1
5997	Intron 6 566 bp	A>G	1 1	2 2	1 1	1 1
6102_6105	Intron 6 671 bp	delTGTT	1 1	2 2	1 1	1 1
6224	Intron 6 793 bp	C>T	1 1	2 2	1 1	1 1
6295	Intron 6 864 bp	T>A	1 1	2 2	1 1	1 1

Continued on next page

3.4. Sequence variants in MUC4 and TNK2

Table 3.4 – continued from previous page

Sequence position (bp)	Genomic information	Sequence variant	Haplotype of pigs F4ac			
			resistant		susceptible	
			411	1170	1450	5064
6421	Intron 6 990 bp	A>C	1 1	2 2	1 1	1 1
6532	Intron 6 1101 bp	A>G	1 1	2 2	1 1	1 1
6620	Intron 6 1189 bp	T>C	1 1	2 2	1 1	1 1
6632	Intron 6 1201 bp	T>G	1 1	2 2	1 1	1 1
6649	Intron 6 1218 bp	A>G	1 1	2 2	2 2	2 2
6686_6687	Intron 6 1256 bp	insT	1 1	2 2	2 2	2 2
6687_6688	Intron 6 1256 bp	delinsCC	1 1	2 2	2 2	2 2
6844_6846	Intron 6 1414 bp	delCCT	1 1	2 2	1 1	1 1
6888_6889	Intron 6 1458 bp	delTT	1 1	2 2	1 1	1 1
6971	Intron 6 1541 bp	C>A	1 1	2 2	2 2	2 2
7075	Exon 7 28 bp	C>A	1 1	1 1	2 2	2 2
7138	Exon 7 91 bp	T>C	1 1	2 2	2 2	2 2
7187	Intron 7 13 bp	G>T	1 1	2 2	1 1	1 1
7194	Intron 7 20 bp	delG	1 1	2 2	1 1	1 1
7267	Intron 7 93 bp	G>A	1 1	2 2	1 1	2 2
7339	Intron 7 165 bp	A>G	1 1	2 2	1 1	2 2
7371	Intron 7 197 bp	T>C	1 1	2 2	1 1	2 2
7717	Intron 8 19 bp	C>T	1 1	1 1	2 2	2 2
7850	Exon 9 69 bp	T>C	1 1	2 2	1 1	1 1
7853	Exon 9 72 bp	C>T	1 1	2 2	1 1	1 1
7900	Intron 9 24 bp	C>G	1 1	2 2	2 2	2 2
7910	Intron 9 34 bp	G>A	1 1	2 2	1 1	1 1
7916	Intron 9 40 bp	C>T	1 1	2 2	1 1	1 1
7934	Intron 9 58 bp	G>A	1 1	2 2	1 1	1 1
7980	Intron 9 104 bp	C>G	1 1	2 2	1 1	1 1
7986_7987	Intron 9 110 bp	delinsTG	1 1	2 2	1 1	1 1
8023	Intron 9 147 bp	A>G	1 1	2 2	1 1	1 1
8055_8154	not sequenced part, inserted 100 Ns					

Continued on next page

Table 3.4 – continued from previous page

Sequence position (bp)	Genomic information	Sequence variant	Haplotype of pigs F4ac resistant		susceptible	
			411	1170	1450	5064
8384	Exon 10 70 bp	A>G	1 1	2 2	2 2	2 2
8724_8823	not sequenced part, inserted 100 Ns					
8888	Intron 10 1337 bp	C>T	1 1	2 2	1 1	1 1
8998	Intron 10 1447 bp	G>A	1 1	1 1	2 2	2 2
9010	Intron 10 1459 bp	G>A	1 1	2 2	2 2	2 2
9042_9043	Intron 10 1491 bp	insAC	1 1	2 2	1 1	1 1
9272	Intron 11 103 bp	T>C	1 1	2 2	1 1	1 1
9374	Intron 11 205 bp	G>C	1 1	1 1	2 2	2 2
9392	Intron 11 223 bp	G>C	1 1	2 2	1 1	1 1
9417	Intron 11 248 bp	delC	1 1	2 2	1 1	1 1
9461	Intron 11 292 bp	C>T	1 1	2 2	1 1	1 1
9829	Intron 11 660 bp	C>T	1 1	2 2	1 1	1 1
10007	Intron 11 838 bp	C>T	1 1	2 2	1 1	1 1
10023	Intron 11 854 bp	G>A	1 1	2 2	1 1	1 1
10123_10124	Intron 11 954 bp	insTA	1 1	2 2	1 1	1 1
10159	Intron 11 990 bp	A>G	1 1	2 2	2 2	2 2
10331	Intron 11 1162 bp	G>A	1 1	1 1	2 2	2 2
10396	Intron 11 1227 bp	G>A	1 1	1 1	2 2	2 2
10520	Intron 11 1351 bp	A>G	1 1	2 2	1 1	1 1
10622	Exon 12 85 bp	C>A[a]	1 1	2 2	2 2	2 2
10725	Exon 12 188 bp	A>G	1 1	2 2	1 1	1 1
10731	Exon 12 194 bp	G>A	1 1	2 2	1 1	1 1
11008	Exon 12 471 bp	G>A[b]	1 1	2 2	1 1	1 1
11142	Exon 12 605 bp	G>A	1 1	1 1	2 2	2 2
11585	Exon 12 1048 bp	G>A[c]	1 1	2 2	1 1	1 1
11684	Exon 12 1147 bp	G>C[d]	1 1	2 2	1 1	1 1

Continued on next page

[a]missense SNP: p.Pro543His
[b]missense SNP: p.Val673Met
[c]missense SNP: p.Arg865His
[d]missense SNP: p.Ser989Thr

Table 3.4 – concluded from previous page

Sequence position (bp)	Genomic information	Sequence variant	Haplotype of pigs F4ac resistant		susceptible	
			411	1170	1450	5064
12205	Intron 13 237 bp	T>C	1 1	2 2	2 2	2 2
12622	Intron 14 247 bp	T>C	1 1	2 2	1 1	1 1
12630	Intron 14 255 bp	T>A	1 1	2 2	1 1	1 1
12649	Intron 14 274 bp	G>C	1 1	1 1	2 2	2 2
12699	Intron 14 324 bp	C>T	1 1	2 2	2 2	2 2
12723	Intron 14 348 bp	T>C	1 1	1 1	2 2	2 2
12750_12751	Intron 14 375 bp	insTATA	1 1	2 2	1 1	1 1
13009	Intron 14 634 bp	G>A	1 1	2 2	1 1	1 1
13136	Intron 14 761 bp	C>T	1 1	2 2	2 2	2 2
13342	Intron 14 967 bp	C>G	1 1	2 2	1 1	1 1
13593	Exon 15 UTR 248 bp	C>A	1 1	2 2	1 1	1 1
13714	Exon 15 UTR 369 bp	C>A	1 1	2 2	1 1	1 1
13764	Exon 15 UTR 419 bp	G>A	1 1	2 2	1 1	1 1

3.5. *MUC4* g.8227C>G polymorphism as a marker for F4ac susceptibility and resistance

Swiss experimental herd pigs

The 331 SEH pigs used for linkage analysis (section 3.2) were genotyped for the *MUC4* g.8227C>G polymorphism. The F4ab/F4ac phenotype could be determined in 329 pigs, and in 325 of these pigs, the phenotype coincided with the *MUC4* g.8227C>G genotype. In 4 of the 329 phenotyped pigs (1%), the F4ab/F4ac phenotype did not coincide with the g.8227C>G polymorphism. Two pigs were phenotyped as resistant and the genotype was heterozygous g.8227CG. Two other pigs were phenotyped as susceptible, but the genotype was homozygous g.8227CC associated with resistance (bold type printed numbers in Table 3.7). Two discordant SEH pigs, one of haplotype combination A (lab no. 1663) and one of combination D (lab no. 3584), were full-sibs of a repeated mating. They shared a resistant allele of the paternal grandfather with the maternal grandfather of a third discordant pig of haplotype combination A (lab no. 6229). The fourth discordant SEH pig (lab no. 9524) was not related to the others. Additionally, haplotype analysis in the interval between *SW207* and *SW1030* did not support the phenotyping results of these six pigs. Independent of the position of the F4ab/F4ac phenotype in the interval between *SW207* and *S0075*, a recombination or a double recombination occurred next to *F4bcR*.

3. Results

Swiss performing station pigs

The 78 SPS pigs of 38 litters were genotyped for the *MUC4* g.8227C>G polymorphism (Table 3.5). Pigs were of Landrace and Large White breed and represented the Swiss porcine population. The F4ac phenotype coincided in 72 pigs (92%) with the G-allele for susceptibility and the g.8227CC genotype for resistance, while the results were discordant in six pigs (8%). Five pigs were phenotyped as resistant, whereas the genotype was g.8227CG, and one pig was phenotyped susceptible while the genotype was g.8227CC (bold type printed in Table 3.5).

Table 3.5.: *MUC4* g.8227C>G polymorphism and F4ac phenotypes of 78 SPS pigs. Number of pigs where the phenotype did not coincide with the g.8227C>G polymorphism are in bold type.

MUC4 g.8227 genotype	F4ac phenotype	No. of pigs Landrace	Large White
C/C	resistant	5	4
	susceptible	**1**	0
C/G	resistant	**3**	**2**
	susceptible	6	44
G/G	susceptible	2	11
Total no. of pigs		17	61
Pigs carrying G-allele		65%	93%

Boars for artificial insemination

The g.8227C>G polymorphism was determined in 193 boars used for artificial insemination in Switzerland in 2005. Considerable differences in the frequency of the g.8227G allele were found between breeds (Table 3.6). More than 70% of Landrace and Large White boars carried the G-allele, associated with susceptibility, whereas only 13% of Duroc boars and 4% of Piétrain x Duroc boars carried the G-allele. Of the five genotyped Piétrain boars 60%, carried the G-allele.

3.6. *MUC4* and *TNK2* haplotypes

A total of 13 different haplotype combinations were found in 78 SPS and 102 SEH pigs by analysis of three SNPs in *TNK2* and three SNPs in *MUC4* (Table 3.7). The eight haplotype combinations A to H were found in several pigs, and five were found only in one pig. The SNPs of haplotype combinations A, D and H, comprising

3.6. MUC4 and TNK2 haplotypes

Table 3.6.: *MUC4* g.8227C>G polymorphism of 193 boars of five breeds used for artificial insemination in Switzerland in 2005.

MUC4 g.8227 genotype	No. of pigs				
	Landrace	Large White	Duroc	Piétrain x Duroc	Piétrain
C/C	7	30	14	27	2
C/G	13	61	2	1	1
G/G	6	27	0	0	2
Total no. of pigs	26	118	16	28	5
Pigs carrying G-allele	73%	75%	13%	4%	60%

about 85% of the analysed pigs, were of the same genotype as the g.8227C>G polymorphism. These data confirm the soundness of the g.8227C>G genotyping results. The two haplotype combinations A and D were found in 47 of 48 SEH pigs of four resistant x heterozygous matings. In one pig, the *TNK2* g.7075C>A polymorphism was different to the combination A (footnote a of Table 3.7).

A greater haplotype diversity was found in the 54 SEH pigs, with a recombination in the interval between *SW207* and *SW398*. Six haplotype combinations were found in these pigs: combinations A and D were found in 46 pigs, combination C in five pigs, and combinations B, E and footnote g, modifying combination C, in one pig. In each of the two haplotype combinations A and D, the haplotypes of two pigs did not correspond to the F4ac phenotype.

Eleven different haplotype combinations occurred in the 78 SPS offspring indicating that SPS pigs are genetically the most diverse of the pig samples. Again, the heterozygous haplotype combination D was most prevalent: it was found in 41 F4ac susceptible and 4 resistant pigs. Haplotype combinations E to H were found in 22 susceptible pigs and in one resistant pig. Haplotype combinations A and B were found in 9 pigs, and combination C, associated with the resistant phenotype, was found in one susceptible pig. Three of the haplotype combinations occurred only once and are mentioned in footnotes b, c and e of Table 3.7.

Two further haplotype combinations were determined in *MUC4* 6138–3887 by sequence analysis of 25 pigs (Table 3.8). The g.6242G>A, g.6317G>A, g.6321G>C, g.7947A>G and g.8227C>G polymorphisms coincided with the F4ac phenotype in 12 of 19 resistant pigs. The g.6308G>T polymorphism coincided with the phenotype even in 15 of 19 pigs.

3. Results

Table 3.7.: TNK2 and MUC4 haplotype combinations of 180 pigs determined by RFLP. The position of the variation in genomic sequences and the genomic information for the human sequence are given. SNPs in the haplotypes are encoded as 1>2. The F4ab/F4ac phenotype of the pigs is given as «R» for resistant and «S» for susceptible.

Position of the variation (bp)	Genomic information	SNP	Haplotype combinations								
			A	B	C	D	E	F	G	H	
FN393558	TNK2										
7075	Exon 7 28 bp	C>A	1 1[a]	1 1	1 2	1 2	1 2	2 2	1 2	2 2[b]	
7717	Intron 7 19 bp	C>T	1 1	1 1	1 2	1 2	1 2	2 2	1 2	2 2[c]	
11142	Exon 12 605 bp	G>A	1 1	1 1	1 2	1 2	2 2	1 2	2 2	2 2	
DQ848681	MUC4										
6242	Intron 5 618 bp	G>A	1 1	1 1	1 1[g]	1 2	1 2	1 2	1 2	2 2	
7947	Intron 7 114 bp	A>G	1 1	1 1	1 1	1 2	1 2	1 2	1 2	2 2	
8227	Intron 7 396 bp	C>G	1 1	1 1	1 1	1 2	1 2	1 2	1 2	2 2	
No. of pigs and F4ac phenotype		R	23								
		S				25					
Four SEH litters											
Selected SEH pigs		R	20	1	6	2		1			
		S	**2**			22	1				
SPS pigs		R	5	4	**1**	4	2	2	5	13	
		S				41	2	2			
Total no.			50	5	7	94	3	3	5	13	

[a]genotype of one R pig (lab no. 419): 1 2
[b]genotype of one pig (lab no. 3686): 1 2
[c]genotype of one pig (lab no. 949): 1 2
[d]not determined in one pig (lab no. 512)
[e]genotype of one S pig (lab no. 961): 1 1
[f]not determined in two pigs (lab no. 513 and 982)
[g]genotype of one R pig (lab no. 512): 1 2

3.6. MUC4 and TNK2 haplotypes

Table 3.8.: Additional polymorphisms in *MUC4* g.6138–6887 of 25 pigs determined by sequencing. Pigs shown with their lab no. are already included in Table 3.7. Sequence variants shown in Table 3.7 are in bold type. The position of the variations in the genomic sequence of DQ848681 and the genomic information for the human sequence are given. SNPs in the five haplotypes are encoded as 1>2. The F4ab/F4ac phenotype of the pigs is given as «R» for resistant and «S» for susceptible.

Sequence position (bp)	Genomic information	Sequence variant	Haplotype associated with				
			resistance		susceptibility		
6242	Intron 5 618 bp	G>A	1 1	1 1	1 2	1 2	2 2
6308	Intron 5 684 bp	G>T	1 1	1 1	1 2	1 1	2 2
6317	Intron 5 693 bp	G>A	1 1	1 1	1 2	1 2	2 2
6321	Intron 5 797 bp	G>C	1 1	1 1	1 2	1 2	2 2
6609	Intron 6 84 bp	T>A	1 1	1 2	1 2	1 2	2 2
6616	Intron 6 91 bp	G>T	1 1	1 2	1 2	1 2	2 2
6634	Intron 6 109 bp	A>C	1 1	1 2	1 2	1 2	2 2
6675_6680	Intron 6 150 bp	delGAACGT	1 1	1 2	1 2	1 2	2 2
6690	Intron 6 165 bp	A>T	1 1	1 2^a	1 2	1 2	2 2
6745	Intron 6 220 bp	T>C	1 1	1 2	1 2	1 2	2 2
6770	Intron 6 245 bp	G>T	1 1	1 2^a	1 2	1 2	2 2
6862	Intron 6 337 bp	T>C	1 1	n.d.^{b}	1 2^{cd}	1 2^d	2 2
7947	Intron 7 114 bp	A>G	1 1	1 1	1 2	1 2	2 2
8227	Intron 7 396 bp	C>G	1 1	1 1^e	1 2	1 2	2 2
Lab no. and F4ac phenotype	Four SEH litters	R	411	4827			
				4831			
				5063			
				1170			
	Selected SEH pigs	R		1141	3584		
				1142	9524		
				1183			
				1656			
				1657			
				1660			
		S	6229	1663			1450
							5064
	SPS pigs	R		979	3673	963	
					3674	3652	
						3669	
		S	3656		3666		

^{a}not determined in 1183 and 1660
^{b}not determined
^{c}not determined in 3584, 3666 and 9524
^{d}determined by Claus Jørgensen
^{e}determined by RFLP in six pigs (979, 1141, 1142, 1656, 4827, 5063)

3.7. F4ad susceptibility

3.7.1. F4ad adhesion of repeated matings

Thirty-two matings were repeated several times to produce 77 litters with a total of 749 offspring for phenotyping. The percentages of F4ad adhesive enterocytes of the pigs were compared within and between repeated litters. Six of the repeated matings were significantly different in the percentage of F4ad adhesive enterocytes between the repeated litters in the Kruskal-Wallis and the Kolmogorov-Smirnov test (Table 3.9 and Figure 3.9). These matings were of the following boar x sow combinations: 194B x 180B, 194B x 183B, 147*B x 156*B, 147*B x 239B, 214B x 215B and 381B x 190*B. The distributions of adhesion strength of these matings are shown in Figure 3.9, and indicate adhesion differences between repeated matings. The differences in adhesion strength of litters from the other 26 matings were either not significant or only in one test significant.

Adhesion strength of litter 90 from mating 194B x 180B was significantly and obviously different from the adhesion strengths of the litters 65, 97 and 107, but it was not significantly different from litters 51 and 77. Adhesion strength was also significantly different between litter 65 and the litters 77 and 97. Finally, litter 77 was also significantly different from litter 97. The mating 194B x 183B had significant differences only between litter 50 and 98.

Further, litters of mating 147*B x 156*B had obviously different distributions in adhesion strength: Litter 119 had seven non adhesive pigs and one pig with 8% adhesive enterocytes, whereas litter 132 had five pigs with 0% to 40% adhesive enterocytes and three pigs with 75% to 100% adhesive enterocytes. The adhesion differences in mating 214B x 215B were less obvious: Litter 81 had 11 pigs with 0% to 2.5% adhesive enterocytes, and two pigs with 100% adhesive enterocytes. On the other hand, litter 93 had 10 pigs with 0% to 8% adhesive enterocytes, one pig with 18% adhesive enterocytes and two pigs with 85% and 95% adhesive enterocytes.

3.7.2. Influence of intestinal contents on F4ad adhesion

Rating of two samples with and two samples without contents

Enterocytes were scored for F4ad adhesion of two adjoining intestinal segments without contents and of two adjoining intestinal segments with contents in a total of 59 pigs of 12 litters. Both intestinal segments free of contents of 50 pigs (85%) were classified to the same phenotype (Table 3.10) and adhesion strengths did highly correlate ($r_s = 0.887$). Of these pigs, 27 pigs were adhesion negative or had less than 2.5% of adhesive enterocytes, and 23 pigs were adhesion positive. Nine pigs (15%) were rated adhesion negative in one sample, but were rated adhesion positive in the other sample. The percentage of adhesive enterocytes in these nine samples was between 3% and 50%.

3.7. F4ad susceptibility

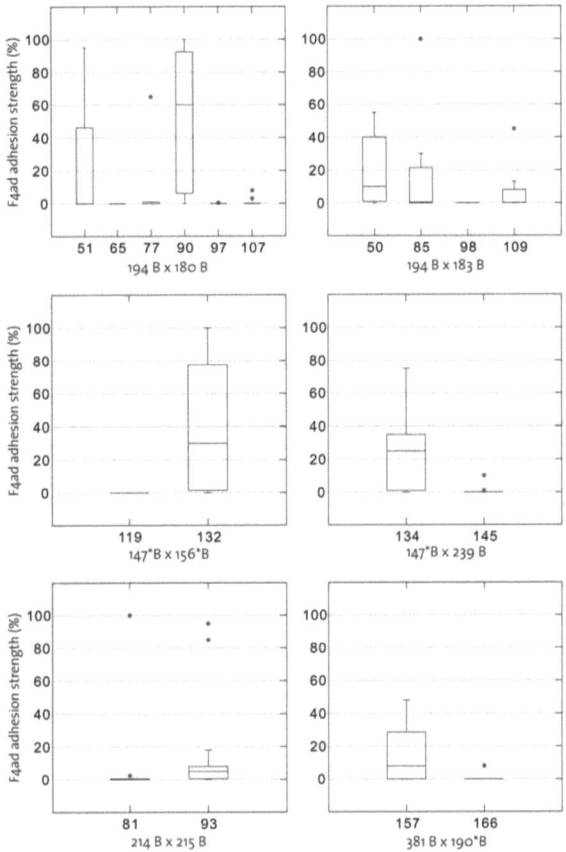

Figure 3.9.: F4ad adhesion strength of repeated matings with litter numbers are shown in boxplots. Boxes show the ranges of the central 50% of the values (interquartile range, IQR). The median is drawn as a horizontal line in the box. The end of the vertical line indicates the last value smaller than 1.5 xIQR. The outliers are drawn as •. Litters of the matings 147*B x 156*B, 147*B x 239B, 214B x 215B and 381B x 190*B are significantly different within the matings at the 5% level. Test statistics of the matings 194B x 180B and 194B x 183B are shown in Table 3.9.

55

3. Results

Table 3.9.: Kruskal-Wallis and Kolmogorov-Smirnov significance values showing differences in the percentages of F4ad adhesive enterocytes between litters. Litters of 194B x 180B and 194B x 183B are shown with bold type printed values p≤0.05 considered as significant.

Matings with litters no.	Litter no. Kolmogorov-Smirnov probabilities					
194B x 180B	51	65	77	90	97	107
51	-	0.185	0.915	0.421	0.185	0.421
65		-	**0.028**	**0.000**	**0.000**	0.112
77			-	0.086	**0.028**	0.415
90				-	**0.000**	**0.003**
97					-	0.598
107						-
Kruskal-Wallis	**0.000** assuming Chi-square distribution with 5 df					
194B x 183B	50	85	98	109		
50	-	0.735	**0.022**	0.386		
85		-	0.189	0.999		
98			-	0.112		
109				-		
Kruskal-Wallis	**0.024** assuming Chi-square distribution with 3 df					

3.7. F4ad susceptibility

The ratings of the two intestinal segments with contents gave similar results: 51 pigs (86%) agreed in both ratings (r_s=0.839). Of these pigs, 28 were of the resistant phenotype and 23 were of the susceptible phenotype. Eight pigs were adhesion negative in one sample, whereas the other sample had between 5% and 70% of adhesive enterocytes. The ratings of four of these eight pigs were also dissenting in intestinal segments free of contents.

The ratings of all four segments were in agreement in 61% (36 of 59 pigs) of the pigs. Five pigs were rated resistant in both segments without contents but were rated susceptible in both segments with contents. An additional five pigs were rated susceptible in both segments free of contents while they were rated susceptible in both segments with contents. In 13 other pigs, the rating of adjoining segments did not coincide.

Table 3.10.: F4ad rating of two adjoining segments free of contents and of two adjoining segments with contents of 59 pigs with a threshold of 2.5% of adhesive enterocytes. «R, R» indicates resistant ratings in both segments, «S, S» indicates susceptible ratings in both segments, and «R, S» indicates a resistant rating in one segment and a susceptible rating in the other segment.

Rating of two segments free of contents	No. of pigs with contents			
	R, R	S, S	R, S	Total
R, R	20	5	2	27
S, S	5	16	2	23
R, S	3	2	4	9
Total	28	23	8	59

Rating of one sample with and one sample without contents

The influence of contents to adhesion strength was compared by phenotyping an intestinal sample with contents and a sample without contents for 215 pigs (including the 59 pigs mentioned above). No significant differences were found with Kolmogorov-Smirnov (p=0.594) and Mann-Whitney (p=0.325) by comparing adhesion strength of the segment with contents to the adhesion strength of the segment without contents of 215 pigs. Additionally, the differences of adhesion were not different from zero in the t-test (p=0.473, df=214, mean=0.011, SD=0.215) (Figure 3.10 right part). Adhesion strengths of segments with contents and segments without contents were compared (Figure 3.10, left part) and did highly correlate (r_s=0.700). More than 75% of the pigs (161 of 215 pigs) had an adhesion difference

3. Results

between the two segments of ≤10%. In total, 90 pigs had no bacterial adhesion in both samples.

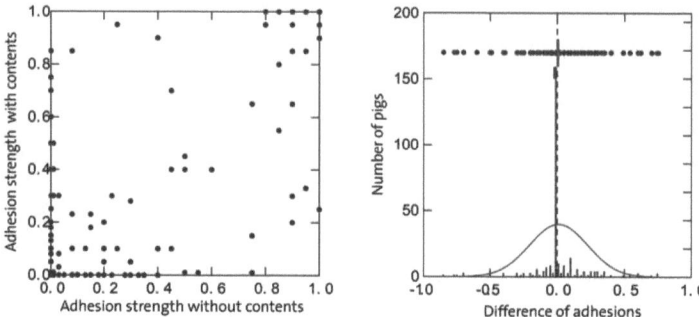

Figure 3.10.: An intestinal segment free of contents and a segment with contents were taken from each of 215 pigs, and the percentages of F4ad adhesive enterocytes (adhesion strength) were compared. Left: Scatterplot of adhesion strengths of intestinal segments with contents and intestinal segments without contents. Right: Distribution of differences in adhesion strengths of the two intestinal segments. A boxplot and the normal distribution curve are shown.

3.7.3. Threshold of 60% for F4ad susceptibility

The cumulative number of pigs rated as resistant depending on the threshold for F4ad susceptibility of 1569 phenotyped SEH pigs is shown in Figure 3.11. The gradient of pigs rated as resistant decreased until a threshold of 60%, and increased again with a threshold of >60%. The slowest increase of resistant pigs was determined at a threshold between 45% and 60% of adhesive enterocytes. The steepest slope of growth was between the threshold of 0% and 5%, and between the threshold of 95% and 100% of adhesive enterocytes. Of the total, 637 pigs (41%) had no adhesive enterocytes, 149 pigs had between >0% and 5% of adhesive enterocytes and 91 pigs had between >5% and 10% adhesive enterocytes. The adhesion strength of 2.5% was subject to high changes in susceptible pigs, and this questioned the actual threshold.

The number of adhering *E. coli* F4ad per enterocyte was counted for 154 SEH pigs and compared to the percentage of adhesive enterocytes (Figure 3.12). Pigs (n=110) with less than 60% adhesive enterocytes had less than a mean of 8 adhering bacteria per enterocyte except for two piglets with a mean of 9.6 and 10.3 bacteria,

3.7. F4ad susceptibility

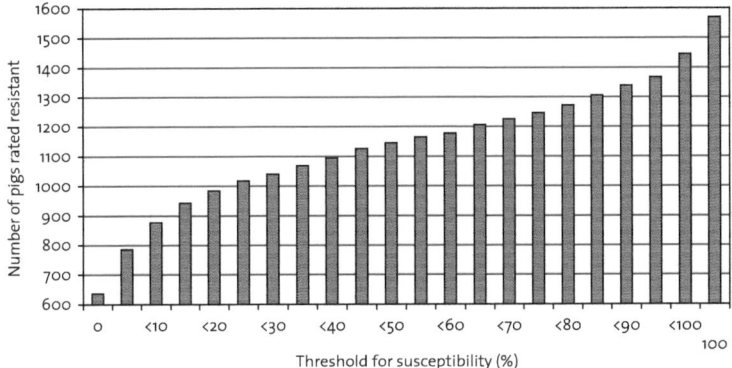

Figure 3.11.: The cumulative number of pigs rated as resistant depending on the threshold for susceptibility. In total, 1569 pigs from the experimental herd were phenotyped.

respectively. Pigs (n=44) with more than 60% adhesive enterocytes had at least 8 adhering bacteria per enterocyte except for one piglet with 7.6 bacteria. The mean number of bacteria per enterocyte was 2.4±2.6 for pigs with adhesion below 60% and 12.7±3.7 for pigs with more than 60% adhesive enterocytes. No pigs were found with adhesion between 53% and 64%.

3.7.4. Offspring of phenotyped parents

Subsequently, the threshold of 60% adhesive enterocytes was used to evaluate genetic influence on F4ad adhesion. This threshold was proposed by Hu *et al.* (1993) to distinguish the *F4adH* from the *F4adL*.

Parents with known phenotype were divided into three classes according to the threshold for high F4ad susceptibility of 60% adhesive enterocytes: pigs with 0% to 5% adhesive enterocytes were considered to be resistant (r), pigs with >5% to 60% adhesion to be low susceptible (l) and pigs with >60% adhesion to be high susceptible (h). Based on these adhesion classes, the 122 litters with a mean of 9.5 offspring were divided in one of the six possible mating combinations. The adhesion strengths of the 1166 pigs from these mating combinations are shown in boxplots in Figure 3.13. From resistant x resistant to high x high combinations, an increasing range of the central 50% of the values, shown the boxes, was observed. This increase was reflected in a rising percentage of adhesive enterocytes (Table 3.11).

The median of the adhesion strength of the high x high combination was 65%, whereas the median of the other mating combinations was 5% or below. The

3. Results

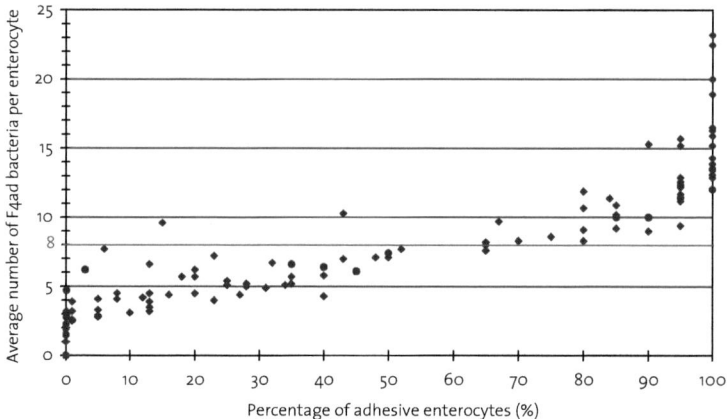

Figure 3.12.: The average number of bacteria adhering to enterocytes are compared to the percentage of adhesive enterocytes per pig. The 154 SEH pigs of 67±8 days of age of 17 litters were slaughtered between February and November 2007 and are shown as rhombi (r_s=0.955). Twelve additional fattening pigs or parent pigs are drawn as bullets.

3.7. F4ad susceptibility

adhesion strengths of pigs from the high x high and resistant x low combinations were significantly different from the other combinations (Table 3.11). The adhesion strength of the resistant x resistant combination was significantly different from all combinations but not from the low x low combination. In the other cases, lox x low, resistant x low and low x high combinations significantly different from the other three combinations, whereas they were not significantly different from each other. The adhesion of the lox x low, resistant x low and low x high combinations were not significantly different from each other, but from the other three combinations.

To eliminate the impact of repeated matings on the distribution of adhesion strengths, the mean adhesion strengths of offspring from matings were compared. The tendency between the mating combinations was comparable to the results shown in Figure 3.13.

Susceptible offspring of resistant x resistant matings and resistant offspring from susceptible x susceptible matings were also produced. Of the 137 offspring from 13 litters of resistant x resistant matings, 15 piglets from five different litters were highly susceptible. On the other hand, 28 offspring of 8 litters from high x high matings had an adhesion strength of ≤1%.

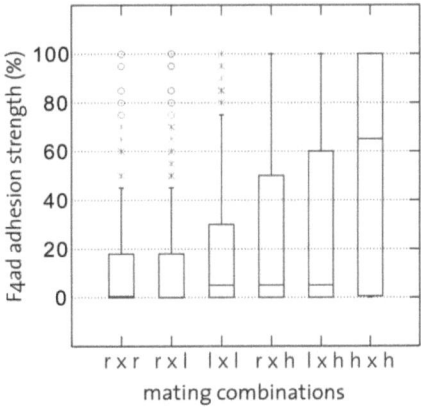

Figure 3.13.: Distributions of F4ad adhesion strengths of pigs of the six mating combinations according to a resistant (≤ 5% adhesive enterocytes, r), low susceptible (between 5% and 60%, l) or high susceptible (>60%, h) classification of the parents. The box-plots show the ranges of the central 50% of the values (box), the outside values (∗) and the far outside values (○).

3. Results

Table 3.11.: Kruskal-Wallis one-way analysis of variance with the six mating combinations of the three adhesion classes as described in Figure 3.13. Significance was confirmed with Kolmogorov-Smirnov test. Number of pigs and number of litters with mean adhesion of each mating combination are given. Significant differences (p<0.05) between the combinations are bold type printed.

	Comparison of mating combinations probabilities for similarity					
	r x r	r x l	l x l	r x h	l x h	h x h
resistant x resistant	-	**0.012**	0.210	**0.024**	**0.000**	**0.000**
resistant x low		-	**0.005**	**0.000**	**0.000**	**0.000**
low x low			-	0.287	0.174	**0.000**
resistant x high				-	0.967	**0.000**
low x high					-	**0.000**
high x high						-
No. of pigs	137	309	134	203	285	98
No. of litters	13	33	15	20	31	10
Mean adhesion	16.2%	16.9%	20.6%	26.4%	27.9%	53.7%

3.7.5. Repeated intestinal biopsies

For two piglets from each of five litters, biopsies of the small intestine were taken at the age of about four weeks and about six months. F4ad adhesion of six pigs was in agreement between the two biopsies (Table 3.12). In four pigs (lab no. 542, 543, 1398, 1399), the enterocytes showed no adhesion or a weak adhesion at the first biopsy (0% and 20%), but a strong adhesion (73%, 75%, 95% and 100%) at the second biopsy. Cell quality of intestinal segments in the first biopsy was modest in most samples, while it was good in the second biopsy.

3.7. F4ad susceptibility

Table 3.12.: Adhesion strength of intestinal biopsies of 10 pigs taken at the age of four to six weeks, at about six months and, if pigs are already dead, at slaughter. The first two pigs of each group are the boar and the sow. *E. coli* F4ad adhesion strength is shown with the age of pigs when the intestine sample was taken. The F4ac genotypes verified by progeny or/and descent are given as «s» for resistant and «S» for susceptible. The genotypes determined by the g.8227C>G polymorphism are shown in *italics*.

Pig/lab no.	Genotype F4ac	Biopsy 1		Biopsy 2		Slaughter	
		F4ad (%)	Age (d)	F4ad (%)	Age (d)	F4ad (%)	Age (d)
605B	ss						
619B	ss					0	643
2570/1400	ss	0	25	0	185		
2577/1401	ss	0	25	0	185		
381B	Ss					0	1253
928B	ss					0	1926
2554/1396	ss	0	26	0	202		
2557/1397	ss	0	26	0	202	0	341
381B	Ss					0	1253
190*B	ss						
2452/542	Ss	20	27	100	186		
2464/543	ss	0	27	95	186		
535*B	Ss					95[a]	613
614B	ss					100[b]	775
2559/1398	Ss	20	41	93	188		
2562/1399	Ss	0	41	75	188	18[c]	251
407B	SS						
391B	Ss						
2526/549	*Ss*	100	28	100	160	95[d]	211
2528/551	*Ss*	90	28	100	160		

[a]Segment free of contents taken 9 m distal the Arteria mesenterica cranialis. Adhesion strength was 3% at 5 m (with contents).

[b]Segment free of contents taken at 10 m. Adhesion strength was 15% at 5 m (with contents).

[c]Segment free of contents taken at 5 m. Adhesion strength was 0% at 0 m (with contents) and 58% at 10 m (without contents).

[d]With contents, position not clear. Pig was euthanised after chronic disease.

4. Discussion

4.1. *E. coli* F4 adhesion

4.1.1. Adhesion phenotypes

All five F4 adhesion phenotypes described by Bijlsma *et al.* (1982) and Baker *et al.* (1997) occurred in the 1569 pigs of more than 180 litters from the Swiss experimental herd (SEH) and in the 78 pigs from the Swiss performance station (SPS). Phenotypes A to E occurred in both herds, whereas phenotype F was found in SEH pigs but not in SPS pigs. In an earlier study with fewer SEH pigs, the same adhesion phenotypes were reported (Python, 2003; Python *et al.*, 2005). The two adhesion phenotypes G (F4ab$^-$/F4ac$^+$/F4ad$^-$) and H (F4ab$^-$/F4ac$^+$/Fad$^+$) reported in 3 of 366 Large White and Songliao Black breed pigs in a study of Li *et al.* (2007) were not found in our SEH and SPS pigs.

4.1.2. Strong F4ab/F4ac adhesion

Adhesion of F4ab and F4ac bacteria to enterocytes was unambiguous in most of the 1569 SEH pigs. Less than 10% of F4ab and less than 5% F4ac adhesion positive pigs had between 15% and 60% adhesive enterocytes (Figure 3.2 on page 33). As a result, mean adhesion strengths of pigs of phenotypes A and B were 85% or more (Table 3.1). The 20 pigs with 15% to 60% F4ac adhesive enterocytes were all suggested to be susceptible by haplotype analysis. Pigs with a high percentage of F4ac adhesion positive enterocytes also showed a high percentage of F4ab adhesion positive enterocytes (SEH pigs r_s=0.878, SPS pigs r_s=0.799).

We did not observe a pig in our herds that was F4ac adhesion positive but F4ab adhesion negative. These results support a single-locus model of a strong F4ab/F4ac receptor (*F4bcR*) inheritance. Nevertheless, inheritance of the F4ab and the F4ac receptor remains controversial. Some studies have suggested two or more distinct but linked genes for F4ab and F4ac receptors (Edfors-Lilja *et al.*, 1995; Guérin *et al.*, 1993; Li *et al.*, 2007; Peng *et al.*, 2007), while others have indicated a common receptor gene for F4ab and F4ac adhesion (Bijlsma and Bouw, 1987; Jørgensen *et al.*, 2003; Python *et al.*, 2002).

Strikingly, the mean adhesion strength of SPS pigs was slightly lower and had a greater standard deviation than in SEH pigs. It is not known if this is a result of altered sample quality due to the delay between sample taking and enterocyte purification.

4.1.3. Weak F4ab adhesion

In addition to the strong F4ab/F4ac adhesion, we observed 247 SEH pigs (16%) that were F4ab adhesion positive (mean adhesion 23±18%) but F4ac adhesion negative (phenotypes C and F). However, 42% of these pigs had less than 15% adhesive enterocytes, and only 6% of the pigs had ≥60% adhesive enterocytes. These results support the existence of a receptor for weak F4ab adhesion. A weak F4ab adhesion in phenotypes C and F has been found earlier by our group (Python, 2003; Python et al., 2005), but a weak F4 adhesion is being discussed since decennia.

Previously, Sellwood (1980) reported weak adhesive pigs with three to four F4ac bacteria per brush border. However, the weak adhesion seemed not to be sufficient for diarrhoea, as these pigs did not show clinical symptoms after oral infection with F4ac (Sellwood, 1984). Michaels et al. (1994) reported 20 of 85 Fengjing crossbred pigs as F4ac weak adherent, with one to six adherent bacteria per enterocyte; the other 65 pigs were resistant. Nevertheless, the authors could not explain the low adhesion. Explanations for the weak F4ab and F4ac phenotypes was discussed by Bijlsma and Bouw (1987) as an influence of epistatic genes or an inhibition or modification of receptor expression. Weak F4ab, F4ac and F4ad adhesion was reported by Baker et al. (1997), where adhesion was also dependent on the bacterial strains used. We did not note any obvious differences in adhesion when we compared the routinely used bacterial strain F4ad Guinée with the two strains F4ad Morris and Westerman in 12 piglets and 6 parent pigs.

4.1.4. F4ac adhesion differences between breeds

Our results revealed a high frequency of E. coli F4ab/F4ac susceptible pigs in commonly used pig breeds in Switzerland. The 78 SPS pigs of the representative sample of the Swiss porcine population were phenotyped as F4ac susceptible in 53% of the Landrace breed and in 90% of the Large White breed pigs. In an earlier report from Switzerland with 116 Landrace and 243 Large White breed pigs, about 50% of pigs from both breeds were phenotyped as F4ac susceptible (Gautschi and Schwörer, 1988). In a German study investigating occurrence of F4 receptors in different breeds, more than 60% of Landrace and Large White breed pigs were phenotyped as F4ac susceptible (Engel, 1998; Engel et al., 1998). Similar to our results, Li et al. (2007) phenotyped 79% pigs of Landrace breed and 49% pigs of Large White breed from China as susceptible to F4ac. Differences in susceptibility within the same breed may result from different breeding strategies in the geographical regions and indirect selection due to traits close to the F4ac receptor gene. Differences may also result from different phenotyping methods.

The *MUC4* DQ848681:g.8227C>G *Xba*I polymorphism was used as an indicator of F4ac susceptibility to genotype 193 boars used for artificial insemination in 2005 in Switzerland (Table 3.6 on page 51). The g.8227G allele associated with susceptibility was found in 73% of Landrace breed pigs and in 75% of Large White breed pigs, but only in 13% of Duroc breed and 4% of Piétrain x Duroc crossbreed pigs. The high frequency of Landrace and Large White breed pigs with the G-allele corresponds to the findings of SPS pigs.

Differences in F4ac susceptibility between breeds have been shown in different studies. Baker *et al.* (1997) and Engel *et al.* (1998) reported 33% and 40% of the pigs of the Duroc breed that were susceptible to F4ac. Duroc may be responsible for the low percentage of susceptible pigs in the Piétrain x Duroc crossbreed, as Engel *et al.* (1998) reported that more than 60% of the Piétrain breed pigs were F4ac susceptible. The 60% of our Piétrain boars carrying the G-allele further support these results, but the number of five pigs is not high enough to statistically support this assumption.

A high percentage of resistant pigs has been reported for other pig breeds: Songliao Black had 90% resistant pigs (Li *et al.*, 2007), Chester White had 64% and 85% resistant pigs (Baker *et al.*, 1997; Rapacz and Hasler-Rapacz, 1986), the Meishan breed had 100% resistant pigs and Meishan x Minzu and Meishan x Fengjing crossbreeds had 73% and 76% resistant pigs (Michaels *et al.*, 1994). It is not clear whether the pigs in the studies by Li *et al.* (2007), Michaels *et al.* (1994) and Rapacz and Hasler-Rapacz (1986) are representative of the population, as the pigs were from a research herd.

4.2. F4ab/F4ac mapping on SSC13

In this thesis, *F4bcR* could be assigned with significance to the interval *SW207* – [*MUC4-8227*, *MUC4gt*] – *S0075* by linkage and the results were published in Joller *et al.* (2009). Data of two earlier studies (Jørgensen *et al.*, 2003; Python *et al.*, 2005) were combined to a data set of 710 pigs to refine the position for *F4bcR*. Pigs consisted of 10 purebred founders (F_0), 26 F_1 pigs and 200 F_2 offspring from a European Wild boar x Swedish Yorkshire cross of the Nordic experimental herd (NEH) as described by Edfors-Lilja *et al.* (1995). Our data comprised 143 SPS pigs, and 331 SEH pigs.

The most likely order was *SW207* – (*F4bcR* – [*MUC4-8227* – *MUC4gt*] – *S0283* – *HSA125gt*) – *S0075* – *SW1876* – *SW225* – *SW1030* (log L -201.9) (Figure 3.4 on page 37). If *S0283* was omitted from the analysis, the most likely position for *F4bcR* shifted to [*MUC4-8227* – *MUC4gt*] – *S0075*. However, a clear position of *F4bcR* within the parentheses could not be established with a significant LOD score. Nevertheless, the joint analysis presented here confirmed the mapping of *F4bcR* to the *SW207* – *S0075* interval. Earlier studies assigned the position of

4. Discussion

F4bcR to *SW207* – *SW225* by a 41-marker linkage analysis of the NEH (Jørgensen et al., 2003) and a 17-marker linkage analysis of 200 pigs of the SEH (Python et al., 2005). That range would cover a 9.9 cM region in the map presented here, which has now been reduced to a 5.7 cM region. In Joller et al. (2006), with slightly fewer genotyping data, the most probable position for *F4bcR* was assigned to the *SW207* – *S0283* interval.

Further strong evidence for the current order is given by the locations of the markers on the physical map (Table 3.3 on page 38). The physical order of the marker sequences inferred from the BAC contig map (Humphray et al. (2007); http://pre.ensembl.org/Sus_scrofa_map/Info/Index) agrees with the order of the markers on the linkage map. On the fingerprint map, the region for *F4bcR* was narrowed down from 26 Mb to 14 Mb. The order is also supported by the Nordic.2 map (Marklund et al., 1996) and USDA MARC map (Rohrer et al., 1996).

The g.8227C>G polymorphism and the microsatellite marker *HSA125gt* could be inserted into the map. The microsatellite marker *MUC4gt* could not be assigned to a single position on the map. The two new markers *HSA125gt* and *MUC4gt* were highly informative and mapped close to *F4bcR*. Nevertheless, they did not allow us to narrow down the candidate region. Further refinement of the receptor position using the described family material and linkage analysis would be difficult due to the limited number of meioses surveyed, but analysis of haplotypes in the founder animals in the candidate region could prove successful. Although the method for phenotyping used by the Nordic group was slightly different from our method, the phenotypic results are comparable and can be used in a combined linkage analysis. As discussed in subsection 4.1.2, F4ac adhesion to brush borders was diagnosed unambiguously in most cases.

In addition, the assignment of *S0283* to the interval *SW207* – *S0075*, as proposed by Jørgensen et al. (2003), was confirmed. In an earlier analysis with part of the SEH, *S0283* proposed to be distal to *S0075* – *SW225*, due to a putative double recombination in one pig (pig/lab no. 836/1491 in Python et al., 2005). However, *F4bcR* was outside of this chromosomal segment and was therefore not affected by these recombinations.

Further microsatellite markers were analysed in the Swiss pigs, but not in the Nordic pigs and the data therefore were not included in the joint linkage analysis. However, linkage of our data mapped marker *S0068* next to *SW207*, and the two markers *SW2007* and *SWR1627* next to *SW1876*. The marker *SW698* mapped next to *SW1030*, and *SW520* mapped between *SW1030* and *SW398*. The current order of the markers is given by the locations on the physical map inferred from the BAC contig map, and agrees with the order of the markers on the linkage map.

Additional microsatellite markers analysed in four SEH litters comprising 52 pigs could not narrow down the region for *F4bcR*. The six markers *UMNp1062*, *UMNp1226*, *UMNp1298*, *UMNp1341*, *UMNp1197* and *UMNp884* showed only two alleles in the four litters. The three markers *UMNp894*, *UMNp1239* and *UMNp1320* were not polymorphic in the same litters. Comparing the F4ac phenotype to the marker alleles by eye, the markers were not obviously linked to F4ac adhesion or non-adhesion. Therefore, and due to lacking information about the physical position of the markers on SSC13, markers were not used for further linkage analysis. However, recent BLAST search on the genome data from the Swine Genome Sequencing Consortium on the Sanger webpage revealed the physical position of *UMNp884* in the interval between *S0283* and *S0075*, on clone CU861607.

With the current progress in swine genome sequencing, it will be possible to search for new microsatellites and for SNPs based on the swine genome sequences. In combination with our material, this will allow us to considerably refine the region for the *F4bcR* and finally to identify the causal mutation.

4.2.1. Sequence variants in candidate genes

MUC4

The intronic *MUC4* DQ848681:g.8227C>G polymorphism proved to be a good marker for *F4bcR*. Of 331 SEH pigs and 78 SPS pigs, we found only 4 SEH pigs (1%) and 6 SPS pigs (8%) that were discordant between the g.8227 genotype and the F4ac phenotype. The intronic g.7947A>G polymorphism was of the same genotype as g.8227C>G in 180 genotyped pigs consisting of 78 SPS offspring, 48 SEH pigs of four resistant x heterozygous susceptible litters and 56 additional SEH pigs (Table 3.7 on page 52). The intronic g.6262G>A polymorphism was discordant to the phenotype in one more pig than the g.7947A>G and the g.8227C>G polymorphisms (footnote *g* in Table 3.7). Therefore, the g.7947A>G and the g.8227C>G polymorphisms could be equally reliable for prediction of the F4ac genotype.

Sequencing of 25 pigs in the region g.6168–6887 revealed two additional SNPs with reliability equal to that of the g.8227C>G and g.7947A>G polymorphisms: the g.6317G>A and g.6321G>C polymorphisms in intron 5 (Table 3.8 on page 53). However, the g.6308G>T polymorphism showed the highest correspondence between genotype and F4ac phenotype of the 25 pigs. This polymorphism was in agreement with the phenotype in three more pigs (18 of 25) than the g.8227C>G polymorphism (15 of 25). Other intronic SNPs between g.6609–6862 were more discordant to the *F4acR* genotype.

Searching the *MUC4* gene for potential regions of micro-RNA sequences by special algorithms revealed the two regions g.5965–6065 and g.6260–6360 as potential regions for micro-RNA (Malik Yousef, personal communication). As the region g.6260–6360 contains several SNPs that are comparable with the g.8227C>G polymorphism, further investigation in this emerging area of research would be interesting.

4. Discussion

TNK2

A total of 122 sequence variants were found in the genomic sequence of *TNK2* of two resistant and two homozygous susceptible pigs (Table 3.4 on page 44ff). The genotype of nine sequence variants coincided with the F4ac phenotype in the four sequenced pigs. Two of these sequence variants were SNPs in exon sequences (FN393558:g.7075C>A, g.11142G>A) and seven were SNPs in intron sequences (g.7717C>T; g.8998G>A, g.9374G>C, g.10331G>A, g.10396G>A, g.12649G>C, g.12723T>C). The two exon SNPs and the intron g.7717C>T polymorphism coincided with the F4ac phenotype in most of the 122 SEH and 78 SPS genotyped pigs (Table 3.7). The genotype of the g.11142G>A polymorphism did not coincide with the F4ac phenotype in 8.5% of the 122 SEH and 78 SPS pigs. The g.7717C>T and the g.7075C>A polymorphism genotyped in these pigs did not coincide with the phenotype in 11.1% and 11.7%. As the genotyped pigs represent a selection, the discordance values may not represent the values in the population.

When taking only the 78 SPS pigs, 5% of the pigs were discordant with the F4ac phenotype in the g.11142G>A polymorphism, 12% and 13%, respectively of the pigs were discordant in the g.7717C>T and the g.7075C>A polymorphism. However, the results show that none of the analysed polymorphisms in *TNK2* is causative for the *F4bcR*. By comparing the SNPs in our pigs to SNPs of the Nordic family, the two exon SNPs (g.7075C>A and g.11142G>A) and two intron SNPs (g.7717C>T; g.8998G>A) remained, whose genotypes coincided best with the phenotypes.

Eighteen of the sequence variants were found in exons and four of these (g.10622 C>A, g.11008G>A, g.11585G>A, g.11684G>C) led to changes in amino acids. The g.10622C>A mutation alters p.Pro543His, g.11008G>A alters p.Val673Met, g.11585G>A alters p.Arg865His and g.11684G>C alters p.Ser989Thr. In the four sequenced pigs, none of these four SNPs coincided with the F4ac phenotype, and the SNPs only occurred either in one susceptible or in one resistant pig. Furthermore, the relevance of these SNPs for expression of *TNK2* remains unclear in the pig, as we did not do any transcription experiments. It is remarkable that 79% of the polymorphisms occurred in the one pig with lab no. 1170 (FN393559). At least 40 of these sequence variants also occurred in sequenced pigs of the NEH, therefore these sequence variants are probably not artefacts.

ST6GAL1, CLDN1 and C3orf21

No sequence variants were found in the partially sequenced cDNA and DNA of two F4ac resistant and two homozygous susceptible pigs in the three candidate genes *ST6GAL1* (cDNA of exon 4 to exon 8, FN392680), *CLDN1* (cDNA of exon 1 to exon 4, FM205928) and *C3orf21* (DNA of exon 4, FN392681). However, these genes cannot be excluded as candidate genes, as polymorphisms in intronic sequences may carry a mutation closely associated to the *F4bcR*.

4.2.2. Discordance between *F4bcR* and *MUC4* g.8227C>G

The results of the F4ac phenotyping did not correspond to the *MUC4* g.8227 genotypes in 8% (6 of 78) of the SPS pigs. In SEH pigs, the phenotype was discordant to the g.8227 genotype only in 1% (4 of 329) of the pigs. The small genetic diversity in SEH pigs compared to SPS pigs could be responsible for these differences. Furthermore, a longer storage of small intestine samples from SPS pigs prior to preparation may have led to reduced accuracy of F4 phenotyping results. Indeed, reduced adhesion strength of bacteria to enterocytes and a higher percentage of pigs with F4ac adhesion strength between 15% and 60% were observed in SPS pigs compared to SEH pigs. Despite these differences, the method and working process from slaughtering to phenotyping were established and reduced the risk for mistyping to a minimum. Additionally, adhesion positive and adhesion negative enterocytes were used as controls for bacterial adhesion to enterocytes.

Mistakes during the slaughtering and phenotyping process were very improbable in SPS pigs that showed discordance between the F4ac phenotype and the g.8227 genotype. The six discordant pigs were from five different litters and were slaughtered on four different days, together with other SPS pigs. Two SPS pigs (lab no. 3683 and 3684 in Table 3.8) of one litter slaughtered on two different days (A and day B) were phenotyped as F4ab/F4ac resistant, but genotyped as heterozygous g.8227CG. On day A with six pigs slaughtered, a second pig (lab no. 3656) of a second SPS litter was phenotyped as F4ab/F4ac susceptible, but genotyped as g.8227CC. Theoretically, a mix-up of the intestine samples is possible for these two discordant pigs. A mix-up of the blood was excluded due microsatellite analysis. However, on day B with 15 pigs slaughtered, a second pig (lab no. 3652) of a third SPS litter was phenotyped as F4ab/F4ac resistant, but genotyped as g.8227CG. At least on day B, a mix-up of intestine samples was not possible, on the two discordant pigs were of the same phenotype (resistant) and the same genotype (g.8227CG). Changing of samples during enterocyte preparation or phenotyping can be excluded in the two remaining pigs, which were discordant between F4ab/F4ac phenotype and g.8227C>G genotype, because they were slaughtered on two different days.

Preliminary results of an SEH boar currently used for mating showed a recombination between the g.8227C>G polymorphism and *F4bcR*. The recombination was confirmed by phenotyping and genotyping of progeny that were produced with sows with a confirmed F4ab/F4ac phenotype.

The *MUC4* g.8227C>G polymorphism has been analysed in a few studies reporting a high accordance between this polymorphism and the F4ac phenotype. An accordance of 93% between the F4ac phenotype and the g.8227C>G polymorphism found in SPS pigs, was also reported in a Chinese study with 310 pigs (Li et al., 2008). The F4ac phenotype was not in agreement with the g.8227 genotype in 8% of 84 Landrace breed pigs, in 5% of 149 Large White breed pigs and in 8% of 77 Songliao Black breed pigs. Surprisingly, all Songliao Black breed pigs were of

4. Discussion

the g.8227CC genotype but some of them were phenotypically adhesive.

In a recent study, Rasschaert *et al.* (2007) determined that 19 of 63 pigs (30%) were phenotypically susceptible but of the g.8227CC genotype linked to resistance. They determined the number of F4ab and F4ac bacteria on a brush border length of 250 µm (Van den Broeck *et al.*, 1999b) and set the threshold for susceptibility at five adhering bacteria per 250 µm brush border. This threshold corresponds to five bacteria adhering to a total of 50 enterocytes and is far below our threshold of at least five bacteria per single enterocyte. Therefore, a too high percentage of pigs was probably rated susceptible in that study.

Another polymorphism in *MUC4* was analysed by Peng *et al.* (2007). They determined 77 of 748 pigs (10.3%) with an F4ab/F4ac phenotype not corresponding to the g.15581 genotype. Their threshold for susceptibility, based on two bacteria adhering to more than 10% of 20 scored brush borders, could have led again to false positive pigs compared to our phenotyping method.

Supported by these studies, our results clearly indicate that the *MUC4* g.8227C>G, the g.6242G>A and the g.7947A>G polymorphism are not causative for susceptibility and resistance to *E. coli* F4ab/F4ac.

4.3. Inheritance of F4ad susceptibility

4.3.1. Ambiguous F4ad adhesion

Adhesion of *E. coli* F4ab and F4ac bacteria to enterocytes was unambiguous in most of the 1569 SEH pigs of adhesion phenotypes A and B (subsection 4.1.2). On the other hand, *E. coli* F4ad were, on average, less adhesive to enterocytes. Adhesion strength of *E. coli* F4ad to enterocytes of SEH pigs was only around 60% and with a SD of >30% in phenotypes A and C, and only 42±31% in phenotype D (Table 3.1 on page 33). Over 28% of the SEH pigs had between >2.5% and 60% adhesive enterocytes, and still 16% SEH pigs had between >15% and 60% adhesive enterocytes (Figure 3.2). A weaker F4ad adhesion to enterocytes was reported as well by Cox and Houvenaghel (1993), who found fewer F4ad bacteria adhering to intestinal villous brush borders in 33 four to five weeks old pigs, compared to F4ab and F4ac adhesion. Rapacz and Hasler-Rapacz (1986) not only observed a lower number of F4ad bacteria per brush border, but also considerable differences in the number of bacteria per brush border. These results additionally support our findings.

In this study, we observed a wide range of F4ad adhesion from 0% to 100% not only in pigs within the litters, but also between litters of repeated matings. Six of the matings showed significantly different adhesion strengths between the repeated litters. For example, the mating 194B x 180B (Figure 3.9 on page 55) was performed six times and produced almost exclusively resistant phenotype offspring (40 of 41)

4.3. Inheritance of F4ad susceptibility

in four litters (litters 65, 77, 97, 107), but in two litters (litters 51 and 90), 4 of 13 (31%) and 7 of 11 pigs (64%) were of the adhesive phenotype (>60% of adhesive enterocytes). The mating 194B x 183B was performed four times and produced exclusively resistant offspring in one litter (litter 98). Several pigs with adhesion strength between 15% and 60% adhesive enterocytes were found in the other three litters, and in one litter (litter 85) a pig showed 100% of adhesive enterocytes. In the other four matings, almost all pigs of one litter were phenotyped F4ad resistant, while in the second litter, three pigs (litter 132 of mating 147*B x 156*B) and one pig (litter 134 of mating 147*B x 239B) were phenotyped highly susceptible. In all pigs of these six F4ac resistant x heterozygous susceptible matings, F4ac adhesion was unambiguous.

To explain these adhesion differences between litters, we tried to measure the influence of intestinal contents and of the examiner on the adhesion results. To investigate the influence of contents on the F4ad adhesion, we compared the bacterial adhesion to enterocytes from segments without contents and segments with contents. We often observed a better quality of enterocytes from intestinal segments without contents. Nevertheless, no statistically significant influence of intestinal contents on adhesion strength was found in 215 phenotyped pigs (two sided t-test of the adhesion differences, $p=0.473$, $SD=0.215$). Similar to our observations, a negative influence of intestinal contents on adhesion has been reported by Chandler *et al.* (1994). They found reduced F4ac binding activity in ELISA when scrapings were exposed to intestinal contents.

Two adjacent segments without contents and two adjacent segments with contents of 59 pigs were made anonymous prior to phenotyping (Table 3.10 on page 57) to measure the influence of the examiner. In 36 of 59 pigs (61%), all four ratings were in agreement, using a threshold for susceptibility of 2.5% of adhesive enterocytes. In 10 of 59 pigs (17%), only the two ratings of the adjacent segments were in agreement, but the ratings of the segments without contents and with contents were not. In the remaining 13 pigs (22%), not even the ratings of adjacent segments were in agreement. Despite the ambiguous ratings, mean adhesion strengths of segments without contents and with contents were not significantly different in the 59 pigs (Mann-Whitney $p=0.825$, Kolmogorov-Smirnov $p=0.985$). The low percentage of 61% for agreement for all four ratings showed that the F4ad rating is much more sensitive to the influence of the intestine and of the examiner than are F4ab and F4ac adhesion. For a better control of F4ad adhesion, we re-phenotyped conserved enterocytes with known phenotypes from earlier analysed adhesion positive and adhesion negative pigs. At this point, the ratings of the controls were always as they were expected. A more objective method for quantitative adhesion of F4 is described by Verdonck *et al.* (2004b) who measured adhesion of isolated F4 fimbriae to enterocytes using surface plasmon resonance.

4.3.2. Application of an alternative F4ad threshold

The variation in F4ad adhesion strength within and between litters questioned the actual threshold of 2.5%. Furthermore, the high number of pigs with F4ad adhesion strength around 2.5% made it difficult to classify pigs as resistant or susceptible. Therefore, we applied an alternative threshold for strong *E. coli* F4ad adhesion of 60% of adhesive enterocytes. The percentage of adhesive enterocytes of 154 SEH pigs was compared with the number of adhering bacteria per brush border (Figure 3.12 on page 60). The data formed two groups: a group of 110 pigs with <60% of adhesive enterocytes and less than eight bacteria per brush border, and a second group of 44 pigs with >60% of adhesive enterocytes and more than eight bacteria per brush border.

The threshold of 60% for F4ad adhesion corresponds with the threshold proposed by Hu *et al.* (1993). Based on segregation studies with 368 pigs, Hu *et al.* proposed a two receptor model consisting of a permanent high affinity receptor (*F4adH*) and a low affinity receptor (*F4adL*), whose expression is terminated by the age of 16 weeks. A threshold of eight bacteria per enterocyte divided the pigs into an F4adL phenotype with a mean of 4.95±1.32 bacteria per brush border and an F4adH phenotype with 11.89±1.71 bacteria per brush border.

These results are similar to our results: We counted a mean of 2.4±2.6 bacteria per brush border for the 44 pigs with less than 60% adhesion, and a mean of 12.7±3.7 bacteria for pigs with more than 60% adhesion. Further support for a threshold of 60% is shown in Figure 3.11 (page 59) with the cumulative number of pigs rated resistant, depending on the threshold. In this figure, the slowest gradient of the curve was between a threshold of 45% and 60%.

A threshold of 60% would considerably reduce the number of dissenting ratings of adjoining segments with or without contents. The ratings of all four segments would be in agreement in 83% (49 of 59) of the pigs, the ratings of at least the two adjoining segments would be in agreement in six pigs. Only of four pigs, the rating of adjoining segments would not coincide.

4.3.3. Genetic impact on F4ad susceptibility

According to the 60% threshold for susceptibility, phenotyped parent pigs were divided into three classes according their F4ad adhesion strength. The resistant (r) class contained pigs with <5% of adhesive enterocytes, the low susceptible (l) class contained pigs with 5% to 60% of adhesive enterocytes, and the high susceptible (h) class contained pigs with >60% of adhesive enterocytes. Phenotyping of 1166 SEH offspring of the resulting six mating combinations revealed a wide range for F4ad adhesion strength, but clearly showed a rising percentage of adhesive enterocytes from resistant x resistant (16.1%) to high x high matings (53.7%) (Figure 3.13 on page 61). Furthermore, offspring from high x high matings had a F4ad adhesion

4.3. Inheritance of F4ad susceptibility

strength significantly different from offspring of the other mating combinations. These results indicate that genetic factors influence the F4ad adhesion strength.

Nevertheless, 28 of 98 pigs from high x high matings had ≤2.5% F4ad adhesion, and assuming a threshold of 60%, even 46 pigs from nine high x high matings were phenotyped resistant. Additionally, 15 of 137 pigs from five resistant x resistant matings were highly susceptible.

In both cases, the susceptible offspring of parents with weak adhesion (≤10 bacteria per brush border), and the offspring with weak adhesion of susceptible parents have been reported by Rapacz and Hasler-Rapacz (1986). Bijlsma and Bouw (1987) also reported F4ad adhesion positive offspring from matings of resistant parents. Python et al. (2005) suggested a dominant inheritance of the F4adR. However, our results are difficult to explain with this model. On the contrary, the high proportion of resistant pigs from susceptible matings indicates a recessive expression of an F4ad receptor. As far as is known, receptors serving as adhesive factors for bacteria are expressed dominantly and a recessive expression seems rather improbable.

4.3.4. Age related expression of F4ad receptor

An explanation for susceptible offspring of resistant x resistant matings is given by Hu et al. (1993) with *F4adL* being expressed in pigs younger than 16 weeks. The age dependant receptor could explain the weak F4ad adhesion of 122 (of 137) SEH pigs from resistant x resistant matings. However, an F4adL phenotype could not explain the high adhesive F4ad phenotype of six pigs from resistant x resistant matings that were older than 100 days.

An age related F4ad expression questions the slaughter age of two months of the pigs. It is unknown how an expression of the receptor is age related. A decrease in susceptibility of pigs to *E. coli* F6 by age has been reported by Dean (1990). This decrease was associated with an increase in the F6 receptor in mucus of the intestinal lumen that inhibits adhesion and colonisation by F6 in older pigs. In contrast, Nagy et al. (1992) reported an increase in F5 and F6 susceptibility in pigs until the 21st day.

Unexpected F4ad adhesion results were found in biopsies taken of 10 SEH pigs at two time points. Four pigs of two litters were adhesion negative or had only weakly adhesive enterocytes (0% and 20%) when resected at the age of four to six weeks, but the pigs had strongly adhesive enterocytes when resected at the age of six months (Table 3.12 on page 63). The other six pigs were either adhesion negative or adhesion positive in both biopsies. These adhesion results are in contrast to the assumption of a decreasing receptor by age proposed by Hu et al. (1993).

In the meantime, one pig (lab no. 1399) was slaughtered and adhesion strength was again confusing: a segment (with few intestinal contents) 0 m distal the Arteria mesenterica cranialis did not show F4ad adhesion, but the segment (free of contents) taken 5 m distal showed 18% adhesive enterocytes and the segment (free of

4. Discussion

contents) taken 10 m distal the Arteria mesenterica cranialis showed 58% adhesive enterocytes. Notably, F4ab and F4ac adhesion was between 95% and 100% in all segments and the cells were of good and comparable quality.

4.3.5. Other influences on F4ad adhesion

The variation of F4ad adhesion strength in different small intestine segments free of contents within pigs was not expected. For the enterocyte adhesion test, a small jejunal segment without contents was taken between 3.5 and 7.5 m distal the Arteria mesenterica cranialis. This location has been reported by different publications to be accurate for F4 adhesion tests. Chandler *et al.* (1994) and Mynott *et al.* (1996) reported that the middle part of the small intestine showed most distinct F4ac adhesion after comparing adhesion of different small intestine segments by ELISA. The position of the most distinct adhesion was confirmed by Cox and Houvenaghel (1993), who compared bacterial adhesion to duodenal, jejunal and ileal segments of 33 pigs of four to five weeks of age. They found the highest number of bacteria of all three *E. coli* F4 variants to adhere to brush borders isolated from the cranial or caudal jejunum.

However, a position related expression of a *F4adL* would explain the confusing results of resected pigs, as position of the biopsies in the small intestine could not be determined exactly. Additionally, the F4ad adhesion results of many pigs could be explained with a position dependent *F4adL* expression.

In further studies, phenotyping results from offspring of pigs with phenotypes determined by biopsies could give more information about the inheritance of the F4ad receptor. Additional information about an age related expression of the F4ad receptor will be obtained by phenotyping pigs, one part of the litters slaughtered at the age of about four weeks, and the other part at the age of about six months. Further findings of a position related expression of the F4ad receptor could be obtained by phenotyping different positions of the small intestine from the same pigs.

4.4. Conclusions and perspectives

The joint linkage analysis of Swiss and Nordic data could refine the region for the *F4bcR* on SSC13 from 28 mb to 14 mb. However, use of these markers did not further narrow down the region for the *F4bcR* and, therefore, the causative mutation for the *F4bcR* remains unknown. A further refinement of the candidate region by linkage using these data would be difficult due to the low number of pigs with a recombination between *MUC4* and *F4bcR*, and limitations of the software program. Haplotype analysis of additional, unrelated resistant and homozygous susceptible founder pigs with confirmed F4 genotypes could prove more successful

4.4. Conclusions and perspectives

to determine the flanking regions for the *F4bcR* and to find new sequence variants.

The analysed sequence variants of *MUC4* and *TNK2* were not completely linked to the phenotype, and none of these sequence variants is causative for the *F4bcR*. Nevertheless, the *MUC4* g.8227C>G and g.7947A>G polymorphisms were highly associated with the F4ac phenotype and can be used as diagnostic test for selection of F4ac resistant pigs.

Sequence information in the candidate region that is currently being generated, and next generation sequencing (Solid, Solexa) and genotyping methods (SNP-chip, Pyrosequencing) will make it possible to identify sequence variants much more efficiently in the future. More SNPs evenly distributed in the candidate region are necessary to better characterise the susceptible and resistant haplotypes.

The SEH boar showing a recombination between the *MUC4* g.8227C>G polymorphism and *F4bcR*, as well as recombinant offspring of this boar, will provide an important source to considerably refine the candidate region for *F4bcR*. Sequence analysis of this F4ac homozygous susceptible boar and closely related resistant pigs will allow us to exclude haplotypes that do not contain the causative mutation.

A genetic influence on *E. coli* F4ad adhesion in the small intestine of pigs was demonstrated in this thesis. However, other factors such as age of the pigs and sampling position within the small intestine seem to have an impact on adhesion strength. Intestinal contents could influence adhesion as well, although no statistically significant influence could be shown in the analysed material.

Analysis of existing data considering these factors and analysis of new data from offspring of resected pigs will provide more information about the influence of such different factors. Phenotyping data of resected pigs will further help to prove/disprove the two receptor model of a weak adhesive and a strong adhesive phenotype.

Bibliography

Alexa, P., K. Stouracova, J. Hamrik, and I. Rychlik: *Gene typing of the colonisation factors K88 (F4) in enterotoxigenic Escherichia coli strains isolated from diarrhoeic piglets.* Veterinarni Medicina, 46(2):46–49, 2001.

Alexander, L. J., G. A. Rohrer, and C. W. Beattie: *Cloning and characterization of 414 polymorphic porcine microsatellites.* Animal Genetics, 27(3):137–148, 1996.

Amezcua, R., R. M. Friendship, C. E. Dewey, C. Gyles, and J. M. Fairbrother: *Presentation of postweaning Escherichia coli diarrhea in southern Ontario, prevalence of hemolytic E. coli serogroups involved, and their antimicrobial resistance patterns.* Canadian Journal of Veterinary Research, 66(2):73–78, 2002.

Anderson, M. J., J. S. Whitehead, and Y. S. Kim: *Interaction of Escherichia coli K88 antigen with porcine intestinal brush-border membranes.* Infection and Immunity, 29(3):897–901, 1980.

Baker, D. R., L. O. Billey, and D. H. Francis: *Distribution of K88 Escherichia coli adhesive and nonadhesive phenotypes among pigs of four breeds.* Veterinary Microbiology, 54(2):123–132, 1997.

Bakker, D., P. T. J. Willemsen, L. H. Simons, F. G. van Zijderveld, and F. K. de Graaf: *Characterization of the antigenic and adhesive properties of FaeG, the major subunit of K88 fimbriae.* Molecular Microbiology, 6(2):247–255, 1992.

Bakker, D., P. T. J. Willemsen, R. H. Willems, T. T. Huisman, F. R. Mooi, B. Oudega, F. Stegehuis, and F. K. de Graaf: *Identification of minor fimbrial subunits involved in biosynthesis of K88 fimbriae.* Journal of Bacteriology, 174(20):6350–6358, 1992.

Bertschinger, H. U.: *Pathogenesis of porcine post-weaning Escherichia coli diarrhoea and of oedema disease.* Pig News and Information, 16(3):85–88, 1995.

Bertschinger, H. U. and J. M. Fairbrother: *Escherichia coli infections.* In Straw, B. E., S. D'Allain, W. L. Mengeling, and D. J. Taylor (editors), *Diseases of swine*, pp. 431–453. Iowa State University Press, Ames, Iowa, 8th edition, 1999.

Bijlsma, I. G. W. and J. Bouw: *Inheritance of K88-mediated adhesion of Escherichia coli to jejunal brush borders in pigs: a genetic-analysis.* Veterinary Research Communications, 11(6):509–518, 1987.

Bijlsma, I. G. W., A. Denijs, C. Vandermeer, and J. F. Frik: *Different pig phenotypes affect adherence of Escherichia coli to jejunal brush-borders by K88ab, K88ac, or K88ad antigen.* Infection and Immunity, 37(3):891–894, 1982.

Billey, L. O., A. K. Erickson, and D. H. Francis: *Multiple receptors on porcine intestinal epithelial cells for the three variants of Escherichia coli K88 fimbrial adhesin.* Veterinary Microbiology, 59(2-3):203–212, 1998.

Blanco, M., L. Lazo, J. E. Blanco, G. Dahbi, A. Mora, C. Lopez, E. A. Gonzalez, and J. Blanco: *Serotypes, virulence genes, and PFGE patterns of enteropathogenic Escherichia coli isolated from Cuban pigs with diarrhea.* International Microbiology, 9(1):53–60, 2006.

Blomberg, L., A. Henriksson, and P. L. Conway: *Inhibition of adhesion of Escherichia coli K88 to piglet ileal mucus by Lactobacillus spp.* Applied and Environmental Microbiology, 59(1):34–39, 1993.

Blomberg, L., H. C. Krivan, P. S. Cohen, and P. L. Conway: *Piglet ileal mucus contains protein and glycolipid (galactosylceramide) receptors specific for Escherichia coli K88 fimbriae.* Infection and Immunity, 61(6):2526–2531, 1993.

Bonneau, M., Y. Duval-Iflah, G. Guérin, L. Ollivier, C. Renard, and X. Renjifo: *Aspects génétiques et microbiologiques de la colibacillose K88 chez le porc.* Annales de la Recherche Vétérinaire, 21:302–303, 1990.

Bosi, P., L. Casini, A. Finamore, C. Cremokolini, G. Merialdi, P. Trevisi, F. Nobili, and E. Mengheri: *Spray-dried plasma improves growth performance and reduces inflammatory status of weaned pigs challenged with enterotoxigenic Escherichia coli K88.* Journal of Animal Science, 82(6):1764–1772, 2004.

Casey, T. A., C. J. Herring, R. A. Schneider, B. T. Bosworth, and S. C. Whipp: *Expression of heat-stable enterotoxin STb by adherent Escherichia coli is not sufficient to cause severe diarrhea in neonatal pigs.* Infection and Immunity, 66(3): 1270–1272, 1998.

Chandler, D. S. and T. L. Mynott: *Bromelain protects piglets from diarrhoea caused by oral challenge with K88 positive enterotoxigenic Escherichia coli.* Gut, 43(2): 196–202, 1998.

Chandler, D. S., H. M. Chandler, R. K. J. Luke, S. R. Tzipori, and J. A. Craven: *Screening of pig intestines for K88 non-adhesive phenotype by enzyme immunoassay.* Veterinary Microbiology, 11(1-2):153–161, 1986.

Chandler, D. S., T. L. Mynott, R. K. J. Luke, and J. A. Craven: *The Distribution and stability of Escherichia coli K88 receptor in the gastrointestinal tract of the pig.* Veterinary Microbiology, 38(3):203–215, 1994.

Chaturvedi, P., A. P. Singh, and S. K. Batra: *Structure, evolution, anal biology of the MUC4 mucin.* FASEB Journal, 22(4):966–981, 2008.

Choi, C. and C. Chae: *Genotypic prevalence of F4 variants (ab, ac, and ad) in Escherichia coli isolated from diarrheic piglets in Korea.* Veterinary Microbiology, 67(4):307–310, 1999.

Cox, E. and A. Houvenaghel: *Comparison of the invitro adhesion of K88, K99, F41 and P987 positive Escherichia coli to intestinal villi of 4- to 5-week-old pigs.* Veterinary Microbiology, 34(1):7–18, 1993.

Davies, W., B. Hoyheim, B. Chaput, A. L. Archibald, and G. Frelat: *Characterization of microsatellites from flow-sorted porcine chromosome 13.* Mammalian Genome, 5(11):707–711, 1994.

Dean, E. A.: *Comparison of receptors for 987P pili of enterotoxigenic Escherichia coli in the small intestines of neonatal and older pigs.* Infection and Immunity, 58(12):4030–4035, 1990.

Dubreuil, J. D.: *Escherichia coli STb toxin and colibacillosis: knowing is half the battle.* FEMS Microbiology Letters, 278(2):137–145, 2008.

Edfors-Lilja, I., H. Petersson, and B. Gahne: *Performance of pigs with or without the intestinal receptor for Escherichia coli K88.* Animal Production, 42:381–387, 1986.

Edfors-Lilja, I., U. Gustafsson, Y. Duval-Iflah, H. Ellergren, M. Johansson, R. K. Juneja, L. Marklund, and L. Andersson: *The porcine intestinal receptor for Escherichia coli K88ab, K88ac: regional localization on chromosome 13 and influence of IgG response to the K88 antigen.* Animal Genetics, 26(4):237–42, 1995.

Emborg, H. D. and A. M. Hammerum: *DANMAP 2007 – Use of antimicrobial agents and occurrence of antimicrobial resistance in bacteria from food animals, foods and humans in Denmark.* Technical report, National Food Institute, Technical University of Denmark, 2008.

Engel, P.: *Genetische Untersuchungen über Rezeptoren für Escherichia coli F4 (K88) im Darm von Schweinen als Grundlage für züchterische Massnahmen zur Bekämpfung der Diarrhöe bei Ferkeln.* Dissertation, Universität Giessen, 1998.

Engel, P., B. Seibert, R. Beuing, B. Senft, and G. Erhardt: *Occurrence of Escherichia coli F4 receptors in several pig breeds in Germany and influence on parameters of reproduction and fattening performance*. Archiv für Tierzucht – Archives of Animal Breeding, 41(1-2):75–87, 1998.

Erickson, A. K., J. A. Willgohs, S. Y. McFarland, D. A. Benfield, and D. H. Francis: *Identification of two porcine brush border glycoproteins that bind the K88ac adhesin of Escherichia coli and correlation of these glycoproteins with the adhesive phenotype*. Infection and Immunity, 60(3):983–988, 1992.

Erickson, A. K., D. R. Baker, B. T. Bosworth, T. A. Casey, D. A. Benfield, and D. H. Francis: *Characterization of porcine intestinal receptors for the K88ac fimbrial adhesin of Escherichia coli as mucin-type sialoglycoproteins*. Infection and Immunity, 62(12):5404–5410, 1994.

Fahrenkrug, S., M. Wagner, L. Morrison, and L. J. Alexander: *Map assignments of 373 previously unreported porcine microsatellites*. Animal Genetics, 36(1):76–86, 2005.

Fang, L., Z. B. Gan, and R. R. Marquardt: *Isolation, affinity purification, and identification of piglet small intestine mucosa receptor for enterotoxigenic Escherichia coli k88ac+ fimbriae*. Infection and Immunity, 68(2):564–569, 2000.

Floss, D. M., D. Falkenburg, and U. Conrad: *Production of vaccines and therapeutic antibodies for veterinary applications in transgenic plants: an overview*. Transgenic Research, 16(3):315–332, 2007.

Francis, D. H., P. A. Grange, D. H. Zeman, D. R. Baker, R. G. Sun, and A. K. Erickson: *Expression of mucin-type glycoprotein K88 receptors strongly correlates with piglet susceptibility to K88(+) enterotoxigenic Escherichia coli, but adhesion of this bacterium to brush borders does not*. Infection and Immunity, 66(9):4050–4055, 1998.

Fredholm, M., A. K. Winterø, K. Christensen, B. Kristensen, P. B. Nielsen, W. Davies, and A. Archibald: *Characterization of 24 porcine $(dA-dC)_n-(dT-dG)_n$ microsatellites: genotyping of unrelated animals from 4 breeds and linkage studies*. Mammalian Genome, 4(4):187–192, 1993.

Frydendahl, K.: *Prevalence of serogroups and virulence genes in Escherichia coli associated with postweaning diarrhoea and edema disease in pigs and a comparison of diagnostic approaches*. Veterinary Microbiology, 85(2):169–182, 2002.

Gautschi, C. and D. Schwörer: *A study of the intestinal receptor for E. coli K88 in different Swiss pig breeds*. In Sartore, G. (editor), *Proceedings of the XXI*

International Conference on Blood Group and Biochemical Polymorphism, p. 47, Turin, Italy, 1988.

Gibbons, R. A., R. Sellwood, M. Burrows, and P. A. Hunter: *Inheritance of resistance to neonatal Escherichia coli diarrhea in pig: examination of the genetic system.* Theoretical and Applied Genetics, 51(2):65–70, 1977.

Grange, P. A. and M. A. Mouricout: *Transferrin associated with the porcine intestinal mucosa is a receptor specific for K88ab fimbriae of Escherichia coli.* Infection and Immunity, 64(2):606–610, 1996.

Grange, P. A., A. K. Erickson, S. B. Levery, and D. H. Francis: *Identification of an intestinal neutral glycosphingolipid as a phenotype-specific receptor for the K88ad fimbrial adhesin of Escherichia coli.* Infection and Immunity, 67(1):165–172, 1999.

Grange, P. A., M. A. Mouricout, S. B. Levery, D. H. Francis, and A. K. Erickson: *Evaluation of receptor binding specificity of Escherichia coli K88 (F4) fimbrial adhesin variants using porcine serum transferrin and glycosphingolipids as model receptors.* Infection and Immunity, 70(5):2336–2343, 2002.

Green, P., K. Falls, and S. Crooks: *Documentation for* CRIMAP, *version 2.4*, 1990.

Guinée, P. A. M. and W. H. Jansen: *Behavior of Escherichia coli K antigens K88ab, K88ac, and K88ad in immunoelectrophoresis, double diffusion, and hemagglutination.* Infection and Immunity, 23(3):700–705, 1979.

Guérin, G., Y. Duval-Iflah, M. Bonneau, M. Bertaud, P. Guillaume, and L. Ollivier: *Evidence for linkage between K88ab, K88ac intestinal receptors to Escherichia coli and transferrin loci in pigs.* Animal Genetics, 24(5):393–396, 1993.

Hall, T.A.: BIOEDIT: *a user-friendly biological sequence alignment editor and analysis program for Windows 95/98/NT.* Nucleic Acids Symposium Series, 41: 95–98, 1999.

Harmsen, M. M., C. B. van Solt, A. Hoogendoorn, F. G. van Zijderveld, T. A. Niewold, and J. van der Meulen: *Escherichia coli F4 fimbriae specific llama single-domain antibody fragments effectively inhibit bacterial adhesion in vitro but poorly protect against diarrhoea.* Veterinary Microbiology, 111(1-2):89–98, 2005.

Holoda, E., H. Vu-Khac, S. Andraskova, Z. Chomova, A. Wantrubova, M. K. Krajnak, and E. Pilipcinec: *PCR assay for detection and differentiation of K88ab1, K88ab2, K88ac, and K88ad fimbrial adhesins in E. coli strains isolated from diarrheic piglets.* Folia Microbiologica, 50(2):107–112, 2005.

Bibliography

Hopwood, D. E., D. W. Pethick, J. R. Pluske, and D. J. Hampson: *Addition of pearl barley to a rice-based diet for newly weaned piglets increases the viscosity of the intestinal contents, reduces starch digestibility and exacerbates post-weaning colibacillosis.* British Journal of Nutrition, 92(3):419–427, 2004.

Hu, Z. L., J. Hasler-Rapacz, S. C. Huang, and J. Rapacz: *Studies in swine on inheritance and variation in expression of small intestinal receptors mediating adhesion of the K88 enteropathogenic Escherichia coli variants.* Journal of Heredity, 84(3): 157–165, 1993.

Huang, X., J. Ren, X. M. Yan, Q. L. Peng, H. Tang, B. Zhang, H. Y. Ji, S. J. Yang, and L. S. Huang: *Polymorphisms of three gene-derived STS on pig chromosome 13q41 are associated with susceptibility to enterotoxigenic Escherichia coli F4ab/ac in pigs.* Science in China Series C: Life Sciences, 51(7):614–619, 2008.

Humphray, S. J., C. E. Scott, R. Clark, B. Marron, C. Bender, N. Camm, J. Davis, A. Jenks, A. Noon, M. Patel, H. Sehra, F. T. Yang, M. B. Rogatcheva, D. Milan, P. Chardon, G. Rohrer, D. Nonneman, P. de Jong, S. N. Meyers, A. Archibald, J. E. Beever, L. B. Schook, and J. Rogers: *A high utility integrated map of the pig genome.* Genome Biology, 8(7):R139, 2007.

Jacobs, A. A. C., B. Roosendaal, J. F. L. van Breemen, and F. K. de Graaf: *Role of phenylalanine 150 in the receptor-binding domain of the K88 fibrillar subunit.* Journal of Bacteriology, 169(11):4907–4911, 1987.

Jamalludeen, N., R. P. Johnson, R. Friendship, A. M. Kropinski, E. J. Lingohr, and C. L. Gyles: *Isolation and characterization of nine bacteriophages that lyse O149 enterotoxigenic Escherichia coli.* Veterinary Microbiology, 124(1-2):47–57, 2007.

Jensen, G. M., K. Frydendahl, O. Svendsen, C. B. Jørgensen, S. Cirera, M. Fredholm, J. P. Nielsen, and K. Møller: *Experimental infection with Escherichia coli O149:F4ac in weaned piglets.* Veterinary Microbiology, 115(1-3):243–249, 2006.

Jin, L. Z., S. K. Baidoo, R. R. Marquardt, and A. A. Frohlich: *In vitro inhibition of adhesion of enterotoxigenic Escherichia coli K88 to piglet intestinal mucus by egg-yolk antibodies.* FEMS Immunology and Medical Microbiology, 21(4):313–321, 1998.

Jin, L. Z., R. R. Marquardt, S. K. Baidoo, and A. A. Frohlich: *Characterization and purification of porcine small intestinal mucus receptor for Escherichia coli K88ac fimbrial adhesin.* FEMS Immunology and Medical Microbiology, 27(1): 17–22, 2000.

Bibliography

Joensuu, J. J., F. Verdonck, A. Ehrstrom, M. Peltola, H. Siljander-Rasi, A. M. Nuutila, K. M. Oksman-Caldentey, T. H. Teeri, E. Cox, B. M. Goddeeris, and V. Niklander-Teeri: *F4 (K88) fimbrial adhesin FaeG expressed in alfalfa reduces F4+ enterotoxigenic Escherichia coli excretion in weaned piglets*. Vaccine, 24(13): 2387–2394, 2006.

Johnson, A. M., R. S. Kaushik, D. H. Francis, J. M. Fleckenstein, and P. R. Hardwidge: *Heat-labile enterotoxin promotes Escherichia coli adherence to intestinal epithelial cells*. Journal of Bacteriology, 191(1):178–186, 2009.

Joller, D., C. B. Jørgensen, H. U. Bertschinger, E. Bürgi, C. Stannarius, P. Karlskov-Mortensen, S. Cirera, A. Archibald, S. Genini, I. Edfors-Lilja, L. Andersson, M. Fredholm, and P. Vögeli: *Refined linkage mapping of the Escherichia coli F4ac receptor gene on pig chromosome 13*. In 30th International Conference on Animal Genetics, Porto Seguro, Brazil, 2006. CBRA.

Joller, D., C. B. Jørgensen, H. U. Bertschinger, P. Python, I. Edfors, S. Cirera, A. L. Archibald, E. Bürgi, P. Karlskov-Mortensen, L. Andersson, M. Fredholm, and P. Vögeli: *Refined localisation of the Escherichia coli F4ab/F4ac receptor locus on pig chromosome 13*. Animal Genetics, 40(5):749–752, 2009.

Jones, G. W. and J. M. Rutter: *Role of K88 antigen in pathogenesis of neonatal diarrhea caused by Escherichia coli in piglets*. Infection and Immunity, 6(6): 918–27, 1972.

Jørgensen, C. B., S. Cirera, S. I. Anderson, A. L. Archibald, T. Raudsepp, B. Chowdhary, I. Edfors-Lilja, L. Andersson, and M. Fredholm: *Linkage and comparative mapping of the locus controlling susceptibility towards E. coli F4ab/ac diarrhoea in pigs*. Cytogenetic and Genome Research, 102(1-4):157–162., 2003.

Jørgensen, C. B., S. Cirera, A. L. Archibald, L. Andersson, M. Fredholm, and I. Edfors-Lilja: *Porcine polymorphisms and methods for detecting them*, 2004. Patent number WO2004048606.

Lanz, R., P. Kuhnert, and P. Boerlin: *Antimicrobial resistance and resistance gene determinants in clinical Escherichia coli from different animal species in Switzerland*. Veterinary Microbiology, 91(1):73–84, 2003.

Li, H. J., Y. H. Li, X. T. Qiu, X. Y. Niu, Y. Liu, and Q. Zhang: *Identification and screening of gene(s) related to susceptibility to enterotoxigenic Escherichia coli F4ab/ac in piglets*. Asian-Australasian Journal of Animal Sciences, 21(4): 489–493, 2008.

Li, X. Y., L. J. Jin, J. E. Uzonna, S. Y. Li, J. J. Liu, H. Q. Li, Y. N. Lu, Y. H. Zhen, and Y. P. Xu: *Chitosan-alginate microcapsules for oral delivery of egg yolk immunoglobulin (IgY): In vivo evaluation in a pig model of enteric colibacillosis.* Veterinary Immunology and Immunopathology, 129(1-2):132–136, 2009.

Li, Y. H., X. T. Qiu, H. J. Li, and Q. Zhang: *Adhesive patterns of Escherichia coli F4 in piglets of three breeds.* Journal of Genetics and Genomics, 34(7):591–599, 2007.

Liang, W. Q., Y. H. Huang, X. H. Yang, Z. Zhou, A. H. Pan, B. J. Qian, C. Huang, J. X. Chen, and D. B. Zhang: *Oral immunization of mice with plant-derived fimbrial adhesin FaeG induces systemic and mucosal K88ad enterotoxigenic Escherichia coli-specific immune responses.* FEMS Immunology and Medical Microbiology, 46(3):393–399, 2006.

Linden, S. K., P. Sutton, N. G. Karlsson, V. Korolik, and M. A. McGuckin: *Mucins in the mucosal barrier to infection.* Mucosal Immunology, 1(3):183–197, 2008.

Marklund, L., M. J. Moller, B. Hoyheim, W. Davies, M. Fredholm, R. K. Juneja, P. Mariani, W. Coppieters, H. Ellegren, and L. Andersson: *A comprehensive linkage map of the pig based on a wild pig - Large White intercross.* Animal Genetics, 27(4):255–269, 1996.

Marquardt, R. R., L. Z. Jin, J. W. Kim, L. Fang, A. A. Frohlich, and S. K. Baidoo: *Passive protective effect of egg-yolk antibodies against enterotoxigenic Escherichia coli K88+ infection in neonatal and early-weaned piglets.* FEMS Immunology and Medical Microbiology, 23(4):283–288, 1999.

Melkebeek, V., E. Sonck, F. Verdonck, B. M. Goddeeris, and E. Cox: *Optimized FaeG expression and a thermolabile enterotoxin DNA adjuvant enhance priming of an intestinal immune response by an FaeG DNA vaccine in pigs.* Clinical and Vaccine Immunology, 14(1):28–35, 2007.

Metcalfe, J. W., K. A. Krogfelt, H. C. Krivan, P. S. Cohen, and D. C. Laux: *Characterization and identification of a porcine small intestine mucus receptor for the K88ab fimbrial adhesin.* Infection and Immunity, 59(1):91–96, 1991.

Meyers, S. N., M. B. Rogatcheva, D. M. Larkin, M. Yerle, D. Milan, R. J. Hawken, L. B. Schook, and J. E. Beever: *Piggy-BACing the human genome – II. A high-resolution, physically anchored, comparative map of the porcine autosomes.* Genomics, 86(6):739–752, 2005.

Michaels, R. D., S. C. Whipp, and M. F. Rothschild: *Resistance of Chinese Meishan, Fengjing, and Minzhu Pigs to the K88ac$^+$ strain of Escherichia Coli.* American Journal of Veterinary Research, 55(3):333–338, 1994.

Moniaux, N., F. Escande, S. K. Batra, N. Porchet, A. Laine, and J. P. Aubert: *Alternative splicing generates a family of putative secreted and membrane-associated MUC4 mucins*. European Journal of Biochemistry, 267(14):4536–4544, 2000.

Mooi, F. R. and F. K. De Graaf: *Isolation and characterization of K88 antigens*. FEMS Microbiology Letters, 5(1):17–20, 1979.

Moon, H. W., L. J. Hoffman, N. A. Cornick, S. L. Booher, and B. T. Bosworth: *Prevalences of some virulence genes among Escherichia coli isolates from swine presented to a diagnostic laboratory in Iowa*. Journal of Veterinary Diagnostic Investigation, 11(6):557–560, 1999.

Mynott, T. L., R. K. J. Luke, and D. S. Chandler: *Oral administration of protease inhibits enterotoxigenic Escherichia coli receptor activity in piglet small intestine*. Gut, 38(1):28–32, 1996.

Nagy, B., T. A. Casey, S. C. Whipp, and H. W. Moon: *Susceptibility of porcine intestine to pilus-mediated adhesion by some isolates of piliated enterotoxigenic Escherichia coli increases with age*. Infection and Immunity, 60(4):1285–1294, 1992.

Nataro, J. P. and J. B. Kaper: *Diarrheagenic Escherichia coli*. Clinical Microbiology Reviews, 11(1):142–201, 1998.

Nielsen, N. C., K. Christen, N. Bille, and J. L. Larsen: *Preweaning mortality in pigs – 1. herd investigations*. Nordisk Veterinaer Medicin, 26(3-4):137–150, 1974.

Niewold, T. A., A. J. van Dijk, P. L. Geenen, H. Roodink, R. Margry, and J. van der Meulen: *Dietary specific antibodies in spray-dried immune plasma prevent enterotoxigenic Escherichia coli F4 (ETEC) post weaning diarrhoea in piglets*. Veterinary Microbiology, 124(3-4):362–369, 2007.

Osek, J., P. Gallien, M. Truszczynski, and D. Protz: *The use of polymerase chain reaction for determination of virulence factors of Escherichia coli strains isolated from pigs in Poland*. Comparative Immunology Microbiology and Infectious Diseases, 22(3):163–174, 1999.

Peng, Q. L., J. Ren, X. M. Yan, X. Huang, H. Tang, Y. Z. Wang, B. Zhang, and L. S. Huang: *The g.243A>G mutation in intron 17 of MUC4 is significantly associated with susceptibility/resistance to ETEC F4ab/ac infection in pigs*. Animal Genetics, 38(4):397–400, 2007.

Python, P.: *Genetic host determinants associated with the adhesion of E. coli with fimbriae F4 in swine*. Dissertation, ETH Zurich, 2003.

Bibliography

Python, P., H. Jörg, S. Neuenschwander, C. Hagger, C. Stricker, E. Bürgi, H. U. Bertschinger, G. Stranzinger, and P. Vögeli: *Fine-mapping of the intestinal receptor locus for enterotoxigenic Escherichia coli F4ac on porcine chromosome 13.* Animal Genetics, 33(6):441–447, 2002.

Python, P., H. Jörg, S. Neuenschwander, M. Asai-Coakwell, C. Hagger, E. Bürgi, H. U. Bertschinger, G. Stranzinger, and P. Vögeli: *Inheritance of the F4ab, F4ac and F4ad E. coli receptors in swine and examination of four candidate genes for F4acR.* Journal of Animal Breeding and Genetics, 122:5–14, 2005.

Rapacz, J. and J. Hasler-Rapacz: *Polymorphism and inheritance of swine small intestinal receptors mediating adhesion of three serological variants of Escherichia coli producing K88 pilus antigen.* Animal Genetics, 17(4):305–321, 1986.

Rasschaert, K., F. Verdonck, B. M. Goddeeris, L. Duchateau, and E. Cox: *Screening of pigs resistant to F4 enterotoxigenic Escherichia coli (ETEC) infection.* Veterinary Microbiology, 123(1-3):249–253, 2007.

Ren, J., H. Tang, X. Yan, X. Huang, B. Zhang, H. Ji, B. Yang, D. Milan, and L. Huang: *A pig-human comparative RH map comprising 20 genes on pig chromosome 13q41 that harbours the ETEC F4ac receptor locus.* Journal of Animal Breeding and Genetics, 126(1):30–36, 2009.

Robic, A., M. Dalens, N. Woloszyn, D. Milan, J. Riquet, and J. Gellin: *Isolation of 28 new porcine microsatellites revealing polymorphisms.* Mammalian Genome, 5(9):580–583, 1994.

Rohrer, G. A., L. J. Alexander, J. W. Keele, T. P. Smith, and C. W. Beattie: *A Microsatellite Linkage Map of the Porcine Genome.* Genetics, 136(1):231–245, 1994.

Rohrer, G. A., L. J. Alexander, Z. L. Hu, T. P. L. Smith, J. W. Keele, and C. W. Beattie: *A comprehensive map of the porcine genome.* Genome Research, 6(5):371–391, 1996.

Roselli, M., A. Finamore, M. S. Britti, S. R. Konstantinov, H. Smidt, W. M. de Vos, and E. Mengheri: *The novel porcine Lactobacillus sobrius strain protects intestinal cells from enterotoxigenic Escherichia coli K88 infection and prevents membrane barrier damage.* Journal of Nutrition, 137(12):2709–2716, 2007.

Rozen, S. and H. J. Skaletsky: *Primer3 on the WWW for general users and for biologist programmers.* In Krawetz, S. and Misener S. (editors), *Bioinformatics – methods and protocols: methods in molecular biology*, pp. 365–386. Humana Press, Totowa, 1st edition, 2000.

Rutter, J. M., M. R. Burrows, R. Sellwood, and R. A. Gibbons: *A genetic basis for resistance to enteric disease caused by E. coli*. Nature, 257:135–136, 1975.

Sanchez, J. and J. Holmgren: *Virulence factors, pathogenesis and vaccine protection in cholera and ETEC diarrhea*. Current Opinion in Immunology, 17(4):388–398, 2005.

Sarrazin, E., C. Fritzsche, and H. U. Bertschinger: *Major virulence factors of Escherichia coli isolated from pigs over two weeks of age with oedema disease and/or diarrhoea*. Schweizer Archiv für Tierheilkunde, 142(11):625–630, 2000.

Schook, L. B., J. E. Beever, J. Rogers, S. Humphray, A. Archibald, P. Chardon, D. Milan, G. Rohrer, and K. Eversole: *Swine Genome Sequencing Consortium (SGSC): a strategic roadmap for sequencing the pig genome*. Comparative and Functional Genomics, 6(4):251–255, 2005.

Sears, C. L. and J. B. Kaper: *Enteric bacterial toxins: Mechanisms of action and linkage to intestinal secretion*. Microbiological and Molecular Biology Reviews, 60(1):167–215, 1996.

Seignole, D., P. Grange, Y. Duvaliflah, and M. Mouricout: *Characterization of O glycan moieties of the 210 and 240 KDa pig intestinal receptors for Escherichia coli K88ac fimbriae*. Microbiology-UK, 140:2467–2473, 1994.

Sellwood, R.: *Escherichia coli diarrhea in pigs with or without the K88 receptor*. Veterinary Record, 105(10):228–230, 1979.

Sellwood, R.: *Genetic susceptibility to intestinal infection - animal models*. In Rotter, J. I., I. M. Samloff, and D. L. Rimoin (editors), *Genetics and heterogeneity of common gastrointestinal disorders*, pp. 537–549. Academic Press, London and New York, 18th edition, 1980.

Sellwood, R.: *Escherichia coli associated porcine neonatal diarrhea: Antibacterial activities of colostrum from genetically susceptible and resistant sows*. Infection and Immunity, 35(2):396–401, 1982.

Sellwood, R.: *The K88 adherence system in swine*. In Boedeker, E. C. (editor), *Attachment of organisms to the gut mucosa*, volume 1, pp. 21–29. CRC Press, Boca Raton, Florida, 1984.

Sellwood, R., R. A. Gibbons, G. W. Jones, and J. M. Rutter: *A possible basis for breeding of pigs relatively resistant to neonatal diarrhea*. Veterinary Record, 95 (25-2):574–575, 1974.

Bibliography

Sellwood, R., R. A. Gibbons, G. W. Jones, and J. M. Rutter: *Adhesion of enteropathogenic Escherichia coli to pig intestinal brush borders: the existence of 2 pig phenotypes*. Journal of Medical Microbiology, 8(3):405–11, 1975.

Snoeck, V., N. Huyghebaert, E. Cox, A. Vermeire, S. Vancaeneghem, J. P. Remon, and B. M. Goddeeris: *Enteric-coated pellets of F4 fimbriae for oral vaccination of suckling piglets against enterotoxigenic Escherichia coli infections*. Veterinary Immunology and Immunopathology, 96(3-4):219–227, 2003.

Sun, H. F. S., C. W. Ernst, M. Yerle, P. Pinton, M. F. Rothschild, P. Chardon, C. Rogel-Gaillard, and C. K. Tuggle: *Human chromosome 3 and pig chromosome 13 show complete synteny conservation but extensive gene-order differences*. Cytogenetics and Cell Genetics, 85(3-4):273–278, 1999.

Sun, R. G., T. J. Anderson, A. K. Erickson, E. A. Nelson, and D. H. Francis: *Inhibition of adhesion of Escherichia coli K88ac fimbria to its receptor, intestinal mucin-type glycoproteins, by a monoclonal antibody directed against a variable domain of the fimbria*. Infection and Immunity, 68(6):3509–3515, 2000.

Thorns, C. J., C. D. H. Boarer, and J. A. Morris: *Production and evaluation of monoclonal-antibodies directed against the K88 fimbrial adhesin produced by Escherichia coli enterotoxigenic for piglets*. Research in Veterinary Science, 43(2):233–238, 1987.

Uemura, R., M. Sueyoshi, M. Nagayoshi, and H. Nagatomo: *Antimicrobial susceptibilities of Shiga toxin-producing Escherichia coli isolates from pigs with edema disease in Japan*. Microbiology and Immunology, 47(1):57–61, 2003.

Broeck, W. Van den, E. Cox, and B. M. Goddeeris: *Receptor-dependent immune responses in pigs after oral immunization with F4 fimbriae*. Infection and Immunity, 67(2):520–526, 1999.

Broeck, W. Van den, E. Cox, and B. M. Goddeeris: *Receptor-specific binding of purified F4 to isolated villi*. Veterinary Microbiology, 68(3-4):255–263, 1999.

Broeck, W. Van den, E. Cox, B. Oudega, and B. M. Goddeeris: *The F4 fimbrial antigen of Escherichia coli and its receptors*. Veterinary Microbiology, 71(3-4):223–244, 2000.

Broeck, W. Van den, H. Bouchaut, E. Cox, and B. M. Goddeeris: *F4 receptor-independent priming of the systemic immune system of pigs by low oral doses of F4 fimbriae*. Veterinary Immunology and Immunopathology, 85(3-4):171–178, 2002.

Stede, Y. Van der, E. Cox, and B. M. Goddeeris: *Antigen dose modulates the immunoglobulin isotype responses of pigs against intramuscularly administered F4-fimbriae.* Veterinary Immunology and Immunopathology, 88(3-4):209–216, 2002.

Van Poucke, M., A. Tornsten, M. Mattheeuws, A. Van Zeveren, L. J. Peelman, and B. P. Chowdhary: *Comparative mapping between human chromosome 3 and porcine chromosome 13.* Cytogenetics and Cell Genetics, 85(3-4):279–284, 1999.

Van Poucke, M., M. Yerle, C. Tuggle, F. Piumi, C. Genet, A. Van Zeveren, and L. J. Peelman: *Integration of porcine chromosome 13 maps.* Cytogenetics and Cell Genetics, 93(3-4):297–303, 2001.

Van Poucke, M., M. Yerle, P. Chardon, K. Jacobs, C. Genet, M. Mattheeuws, A. Van Zeveren, and L. J. Peelman: *A refined comparative map between porcine chromosome 13 and human chromosome 3.* Cytogenetic and Genome Research, 102(1-4):133–8., 2003.

Verdonck, F., E. Cox, E. Schepers, H. Imberechts, J. Joensuu, and B. M. Goddeeris: *Conserved regions in the sequence of the F4 (K88) fimbrial adhesin FaeG suggest a donor strand mechanism in F4 assembly.* Veterinary Microbiology, 102(3-4): 215–225, 2004.

Verdonck, F., E. Cox, S. Vancaeneghem, and B. M. Goddeeris: *The interaction of F4 fimbriae with porcine enterocytes as analysed by surface plasmon resonance.* FEMS Immunology and Medical Microbiology, 41(3):243–248, 2004.

Verdonck, F., V. Snoeck, B. M. Goddeeris, and E. Cox: *Cholera toxin improves the F4(K88)-specific immune response following oral immunization of pigs with recombinant FaeG.* Veterinary Immunology and Immunopathology, 103(1-2):21–29, 2005.

Vögeli, P., R. Bolt, R. Fries, and G. Stranzinger: *Co-segregation of the malignant hyperthermia and the Arg(615)-Cys(615) mutation in the skeletal-muscle calcium-release channel protein in 5 European Landrace and Pietrain pig breeds.* Animal Genetics, 25:59–66, 1994.

Vögeli, P., H. U. Bertschinger, M. Stamm, C. Stricker, C. Hagger, R. Fries, J. Rapacz, and G. Stranzinger: *Genes specifying receptors for F18 fimbriated Escherichia coli, causing oedema disease and postweaning diarrhoea in pigs, map to chromosome 6.* Animal Genetics, 27(5):321–328, 1996.

Vingborg, R. K. K., V. R. Gregersen, B. J. Zhan, F. Panitz, A. Hoj, K. K. Sorensen, L. B. Madsen, K. Larsen, H. Hornshoj, X. F. Wang, and C. Bendixen: *A robust*

Bibliography

linkage map of the porcine autosomes based on gene-associated SNPs. BMC Genomics, 10(134), 2009.

Vu Khac, H., E. Holoda, E. Pilipcinec, M. Blanco, J. E. Blanco, G. Dahbi, A. Mora, C. Lopez, E. A. Gonzalez, and J. Blanco: *Serotypes, virulence genes, intimin types and PFGE profiles of Escherichia coli isolated from piglets with diarrhoea in Slovakia*. Veterinary Journal, 174(1):176–187, 2007.

Wang, J., S. W. Jiang, X. H. Chen, Z. L. Liu, and J. Peng: *Prevalence of fimbrial antigen (K88 variants, K99 and 987P) of enterotoxigenic Escherichia coli from neonatal and post-weaning piglets with diarrhea in central China*. Asian-Australasian Journal of Animal Sciences, 19(9):1342–1346, 2006.

Wang, Y., J. Ren, L. Lan, X. Yan, X. Huang, Q. Peng, H. Tang, B. Zhang, H. Ji, and L. Huang: *Characterization of polymorphisms of transferrin receptor and their association with susceptibility to ETEC F4ab/ac in pigs*. Journal of Animal Breeding and Genetics, 124(4):225–229, 2007.

Wang, Z., G. A. Rohrer, R. T. Stone, and D. Troyer: *Five new porcine genetic markers from a microsatellite enriched microdissected chromosome 13 library*. Animal Genetics, 32(1):41–42, 2001.

Wellock, I. J., P. D. Fortomaris, J. G. M. Houdijk, J. Wiseman, and I. Kyriazakis: *The consequences of non-starch polysaccharide solubility and inclusion level on the health and performance of weaned pigs challenged with enterotoxigenic Escherichia coli*. British Journal of Nutrition, 99(3):520–530, 2008.

Westerman, R. B., K. W. Mills, R. M. Phillips, G. W. Fortner, and J. M. Greenwood: *Predominance of the ac variant in K88-positive Escherichia coli isolates from swine*. Journal of Clinical Microbiology, 26(1):149–150, 1988.

Wilson, M. R. and A. W. Hohmann: *Immunity to Escherichia coli in pigs: adhesion of enteropathogenic Escherichia coli to isolated intestinal epithelial cells*. Infection and Immunity, 10(4):776–782, 1974.

Winterø, A. K. and M. Fredholm: *Three porcine polymorphic microsatellite loci (S0075, S0151, S0158)*. Animal Genetics, 26(2):125–126, 1995.

Wittig, W. and C. Fabricius: *Escherichia coli types isolated from porcine E. coli infections in Saxony from 1963 to 1990*. Zentralblatt für Bakteriologie – International Journal of Medical Microbiology Virology Parasitology and Infectious Diseases, 277(3):389–402, 1992.

Yi, G. F., J. A. Carroll, G. L. Allee, A. M. Gaines, D. C. Kendall, J. L. Usry, Y. Toride, and S. Izuru: *Effect of glutamine and spray-dried plasma on growth performance, small intestinal morphology, and immune responses of Escherichia coli K88(+)-challenged weaned pigs.* Journal of Animal Science, 83(3):634–643, 2005.

Zhang, B., J. Ren, X. Yan, X. Huang, H. Ji, Q. Peng, Z. Zhang, and L. Huang: *Investigation of the porcine MUC13 gene: isolation, expression, polymorphisms and strong association with susceptibility to enterotoxigenic Escherichia coli F4ab/ac.* Animal Genetics, 39(3):258–266, 2008.

Zhang, J., M. Yasin, C. A. C. Carraway, and K. L. Carraway: *MUC4 expression and localization in gastrointestinal tract and skin of human embryos.* Tissue and Cell, 38(4):271–275, 2006.

Zhang, W. P.: *Prevalence of virulence genes in Escherichia coli strains recently isolated from young pigs with diarrhea in the US.* Veterinary Microbiology, 123 (1-3):145–152, 2007.

Zhang, W. P., E. M. Berberov, J. Freeling, D. He, R. A. Moxley, and D. H. Francis: *Significance of heat-stable and heat-labile enterotoxins in porcine colibacillosis in an additive model for pathogenicity studies.* Infection and Immunity, 74(6):3107–3114, 2006.

Zhang, W. P., Y. Fang, and D. H. Francis: *Characterization of the binding specificity of K88ac and K88ad fimbriae of enterotoxigenic Escherichia coli by constructing K88ac/K88ad chimeric FaeG major subunits.* Infection and Immunity, 77(2): 699–706, 2009.

List of Figures

1.1. *E. coli* bacterium with F4 fimbriae. 3
1.2. Comparative map of porcine chromosome 13 (SSC13) and human chromosome 3 and 21 (HSA3 and HSA21). 9
2.1. Determination of receptor phenotype in the microscopic adhesion test after preparation of enterocytes. 20
3.1. Scatterplot matrix of F4ab, F4ac and F4ad adhesion of 1569 SEH pigs. 32
3.2. Percentage of adhesive enterocytes of 1569 pigs phenotyped for F4ab, F4ac and F4ad adhesion. 33
3.3. Scatterplot matrix of F4ab, F4ac and F4ad adhesion of 78 SPS pigs. 35
3.4. Assignment of the receptor gene for *E. coli* F4ab/F4ac adhesion (*F4bcR*) on porcine chromosome 13. 37
3.5. Left: Restriction pattern of *HpyF3*I digestion of *MUC4* DQ848681: g.6138–6887 PCR products to determine the g.6242G>A polymorphism. Right: Restriction pattern of *Hin1*II digestion of *MUC4* g.7741–8202 PCR products to determine the g.7947A>G polymorphism. 41
3.6. Restriction pattern of *Xba*I digestion of *MUC4* g.8012–8378 PCR products to determine the g.8227C>G polymorphism. 42
3.7. Left: Restriction pattern of *Taq*I digestion of TNK2e6-7-Fc2/R PCR products to determine the FN393558:g.7075C>A polymorphism. Right: Restriction pattern of *Bse*DI digestion of TNK2e9j-F/R PCR products to determine the g.7717C>T polymorphism. 43
3.8. Restriction pattern of *Alu*I digestion of TNK2e12b-Fv2/Rv2 PCR products to determine the FN393558:g.11142G>A polymorphism. . 44
3.9. F4ad adhesion strength of repeated matings with litter numbers are shown in boxplots. 55
3.10. An intestinal segment free of contents and a segment with contents were taken from each of 215 pigs, and the percentages of F4ad adhesive enterocytes (adhesion strength) were compared. 58
3.11. The cumulative number of pigs rated as resistant depending on the threshold for susceptibility. 59

List of Figures

3.12. The average number of bacteria adhering to enterocytes are compared to the percentage of adhesive enterocytes per pig. 60

3.13. Distributions of F4ad adhesion strengths of pigs of the six mating combinations. 61

List of Tables

1.1. *E. coli* F4 phenotypes A through F according to Bijlsma *et al.* (1982) and Baker *et al.* (1997). 7
2.1. Primers for PCR and sequencing are given with the DNA (or cDNA) fragment size and the position within the EMBL sequences. 23
2.2. Microsatellite markers used for genescan analysis. 25
2.3. Six selected restriction fragment length polymorphisms in *TNK2* and *MUC4*. 26
3.1. *E. coli* F4 phenotypes of 1569 SEH pigs according to Bijlsma *et al.* (1982) and Baker *et al.* (1997). 33
3.2. *E. coli* F4 phenotypes of 78 SPS pigs according to Bijlsma *et al.* (1982) and Baker *et al.* (1997). 34
3.3. Mapping by BLAST searches of microsatellite sequences to BAC clones being sequenced within the Swine Genome Sequencing Consortium pig genome project. 38
3.4. Sequence variants in the genomic sequence of *TNK2* of two F4ac resistant and two homozygous susceptible pigs. 44
3.5. *MUC4* g.8227C>G polymorphism and F4ac phenotypes of 78 SPS pigs. 50
3.6. *MUC4* g.8227C>G polymorphism of 193 boars of five breeds used for artificial insemination in Switzerland in 2005. 51
3.7. *TNK2* and *MUC4* haplotype combinations of 180 pigs determined by RFLP. 52
3.8. Additional polymorphisms in *MUC4* g.6138–6887 of 25 pigs determined by sequencing. 53
3.9. Kruskal-Wallis and Kolmogorov-Smirnov significance values showing differences in the percentages of F4ad adhesive enterocytes between litters. 56
3.10. F4ad rating of two adjoining segments free of contents and of two adjoining segments with contents of 59 pigs with a threshold of 2.5% of adhesive enterocytes. 57
3.11. Kruskal-Wallis one-way analysis of variance with the six mating combinations of the three adhesion classes. 62

List of Tables

3.12. Adhesion strength of intestinal biopsies of 10 pigs taken at the age of four to six weeks, at about six months and at slaughter. 63

Appendix

A. Appendix

Media and solutions

Product	Amount	Grade	Article no.	Producer	Supplier
DMSO-Hanks-medium according to Bosi et al. (2004)					
Hanks' Balanced Salt solution (with sodium bicarbonate)	80 ml	sterile-filtered	H9269	Sigma	Sigma-Aldrich, Buchs
Fetal calf serum	10 ml				
DMSO	30 ml	p.p.a., ACS	41640	Fluka	Sigma-Aldrich, Buchs
Glycerol	30 ml	$\geq 98.0\%$	49780	Fluka	Sigma-Aldrich, Buchs
BSA	1 g	$\geq 96.0\%$	A9647	Fluka	Sigma-Aldrich, Buchs
DNA loading dye 6 x					
Xylene Cyanol FF	0.25% (v/v)		95600	Fluka	Sigma-Aldrich, Buchs
Sucrose	40% (v/v)	$\geq 99.0\%$	84100	Fluka	Sigma-Aldrich, Buchs
EDTA buffer					
NaCl	96 mM	puriss. p.a.	71380	Fluka	Sigma-Aldrich, Buchs
Na_2HPO_4	5.5 mM	puriss. p.a.	71640	Fluka	Sigma-Aldrich, Buchs
		puriss. p.a.	6589	Merck	Merck, Zug
KH_2PO_4	8 mM	$\geq 99.5\%$	60219	Fluka	Sigma-Aldrich, Buchs
		$\geq 99.5\%$	P3535	Sigma	Sigma-Aldrich, Buchs
KCl	1.5 mM	puriss. p.a.	60130	Merck	Merck, Zug
EDTA	10 mM	molecular biology	E5134	Sigma	Sigma-Aldrich, Buchs
adjust to pH6.8 with 1 M Na_2CO_3 autoclave			71640	Sigma	Sigma-Aldrich, Buchs
Formaldehyde agarose gel buffer 10 x					
3-[N-Morpholino]propanesulfonic acid (MOPS)	200 mM		69949	Fluka	Sigma-Aldrich, Buchs
Sodium acetate (trihydrate)	50 mM	p.a.	106267	Merck	Merck, Zug
EDTA	10 mM	molecular biology	E5134	Sigma	Sigma-Aldrich, Buchs
adjust to pH7.0 with NaOH					

Continued on next page

A. Appendix

Product	Amount	Grade	Article no.	Producer	Supplier
Continued from previous page					
FA gel running buffer 1 x					
FA gel buffer 10 x	1 x				
Formaldehyde solution	246 mM	36%	47630	Fluka	Sigma-Aldrich, Buchs
complete with RNase-free H_2O					
Formamide loading dye					
Formamide	4 x	p.p.a., ACS	47670	Fluka	Sigma-Aldrich, Buchs
Loading buffer 5 x	1 x			AB	Applied Biosystems, Rotkreuz
Lysis buffer					
Sucrose	320 mM	≥99.0%	84100	Fluka	Sigma-Aldrich, Buchs
Tris-HCl pH 7.5	10 mM				
$MgCl_2 \cdot 6H_2O$	5 mM	puriss. p.a.	63072	Fluka	Sigma-Aldrich, Buchs
Triton X-100	1%				
autoclave					
Mannose buffer 2%					
D(+)-Mannose	2%	≥99.0%	63582	Fluka	Sigma-Aldrich, Buchs
ad PBS immediately before use					
PBS – Phosphate buffered saline					
NaCl	145 mM	puriss. p.a.	71380	Fluka	Sigma-Aldrich, Buchs
Na_2HPO_4	9 mM	puriss. p.a.	71640	Fluka	Sigma-Aldrich, Buchs
		puriss. p.a.	6589	Merck	Merck, Zug
NaH_2PO_4	1.3 mM	reinst			Bender und Hobein, Zürich
pH 7.6, autoclave					
PBS-formaldehyde					
formaldehyde solution	2% (v/v)	36%	47630	Fluka	Sigma-Aldrich, Buchs
complete with PBS					
PCR turbo buffer					
KCl	50 mM	puriss. p.a.	60130	Merck	Merck AG, Zug
Tris-HCl pH 8.3	10 mM				
Gelatin from porcine skin	0.1 mg/ml	microbiology	48722	Fluka	Sigma-Aldrich, Buchs
Nonidet P-40	0.45% (v/v)		74385	Fluka	Sigma-Aldrich, Buchs
Tween 20	0.45% (v/v)		93773	Fluka	Sigma-Aldrich, Buchs
autoclave					
Polyacrylamide gel 4.5%					
Urea	18 ml	≥99.5%	02493	Sigma	Sigma-Aldrich, Buchs
TBE buffer 10 x	5 ml				
Acrylamide:bis-acrylamide (29:1) solution	7.5 ml	30%	1610121	Biorad	Biorad, Reinach
TEMED	15 ul	99%	0761	Amresco	Bioconcept, Allschwil
Ammonium persulfate 10% solution	350 ul	p.p.a., ACS	9915	Fluka	Sigma-Aldrich, Buchs

Continued on next page

Concluded from previous page

Product	Amount	Grade	Article no.	Producer	Supplier
Proteinase K					
Proteinase K from Tritrachium album ddH$_2$O ad 1 ml	20 mg/ml	≥30 U/mg	P6556	Sigma	Sigma-Aldrich, Buchs
RNA loading buffer 5 x					
aqueous bromphenol blue solution	saturated		18030	Fluka	Sigma-Aldrich, Buchs
EDTA	4 mM	molecular biology	E5134	Sigma	Sigma-Aldrich, Buchs
Formaldehyde solution	886 mM	36%	47630	Fluka	Sigma-Aldrich, Buchs
Glycerol	2% (v/v)	≥98.0%	49780	Fluka	Sigma-Aldrich, Buchs
Formamide	31% (v/v)	p.p.a., ACS	47670	Fluka	Sigma-Aldrich, Buchs
FA gel buffer 10 x complete with RNase-free H$_2$O	4 x				
TBE Buffer 10 x					
Tris(hydroxymethyle) aminomethane	890 mM	for Microbiology	200923	Biosolve	Biosolve, Valkenswaard, NL
H$_3$BO$_3$	890 mM	puriss. p.a.	31146	Sigma	Sigma-Aldrich, Buchs
EDTA	20 mM	molecular biology	E5134	Sigma	Sigma-Aldrich, Buchs
pH8.3, autoclave					
Tris-HCl pH7.5					
Tris(hydroxymethyle) aminomethane pH7.5, autoclave	200 mM	for Microbiology	200923	Biosolve	Biosolve, Valkenswaard, NL

Chemicals

Product	Article no.	Producer	Supplier
λ-phage DNA 500 µg/ml	27-4118-07	GE	GE Healthcare, Glattbrugg
100 bp ladder	27-4007-01	GE	GE Healthcare, Glattbrugg
100 bp ladder directload	D3687	Sigma	Sigma-Aldrich, Buchs
2-mercaptoethanol	63489	Fluka	Sigma-Aldrich, Buchs
50 bp ladder	27-4005-01	GE	GE Healthcare, Glattbrugg
50 bp ladder directload	D3812	Sigma	Sigma-Aldrich, Buchs
Agarose low EEO	A5093	Sigma	Sigma-Aldrich, Buchs
*Alu*I, 10 U/ul	ER0011	Fermentas	Labforce, Nunningen
BigDye sequencing mix		AB	Applied Biosystems, Rotkreuz
*Bse*DI, 10 U/ul	ER1081	Fermentas	Labforce, Nunningen
Columbia sheep blood agar	PB5008A	Oxoid	Oxoid, Basel
DNase, RNase-free	79254	Qiagen	Qiagen, Hombrechtikon
dNTPs, 100 mM	DNTP100	Sigma	Sigma-Aldrich, Buchs
dNTPs, 100 mM		GE	GE Healthcare, Glattbrugg
Ethanol (EtOH)	100983	Merck	Merck, Zug
Etidium bromide (EtBr)			
Formamide	47670	Fluka	Sigma-Aldrich, Buchs

Continued on next page

A. Appendix

Product	Article no.	Producer	Supplier
\multicolumn{4}{c}{Concluded from previous page}			
Genescan 350 TAMRA or ROX size standard		AB	Applied Biosystems, Rotkreuz
HalfBD		Genetix	Genetix, München, D
Hin1II, 5 U/ul	ER1831	Fermentas	Labforce, Nunningen
HpyF3I, 10 U/ul	ER1881	Fermentas	Labforce, Nunningen
Reverse Transcription System	A3500	Promega	Promega, Dübendorf
RNeasy Midi kit	75144	Qiagen	Qiagen, Hombrechtikon
Sodium acetate	71190	Fluka	Sigma-Aldrich, Buchs
Taq DNA polymerase recombinant, 5 U/ul	D1806	Sigma	Sigma-Aldrich, Buchs
Taq JumpStart DNA polymerase, 2.5 U/ul	D9307	Sigma	Sigma-Aldrich, Buchs
TaqI, 10 U/ul		GE	GE Healthcare, Glattbrugg
Trypticase soy broth (TSB)	211768	Becton Dickinson	Chemie Brunschwig, Basel
XbaI, 10 U/ul	10674257001	Roche	Roche, Rotkreuz
XbaI, 10 U/ul	ER0681	Fermentas	Labforce, Nunningen

Labware

Product	Article no.	Producer	Supplier
6-well macroplates	657 102	Greiner	Huber und Co., Reinach
6-well macroplates	5530505	Orange	Milian SA, Meyrin
Blood tubes 10 ml with EDTA Vacuette	455036	Greiner	Greiner Bio-one, St. Gallen
Blood tubes 10 ml with EDTA Venosafe	VF-109SDK	Terumo	Cosanum AG, Schlieren
Centrifuge tubes 15 ml	FA-352096	Falcon	Milian SA, Meyrin
Centrifuge tubes 50 ml	91050	TPP	Omnilab AG, Mettmenstetten
Cover glass 18 x 18 mm		Menzel	Uni lab shop
Cryotubes 1.8 ml	363401	Nunc	Milian SA, Meyrin
Glass slide frosted ends 76 x 26 mm		Menzel	Uni lab shop
Micro tubes 1.5 ml	96.7514.2.01	Treff	Milian SA, Meyrin
Montage PCR centrifugal filter devices	UFC7PC250	Millipore	Milian SA, Meyrin
PCR 8-strip tube	3230-00	SSI	Bioconcept, Allschwil
PCR plates 96 wells	PCR-96-FLT-C	Axygen	Brunschwig, Basel
PCR plates 96 wells	ABI0600	ABI	Bioconcept, Allschwil
PCR plates 96 wells low profile	AB-0700	Thermo	Milian SA, Meyrin
PCR tubes 0.2 ml		SSI	Bioconcept, Allschwil
Tips 10 µl	T-300-L-R	Axygen	Brunschwig, Basel
Tips 30 µl	MX-7600	Matrix	Milian SA, Meyrin
Tips 200 µl	96.1701.4.02	Treff	Uni lab shop
Tips 1000 µl	96.1702.6.02	Treff	Uni lab shop
Wide-necked bottles PVC 100 ml	3851	Semadeni	Semadeni, Ostermundigen

Die VDM Verlagsservicegesellschaft sucht für wissenschaftliche Verlage abgeschlossene und herausragende

Dissertationen, Habilitationen, Diplomarbeiten, Master Theses, Magisterarbeiten usw.

für die kostenlose Publikation als Fachbuch.

Sie verfügen über eine Arbeit, die hohen inhaltlichen und formalen Ansprüchen genügt, und haben Interesse an einer honorarvergüteten Publikation?

Dann senden Sie bitte erste Informationen über sich und Ihre Arbeit per Email an *info@vdm-vsg.de*.

Sie erhalten kurzfristig unser Feedback!

VDM Verlagsservicegesellschaft mbH
Dudweiler Landstr. 99
D - 66123 Saarbrücken

Telefon +49 681 3720 174
Fax   +49 681 3720 1749

www.vdm-vsg.de

Die VDM Verlagsservicegesellschaft mbH vertritt

Printed by Books on Demand GmbH, Norderstedt / Germany

Michael Jäckel

Soziologie

Eine Orientierung

VS VERLAG FÜR SOZIALWISSENSCHAFTEN

Bibliografische Information der Deutschen Nationalbibliothek
Die Deutsche Nationalbibliothek verzeichnet diese Publikation in der Deutschen
Nationalbibliografie; detaillierte bibliografische Daten sind im Internet über
<http://dnb.d-nb.de> abrufbar.

1. Auflage 2010

Alle Rechte vorbehalten
© VS Verlag für Sozialwissenschaften | GWV Fachverlage GmbH, Wiesbaden 2010

Lektorat: Frank Engelhardt

VS Verlag für Sozialwissenschaften ist Teil der Fachverlagsgruppe
Springer Science+Business Media.
www.vs-verlag.de

Das Werk einschließlich aller seiner Teile ist urheberrechtlich geschützt. Jede Verwertung außerhalb der engen Grenzen des Urheberrechtsgesetzes ist ohne Zustimmung des Verlags unzulässig und strafbar. Das gilt insbesondere für Vervielfältigungen, Übersetzungen, Mikroverfilmungen und die Einspeicherung und Verarbeitung in elektronischen Systemen.

Die Wiedergabe von Gebrauchsnamen, Handelsnamen, Warenbezeichnungen usw. in diesem Werk berechtigt auch ohne besondere Kennzeichnung nicht zu der Annahme, dass solche Namen im Sinne der Warenzeichen- und Markenschutz-Gesetzgebung als frei zu betrachten wären und daher von jedermann benutzt werden dürften.

Umschlaggestaltung: KünkelLopka Medienentwicklung, Heidelberg
Druck und buchbinderische Verarbeitung: Ten Brink, Meppel
Gedruckt auf säurefreiem und chlorfrei gebleichtem Papier
Printed in the Netherlands

ISBN 978-3-531-16836-4

Meinen akademischen Lehrern gewidmet

Inhalt

Vorwort — 11

I „Muster und Gleichförmigkeiten" – Einleitende Bemerkungen — 15
   1. „Sozial – was ist das?" – Gesellschaft als Forschungsgegenstand — 15
   2. „...a tightly knit social fabric." – Strukturen und Relationen — 18
   3. „Die Unabhängigkeit des Einzelnen" – Nachahmung und Differenzierung — 23
   4. „...real in their consequences." – Motive und unbeabsichtigte Wirkungen — 27

II „... eine säkularisierte Tochter ...." – Die „Geburt" der Soziologie — 33
   1. „Ohne Ort" – Die Suche nach der guten Gesellschaft — 33
   2. „...die Möglichkeit eines wissenschaftlichen Religionsersatzes" – Comtes Drei-Stadien-Gesetz — 37
   3. „...etwas Fremdes, worin wir uns selbst nicht mehr erkennen" – Durkheims soziologische Tatbestände — 42
   4. „Bringing Men Back In." – Das Verstehen sozialen Handelns — 48
   5. „Interdependenzen des Menschen" – Gesellschaft als Spiel — 54

III	„... mehr als einen Effekt." – Gesellschaftliche Differenzierung	61
	1. „Harmonie und Interessen" – Arbeitsteilung und die unsichtbare Hand	61
	2. „...diese gegenseitige Abhängigkeit der Theile" – Gesellschaft als Organismus	67
	3. „...dauerhafte Leistungsabhängigkeiten zwischen den spezialisierten Akteuren" – Durkheims Analyse der Arbeitsteilung	73
	4. Ein „Zustand momentaner Barbarei" – Marx und die Widersprüche des Produktionsprozesses	79
IV	„... the doing of new things." – Innovation und Gesellschaft	87
	1. „Der entfesselte Prometheus" – Ursprünge und Zyklen von Innovationen	87
	2. „... a very social process." – Diffusionsverläufe	94
	3. „Who influenced you?" – Meinungsführer und Tipping Points	103
V	„... dass man nichts zu wählen hat." – Soziale Ungleichheit	111
	1. „Gleichzeitigkeit des Ungleichzeitigen" – Vom Stand zur Klasse	111
	2. „... in tausend Zwischenformen" – Ungleichheiten in der Nachklassengesellschaft	118
	3. „Subjektivierung der gesellschaftlichen Lage" – Die Pluralisierung von Lebensstilen	125
	4. „Der Mensch ist, was er isst." – Drei Phänomene sozialer Ungleichheit	130

VI	„To what church do you belong?" – Religion und Gesellschaft	139
	1. Eine „vorpolitische Wahrheit" – Die Rolle der Religion nach der Aufklärung	139
	2. „...why pay me, if he doesn't believe in anything?" – Religion und Wirtschaftsordnung	144
	3. „Unsichtbare Religion" – Die Latenz religiöser Wertvorstellungen	147
	4. „Re-Spritiualisierung und De-Säkularisierung" – Neue Formen des Religiösen	152
VII	„... von ihrem Willen unabhängige Verhältnisse?" – Macht und Herrschaft	159
	1. „Überlegene Organisationsfähigkeit" – Phänomene von Macht im Alltag	159
	2. „... a relational concept" – Soziologische Ansätze zum Verständnis von Macht	163
	3. Die „Wirklichkeit des Vernünftigen" – Macht als Stabilisator	171
	4. „Löwen" und „Füchse" – Macht und Eliten	179
VIII	„Instinktreduziert" und „weltoffen" – Institutionen, Normen und Abweichungen	185
	1. Eine „Welt von Bedeutungen" – Institution und Kultur	185
	2. „... eine eigene Wirklichkeit" – Die Objektivität von Institutionen	191
	3. „...eine ärgerliche Tatsache" – Rollen und Erwartungen	196
	4. „Schatten der Zukunft" – Egoismus, Altruismus und Abweichung	206

IX	„... new forms of communication have brought about ..." – Kommunikation und Gesellschaft	213
	1. „...living with the media" – Wandel der Kommunikation	213
	2. „ ...unter Zwischenschaltung von Technik" – Verwendungen des Medien-Begriffs	220
	3. Ist das Medium die Botschaft? – Traditionen der Medientheorie	223
	4. „... the common socializer of our times" – Medienwirkungen	227
	5. Der „gut informierte Bürger" – Leben in der Wissensgesellschaft	236
X	**„Do not be too theoretical!" – Das Leistungsspektrum der Soziologie**	243
	1. „...other side of the fence" – Theorie und Praxis	243
	2. Die „Welt der Sozialforschung" – Kontroversen über Methoden und Werturteile	246
	3. „...nicht ganz allein" – Die Steuerung der Gesellschaft und das Studium der Soziologie	253

Literaturverzeichnis 257

Sachregister 277

Vorwort

Ein Blick in soziologische Fachzeitschriften zeigt, dass sich die Art und Weise der Vermittlung soziologischer Inhalte zum Teil deutlich unterscheidet. Das hat weniger mit einem Wettbewerb um Originalität zu tun, sondern mit der Fragestellung, dem theoretischen Anspruch und der methodischen Vorgehensweise. Bereits diese drei Variablen sorgen für unterschiedliche Präsentationsformen. Je spezifischer das Thema wird, desto häufiger wird der Eindruck bestärkt, dass an die Stelle der Sicht auf das Ganze eine Vielfalt von Tunnelblicken tritt. Als der amerikanische Soziologe Richard Sennett vor etwa 15 Jahren vom „Ende der Soziologie" sprach, kritisierte er vor allem eine Entwicklung, die das Phänomen „Gesellschaft" eher durch Hinweise auf dessen Verschwinden zu erklären versuchte. Er formulierte seinerzeit die Mahnung, dass der modernen Soziologie eine Vorstellung von dem, was Gesellschaft ausmacht (vgl. Sennett 1994: 61), fehle. Als positives Beispiel der Vergangenheit nannte er David Riesman und seine Charakterstudie der amerikanischen Gesellschaft in der Mitte des vergangenen Jahrhunderts. Riesmans Buch liest sich in Teilen wie ein Roman. Es enthält auch keine Grafiken und Tabellen, geschweige denn Hinweise auf signifikante Unterschiede und starke Korrelationen. Seine Analyse reichte in alle gesellschaftlichen Bereiche hinein: Familie, Beruf, Religion, Politik, Erziehung, Freizeit. Eine auf Fakten und Prüfgrößen ausgerichtete Terminologie, die für viele wissenschaftliche Abhandlungen typisch ist, ließ Riesman dabei quasi hinter sich. Manche haben ihm vorgeworfen, dass er sich um diese Details nicht gekümmert habe. Aber obwohl er diese Einzelheiten ausklammerte, wird er bis heute diskutiert, weil die Art und Weise der Darstellung offensichtlich in der Lage war, eine Vorstellung von Gesellschaft zu vermitteln.

Jedenfalls ist das Essay in der heutigen Zeit zu einem Medium geworden, das zwischen die Zeilen der Zahlen und Fakten schaut und Dinge, die sich in einer Gesellschaft ereignen, durch diese Beschreibungen erfahrbar macht. Darin spiegelt sich gleichsam die Fähigkeit zu analytischer Phantasie, die eben nicht mit Spekulation verwechselt werden darf. Die empirische Sozialforschung gilt als das Handwerkszeug der Soziologie, aber das Handwerkszeug alleine macht die Soziologie nicht aus. Ihre Tauglichkeit müssen diese vielmehr in einer Konkurrenz mit anderen Formen der Beobachtung unter Beweis stellen. Gesellschaftliche Fakten werden zum einen von vielen produziert, zum anderen wird die Gesellschaft und ihre Befindlichkeit an vielen Stellen zu einem Thema gemacht, so dass man häufig einer Vielzahl von Meinungen gegenübersteht. Zugleich registriert man zu Beginn eines Soziologiestudiums die Vielzahl der Theorien und Konzepte, die berechtigterweise ein Bedürfnis nach Orientierung aufkommen lassen. Dass es verschiedene Interpretationen und deshalb eben auch Kontroversen über die wissenschaftliche Erforschung des gesellschaftlichen Verhaltens der Menschen gibt, lässt sich wohl kaum aus der Welt schaffen. Das ändert aber nichts an der Tatsache, dass „ohne Gesellschaft leben" nur ein Wunschtraum sein kann, der gerade deren Existenz unterstreicht. Mit diesem Buch soll daher nicht mehr und nicht weniger als eine Einführung in soziologisches Denken vermittelt werden.

Wer beim Studium der Soziologie das Gefühl entwickelt, es mit eher unbeständigen Phänomen zu tun zu haben, sollte dabei nicht vergessen, dass dies im Gegenstand der Soziologie selbst begründet liegt. Was einmal als ein Effekt identifiziert wurde, kann plötzlich von anderen sozialen Erscheinungsformen Konkurrenz erhalten. So zeigt etwa die Wertewandelforschung, dass es einen engen Zusammenhang zwischen den materiellen Lebensumständen und der Favorisierung bestimmter Lebensziele gibt. Religiöse Wertsysteme etwa gerieten im Zuge der Industrialisierung verstärkt unter Druck. Während beispielsweise gesellschaftlicher Status in einer bestimmten historischen Epoche durch einen exzessiven Gebrauch von knappen Gütern demonstriert wurde, können die Reaktionen der von dieser Art des Konsums ausgeschlossenen Gruppen die Darstellungsformen von Reichtum und Macht verändern. Das vermehrte Aufkommen philanthropischen Engagements ist unter anderem ein darauf zurückführbares Phänomen. Wer die Kernfamilie als Leitbild menschlichen Zusammenlebens betrachtet, artikuliert damit eine Wertvorstellung, die nach Auffassung der historischen Familienforschung keineswegs als „Naturgesetz" interpretiert werden kann. Und während in früheren Jahrhunderten die müßige Klasse Zeit als Privileg empfand, sind es heute Führungskräfte, die nach dem Motto „Wer Zeit hat, macht sich verdächtig!" leben.

Es gibt mit anderen Worten beständige und variable Elemente, statische und dynamische Faktoren, Traditionelles und Modernes, Avantgardisten und Konservative, Innovatoren und Nachahmer, Mächtige und Ohnmächtige, Zufriedene und Unzufriedene, Heimatverbundene und Mobile. Aus diesen vielen Mikromomenten setzt sich das Puzzle „Gesellschaft" immer wieder mehr oder weniger neu zusammen. Manchmal fällt es leicht, die Einzelteile zusammenzufügen, manchmal steht man vor einem Rätsel und kann nur vermuten, warum etwas so und nicht anders ist. Jedenfalls impliziert dieser Wandel den Verzicht auf endgültige Wahrheiten in besonderer Weise. Dass dies für alle Erfahrungswissenschaften gilt, ist selbstverständlich. Aber für die Wissenschaft von der Gesellschaft gilt es allemal. Dafür ein Gespür zu vermitteln, ist ein weiteres Ziel dieser Einführung.

Was es heißt, die Gesellschaft systematisch zu beobachten, soll in den folgenden zehn Kapiteln beschrieben werden. Jedes Kapitel, mit Ausnahme des Einleitungs- und des Schlusskapitels, enthält ergänzende, kürzere Beispieltexte, die als vertiefende Darstellungen von Konzepten, Begriffen oder Befunden dienen sollen. Wichtige soziologische Begriffe werden kursiv hervorgehoben, Empfehlungen zum Weiterlesen beschließen jeweils die Ausführungen.

Dieses Buch ist weder als theoretischer Überblick konzipiert (hierzu sind in den letzten Jahren viele Lehrbücher erschienen, z.B. die Einführungen von Hartmut Esser oder Richard Münch) noch als Einführung in spezielle Teilbereiche der

Soziologie oder ihre Grundbegriffe und Kontroversen (wie z.B. das Lehrbuch der Soziologie, herausgegeben von Hans Joas, oder die Grundbegriffe der Soziologie von Schäfers/Kopp). Es versteht sich vielmehr als kompakter Wegweiser durch die Soziologie und hat sein Ziel erreicht, wenn Leserinnen und Leser am Ende des Buches einen Eindruck davon gewonnen haben, was es heißt, „in Gesellschaft zu leben". Dabei sind gerade auch literarische Texte in vorzüglicher Weise behilflich, so dass sie für das vorliegende Buch an einigen Stellen als Quellen der Inspiration dienen. Wer nach dem Lesen das eine oder andere noch einmal nachschlagen möchte, kann sich dazu des Sachregisters am Ende bedienen.

Für die Mitarbeit an diesem Buch bedanke ich mich ganz besonders bei Gerrit Fröhlich. Für die erneut sehr gute Zusammenarbeit mit dem Verlag für Sozialwissenschaften bedanke ich mich bei Frank Engelhardt. Zu danken habe ich des Weiteren Heike Hechler und Anne Beßlich.

Trier, im Dezember 2009　　　　　　　　　　　　　　Michael Jäckel

I „Muster und Gleichförmigkeiten" – Einleitende Bemerkungen

1. „Sozial – was ist das?" – Gesellschaft als Forschungsgegenstand

„Sozial – was ist das?" Der Ökonom und Nobelpreisträger Friedrich August von Hayek (1899-1992) bezeichnete den Begriff in einem Festvortrag in Freiburg einmal als „Wiesel-Wort". Was es heiße, „sozial" zu sein, wisse niemand, so Hayek. „Wahr ist nur, dass eine soziale Marktwirtschaft keine Marktwirtschaft, ein sozialer Rechtsstaat kein Rechtsstaat, ein soziales Gewissen kein Gewissen, soziale Gerechtigkeit keine Gerechtigkeit – und ich fürchte auch, soziale Demokratie keine Demokratie ist." (Hayek 1996: 277) Man mag daraus die Schlussfolgerung ziehen, dass „sozial" etwas gesellschaftlich Wünschenswertes beschreibt, in seiner Anwendung jedoch immer zu Unstimmigkeiten oder sogar Widersprüchen führt. Für Hayek ging es in diesem Zusammenhang um ein Plädoyer für eine freie Marktwirtschaft, die aus sich heraus den bestmöglichen Beitrag zum Gemeinwohl leistet – ob man sie nun sozial nennt oder nicht.

Die Soziologie wird nun aber gerne als eine Wissenschaft betrachtet, die sich mit dem Sozialen beschäftigt. Jedenfalls taucht der Begriff in nahezu allen Erklärungszusammenhängen auf (soziales Handeln, soziale Tatsachen, soziale Institutionen, soziale Rollen, Sozialstruktur). Dies führt bei jenen, die sich für das Studium dieses Faches interessieren, anfangs zu der weit verbreiteten Vorstellung, man würde dort auch etwas „Soziales" studieren, weil es doch irgendwie mit Menschen zu tun hat. Soziologen sind aber nun einmal nicht mehr oder weniger einfühlsam als andere Menschen, und vor allem definiert sich darüber nicht die Wissenschaft von der Gesellschaft.

Die Sehnsucht, Mensch sein zu können, ist ein insbesondere in der modernen Gesellschaft häufig geäußertes Bedürfnis. Zugleich wird jeder bei näherer Betrachtung feststellen müssen, dass der Mensch als ganze Persönlichkeit in einer nach Funktionen differenzierten Gesellschaft vergeblich nach seinem Platz sucht. In seiner Abhandlung über die Geschichte der bürgerlichen Gesellschaft verdeutlicht der schottische Historiker und Philosoph Adam Ferguson (1723-1816) diese ernüchternde Einsicht mit der Geschichte eines „Wilden", der in eine zivilisierte Gesellschaft gelangt. Dieser „wundert sich, zu sehen, daß in einer Umgebung dieser Art der bloße Umstand, daß er ein Mensch ist, ihn zu keinerlei Stellung befähigt. Er flieht zurück, in die Wälder, erfüllt von Bestürzung, Ekel und Widerwillen." (Ferguson 1904 [zuerst 1767]: 254f.) Diese Bestürzung erlebt man auch heute und sie bestätigt, dass – wie der im Jahr 2009 verstorbene Ralf Dahrendorf (1929-2009) mehrfach betont hat – Gesellschaft sich eben häufig als eine ärgerliche Tatsache darstellt.

Die ersten Beschreibungen, die mir das Studium der Soziologie näherbringen sollten, stammten aus drei sehr unterschiedlichen Büchern. Das erste Buch diente als Einführung in die Grundbegriffe des Fachs und stammte von dem amerikanischen Soziologen Joseph H. Fichter (1908-1994). Wir wurden gebeten, uns seine Definition des Begriffs *Soziologie* auf eine Karteikarte zu schreiben und einzuprägen. Diese lautete: „Soziologie ist die wissenschaftliche Erforschung des nach Mustern oder Gleichförmigkeiten ablaufenden gesellschaftlichen Verhaltens der Menschen." Später wurde deutlich, dass mit „Muster" und „Gleichförmigkeit" in der von Menschen geschaffenen sozialen Wirklichkeit sehr viel gemeint sein kann: Formen von Arbeitsteilung in Haushalten, typische Formen des Zusammenlebens, Handlungsabläufe, die kaum noch reflektiert werden und zu Routinen erstarren – eben Ereignisse oder Prozesse, die einen erwartbaren Verlauf nehmen und damit dem Alltag Strukturen geben.

Die zweite Quelle, eine deutschsprachige historische Einführung in die Soziologie mit hohem theoretischen Anspruch, war in ihrer Anlage völlig anders. Das Buch hatte Friedrich Jonas (1926-1968) verfasst. Es ist bis heute die umfassendste Beschäftigung mit der Geschichte der Soziologie in deutscher Sprache. Der Satz, der das erste thematische Kapitel dieses Buches einleitete, ist für das Verständnis der Soziologie von sehr zentraler Bedeutung: „Die Geschichte der Soziologie beginnt mit der Trennung von Gesellschaft und Staat. Schon seit dem Altertum kennen wir eine Staatslehre oder Staatsphilosophie, aber erst in der Neuzeit erscheint die Gesellschaft als ein Gegenstand, der einer eigenen Gesetzlichkeit unterliegt und dem daher auch eine eigene Wissenschaft zugeordnet werden kann." (Jonas 1976: 15) Indem Herrschaft beispielsweise in Frage gestellt wird, wird gleichzeitig nach Antworten gesucht, die ihre Legitimität begründen. An die Stelle einer „Idee, die sich selbst legitimiert", (ebenda: 15), tritt ein Gestaltungswille. Die Dinge sind nicht so, weil sie so sind, sondern weil ihnen ein Sinn zugeschrieben wird. Damit rührte diese Feststellung an der grundlegenden Frage nach der Funktionsweise von Gesellschaften und nach den Bedingungen des Ent- und Fortbestehens sozialer Systeme unterschiedlicher Komplexität. Gemeint ist nicht nur, dass das Wachstum von Gesellschaften deren Differenzierung vorantreibt, sondern Differenzierung unweigerlich mit Ungleichheit einhergeht. Je nach wahrgenommenem Ausmaß kann dies soziale Konflikte hervorbringen, die sich in unterschiedlicher Form zur Geltung bringen können, z.B.: durch Beteiligung an Aushandlungsverfahren, durch Konfrontation, durch Abkehr von gesellschaftlichen Wertvorstellungen. Die Perspektive war eine viel grundsätzlichere und theoretischere zugleich. Während anfangs die meisten meiner Studienkollegen zwei unvereinbare Perspektiven – oder zumindest grundverschiedene Sichtweisen – wahrnahmen, stellte sich allmählich heraus, dass Muster durch Herrschaft entstehen und gerade auch Gleichförmigkeiten ein Ergebnis der Anerkennung oder Tolerierung der „Verhältnisse" sind – ungeachtet der Entlastungsfunktionen, die mit sozialen Institutionen einhergehen.

Das dritte Buch ist in seiner Anlage noch einmal anders, nämlich eher im Erzählstil verfasst, aber nicht so sehr essayistisch, wie es zum Beispiel bei einem Klassiker der Soziologie, Georg Simmel (1858-1918), der Fall ist. Peter Bergers „Einladung zur Soziologie" führte vor Augen, dass doch tagtäglich so viele Entscheidungen getroffen werden – was wir essen, wen wir wählen, wo wir arbeiten –, und dennoch erfindet sich die Gesellschaft nicht täglich neu. Aber sie ist heute trotzdem anders als gestern. Und erst die zeitliche Distanz führt uns vor Augen, dass sich etwas verändert hat. Gleichzeitig will der Soziologe „sehen, was da ist, das Vorhandene, Gegebene, ohne Rücksicht auf seine eigenen Wünsche und Sorgen." (Berger 1977: 14f.) Als Teil der Gesellschaft ihre Abläufe und Einrichtungen zu verstehen, dabei die Differenz zu Fürsorge als praktische Arbeit in und für die Gesellschaft zu wahren – das ist der Auftrag, den er der Soziologie als Wissenschaft nahelegt. Ebenso bedeutsam ist dabei der Blick auf die Handlungsfolgen, die nicht mit den Intentionen der Akteure übereinstimmen müssen.

2. „...a tightly knit social fabric." – Strukturen und Relationen

Die Soziologie ist also eine Wissenschaft, die im Alltag verwurzelt ist und gleichzeitig diesen Alltag und seinen Strukturwandel zum Gegenstand hat. In diesem einleitenden Kapitel soll diese Mischung aus Detail und Generalisierung an verschiedenen Beispielen erläutert werden, bevor dann den großen Themen des Fachs einige Kapitel gewidmet werden. Beginnen wir mit den Mustern und Gleichförmigkeiten, von denen anfangs die Rede war.

Eine Gesellschaft als Organismus zu betrachten, vermittelt eine Perspektive, die zwar hilfreich, aber alles andere als erschöpfend ist. Wenn von Organismen die Rede ist, wird selten an Motive bzw. Sinnfragen gedacht. Aber wenn der Begriff Struktur den inneren Aufbau eines Phänomens beschreiben soll (vgl. Geißler 2008: 17), dann muss es sich um etwas handeln, das dauerhaft bzw. regelmäßig auftritt und als eine berechenbare Größe identifiziert werden kann. Mit gesellschaftlichen Strukturen muss der Einzelne also im Alltag rechnen, er kann sich aber auch auf das Vorhandensein solcher Strukturen verlassen und Entscheidungen danach ausrichten. Jedenfalls übernehmen diese Strukturen bestimmte Funktionen, die sie nicht aus sich selbst heraus bestimmen, sondern die aus dem Eingebundensein in ein Wirkungsgefüge resultieren. Wenn Strukturen das Ergebnis des regelmäßigen Wiederkehrens bestimmter Handlungen sind, können Handlungen im Umkehrschluss auch als strukturbildend bezeichnet werden, schaffen damit aber gleichsam auch die Grundlage für neuen Handlungsbedarf: „Einerseits erzeugt Handeln Relationen, andererseits geht es aus ihnen hervor." (Hennen/Springer 1996: 13f.) Die Struktur einer Gesellschaft erschöpft sich also nicht in statistischen Beschreibungen zur Verteilung der Berufe, der Altersgruppen, der Stadt- und Landbewohner, der formalen Bildungsabschlüsse und Haushaltsstrukturen, sondern entsteht als das Ergebnis aus einer Vielzahl von Handlungen, die ihrerseits als das Ergebnis wechselseitiger Orientierungen erscheinen.

Die zunächst allgemeine Feststellung, dass Strukturen Relationen voraussetzen, soll an einem Experiment, das Stanley Milgram in den 1960er Jahren durchführte, illustriert werden. An Stelle des Begriffs Relationen kann man auch den Begriff Beziehungen verwenden. Wenn wir uns die Frage stellen, wie viele soziale Beziehungen ein Mensch haben kann, können wir nur dann eine sinnvolle Antwort erhalten, wenn wir etwas über die Lebensbedingungen und das Kommunikationsverhalten in Erfahrung bringen können. In historischer Hinsicht gibt es gut nachvollziehbare Gründe dafür, dass Menschen vor dem Beginn der Industrialisierung einen vergleichsweise geringen Erfahrungshorizont hatten, weil ihre Möglichkeiten, die Grenzen ihrer engeren Lebensumwelt zu verlassen oder mit Menschen an anderen Orten in Kontakt zu treten, begrenzt waren. Milgram interessierte sich daher für die Frage, wie hoch die Wahrscheinlichkeit ist, dass sich zwei zufällig ausgewählte Menschen kennen. Dieses Ausgangsproblem wurde durch die Frage erweitert, wie viele Menschen es denn braucht, um zwei einander unbekannte Menschen miteinander zu verbinden. Milgram wählte zur Lösung dieses Problems nicht die Instrumente der Stochastik, sondern bestimmte zufällig Start- und Zielpersonen in einander weit entfernten Städten. Die Startpersonen wurden jeweils gebeten, den Zielpersonen nur durch Rückgriff auf persönliche Kontakte, also Menschen, die man gut kennt, eine Nachricht zukommen zu lassen. In einem Fall wohnte die Startperson beispielsweise in einer kleineren Stadt in Kansas, USA, und die Zielperson befand sich in Cambridge, USA. Im Ergebnis zeigte sich, dass die Zahl der Kontakte im Falle einer erfolgreichen Verbindung zwischen Start- und Zielperson zwischen zwei und zehn Zwischenstufen variierte. Der Medianwert lag bei fünf. Im Durchschnitt reichten also fünf Zwischenstationen, um die Nachricht zu übermitteln. Milgram interpretierte dies unter anderem als einen Hinweis darauf, dass die moderne Gesellschaft nicht notwendigerweise die Isolation des Einzelnen vorantreibt, sondern auch unter diesen Bedingungen bestimmte Strukturen fortbestehen können: „While many studies in social science show how the individual is alienated and cut off from the rest of society, this study demonstrates that, in some sense, we are all bound together in a tightly knit social fabric." (Milgram 1967: 67) Das *Small-World-Phänomen* ist also das Ergebnis der Aktivierung bestimmter Beziehungsnetze. Zugleich zeigen sich dabei typische Konstellationen, die auf weitere Strukturmerkmale dieses Musters hinweisen: Frauen gaben beispielsweise die Nachricht überwiegend an Frauen weiter, Männer überwiegend an Männer – dagegen gab es nur vergleichsweise wenige Fälle, in denen eine Frau einen Mann kontaktierte oder ein Mann eine Frau. Milgram schloss daraus, dass bestimme Formen der Kommunikation auch ein Spiegelbild von Rollenerwartungen sein können. Dabei muss es nicht nur das Geschlecht sein, das solche Entscheidungen beeinflusst. Ebenso gut ließe sich nachweisen, dass Menschen mit einem niedrigeren sozialen Status eher Menschen mit einem niedrigeren sozialen Status kontaktieren, die Stellung in der gesellschaftlichen Hierarchie also auch das Spektrum der potentiellen Kontakte wesentlich mitbestimmt.

Milgrams Experiment ist nicht unumstritten geblieben, zeigt aber in anschaulicher Weise, wie sich Strukturen bilden und welche Faktoren dabei eine Rolle spielen können. Das Small World-Phänomen beflügelt die Forschung bis heute. So wurde unlängst festgestellt, dass auch in computergestützten sozialen Netzwerken jeder jeden über 6,6 Ecken kennt. Eine Auswertung von über 30 Milliarden Instant Messages führte erneut zu der Schlussfolgerung, dass es offensichtlich so etwas wie eine soziale Verbindungskonstante für Menschen gibt (vgl. auch die Studie von Dodds u. a. 2003).

Am Anfang dieses Experiments steht die Dyade, die uns eine elementare soziale Beziehung zwischen zwei Personen definiert. Wenn Soziologen auf die Suche nach Strukturen gehen, finden sie gleichzeitig typische soziale Phänomene. Hinter dem Mittelwert von fünf bis sechs Kontakten steht die Beobachtung, dass es Menschen mit wenigen und Menschen mit vielen Kontaktpersonen gibt. Ebenso lassen sich diese Netzwerke danach differenzieren, ob sich dort vorwiegend Personen mit ähnlichen oder vorwiegend Personen mit ganz unterschiedlichen Merkmalen zusammenfinden. Offensichtlich ist Gesellschaft nicht eine Ansammlung von zufälligen Kontakten, sondern ein Geflecht von Beziehungen, das bestimmten Regeln folgt. Beobachtungen dieser Art führen regelmäßig zu einem gewissen Unbehagen. Man kann sich dies am Beispiel der Freundschaft verdeutlichen. Wenn wir eine Person unseren Freund nennen, dann spiegelt sich darin eine besondere Form persönlicher Wertschätzung, die frei von gesellschaftlichen Regeln jeglicher Art zu sein scheint. In seinem Beitrag über die „Freundschaft" konnte Friedrich H. Tenbruck (1919-1994) dagegen zeigen, „daß die persönlichen Beziehungen, auch in ihren personalisierten und individualisierten Darstellungen, nicht nur der Befriedigung privater Bedürfnisse dienen, welche aber für die großen Tatsachen des gesellschaftlichen Daseins doch ganz unwichtig bleiben, sondern ihrerseits mit der sozialen Struktur komplementär zu sehen sind. Sie ergänzen die soziale Struktur in einer je spezifischen Weise, und diese soziale Struktur kann ohne sie gar nicht funktionieren." (Tenbruck 1989: 248) Diese Komplementärthese lässt sich auch an Bourdieus Analyse der Sozialstruktur der französischen Gesellschaft zeigen. Der Nachweis von sozialen Milieus mit ähnlichen Vorlieben auf der Makroebene korrespondiert auf der Mikroebene mit dem Kennenlernen von Menschen, die sich ähnlich sind. Dadurch reproduzieren sich soziale Strukturen und dies zeigt sich im Alltag eben auch darin, wen man beispielsweise zum Essen einlädt (vgl. Bourdieu 1984: 318ff.). Wechselbeziehungen dieser Art bleiben nicht auf den konkreten Anlass des Zusammentreffens beschränkt. Sie können sich auf weitere Felder, z. B. den Bereich der Meinungs- und Einstellungsbildung, ausdehnen. In ihrer Pionierarbeit „Personal Influence" stellten Katz und Lazarsfeld fest: „Wir haben versucht, zu zeigen, daß auch die anscheinend persönlichen Meinungen und Einstellungen eines Menschen Nebenprodukte der zwischenmenschlichen Beziehungen sein können, [...] daß Meinungen und Einstellungen oft in Verbindung mit anderen Personen aufrecht erhalten, manchmal gebildet und manchmal nur verstärkt werden. Kurz, wir haben versucht, Beweise für unsere Auffassung anzuführen, daß der individuelle Ausdruck der Meinungen und Einstellungen, kritisch betrachtet, keine rein individuelle Angelegenheit ist." (Katz/Lazarsfeld 1962: 78). Es ist an dieser Stelle noch nicht erforderlich zu diskutieren, ob angesichts eines Anstiegs des Rollenpluralismus in modernen Gesellschaften dieses Homogenitätsargument in Zweifel gezogen werden muss. Als ein weiteres Beispiel für Muster oder Gleichförmigkeiten des gesellschaftlichen Verhaltens der Menschen soll es hier seinen Zweck erfüllen.

Der Hinweis von Katz und Lazarsfeld, dass etwas, was uns sehr individuell zu sein scheint, gar nicht so individuell ist, führt zu der Thematik des Gestaltungswillens, wie sie bei Jonas formuliert wurde, damit verbunden aber insbesondere auch zu Beispielen, die Ursachen und Folgen bestimmter sozialer Veränderungen illustrieren.

3. „Die Unabhängigkeit des Einzelnen" – Nachahmung und Differenzierung

Der Einleitungssatz von Jonas, der die Trennung von Staat und Gesellschaft betont, steht zu Beginn eines Kapitels, das sich mit dem Zeitalter der Aufklärung befasst. Jonas spricht in diesem Zusammenhang auch von einem Prozess der Emanzipation, der sich insbesondere in zwei Ideen manifestierte: die Verknüpfung von Vernunft und Freiheit und die Entstehung eines nationalen Selbstbewusstseins. Dabei vermischten sich im Umfeld der Französischen Revolution Euphorie, Realismus und Enttäuschung. Das Problem von Freiheit und Gleichheit wird zu einer zentralen Frage des demokratischen Zeitalters, das sich in den Geistesströmungen der damaligen Zeit mehr und mehr zur Geltung bringt. Wenn im Folgenden die Thematik von Freiheit und Gleichheit am Beispiel von Alexis de Tocquevilles (1805-1859) Werk „Über die Demokratie in Amerika" illustriert wird, dann, weil mit Tocqueville ein französischer Aristokrat zu Wort kommt, der vor dem Hintergrund der Folgen der Französischen Revolution argumentiert und sich mit den Auswirkungen einer Gleichheit der gesellschaftlichen Bedingungen (égalité des conditions) beschäftigt. Würde man Tocqueville die Frage stellen, wie sich die Existenz von Gesellschaft auf den Einzelnen auswirkt, würde er unter Umständen auf folgenden Satz seines Buches verweisen: „Die Unabhängigkeit des einzelnen kann größer oder geringer sein; sie kann nicht unbegrenzt sein." (Tocqueville 1984 [zuerst 1835]: 493] Indem Tocqueville aristokratisches und demokratisches Zeitalter miteinander vergleicht, schildert er zugleich das zentrale Legitimationsproblem: „Herrscht gesellschaftliche Ungleichheit und Verschiedenheit der Menschen, so gibt es einige sehr gebildete, hoch gelehrte und durch ihren Verstand sehr einflussreiche Einzelne und eine sehr unwissende und überaus beschränkte Menge. Die Menschen aristokratischer Zeiten sind also von Natur geneigt, sich in ihren Ansichten durch die überlegene Vernunft eines Menschen oder einer Klasse leiten zu lassen, während sie geringe Bereitschaft zeigen, die Unfehlbarkeit der Masse anzuerkennen.

Im Zeitalter der Gleichheit geschieht das Gegenteil. Je mehr sich die Unterschiede zwischen den Bürgern ausgleichen und je ähnlicher sie aneinander werden, umso weniger ist jeder geneigt, einem bestimmten Manne oder einer bestimmten Klasse blind zu glauben. Die Bereitschaft, an die Masse zu glauben, nimmt zu, und mehr und mehr lenkt die öffentliche Meinung die Welt." (ebenda: 493f.) Folgt man dieser Analyse, dann vertreibt die Befreiung des menschlichen Verstandes zunächst alte Formen von Knechtschaft, um sie dann durch eine neue moralische Autorität zu ersetzen, die das unabhängige Urteil mit der Wahrheit auf der Seite der größten Zahl, also der Zählmehrheit, konfrontiert. Der Dualismus zwischen Freiheit und Gleichheit führt also einen möglichen Konflikt vor Augen, der sich entweder in der Wahrnehmung oder dem Verzicht auf die gewonnenen Freiheiten manifestiert. Der Gestaltungswille in einer Gesellschaft ist also ungleich verteilt. Diese Ungleichheit schlägt sich in dem hier dargestellten Beispiel derart nieder, dass die Orientierung an Mehrheitsmeinungen verschiedenen Erscheinungsformen von Konformität zuarbeitet. So gelingt Tocqueville bereits im 19. Jahrhundert der Nachweis, dass die Konturen einer politischen Öffentlichkeit durch ein deutliches Ungleichgewicht aktiver und passiver Akteure charakterisierbar sind. Seine Befunde decken sich mit den Ergebnissen der politischen Partizipationsforschung: „Wenn man die empirischen Befunde [der Partizipationsforschung] mit dem demokratietheoretischen Ideal einer politisch aktiven Bürgerschaft vergleicht, ergibt sich in Deutschland wie in anderen Demokratien eine deutliche Kluft: Abgesehen von der Stimmabgabe bei Wahlen ist die aktive politische Beteiligung eine Sache von Minderheiten." (Gabriel/Brettschneider 1998: 287)

Das von Tocqueville beschriebene Paradox schließt nicht aus, dass die Wahrnehmung von sozialer Ungleichheit und Gleichheit als Impulse für soziale Veränderungen identifiziert werden können. Dies lässt sich am *Rosen-Paradox* von Georg Simmel illustrieren. Simmels Episode spielt in einem fiktiven Land, in dem es einige wenige gab, die Rosen besaßen und eine große Masse ohne Rosen. Nach einer gewissen Zeit regte sich im Volk Unmut und man plädierte für eine Sozialisierung des

Rosenbesitzes. Im Ergebnis durften danach alle Rosen besitzen. Doch schon bald wurden die Menschen der nun im Überfluss vorhandenen Rosen überdrüssig. Die kleinsten Unterschiede zwischen den Rosen erzeugten nun das Missfallen des einen oder anderen Nachbarn. Schließlich machte sich die Erkenntnis breit, dass es doch nichts Gleichgültigeres auf der Welt geben könne als Rosen. Die Geschichte ließe sich weiter erzählen. Denn selbst die Gleichgültigkeit muss keinen endgültigen Zustand herbeiführen, der Kreislauf kann immer wieder von Neuem beginnen (vgl. zu dieser Zusammenfassung Simmel 2008 [zuerst 1897]: 355ff.) Dieser Kreislauf wird in Gang gehalten, weil es ein Motiv gibt, die eigene Lage zu verbessern. Mal mündet ein darauf Bezug nehmendes Plädoyer in einer Rechtfertigung von Ungleichheit, mal führt es zum Einklagen von Gleichheitsbedingungen. So einfach, wie die Prozesse hier beschrieben wurden, laufen sie zwar in der Praxis nicht ab. Aber als Beispiel für die Effekte von Gestaltungswillen ist es aufschlussreich. Hennen hat den Ablauf wie folgt zusammengefasst: „A repräsentiert die Roseneigner. Das veranlasst B und C, einen abweichenden Systemzustand zu intendieren, nämlich den, dass Rosen Allgemeingut werden. Dieser Wunsch löst soziale Theorien aus, deren Ausbreitung schließlich zur Revolution führt. Die Revolution verändert die Rosendistribution, aber die zunehmende Ausbreitung des ursprünglich knappen Gutes diminuiert durch dessen Inflationierung das Interesse an diesem Gegenstand." (Hennen 1990: 74)

Mit dieser Geschichte wird auch die Frage gestellt, ob die Gleichheit der gesellschaftlichen Lebensbedingungen nicht eine Utopie bleiben muss. Was andere besitzen, induziert Neidphänomene. Das Bestreben, es anderen gleichzutun, führt zumindest vorübergehend zu Nivellierungen, denen ein Bedürfnis nach Differenzierung folgt. Was hier beschrieben wird, ist in Anlehnung an die Arbeiten von Thorstein Veblen (1857-1929) als *Trickle Down-Effekt* bezeichnet worden. Ein Vergleich der Lebensstile verschiedener sozialer Klassen führte zu dem Ergebnis, dass die sozialen Vergleichsprozesse in der Regel einem bestimmten Muster folgen. Nach Veblen „wird unser Aufwandsniveau genau wie auch andere Wettbewerbsziele von jener Klasse bestimmt, die im Hinblick auf das Prestige eine Stufe höher steht als wir selbst, so daß [...] alle Normen des Prestiges und der Wohlanständigkeit sowie sämtliche Konsumniveaus Stufe für Stufe auf die Gebräuche und Denkgewohnheiten und gesellschaftlichen und finanziell höchsten, nämlich der reichen müßigen Klasse zurückgeführt werden können." (Veblen 1958 [zuerst 1899]: 109f.) Diese Beobachtung stammt aus den letzten Jahrzehnten des 19. Jahrhunderts und lässt sich daher nicht ohne Einschränkungen auf die Gegebenheiten des 21. Jahrhunderts übertragen. Dennoch wird auch hier die Wahrnehmung von Ungleichheit als ein Motivationsfaktor beschrieben. Die Nachahmung bestimmter begehrter Konsumformen, und sei es auch nur in einer den eigenen finanziellen Möglichkeiten angepassten Form, lenkt hier individuelle Entscheidungen, die letztlich wohl auch in diesem Falle gar nicht mehr so individuell sind. Nachahmung wird zu einem elementaren sozialen Muster, das als Orientierungsrahmen in vielen Bereichen in Anspruch genommen wird. Als sich der deutsche Soziologe Theodor Geiger (1891-1952) als einer der ersten mit dem Phänomen der Reklame aus soziologischer Sicht auseinandersetzte, beschrieb er den *Snob-Appeal* wie folgt: „Nachahmung und Differenzierung [treiben] einander in einem endlosen Wettlauf voran. Ein besonders wirkungsvoller Trick ist es, seine Botschaft scheinbar an einen exklusiven Kreis zu richten, um desto sicherer dessen Nachahmer zu erreichen. So wird behauptet, dass sich amerikanische Parfümerien mit ihrer Reklame an die Fifth Avenue wenden, um an Mrs. Smith und Mrs. Brown zu verkaufen." (Geiger 1987: 489) Für Gabriel de Tarde (1843-1904) war Nachahmung ein „Weltgesetz der Wiederholung" (Maus 1980: 432, zu einer ausführlicheren Darstellung siehe Tarde 2009 [zuerst 1890]). Impulse werden durch Innovationen gesetzt, die als ein Ergebnis von „Augenblicken" interpretiert werden. Bezüglich dieser neuen Ideen hat der englische Poet Alexander Pope (1688-1744) einmal folgende Empfehlung geäußert: „Be not the first by whom the new is tried, nor the last to lay the old aside." (Pope 1728: 19) Auch hier lassen sich also Regelmäßigkeiten identifizieren, die sich als zeitlich überdauernde Muster beschreiben lassen.

4. „...real in their consequences." – Motive und unbeabsichtigte Wirkungen

Popes Beschreibung von Diffusionsprozessen veranschaulicht darüber hinaus eine bestimmte Art der Entscheidungsfindung, die von der Erwartung geleitet wird, dass sich Warten in bestimmten Situationen lohnt. Andere wiederum sehen in der frühen Übernahme einer Innovation einen relativen Vorteil. Die Wahrnehmung unserer Umwelt kann also auf ganz unterschiedlichen Situationsdefinitionen beruhen. Das führt zum sogenannten Thomas-Theorem.

Das *Thomas-Theorem* wird in der sozialwissenschaftlichen Literatur häufig ausschließlich William Isaac Thomas (1863-1947) zugeschrieben. Zu finden ist der berühmte Satz „If men define situations as real, they are real in their consequences." aber in dem von William Isaac Thomas und Dorothy Swaine Thomas verfassten Buch „The Child in America" (Thomas/Thomas 1928: 572). Hartmut Esser, der sich vor einigen Jahren sehr ausführlich mit den Implikationen dieses Theorems auseinandergesetzt hat, stuft es als eine der „Grundüberzeugungen der Soziologie" ein (Esser 1996: 3). Bevor einige Beispiele genannt werden, soll verdeutlicht werden, warum es sich dabei um eine Grundüberzeugung handeln muss. Unser Handeln findet immer – insofern darf man dies auch als triviale Beobachtung einstufen – in bestimmten Situationen statt. Würden wir diese Situationen zu jeder Zeit und unabhängig von unserer Gefühlslage, unseren Lebensbedingungen und Motivationen stets gleich interpretieren, wäre der Hinweis auf eine Definition der Situation entbehrlich. Handeln wäre dann nicht mit einem subjektiv gemeinten Sinn verbunden, es käme einem Automatismus gleich, einer submotivational gesteuerten, mechanischen Reaktion. Bevor wir handeln, findet also immer (oder meistens) ein kognitiver Prozess statt, der die Rahmenbedingungen, in denen wir uns bewegen, vorstrukturiert bzw. klassifiziert. Gleichzeitig verbindet sich mit dieser Art von Wahrnehmung auch eine Einstufung der Relevanz der aktuellen Gegebenheiten. Dabei reduziert sich der Wirkungsradius dieser Definition der Situation nicht nur auf einen bestimmten Zeitpunkt, die Definition schlägt sich insbesondere auch in den Konsequenzen unseres Handelns nieder. Esser greift das Beispiel eines Gefängnisaufsehers heraus, der sich auf Grund der Einschätzung der Gefährlichkeit eines Gefängnisinsassen weigert, diesem einen Freigang zu gestatten. Der Aufseher war davon überzeugt, dass der Inhaftierte jegliche Lippenbewegungen von Passanten als eine gegen ihn gerichtete Beschimpfung interpretierte, mit der fatalen Konsequenz, dass er mehrere Menschen auf Grund dieser Einschätzung töten könnte. Diesem Beispiel folgte die Ableitung des Thomas-Theorems. In den Worten von Esser: „Die Kenntnis der subjektiven Welt des Insassen *mußte* den Aufseher zu seiner Weigerung wegen der drohenden realen Folgen veranlassen: Der Insasse habe zwar unglaubliche Ansichten, aber auf deren Grundlage würde er wohl ganz folgerichtig handeln. Und das hätte gewiss fatale reale Konsequenzen." (Esser 1996: 3) Der amerikanische Soziologe Robert King Merton (1910-2003) hat William Isaac Thomas als den Nestor der amerikanischen Soziologen bezeichnet und ebenso wie viele Jahre später Hartmut Esser darauf hingewiesen, dass sein für die Sozialwissenschaften so grundlegendes Theorem bei näherer Betrachtung viele Vordenker hatte, beispielsweise Karl Marx, der auf die Bedeutung des gesellschaftlichen Seins für das Bewusstsein hingewiesen hat. Jedenfalls wird mit diesem Theorem deutlich vor Augen geführt, „daß die Menschen nicht nur auf die objektiven Gegebenheiten einer Situation reagieren, sondern auch, und bisweilen hauptsächlich, auf die Bedeutung, die diese Situation für sie hat." (Merton 1995 [zuerst 1957]: 399) Merton wählt zur Illustration eine soziologische Parabel, die angesichts der sich im Jahr 2008 zuspitzenden weltweiten Finanzkrise hohe Aktualität besitzt:

An einem Morgen des Jahres 1932 betritt der Präsident einer erfolgreichen amerikanischen Bank sein florierendes Unternehmen und wundert sich über die ungewöhnlich hohe Lautstärke in der Schalterhalle. Normalerweise erhalten die Beschäftigten der großen Fabriken ihre Auszahlungen am Sonnabend. Er beginnt seinen Arbeitstag zwar wie gewöhnlich mit dem Studium und Unterzeichnen bestimmter Schriftstücke, doch sehr bald realisiert er, dass bestimmte vertraute Geräusche durch ungewöhnliches Gezeter ersetzt wurden. Obwohl der Bankdirektor in Mertons Parabel das Thomas-Theorem wahrscheinlich nicht kannte, wurde ihm bewusst, dass das Aufkommen eines Gerüchts über die Zahlungsunfähigkeit der Bank diese trotz einer vergleichsweise guten Liquidität in ernste Probleme bringen könnte. Der Bankdirektor musste erkennen, dass die Stabilität eines Finanzwesens zu einem guten Teil auf dem Vertrauen der Anleger und Konteninhaber beruht, nämlich auf dem Glauben an die Verlässlichkeit dieses Systems. Wenn eine anderslautende Definition nun plötzlich mehrheitsfähig wird, zeitigen die daraus resultierenden Handlungen der Menschen sehr reale Konsequenzen. Eine objektiv falsche Situationsdefinition (eine liquide Bank wird als nicht-liquide eingestuft) führt zu einer nachträglichen Bestätigung der ursprünglichen Erwartung. Daraus hat Merton seine berühmte *Self-fulfilling Prophecy* abgeleitet. Die Definition lautet: „Die self-fulfilling prophecy ist eine zu Beginn falsche Definition der Situation, die ein neues Verhalten hervorruft, das die ursprünglich falsche Sichtweise richtig werden lässt. Die trügerische Richtigkeit der self-fulfilling prophecy perpetuiert die Herrschaft des Irrtums." (Merton 1995: 401) Im amerikanischen Original heißt es sehr treffend: „The prophecy of collapse led to it's own fulfillment." (Merton 1968: 477)

Für die soziologische Forschung ergibt sich daraus eine wichtige Schlussfolgerung: Es geht nicht darum zu beurteilen, ob jemand richtig oder falsch gehandelt hat, sondern, um einer Definition von Max Weber (1864-1920) vorzugreifen, das Handeln der Menschen in Ablauf und Wirkungen ursächlich zu erklären. Der französische Soziologe Raymond Boudon geht noch weiter, indem er die Intention der Soziologie wie folgt zusammenfasst: „Die Analyse und Erklärung der Handlungen und – allgemeiner ausgedrückt – der Verhaltensweisen, die bei dem Beobachter das Gefühl der Irrationalität auslösen." (Boudon 1980: 14) Jedenfalls können Prophezeiungen in der Welt des Sozialen ganz andere Folgen nach sich ziehen als beispielsweise in den Naturwissenschaften. Treffend stellt daher Merton fest: „Dies ist ein den Menschendingen eigentümliches Phänomen. In der von der Hand des Menschen unberührten, natürlichen Welt kommt es nicht vor. Vorausberechnungen der Wiederkehr des Halleyschen Kometen beeinflussen nicht seine Umlaufbahn." (Merton 1995: 400)

Für die Self-fulfilling Prophecy gilt, dass die Konsequenzen des Handelns nicht unmittelbar wahrgenommen werden. Das Resultat stellt sich als das Ergebnis der gleichgerichteten Entscheidungen vieler heraus. Dieses Ergebnis ist aus der Sicht des Einzelnen keineswegs intendiert bzw. beabsichtigt. Diese Unterscheidung zwischen intendierten und nicht-intendierten Effekten spielt auch für die Unterscheidung *manifester* und *latenter Funktionen* des Handelns eine wichtige Rolle. Damit soll illustriert werden, dass die von Akteuren angegebenen Motivationen für ihr Handeln nicht notwendigerweise mit objektiven Folgen übereinstimmen müssen. Das Manifeste entspricht also dem, was die Menschen als Erklärung für ihr Verhalten nennen, was ihnen bewusst ist und was sie damit beabsichtigen, also das, was sie unmittelbar wahrnehmen; die latente Funktion bezieht sich auf die Wirkung, die unter Umständen gar nicht beabsichtigt ist und auch nicht bewusst wahrgenommen wird, also sich der unmittelbaren Anschauung entzieht. Wenn in der ethnologischen Forschung beispielsweise das Phänomen des Tanzes zum Zwecke der Herbeiführung von Regenfällen beschrieben wird, mag dies für die beteiligen Personen die offensichtliche Motivation für ihr Verhalten sein, die latente Funktion kann sich aber auch in einer Stärkung der Gruppenidentität niederschlagen. Wenn bestimmte politische Entscheidungen ein bestimmtes Ziel erreichen, gleichzeitig aber auch Veränderungen herbeiführen, die damit nicht beabsichtigt waren, wäre ein Fall gegeben, in dem erneut die Unterscheidung manifest/latent, gegebenenfalls aber auch die Unterscheidung funktional/dysfunktional herangezogen werden muss. Die Ein-Kind-Politik in China sollte das Bevölkerungswachstum regulieren, führte aber auch dazu, dass eine Generation von Kindern heranwuchs, die über die Maßen verhätschelt wurde. Entscheidungen werden also auf institutioneller und individueller Ebene getroffen.

Für Max Weber ist dieser Bestimmungsgrund des Handelns ein konstruktiver Grenzfall, also ein reiner Typus von Entscheidungsfindung: „Zweckrational handelt, wer sein Handeln nach Zweck, Mitteln und Nebenfolgen orientiert und dabei sowohl die Mittel gegen die Zwecke, wie die Zwecke gegen die Nebenfolgen, wie endlich auch die verschiedenen möglichen Zwecke gegeneinander rational *abwägt*: [...]." (Weber 1984 [zuerst 1921]: 45) Mertons Self-fulfilling Prophecy hat verdeutlicht, dass die Nebenfolgen eben nicht antizipiert, allenfalls posthum in zukünftige Entscheidungen mit einfließen können. Für die Mehrzahl der Beschäftigten, die sich in der Schalterhalle versammelten, dürfte die Tatsache, dass viele nach Orientierung suchten und sich gegenseitig in eine bestimmte Richtung drängten, der maßgebliche Grund für ihr Handeln gewesen sein. Für alle, die erst später die Schalterhalle betraten, war die Alternative im Grunde genommen bereits vorstrukturiert. Für den Prozess von Entscheidungsfindungen ist dies in allgemeiner Hinsicht von sehr zentraler Bedeutung. Denn es lässt sich nicht nur in dramatischen Situationen beobachten, sondern auch im Falle ganz anderer Wahlen, die wir irgendwann im Leben treffen müssen, beispielsweise, wen wir heiraten oder welchen Beruf wir praktizieren wollen. So konnte gezeigt werden, dass die Wahl des ersten Lebenspartners seltener über Statusgrenzen hinweg erfolgt und beispielsweise die Universität ein für angehende Akademiker sehr wichtiger Heiratsmarkt darstellt. Die Frage, an wen ich mich binde, ist also weder zufällig noch auf vollständiger Information beruhend (vgl. hierzu Blossfeld/Timm 1997 sowie Hill/Kopp 2006: 148ff.). Eine Analyse der Studienfachwahl von Frauen wiederum zeigt, dass von der allgemein gestiegenen Studierneigung insbesondere bestimmte Bereiche profitiert haben und als Folge dieser Entscheidungen Frauen in höheren Positionen verstärkt im Öffentlichen Dienst und nicht in der Privatwirtschaft zu finden sind (vgl. Leuze/Rusconi 2009). In einem Kommentar zu dieser Studie wurde gefragt: „Haben die Frauen falsch gewählt, weil sie nicht genauso gewählt haben wie die Männer? Begeht eine Frau einen Irrtum, wenn sie Lehrerin wird oder Richterin, anstatt Bankerin oder Anwältin?" (Kaube 2009: 63) Mit anderen Worten: Freie Berufswahl geht mit bestimmten Vorstrukturierungen einher, die sich wiederum an Nebenfolgen bestimmter Entscheidungen orientieren.

Im Ergebnis sollten diese einführenden Erläuterungen zur Soziologie verdeutlichen, dass eben auch das Studium menschlicher Interaktionen die Identifikation von Mustern erlaubt. Statistische Daten sind dafür wichtig, aber, wie Peter L. Berger es formuliert hat, sie alleine machen die Soziologie nicht aus (Berger 1977: 21). Noch deutlicher heißt es bei ihm: „[...] Soziologie ist so wenig Statistik wie klassische Philologie Konjugation regelmäßiger Verben oder Chemie der Gestank im Reagenzglas." (ebenda: 21) Die besondere Herausforderung ergibt sich aus den „Objekten" des Faches: Diese führen ein Eigenleben in sozialen Strukturen. Die „Anatomie des Sozialen" (Hedström 2008) meint also definitiv mehr als die Beschreibung eines gesellschaftlichen Skeletts bzw. Gerüsts.

Empfehlungen zum Weiterlesen

Boudon, Raymond (1980): Die Logik des gesellschaftlichen Handelns. Eine Einführung in die soziologische Denk- und Arbeitsweise. [Aus d. Franz.]. Neuwied.

Berger, Peter (1977): Einladung zur Soziologie. Eine humanistische Perspektive. [Aus d. Amerik.]. München.

Merton, Robert K. (1968): Social Theory and Social Structure. 1968 Enlarged Edition. New York.

II „... eine säkularisierte Tochter ..." – Die „Geburt" der Soziologie

1. „Ohne Ort" – Die Suche nach der guten Gesellschaft

„Die soziologische Reise um die Welt wäre jedenfalls nur halb so spannend, wenn das Zwiegespräch mit dem Historiker fehlte." Will man die historische Entwicklung der sozialwissenschaftlichen Disziplin nachvollziehen, so vermittelt dieser Satz, der ebenfalls aus Bergers „Einladung zur Soziologie" (1977: 29) entnommen ist, eine unerlässliche Voraussetzung. So hat Helmut Klages beispielsweise seine „Geschichte der Soziologie" (1969) als eine Verbindung von „Fortschrittsgeschichte" und „Existentialgeschichte" angelegt. Damit wollte er unterstreichen, dass man die Soziologiegeschichte „[...] einerseits von der kumulativen Entwicklung dieser wissenschaftlichen Standards her; zum anderen von der mitbestimmenden Kraft außerwissenschaftlich-gesellschaftlicher Einfluss- und Formungskräfte her [analysieren kann]." (Klages 1969: 20) Auch eine jüngere Einführung in die Soziologiegeschichte von Mikl-Horke wählte einen vergleichbaren Weg (vgl. Mikl-Horke 2001).

Ein typisches Phänomen dieser Geschichte manifestiert sich ohne Zweifel in der Suche nach Idealentwürfen. Die Wahrnehmung der Gesellschaft als eine Umwelt, als eine ärgerliche Tatsache, als soziale Erscheinung, die durch Widersprüche und Ungerechtigkeiten, aber auch durch Lebensentwürfe, die den eigenen Vorstellungen zuwiderlaufen, gekennzeichnet ist, hat Sozialtheoretiker und Philosophen immer wieder zu neuen Gedankengebäuden inspiriert. Ein frühes Werk ist beispielsweise „Utopia" des englischen Staatsmannes Thomas More (1478-1535) aus dem Jahr 1516. Der Begriff „Utopie" stammt aus dem Griechischen und bedeutet soviel wie „ohne Ort". In dem

Roman, verfasst in lateinischer Sprache, entwarf More ein Bild des Lebens in dem fiktiven Land Utopia, in dem es weder Privatbesitz noch Geld geben sollte. Mores Schilderung ist eher ironischer Natur und als Kritik an Idealzuständen zu lesen. Er beschreibt offensichtlich etwas, wofür es keinen dauerhaften Ort gibt. Parallelen zu der in Simmels Rosenparadox (vgl. Kapitel I) beschriebenen Dynamik ließen sich hier ohne Zweifel herstellen. Michel de Montaigne (1533-1592) hatte ebenfalls bereits im 16. Jahrhundert die Idee einer idealen Gesellschaft diskutiert und diese in die Ferne projiziert. Dieses ferne Ideal kannte keinen Handel, keine Rechenkunst und keine Schrift. Eine Renaissance erlebte diese Suche nach besseren Welten insbesondere im 18. Jahrhundert.

Die Entdeckung des Paradieses – und sein Verlust

Defoes „Robinson Crusoe", Rousseaus Schwärmerei vom unschuldigen Zustand der Natur und nicht zuletzt lockende Reiseberichte, die Tahiti als „Garten Eden" beschrieben: Es war die für seine Zeit typische Sehnsucht nach besseren Welten, die den jungen Georg Forster dazu antrieb, im Jahre 1772 den Entdecker James Cook als Chronist auf dessen neuer Weltreise zu begleiten.

Die erste Enttäuschung erfasst Forster bei einem Landgang auf Neuseeland, dessen Einwohner für ihn eindeutig nicht jenes „gutherzige Volk" aus den Reiseberichten zu sein scheint. Männer, die ihre Frauen unterdrücken und Frauen, die ihrerseits Ungeziefer aus ihren Kleidern picken und zwischen ihren Zähnen zerknacken. Die Abreise tut Forster nicht leid – die edlen Naturmenschen, die ihm vorschweben, stehen noch aus.

Als die „Resolution" schließlich im August 1773 die Insel Tahiti erreicht, scheinen Forsters Träume und Visionen Wirklichkeit zu werden: bewaldete Berge, kleine Häuser unter Palmen, Einwohner, die die Reisenden mit Kokosnüssen und Bananenstauden als Freunde begrüßen. Forster ist verzückt:

„Zufrieden mit dieser einfachen Art zu leben, wissen diese Bewohner eines so glücklichen Klimas nichts von Kummer und Sorgen und sind bei all ihrer übrigen Unwissenheit glücklich zu preisen." Nahrung wächst in Form von Brotfruchtbäumen, Bananen und tahitianischen Äpfeln wie von selbst, und was an Arbeit übrigbleibt, wird von den Männern und Frauen freiwillig, zum unmittelbar eigenen Nutzen oder sogar zum Zeitvertreib verrichtet. Alle Häuser stehen offen – Angst vor Dieben hat keiner. Nachdem Forster erste Anzeichen für Probleme im Paradies geflissentlich ignoriert – Prostitution, blutige Fehden, mangelnde Hygiene – gerät sein Glaube an die „elysischen Felder" in der Südsee letztlich doch ins Wanken. Zu deutlich tritt ihm die Hierarchie der Machtverhältnisse auch hier vor Augen: „Privilegierte Schmarotzer", die sich „mit dem Fette und dem Überfluss des Landes mästen, indes der fleißigere Bürger desselben im Schweiße seines Angesichts darben muss." Auch in Tahiti scheint dem jungen Forster nun eine Revolution fällig zu sein, dies sei schließlich der gewöhnliche Zirkel aller Staaten.

Die Ankunft auf Feuerland im Jahre 1774 schließlich zerstört die letzten Reste von Forsters Idee des seligen Naturzustandes: Nicht nur stört er sich am strengen Geruch und an der freudlosen Apathie der Einwohner, am meisten entsetzt ihn, dass sie „unsere Überlegenheit und unsere Vorzüge gar nicht zu fühlen" scheinen. Gegen Ende seiner Reise resümiert Forster ernüchtert: „Durch die Betrachtung dieser verschiedenen Völker müssen jedem Unparteiischen die Vorteile und Wohltaten, welche die Sittlichkeit und Religion über unsern Weltteil verbreitet haben, immer deutlicher und einleuchtender werden."

Quelle: Albig 2006 und Forster 2008 [zuerst 1778]

Die Suche nach der guten Gesellschaft ist nicht nur im Falle von Georg Forster ernüchternden Einsichten gewichen. Von der griechischen Philosophie bis in die Moderne wurde unter dem

Guten etwas Unveränderliches verstanden, also ein Zustand, der zum Stillstand gebracht werden muss. Man stelle sich eine solche Gesellschaft vor: Sie könnte unter Umständen daran verzweifeln, dass es nichts mehr zu tun gibt. Jedenfalls wird beim Nachdenken über die Frage, was eine gute Gesellschaft denn eigentlich sein soll, sehr schnell deutlich, dass der Gedanke der Machbarkeit und Aufrechterhaltung notgedrungen etwas Autoritäres in sich trägt (vgl. hierzu ausführlich Dahrendorf 2001). Im Jahr 1914 beschrieb beispielsweise der britische Politikwissenschafter Graham Wallas sein Wunschbild der amerikanischen und englischen Gesellschaft mit Verweis auf eine norwegische Kleinstadt, „[...] wo alle, die Ladenbesitzer und die Handwerker, der Lehrer, der den Ponykarren fahrende junge Postbote, die studierende Tochter des Gastwirts, die die Kartoffeln ins Hause brachte, einander zu respektieren schienen, zum Glück ebenso fähig waren wie zum Vergnügen und zur freudigen Erregung, weil sie bei der Ausübung aller ihrer Fähigkeiten einer Mitte nahekamen." (zit. nach Dahrendorf 2001: 1331) Vielen dieser Idealentwürfe ist gemeinsam, dass sie eine Lösung in der Überschaubarkeit der sozialen Verhältnisse sehen. Auch Jean-Jacques Rousseau (1712-1778), der im 18. Jahrhundert maßgeblich die Debatte über die Konsequenzen der Vergesellschaftung des Menschen bestimmt hatte, war davon überzeugt, dass seine Idee eines „Contrat social" nur bei kleinen Völkern realisierbar ist. Der Versuch, seine Idee auf der Ebene europäischer Nationen zu realisieren, führte, so Klages, zu revolutionären Interpretationen (vgl. Klages 1969: 41). Auch die für die Soziologiegeschichte sehr zentrale Unterscheidung von Gemeinschaft und Gesellschaft ist eine vielfach variierte Antwort auf die Frage, wie man das Zusammenleben der Menschen in irgendeiner Form berechenbar machen kann.

2. „...die Möglichkeit eines wissenschaftlichen Religionsersatzes" – Comtes Drei-Stadien-Gesetz

Mit dieser Hypothek ist auch die „Geburt" der Soziologie belastet gewesen. Die Trennung von Staat und Gesellschaft, die Jonas an den Anfang der Soziologiegeschichte stellte, ergab sich aus der Infragestellung einer gegebenen Ordnung. Die Ordnung der Antike und des Mittelalters wurde als unwandelbar gedacht. Insofern konnte auch über eine Trennung von Staat und Gesellschaft gar nicht nachgedacht werden, weil vom Familienverband bis zur Spitze der Gesellschaft alles verfasst und geordnet war. Dies bedeutete keineswegs, dass unter diesen Bedingungen die Gesellschaft nicht selbst auch zum Gegenstand der Beobachtung werden konnte. Für Aristoteles und Thomas von Aquin galt die *Societas Civilis* als eine unwandelbare Ordnung und dennoch, so Tenbruck, konnten sie „bedeutende Beobachtungen über die Gesellschaft in ihrer Tatsächlichkeit" (Tenbruck 1981: 340) anstellen. Auch diese Gesellschaften hatten ihre Muster und Regelmäßigkeiten, aber sie entfalteten sich in viel stärkerem Maße entlang einer alle Lebensbereiche erfassenden Regeldichte. Je mehr diese Regeln und Ordnungen in Frage gestellt wurden, desto offener und neuartiger wurde auch der dadurch sukzessiv erkämpfte Freiraum. Alte Ordnungen wurden durch neue Ordnungen ersetzt, wobei letztere eben den Wandel gestatten sollten, den die vorherige Ordnung systematisch unterband bzw. nur in kontrollierten Bahnen gewähren ließ. Tenbruck schlussfolgert aus dieser Veränderung, dass die Soziologie nicht das Ergebnis einer gesellschaftlichen Krise gewesen ist, wie immer wieder behauptet wird. Ihre Entstehung geht vielmehr aus „der Entdeckung einer grundsätzlich unberechenbaren sozialen Wirklichkeit [hervor]. Ihr fiel somit die seltsame Aufgabe zu, eine Gesellschaft, die auf die Dauerregelung ihrer Ordnung verzichtet hatte, berechenbar zu machen." (Tenbruck 1981: 339)

Aus den genannten Gründen sind die systematischsten Anfänge der Soziologie in Frankreich zu beobachten, weil hier die Unruhen der Französischen Revolution in besonderer Weise den Verlust tradierter Fundamente vor Augen führten. Wenn im Folgenden zunächst Auguste Comte und Émile Durkheim vorgestellt werden, dann, weil beide diesen Auftrag, Gesellschaft berechenbar zu machen, als eine wissenschaftliche und moralische Aufgabe zugleich interpretierten. Beide verbanden mit ihren Ideen reformerische Absichten und beide konzipierten Gesellschaft letztlich als eine moralische Veranstaltung. Zu Durkheim stellte Raymond Aron fest: „Sein Wunsch, ein reiner Wissenschaftler zu sein, hinderte ihn nicht daran zu behaupten, daß die Soziologie keinen roten Heller wert wäre, wenn man mit ihrer Unterstützung nicht die Gesellschaft verbessern könnte." (Aron 1971: 63)

Als Gegenbewegung zur Wahrung der Tradition hat sich in Frankreich bereits im 17. Jahrhundert eine Fortschrittsphilosophie etabliert, die ihren signifikantesten Niederschlag in der Präsentation von Phasenmodellen der gesellschaftlichen Entwicklung erhielt. Neben Condorcet und Saint-Simon zählt Auguste Comte (1798-1857) zu jenen, die dem positiven Denken eine wichtige Rolle für den gesellschaftlichen Wandel zuschreiben. Sein Geschichtsbegriff spiegelt die Vorstellung einer Akkumulation von Wissen wider, die dem Fortschritt eine bestimmte Richtung gibt und von Comte in dem sogenannten *Drei-Stadien-Gesetz* zusammengefasst wurde. Dieses bezieht sich einerseits auf die geistige Entwicklung der Menschheit, andererseits auf die Entwicklung jeder Wissenschaft und letztlich auch auf die Entwicklung des Individuums. Das Individuum aber ist für Comte nicht der Gegenstand der Soziologie, sondern der Biologie. Der primäre soziale Organismus ist für ihn die Familie. Das Kunstwort „Soziologie", welches er schließlich zur Bezeichnung seiner Disziplin wählte, setzt sich aus dem lateinischen *socius* für Gefährte und dem griechischen *logos* für Lehre zusammen. Ursprünglich favorisierte Comte den Begriff *soziale Physik*, musste aber erkennen, dass fast zeitgleich der belgische Statistiker Adolphe Quételet diesen im Untertitel eines 1835 erschienenen Buches verwandte. Comte war darüber um so mehr verärgert, als ihm auch die Verwendung des Moralbegriffs in der sogenannten Moralstatistik missfiel. Dieser ging es nämlich nicht um die Ermittlung oder Begründung bestimmter Normen, sondern um das Aufzeigen vorherrschender Phänomene, die wiederum zu sozialen Typen verdichtet werden sollten (vgl. hierzu Kern 1982: 40). Comte dagegen war ein auf Hierarchien bedachter Mensch, dem es missfiel, dass Kategorien wie „mittlere Menschen" zugleich als Träger typischer menschlicher Verhaltensweisen bezeichnet wurden (vgl. hierzu auch Coser 1971: 28). Nach Comte strebt der menschliche Geist im theologisch-fiktiven Stadium, dem ersten Stadium seines Drei-Stadien-Gesetzes, nach absoluten Erkenntnissen, die er nicht unter Seinesgleichen sucht, sondern als Erscheinungen übernatürlicher Kräfte und Wesen interpretiert. Auch im metaphysisch-abstrakten Stadium, das eine Art Übergangsstadium repräsentiert, kommt es zwar zum Aufkommen neuer Ideenlehren, aber gerade das Denken über das Soziale bleibt noch in einem Stadium der Naivität und folgt nicht der Methode der Beobachtung. So sei das Nachdenken über gesellschaftliche Tatbestände eben häufig noch in einem literarisch-philosophischen Kontext üblich, die Methode der Beobachtung nach systematischen Regeln aber habe sich noch nicht durchgesetzt. Erst das wissenschaftlich-positive Stadium führt zur endgültigen Herrschaft der menschlichen Vernunft, die nunmehr quasi „ganz irdisch" wird. Die Regelmäßigkeiten, die man in der Natur und in der Gesellschaft beobachten kann, werden nun intersubjektiv nachvollziehbar erklärt.

Das positive oder reale Stadium

„Diese lange Reihe notwendiger Vorstufen führt schließlich unsere schrittweise freigewordene Intelligenz zu ihrem endgültigen Stadium rationaler Positivität, das hier auf speziellere Weise charakterisiert werden soll als die beiden vorläufigen Stadien. Nachdem derartige vorbereitende Übungen von selbst die völlige Nichtigkeit der der anfänglichen Philosophie – sei sie nun theologisch oder metaphysisch – eigenen

> unklaren und willkürlichen Erklärungen bewiesen haben, verzichtet der menschliche Geist fortan auf absolute Forschungen, wie sie nur seiner Kindheit angemessen waren, und beschränkt seine Bemühungen auf das von da an rasch sich entwickelnde Gebiet der echten Beobachtung, der einzig möglichen Grundlage der wirklich erreichbaren und unseren tatsächlichen Bedürfnissen weise angemessenen Erkenntnisse. Die spekulative Logik hatte bis dahin darin bestanden, auf eine mehr oder weniger subtile Weise gemäß unklaren Prinzipien, die keinerlei hinlänglichen Beweis zuließen und stets endlose Debatten erregten, zu argumentieren. Sie anerkennt von nun an als *Grundregel,* daß keine Behauptung, die nicht genau auf die einfache Aussage einer besonderen oder allgemeinen Tatsache zurückführbar ist, einen wirklichen und verständlichen Sinn enthalten kann."
>
> *Quelle: Comte 1972 [zuerst 1831]: 117*

Comte plädiert für eine wissenschaftliche Grundlegung und Systematisierung des Denkens, auch, um endlosen Debatten über spekulative Verfahren ein Ende zu setzen. So schreibt er: „Die reine Einbildungskraft verliert dann unwiderruflich ihre alte geistige Vorherrschaft und ordnet sich notwendig der Beobachtung unter, sodaß ein völlig normaler Geisteszustand herbeigeführt wird; nichtsdestoweniger leistet sie auch weiterhin in positiven Theorien einen ebenso wesentlichen wie unerschöpflichen Dienst, indem sie die Mittel endgültiger oder provisorischer Verbindung schafft oder vervollkommnet." (Comte 1972: 117) Comtes Antwort auf den Verlust des Glaubens ist somit das Vertrauen in die Gestaltbarkeit der Gesellschaft auf der Basis wissenschaftlich abgesicherter Beobachtungen. Dass dabei die reine Einbildungskraft nicht an Bedeutung verliert, mag in diesem Zusammenhang beruhigend wirken. Denn ungeachtet des Bestrebens nach Logik, Beobachtung und Nachvollziehbarkeit hat das Räsonieren über die Gesellschaft in eher literarischer Form eine wohl kaum zu unterschätzende Bedeutung. Der amerikanische Soziologe Richard Sennett hat im Rahmen einer Dankesrede im Jahr 2008 dafür geworben, „dass Soziologie die Gestalt von Literatur annehmen kann und sollte." (Sennett 2008: 14) Texte müssen nach seiner Auffassung in der Lage sein, eine gelebte Erfahrung widerzuspiegeln und beim Leser selbst hervorzurufen: „Von der Zeit Montaignes bis hin etwa zu Tocqueville war es wohl selbstverständlich für einen Beobachter des gesellschaftlichen Lebens, sich auch der Kunst des Schreibens zu widmen. Dies war vor allem deshalb nötig, weil in der frühen modernen Gesellschaft verbal eine gewisse Funkstille herrschte. Mit ihren literarischen Fähigkeiten weckten diese Autoren in ihren Lesern einen Sinn für „das Soziale" als problematische Kategorie, und ihre Schriften waren das verstörende Geschenk der Bewusstmachung. [...] die bloße Kraft ihrer Schriften trug dazu bei, einen öffentlichen Raum zu schaffen, [...] einen Raum von miteinander geteilter, kollektiver Intelligenz." (ebenda)

Die Berechenbarkeit einer Gesellschaft, die Comte vorschwebte, lässt letztlich mehr Fragen als Antworten zurück: Wie soll in einer historischen Situation, die durch einen dramatischen Wandel gekennzeichnet ist, dieser Steuerungsmechanismus die Allgemeinheit erfassen können? Wie soll der freiwillige Zusammenschluss von Menschen funktionieren, wenn sie ihre eigenen Interessen fortwährend einem Gemeinwohl unterordnen müssen? In welcher Form soll die Soziologie sich dann als moralische Wissenschaft zur Geltung bringen? Und wird sie durch diesen gewaltigen Anspruch zum Repräsentanten einer absoluten Wahrheit, die es im Sinne des Drei-Stadien-Gesetzes doch gerade zu überwinden galt? Dem folgenden Urteil ist daher nichts hinzuzufügen: „Das Verhängnis ist gerade in der monströsen Überschätzung zu sehen, einen wissenschaftlichen Katechismus für die Selbststeuerung eines sich zunehmend dynamisierenden Industriesystems bereitstellen zu wollen und an die Möglichkeit eines wissenschaftlichen Religionsersatzes ernsthaft zu glauben." (Hennen 1990: 31) Aber Fehleinschätzungen können auch hilfreich sein, weil sie den Blick auf realistischere Einschätzungen der Leistungsfähigkeit richten. Die Frage, wie man sich die Funktionsweise einer Gesellschaft vorstellen kann, wird dadurch nicht obsolet. Ebenso eröffnen sich unterhalb dieser zugegebenermaßen umfassenden und allgemeinen Frage viele weniger weitreichende Erklärungsfelder, die dennoch ein Gespür für das Verhältnis von Individuum und Gesellschaft vermitteln. Hier setzen die Überlegungen von Émile Durkheim an.

3. „...etwas Fremdes, worin wir uns selbst nicht mehr erkennen" – Durkheims soziologische Tatbestände

Émile Durkheim (1858-1917) fragt in seinen Arbeiten, wie sich die Gesellschaft zum Ausdruck bringt. Woran lässt sich erkennen, dass Gesellschaft mehr ist als die Summe der Individuen, die in einem abgrenzbaren Raum zusammenleben? Diesen Gedanken übernimmt er unter anderem von Montesquieu, der bereits im 17. Jahrhundert nach den „Naturbedingungen" verschiedener Gesellschaften gesucht hat und dabei auf Gewohnheiten stieß, die er als relativ stabile Dinge interpretierte. Diese Quasi-Objekte sind es, die für Émile Durkheim den Charakter eines *sozialen Tatbestands* haben. Deren Existenz ist durch eine relative Dauerhaftigkeit und ihren Dingcharakter gekennzeichnet und insofern von dem Einzelwillen der Menschen unabhängig.

Was ist ein sozialer Tatbestand?

„Wenn ich meine Pflichten als Bruder, Gatte oder Bürger erfülle, oder wenn ich übernommene Verbindlichkeiten einlöse, so gehorche ich damit Pflichten, die außerhalb meiner Person und der Sphäre meines Willens im Recht und in der Sitte begründet sind. Selbst wenn sie mit meinen persönlichen Gefühlen in Einklang stehen und ich ihre Wirklichkeit im Innersten empfinde, so ist diese doch etwas Objektives. Wie oft kommt es vor, daß über die Einzelheiten der auferlegten Verpflichtungen Unklarheit herrscht, und sich, um sie voll zu erfassen, die Notwendigkeit ergibt, das Gesetz und seine berufenen Interpreten zu Rate zu ziehen. Ebenso hat der gläubige Mensch die Bräuche und Glaubenssätze seiner Religion bei seiner Geburt fertig vorgefunden. Daß sie vor ihm da waren, setzt voraus, daß sie außerhalb seiner Person existieren. Das Zeichensystem, dessen ich mich bediene, um meine Gedanken auszudrücken, das Münzsystem, in dem ich meine Schulden zahle, die Kreditpapiere, die ich bei meinen geschäftlichen Beziehungen benütze, die Sitten meines Berufes führen ein von dem Gebrauche, den ich von ihnen mache, unabhängiges Leben. Das eben Gesagte kann für jeden einzelnen Aspekt des gesellschaftlichen Lebens wiederholt werden. Wir finden also besondere Arten des Handelns, Denkens, Fühlens, deren wesentliche Eigentümlichkeit darin besteht, daß sie außerhalb des individuellen Bewußtseins existieren.

Diese Typen des Verhaltens und des Denkens stehen nicht nur außerhalb des Individuums, sie sind auch mit einer gebieterischen Macht ausgestattet, kraft deren sie sich einem jeden aufdrängen, er mag wollen oder nicht. Freilich, wer sich ihnen willig und gerne fügt, wird ihren zwingenden Charakter wenig oder gar nicht empfinden, da Zwang in diesem Falle überflüssig ist. Dennoch ist er aber eine diesen Dingen immanente Eigenschaft, die bei jedem Versuche des Widerstandes sofort hervortritt. [...] Wenn ich mich geltenden Konventionen der Gesellschaft nicht füge, etwa in meiner Kleidung den Gewohnheiten meines Landes oder meiner Klasse keine Rechnung trage, wird die Heiterkeit, die ich errege, und die Distanz, in der man mich hält, auf sanftere Art denselben Erfolg erzielen wie die eigentliche Strafe. In anderen Fällen ist der Zwang nicht weniger wirksam, wenn er nur indirekt ist. Ich bin nicht gerade verpflichtet, mit meinen Landsleuten französisch zu sprechen, auch nicht, die gesetzliche Währung zu gebrauchen. Und doch ist es unmöglich, daß ich anders handle. Ein Versuch, mich dieser Notwendigkeit zu entziehen, müsste elendiglich scheitern."

Quelle: Durkheim 1980 [zuerst 1895]: 105f.

Es sind vorgefundene Gegebenheiten, die dem Leben eine Struktur geben, die also aus sich heraus einen Wirklichkeitscharakter entfalten – beispielsweise Schrift, Sprache, Regeln bei Tisch oder religiöse Bräuche. Am Ende des ersten Kapitels der „Regeln der soziologischen Methode" gibt Durkheim folgende Definition: *„Ein soziologischer Tatbestand ist jede mehr oder minder festgelegte Art des Handelns, die die Fähigkeit besitzt, auf den Einzelnen einen äußeren Zwang auszuüben; oder auch, die im Bereiche einer gegebenen Gesellschaft allgemein auftritt, wobei sie ein von ihren individuellen Äußerungen unabhängiges Eigenleben besitzt."* (Durkheim 1980 [zuerst 1895]: 114) Die immer wieder aufkommende Verwirrung, ob man diese Tatbestände nun sozial oder soziologisch nennen soll, ist für das Verständnis nachrangig. Im Französischen jedenfalls wählt Durkheim hierfür die Bezeichnung *faits sociaux*. Da insbesondere in den „Regeln" sehr häufig der Begriff Zwang fällt, muss man sich über ein diffuses Unbehagen mit dieser Perspektive auf den Gegenstand der Soziologie nicht wundern. Dies wird dadurch verstärkt, dass der Begriff für sehr disparate Dinge steht. Neben den bereits erwähnten Gewohnheiten betont Durkheim beispielsweise sehr häufig die Existenz von Erziehungsregeln und Sitten, dann aber auch den Druck, der von sozialen Milieus ausgehen kann, dann wieder die Veränderung unseres Verhaltens durch vorübergehendes Eingebundensein in größere Versammlungen: „Sobald sich die Versammlung aufgelöst hat, die Einflüsse der Massen nicht mehr auf uns wirken und wir uns allein mit uns selbst finden, erscheinen uns die Gefühlszustände, die wir durchgemacht haben, als etwas Fremdes, worin wir uns selbst nicht mehr erkennen." (Durkheim 1980 [zuerst 1895]: 108) Damit lässt sich zwar begründen, dass die Tatsache des Zusammenschlusses von Menschen, oder, wie Aron es formuliert hat, die Assoziation die „Quelle aller neuen Erscheinungen" ist (Aron 1971: 65), aber es bestärkt den Eindruck, als würden die Individuen auf der einen und die Gesellschaft auf der anderen Seite ein Doppelleben führen. Dies aber dürfte keineswegs die Intention von Durkheim gewesen sein, weil er insbesondere in seinen Studien zur Arbeitsteilung (vgl. hierzu Kapitel III dieses Buches) das Verhältnis von Individuum und Gesellschaft als ein Steigerungsverhältnis dargestellt hat. In einem im Jahr 1914 erschienenen Beitrag mit dem Titel „Der Dualismus der menschlichen Natur und seine sozialen Bedingungen" taucht zwar erneut der Begriff des Zwanges auf, die „Natur" der Gesellschaft wird dort aber weniger deterministisch beschrieben: „Die Interessen des Ganzen sind nicht notwendigerweise die Interessen des einzelnen Teils; aus diesem Grunde kann sich die Gesellschaft nicht formieren und sich auch nicht erhalten, ohne von uns beständige Opfer zu verlangen, die uns schmerzhaft sind. Allein dadurch, daß sie über uns steht, zwingt sie uns, uns selbst aufzugeben; und sich selbst aufgeben, das heißt für ein Wesen in gewisser Weise seine eigene Natur verlassen, was nicht ohne mehr oder wenige schmerzhafte Spannung geschieht. [...] Die freiwillige Hingabe einer Sache ist, wie man weiß, eine Fähigkeit, die in uns nur unter dem Einfluß der Gesellschaft entsteht." (zit. nach Jonas 1976: 380) Verpflichtung auf überindividuelle Ziele wird hier zu einem Synonym für Moral, die Bereitschaft zum Verlassen der eigenen Sache generiert im Kollektiv ein neues Bewusstsein, das von Durkheim als *Kollektivbewusstsein* bezeichnet wird.

Eine moralische Krise entsteht für Durkheim insbesondere dann, wenn eine Gesellschaft die Fähigkeit verliert, sich über diese Institutionen zu steuern. Seine besondere Betonung dieser moralischen Verpflichtungen ist gleichzeitig seine Antwort auf den Versuch, die Gesellschaft im Zuge der dramatischen Veränderungen des 19. Jahrhunderts wieder berechenbar zu machen. Comte sah in der Soziologie „eine säkularisierte Tochter der Theologie" (Berger 1977: 16), Durkheim ein Instrument zur Identifikation sozialer Gesetzmäßigkeiten und damit eine Disziplin, die einer säkularisierten Gesellschaft eine säkulare Moral vermitteln kann (vgl. Münch 2002: 55). Bedeutung und Erscheinungsformen moralischer Krisen erläuterte er insbesondere auch in seiner Arbeit über den Selbstmord, die zugleich ein gutes Beispiel für die Verbindung von historischer und vergleichender Methode ist. Darin zeigt er an verschiedenen Beispielen, wie sich das Ausmaß sozialer Kontrolle und das Ausmaß sozialer Integration in individuellen Sinnkrisen manifestiert, die gleichwohl nach seiner Auffassung einen sozialen Ursprung haben. Die Herausarbeitung verschiedener Typen zeigt in diesem Zusammenhang auch das Bestreben von Durkheim nach Klassifikation. So führt er beispielsweise die höhere Selbstmordrate unter den Protestanten auf eine im Vergleich zu Katholiken niedrigere Regeldichte des religiösen Lebens zurück, durch die die Unsicherheit darüber, ein „gutes" Leben zu führen, wächst. Die Hauptursache für einen solchen dramatischen Entschluss sieht Durkheim in anomischen Zuständen, die für Gesellschaften typisch sind, die einen dramatischen und rasanten Wandel durchlaufen. Hier wird auch deutlich, dass Individuum und Gesellschaft sich in einem gegenseitigen Steigerungsverhältnis befinden können. Alles wächst: die Ökonomie, die Städte, die Erwartungen, der Wohlstand. In solchen Situationen fühlt sich der Einzelne häufiger allein gelassen als in Zeiten ökonomischer und sozialer „Ruhe". Boudon hat in diesem Zusammenhang darauf hingewiesen, dass die Höhepunkte der Wirtschaftszyklen mit den Höhepunkten der Selbstmordzyklen zusammenfallen (vgl. Boudon 1980: 22) Selbstmord wird hier als Folge diffuser oder sogar unreglementierter Erwartungen interpretiert. Soziales durch Soziales zu erklären heißt in diesem Zusammenhang somit: Verschiedene Grade sozialer Integration führen im Ergebnis zu bestimmten Handlungsmustern in anderen Bereichen.

Der Einsatz der vergleichenden Methode wird auch heute noch in vielen soziologischen Studien praktiziert, ohne explizit auf dieses Erklärungsmuster hinzuweisen. So fragten sich Gambetta und Hertog in einer Untersuchung, warum in gewalttätigen islamischen Gruppen bestimmte Berufsgruppen überrepräsentiert sind. Beobachtet wurde, dass in islamischen Terrorgruppen erstaunlich häufig Ingenieure und Techniker zu finden sind. Die Autoren führen eine Kombination zweier Gründe zur Erklärung dieses Phänomens an: Einerseits stellten sie innerhalb dieser Berufsgruppen eine stärker ausgeprägte Aversion und Empfindlichkeit gegen soziales Chaos ins Feld (zu erkennen beispielsweise an der höheren Wahrscheinlichkeit einer Selbstverortung im konservativen politischen Lager), im Vergleich zu dem der Islam als eine Art „soziale Ordnungstechnologie" wirken könnte. Andererseits wird diese Mentalität häufig durch eine ökonomisch prekäre Lage dieser Berufgruppen in den islamischen Ländern noch verstärkt (vgl. Gambetta/ Hertog 2007).

Dieses und andere Erklärungsmuster unterstellen keinen Automatismus, sondern wollen darauf hinweisen, dass die Häufung bestimmter Phänomene in einem Bereich einem sozialen Tatbestand zugeschrieben werden können. Dabei muss es sich um gut begründete Zusammenhänge handeln, weil ansonsten die Gefahr der Produktion von Artefakten wächst.

Mögen die Erklärungen Durkheims dem einen oder anderen als zu einfach erscheinen, so hat er doch nicht nur in den „Regeln", sondern auch in seinen weiteren Arbeiten dafür sensibilisiert, wie sich Gesellschaft in unterschiedlichen Bereichen des Alltags bemerkbar macht. Dass damit ein Primat der Gesellschaft über das Individuum verbunden war, hat den im ersten Kapitel beschriebenen „Gestaltungswillen" ohne Zweifel in den Hintergrund gerückt. Dieser Vorwurf des *Soziologismus* meint die Beschäftigung mit dem Menschen als einem eher passiven Wesen, das den von ihm unabhängigen sozialen Kräften ausgeliefert zu sein scheint. Auch Boudon weist auf diese Einwände gegen Durkheim hin, schlägt aber trotz der zum Teil nicht eindeutigen Begrifflichkeit im Werk Durkheims vor, in seinen Arbeiten das Plädoyer eines „realistischen Relationisten" (Boudon 1980: 21) zu sehen. Nach Boudon ist für Durkheim die soziale Realität das Ergebnis konkreter Interaktionssysteme, „welche die sozialen Institutionen zwischen den sozialen Agenten definieren." (Boudon 1980: 21) Und Boudon kann auch anschaulich zeigen, dass je nach Struktur von Interaktionssystemen sich daraus unterschiedliche Erwartungen und Gefühle bei den Akteuren ergeben können, die im Ergebnis wiederum einen neuen sozialen Tatbestand herbeiführen können. Man kann auch sagen: Diese Interaktionssysteme oder Situationen definieren sich nicht aus sich selbst heraus. Hierauf soll im Weiteren aufgebaut werden.

4. „Bringing Men Back In." – Das Verstehen sozialen Handelns

Das mit Durkheims Vorstellungen verbundene Primat der Gesellschaft hat bis in die jüngste Vergangenheit eine Kontroverse um das Menschenbild in der Soziologie bestimmt. Darauf wird im Laufe der späteren Ausführungen noch mehrfach hingewiesen. Erinnert sei an dieser Stelle beispielsweise an die Ansprache von George Caspar Homans (1910-1989) in seiner Eigenschaft als Präsident der American Sociological Association im Jahr 1964. Der Titel seines damaligen Vortrags lautete: „Bringing Men Back In." In diesem Vortrag wandte er sich entschieden gegen die Auffassung, dass der Gegenstand der Soziologie die „sozialen Tatsachen" seien, die nach Durkheim das Handeln der Menschen bestimmen. Nach Durkheim könne man Soziologie nicht als die Analyse individueller Bewusstseinslagen verstehen, weil dies eine unkritische Reproduktion subjektiver Primärerfahrungen und damit eine „Spontansoziologie" bedeuten könne, die wissenschaftlich unzureichend fundiert sei. Es fehle einer solchen Perspektive der notwendige Bruch mit vorwissenschaftlichen Begriffen, um zu objektiver Erkenntnis zu gelangen. Das Handeln der Menschen richte sich nicht nach individuellen Maßstäben, sondern sei orientiert an Regeln, die, wie bereits ausgeführt, ein von den individuellen Äußerungen unabhängiges Eigenleben besitzen. Der französische Soziologe Pierre Bourdieu (1930-2002) hat die damit verbundenen erkenntnistheoretischen Konsequenzen einmal sehr anschaulich zusammengefasst: „Weil die Handelnden nie ganz genau wissen, was sie tun, hat ihr Handeln mehr Sinn, als sie selber wissen." (Bourdieu 1987: 127) Nun gab es bereits vor Durkheim sozialtheoretische Positionen, die dem individuellen Urteil eine weitaus größere Bedeutung zukommen ließen als dies in seinem Gedankengebäude der Fall war. Zu nennen ist beispielsweise der schottische Moralphilosoph Adam Smith (1723-1790), der bereits in der Mitte des 18. Jahrhunderts das Einlassen auf gesellschaftliche Erwartungen als das Ergebnis des Abwägens damit verbundener Vor- und Nachteile interpretierte. Gleichzeitig attestierte er den Menschen eine Fähigkeit zur Sympathie, die als eine Art Selbstkontrolle eines übersteigerten Selbstinteresses fungieren kann (vgl. hierzu ausführlich Jäckel 1997). Bourdieus Hinweis auf die Kategorie „Sinn" spielt vor allem in dem soziologischen Programm von Max Weber eine zentrale Rolle. Gleichzeitig ist das Webersche Programm zu Beginn des 20. Jahrhunderts der systematischste Versuch einer theoretisch-begrifflichen und methodologischen Festlegung für die Sozialwissenschaften. Er geht in seiner Handlungslehre davon aus, dass Handelnde mit ihrem Tun einen subjektiven Sinn verbinden, was keineswegs impliziert, dass all ihre Entscheidungen Ausdruck eines freien Willens sind. Aber Bewusstsein, so Renate Mayntz, ist impliziert: „Max Weber hat sich [...] ausdrücklich für die aus der soziokulturellen Umwelt heraus auf den Menschen einwirkenden Faktoren interessiert, zu denen auch Ideen, Konventionen und Herrschaftsstrukturen gehören." (2006: 11)

Die Durchsetzung dieses Programms fand in einem intellektuellen Klima statt, in dem es nicht nur um Rechtfertigungen gegenüber den etablierten Staatswissenschaften, sondern auch um die Zurückweisung von Anmaßungen der Naturwissenschaften ging. So gab es auch zu Beginn des 20. Jahrhunderts Versuche, auf der Basis physikalischer Theorien gesellschaftliche Zusammenhänge zu erklären. Max Weber sah sich in einem Essay herausgefordert, auf diese Versuche zu antworten, der den bezeichnenden Titel „Energetische Kulturtheorien" trug (vgl. Weber 1973 [zuerst 1909]). Aber auch in seinen „Soziologischen Grundbegriffen" findet sich zu der Besonderheit der soziologischen Erklärung eine zentrale Aussage: „Wir sind ja bei »sozialen Gebilden« (im Gegensatz zu »Organismen«) in der Lage: *über* die bloße Feststellung von funktionellen Zusammenhängen und Regeln (»Gesetzen«) *hinaus* etwas aller »Naturwissenschaft« (im Sinn der Aufstellung von Kausalregeln für Geschehnisse und Gebilde und der »Erklärung« der Einzelgeschehnisse daraus) ewig Unzugängliches zu leisten: eben das »*Verstehen*« des Verhaltens der beteiligten *Einzelnen*, während wir das Verhalten z.B. von Zellen nicht »verstehen«, sondern nur funktionell erfassen und dann nach Regeln seines

Ablaufs feststellen können. Diese Mehrleistung der deutenden gegenüber der beobachtenden Erklärung ist freilich durch den wesentlich hypothetischeren und fragmentarischeren Charakter der durch Deutung zu gewinnenden Ergebnisse erkauft. Aber dennoch: *sie* ist gerade das dem soziologischen Erkennen Spezifische." (Weber 1984 [zuerst 1921]: 32f.)

Ein Vergleich dieser programmatischen Feststellung mit dem Ansinnen Durkheims muss zu dem Ergebnis kommen, dass beide vor dem Hintergrund dieses Realismus soziologischen Erklärens argumentiert haben. Auch Weber war nicht an der Erklärung des Handelns individueller Akteure interessiert, sondern an evidenten Antworten auf die Frage, wie sich Gesellschaft in individuellem Handeln zur Geltung bringt. Daher soll Soziologie eine Wissenschaft sein, die „soziales Handeln deutend verstehen und dadurch in seinem Ablauf und in seinen Wirkungen ursächlich erklären will." (Weber 1984 [zuerst 1921]: 19) Weber hat seine Art der Gesellschaftsanalyse auf ganz unterschiedliche Fragestellungen angewandt: auf das Zerbrechen traditioneller Interessengemeinschaften, auf den Wandel der Lebenschancen in der ländlichen Arbeitsverfassung im Zuge des Aufkommens der kapitalistischen Produktionsweise (vgl. Weber 1892), auf die Folgen einer zunehmenden Rationalisierung der Welt, auf die Frage, warum sich verschiedene Religionsgemeinschaften in ihrem wirtschaftlichen Erfolg unterscheiden oder auf die Konsequenzen der bürokratischen Herrschaft für die Organisation unseres Alltags. Das Interesse an der Durchführung von Sozial-Enqueten ist damit zu erklären, dass mehr als nur Rahmenbedingungen (Lohn, Arbeitsbedingungen, Wohnverhältnisse) der Existenz einer Erwerbsklasse in Erfahrung gebracht werden sollten (vgl. den Überblick bei Kern 1982: 90ff.).

Idealtypisch unterscheidet Max Weber vier Bestimmungsgründe des Handelns, die für ihn gleichzeitig durch unterschiedliche Evidenzstufen gekennzeichnet sind. Während das affektuelle Handeln sehr stark durch Emotionen oder Gefühlslagen bestimmt ist, folgt das traditionale Handeln vor allen Dingen eingelebten Gewohnheiten bzw. Konventionen. Dagegen ist das wertrationale Handeln insbesondere durch den Eigenwert eines bestimmten Verhaltens bestimmt, sei dies nun aus ästhetischen, ethischen oder religiösen Gründen, während das zweckrationale Handeln einem Nützlichkeitskalkül folgt und dabei Zweck-Mittel-Relationen und Nebenfolgen beachtet. Diese Bestimmungsgründe können alleine oder in Mischform auftreten. Weber verwendet daher sehr häufig den Begriff „Grenzfall". Ein Beispiel für diesen soziologischen Realismus liefert die folgende Passage: „Das *reale* Handeln verläuft in der großen Masse seiner Fälle in dumpfer Halbbewußtheit oder Unbewußtheit seines »gemeinten Sinns«. Der Handelnde »fühlt« ihn mehr unbestimmt, als daß er ihn wüßte oder »sich klar machte«, handelt in der Mehrzahl der Fälle triebhaft oder gewohnheitsmäßig. Nur gelegentlich und bei massenhaft gleichartigem Handeln oft nur von Einzelheiten, wird ein (sei es rationaler, sei es irrationaler) Sinn des Handelns in das Bewußtsein gehoben. Wirklich effektiv, d. h. voll bewußt und klar, sinnhaftes Handeln ist in der Realität stets nur ein Grenzfall." (Weber 1984 [zuerst 1921]: 40) Damit wird dem „Tatsachen"-Begriff der Soziologie seine Entschiedenheit genommen. Was wir in verschiedenen sozialen Situationen beobachten können, ist nicht eine bloße Widerspiegelung von Kulturmustern und Regeln. Die moderne Soziologie baut durchaus auf dieser Unbestimmtheit auf, indem sie den Akteuren unterstellt, dass sie diese Unbestimmtheit ausnutzen. Mit anderen Worten: Das Spiel mit der Regel ist die Regel des Spiels (vgl. hierzu Bourdieu 1976: 206).

Daraus folgt weiter: Die Logik des gesellschaftlichen Handelns ist nicht der mathematischen Logik gleichzusetzen. Gesellschaftliche Phänomene können das Ergebnis eines Motivenkampfs sein. Darauf hat neben Max Weber auch der italienische Soziologe Vilfredo Pareto (1848-1923) hingewiesen. Pareto ordnet der Soziologie die Beschäftigung mit Handlungen zu, „die sich der experimentellen Logik entziehen." (Boudon 1980: 14)

Pareto stellt die Rationalität menschlicher Entscheidungen nicht grundsätzlich in Frage, sondern bezweifelt die Dominanz zweckgerichteten Handelns, das im strengen ökonomischen Sinne einer überlegten Kosten-Nutzen-Kalkulation folgt. Stattdessen werden Gefühle sowie Ideen und Wertvorstellungen als Begründungsformen hervorgehoben, die das Handeln gleichsam mit einer „logischen Lackschicht" (Pareto 1965 [zuerst 1917]: 528) überziehen. Pareto widmet sich diesen Erklärungsfaktoren mit großer Akribie und ordnet die vielen Einzelphänomene zwei großen Kategorien zu: den *Residuen* und den *Derivationen*. Erstere umfassen beispielsweise anthropologische Voraussetzungen der menschlichen Existenz, aber auch die Fähigkeit zum kreativen Umgang mit der Umwelt und die Neigung zu sinnstiftenden Schöpfungen, die sich in einer Vielzahl von Symbolen manifestieren, schließlich auch unerlässliche Verhaltensdispositionen, die menschliches Zusammenleben gewährleisten. Das Feld der Derivationen dagegen umfasst vor allem die Kunst des Argumentierens, also in erster Linie sprachliche Versuche der Legitimation in unterschiedlichen Handlungsfeldern und vor unterschiedlich strukturierten Öffentlichkeiten. Pareto leistet damit auch einen frühen Beitrag zur (politischen) Kommunikationstheorie im weitesten Sinne (vgl. auch Kapitel VII).

Der Vorschlag, der Soziologie die Beschäftigung mit nichtlogischen Handlungen zuzuordnen, führt aber meistens zu Irritationen, obwohl Pareto ausdrücklich darauf hinwies, dass „nicht-logisch" nicht „unlogisch" bedeutet. Dass jemand seine Entscheidungen beispielsweise vom Urteil einer prominenten Persönlichkeit abhängig macht, wird ohne Zweifel nach anderen Kriterien beurteilt als die Lösung eines ökonomischen Problems. Aber dieser anderen Logik die Rationalität abzusprechen, ist nicht nachvollziehbar, eher lohnt die Suche nach vergleichbaren Begründungsmustern.

Die Rationalität nicht-rationaler Handlungen

„Wir sollten uns die Fabel des Esels von Buridan ins Gedächtnis zurückrufen: Er befindet sich in gleicher Entfernung von zwei Hafersäcken derselben Größe, die ein Produkt übereinstimmender Qualität enthalten und von denen sich derselbe Duft ausbreitet; da demnach für ihn kein *vernünftiger* Grund vorliegt, seine Wahl eher für den einen als für den an-

> deren zu treffen, kann er keine Entscheidung fällen, zögert fortwährend und hungert sich am Ende zu Tode. Das Verhalten des Esels von Buridan ist in dem Sinne irrational, als es zu einem von seinem Autor nicht beabsichtigen Ergebnis gelangt. Dieses widersinnige Resultat hätte vermieden werden können, wenn der Esel eine zufällige Auswahl *ohne einen vernünftigen Grund* für einen der beiden Säcke getroffen hätte. Oder wenn der Selbsterhaltungstrieb stärker gewesen wäre als sein Zaudern. oder wenn es ihm gelungen wäre, sich von der Wahrheit der (zugegebenermaßen widersinnigen) Aussage zu überzeugen, wonach ein auf der *rechten* Seite befindlicher Hafersack zwangsläufig eine bessere Qualität besitzt als ein auf der *linken* Seite stehender Sack mit Hafer. Oder auch wenn ihm – falls er seinen Kopf zuerst nach links gedreht hätte – das Sprichwort eingefallen wäre, wonach man immer seiner ersten Bewegung Folge leisten sollte. Kurz gesagt, ein Fünkchen Aberglaube hätte ihm die Möglichkeit verschafft, das Unglück abzuwenden."
>
> *Quelle: Boudon 1980: 15*

Hierin manifestiert sich die Skepsis an rein utilitaristischen Konzepten des Handelns bzw. an teleologischen Vorstellungen, die Handeln als eine schlichte Exekution von Intentionen betrachten. Stattdessen wird beispielsweise die Fähigkeit des Menschen betont, sein Handeln selbstreflexiv zu kontrollieren. Häufig sei es die soziale Notwendigkeit der Begründung, die der Handlung ein Motiv zuordne (vgl. Giddens 1988: 59ff.). In diesem Zusammenhang können Normen und Werte durchaus eine entlastende Funktion übernehmen. Das hat insbesondere der amerikanische Soziologe Talcott Parsons (1902-1979) betont. Er unterschied vier strukturelle Komponenten, die für die Erklärung von Handlungen relevant sind: die subjektiven Ziele, die Mittel des Handelns als eine Komponente der Situation eines Akteurs, die Bedingungen der jeweiligen Situation und die Normen als regulierender Faktor (vgl. Parsons 1967).

Aber entscheidend bleibt auf alle Fälle, dass Gesellschaft sich nicht im Selbstgespräch manifestiert. Denken ist Probehandeln. Gesellschaft wird vor allem dann praktisch, wenn wir in Relation zu anderen treten. Dieses Handeln in Relationen (vgl. dazu ausführlich auch Hennen/Springer 1996) wirft den Blick auf eine weitere Besonderheit der soziologischen Tatbestände. Daher sollen abschließend Antworten präsentiert werden, die das Relationale im „Sozialen" besonders hervorheben.

5. „Interdependenzen des Menschen" – Gesellschaft als Spiel

Wer Individuum und Gesellschaft als Gegensätze definiert, kann damit zumindest zweierlei in Verbindung bringen: Das Individuum ist nicht Teil der Gesellschaft bzw. nur ein Teil des Individuums wird Teil der Gesellschaft. Nun mag es Fälle geben, in denen zwischen einem Individuum und der Gesellschaft unüberbrückbare Grenzen existieren, die jegliche Versuche der Integration fehlschlagen lassen. Gesellschaft kann dann aber auch nicht der bloßen Tatsache der Existenz einer Vielzahl von Individuen zugeschrieben werden. Die sozialen Phänomene, die wir beobachten können, ergeben sich aus den Verflechtungen und Wechselwirkungen, die sich wiederum aus der Tatsache des Zusammenlebens von Menschen ergeben. Norbert Elias war der Auffassung, dass „unsere Sprach- und Denkmittel [...] in hohem Maße so geformt [sind], als ob alles außerhalb des Einzelmenschen den Charakter von »Objekten« und überdies gewöhnlich noch von ruhenden Objekten habe." (Elias 1970: 9)

Eine Gesellschaft der Individuen gilt uns heute als selbstsüchtige und selbstgefällige Gesellschaft, der es an gegenseitiger Verbundenheit zu fehlen scheint. Aber diese Wahrnehmung kann das Ergebnis einer erlebten Überforderung durch die Gesellschaft sein. Blasiertheit, so Georg Simmel, kann das Ergebnis einer enormen Steigerung von Sinneseindrücken sein, die sich gerade in großstädtischen Milieus beobachten lässt. Der Einzelne sucht also unter bestimmten Bedingungen Schutz vor der Gesellschaft, dessen Teil er selbst ist. Während Elias mit dem Begriff der *Figuration* „die Aufmerksamkeit auf die Interdependenzen der Menschen" (Elias 1970: 144) lenken wollte, favorisierte Simmel den Begriff der *Wechselwirkung*. Elias lehnt in seinem gesamten Werk die Vorstellung eines „homo clausus" (ebenda: 144) ab und zeigt an vielen, häufig historischen Beispielen, wie sich die Integration in solche Figurationen manifestiert. Die Regeldichte einer höfischen Gesellschaft sorgt beispielsweise für ein differenziertes System gegenseitiger Abhängigkeiten und Verpflichtungen, wobei die Regeln nicht nur Orientierung vermitteln, sondern der zugrundeliegenden Herrschaftsordnung eine quasi-natürliche Legitimation verleihen.

Das Ritual des Aufstehens am Hofe Ludwigs XIV.

„Die ersten beiden Gruppen wurden zugelassen, wenn der König noch im Bett war. Dabei trug der König eine kleine Perücke; er zeigt sich niemals ohne Perücke, auch dann nicht, wenn er im Bett lag. Wenn er aufgestanden war und der Großkämmerer mit dem ersten Kammerherren ihm die Robe hingelegt hatten, rief man die folgende Gruppe, die première entrée. Wenn der König die Schuhe übergezogen hatte, verlange er die officiers de la chambre, und man öffnete die Türen der nächsten Entrée. Der König nahm seine Robe. Der maiître de la garderobe zog das Nachthemd beim rechten Ärmel, der erste Diener der Garderobe beim linken; das Taghemd wurde von dem Großkämmerer oder von einem der Söhne des Königs, der gerade anwesend war, herbeigebracht. Der erste Kammerdiener hielt den rechten Ärmel, der erste Diener der Garderobe den linken. So zog der König das Hemd an. [...] Was dabei am meisten ins Auge fällt, ist zunächst die peinliche Genauigkeit der Organisation. Aber es handelte sich, wie man sieht, nicht um eine rationale Organisation im modernen Sinne, so genau auch jeder einzelne „Gang" vorausbestimmt ist, sondern um einen Organisationstypus, bei dem jeder Aktus den Prestigecharakter erhielt, der mit ihm als Symbol der jeweiligen Machtverteilung verbunden war. Was im Rahmen des gegenwärtigen Gesellschaftsaufbaus zumeist wenn auch vielleicht nicht immer, den Charakter von Sekundärfunktionen hat, besaß hier weitgehend den von Primärfunktionen. Der König nutzte seine privatesten Verrichtungen, um Rangunterschiede herzustellen, und Auszeichnungen, Gnadenbeweise oder entsprechend auch Mißfallensbeweise zu erteilen."

Quelle: Elias 1969: 128f.

„Das Lever der Königin vollzog sich analog dem Lever des Königs. Die Hofdame vom Dienst hatte das Recht, der Königin beim Ankleiden das Hemd zu reichen. Die Palastdame zog ihr den Unterrock und das Kleid an. Kam aber zufällig eine Prinzessin der königlichen Familie dazu, so stand dieser das Recht zu, der Königin das Hemd überzuwerfen. Einmal also war die Königin gerade von ihren Damen ganz ausgekleidet worden. Ihre Kammerfrau hielt das Hemd und hatte es soeben der Hofdame präsentiert, als die Herzogin von Orléans eintrat. Die Hofdame gab das Hemd der Kammerfrau zurück, die es gerade der Herzogin übergeben wollte, als die ranghöhere Gräfin von Provence dazu kam. Nun wanderte das Hemd wieder zu der Kammerfrau zurück und erst aus den Händen der Gräfin empfing es endlich die Königin. Sie hatte die ganze Zeit nackt, wie Gott sie geschaffen, dabei stehen und zusehen müssen, wie die Damen sich mit ihrem Hemd verkomplimentierten."

Quelle: Elias 1969: 131f.

Ebenso weiß Elias durch diese Vorgehensweise zu verdeutlichen, dass die Zahl der beteiligten „Spieler" für den Soziologen eben nicht eine Häufung individueller Atome (vgl. ebenda: 144) darstellt, sondern eine Konstellation, aus der sich unterschiedliche Koalitionen und Konfliktlinien ergeben können. Dieser

Grundgedanke lässt sich auf unterschiedlichste Phänomene übertragen: auf die Parteienstruktur eines bestimmten Landes und daraus hervorgehende Konfliktlinien, auf kriegerische Auseinandersetzungen, die einen unterschiedlichen Verlauf je nach Anzahl der beteiligten Konfliktpartner nehmen usw. Die Spiel-Metapher, mit der Elias gerne arbeitet, ist jedenfalls geeignet, eine bestimmte Vorstellung von sozialer Komplexität zu vermitteln: Ein Tennisspieler hat es mit seiner eigenen und der Strategie des Gegenübers zu tun. Je mehr Spieler sich aber auf einem Spielfeld bewegen, desto notwendiger wird Koordination und desto folgenreicher kann ein übersteigerter Egoismus sein. Zumindest können erfahrene Sportexperten immer wieder bestätigen, dass Mannschaften, die sich als eine Summe von Individualisten darstellen, selten auf Dauer erfolgreich sind.

Aus diesem Gedankenspiel folgt zugleich die Unangemessenheit der Gegenüberstellung von Individuum und Gesellschaft. Ebenso würde man nicht dazu tendieren, die Spieler mit Individuen gleichzusetzen oder als Gesamtpersönlichkeiten wahrzunehmen. Auch Georg Simmel hat ein soziologisches Apriori formuliert, wonach das Individuum in Vergesellschaftungsprozessen nie ganz aufgeht. Die Bevorzugung des gerade verwandten Begriffs dient ihm darüber hinaus der Illustration, dass für ihn Gesellschaft aus Relationen besteht und nicht aus Einheiten. Immer dann, wenn wir es mit Handeln, das auf Andere bezogen ist, zu tun haben, werden Entscheidungen nicht nur aus sich selbst heraus getroffen. Offenbar existieren für viele Situationen Vorverständnisse. Und diese Vorverständnisse sind es, die unseren Erwartungen eine bestimmte Struktur geben. Die Soziologie soll den Blick also nicht auf die Regelmäßigkeiten der Handlungen Einzelner lenken, sondern „die Regelmäßigkeit in der Bezogenheit der Handlungen mehrerer" (Tenbruck 1958: 599) fokussieren.

Mit dieser Sichtweise lenkt Georg Simmel die Aufmerksamkeit auf verschiedene Formen der Wechselwirkung, die er zum Objekt der Soziologie erklärt. Hier sollen zwei Beispiele genügen, um diese Art von Formenlehre zu verdeutlichen: Wenn jemand aufgefordert wird, dass Phänomen „Geselligkeit" zu definieren, wird uns der Hinweis auf das Zusammensein geselliger Menschen wohl kaum zufriedenstellen. Für Simmel setzt Geselligkeit bereits ein Vorverständnis von bestimmten zu erwartenden Verhaltensweisen voraus, damit sich das gewünschte Phänomen überhaupt einstellt. Jeder weiß, wie man eine gesellige Runde stören kann, und weil er dies weiß, kennt er auch die Regeln der Geselligkeit. Die Form erwartet eine bestimmte Weise des Sich-aufeinander-Beziehens und die Einhaltung dieser Regeln bestätigt die Form. Simmel zeigt aber auch, dass der Verzicht auf Interaktion keineswegs folgenlos bleibt. Wenn ein Mensch von sich behauptet, dass er einsam ist, manifestiert sich darin die Fernwirkung der Gesellschaft.

Ebenso zeigt er, dass aus dem Schutzbedürfnis rivalisierender Gruppen No-go-areas resultieren können, die ein solches Niemandsland als Ergebnis gegenseitiger Orientierungen erscheinen lässt. Des Weiteren konnte Simmel sehr anschaulich analysieren, wie sich die Größe einer Gruppe – und damit ihre numerische Erweiterung – in beobachtbaren Wechselwirkungen niederschlagen kann. In einer Paarbeziehung kann es beispielsweise keine Koalitionen geben, kommt dagegen eine dritte Person hinzu, können wir gegebenenfalls einen lachenden Dritten beobachten. Nicht ohne Grund hat in Jean-Paul Sartres „Geschlossene Gesellschaft" die Hölle die Gestalt eines Hotelzimmers, in dem drei Anwesende bis in alle Ewigkeit wechselnde Konstellationen eingehen. Verbunden mit dieser Erweiterung von Gruppen ist die Vorstellung, dass „gewisse Eigenschaften nur unterhalb oder nur oberhalb eines bestimmten Umfangs" (Simmel 1908: 97) auftreten können. So wurde in der Antike auf griechischen Schiffen nur eine Besatzung von bis maximal fünf Personen gestattet, weil man anderenfalls die Gefahr des Seeraubs aufkommen sah (vgl. ebenda: 98), ebenso verbot Philipp der Schöne im Jahr 1305 alle Zusammenkünfte von mehr als fünf Personen, egal welchen Standes sie waren (vgl. ebenda: 98). Aus seiner Beispielsammlung zieht Simmel daher die Schlussfolgerung: „[...] wo das Gesetz eine Mindestzahl bestimmt, wirkt das Zutrauen zu der Vielheit und das Mißtrauen gegen die isolierteren individuellen Energien; wo eine Maximalzahl festgesetzt ist, wirkt umgekehrt das Mißtrauen gegen die Vielheit, das sich gegen ihre einzelnen Bestandteile nicht richtet." (ebenda: 99)

Letztlich unterscheiden sich also die hier zusammengefassten Antworten in der Beurteilung der Statik und Dynamik sozialer Phänomene. Gegen die überschätzenden Visionen des Positivismus (Comte) traten realistischere Konzeptionen an, die sich wiederum im Ausmaß des Primats der Gesellschaft unterschieden. Gemeinsam ist diesen Perspektiven aber, dass sie das Interesse der Soziologie auf Phänomene richten, die aus der Struktur von Interaktionssystemen hervorgehen. Wenn wir im Alltag unrealistische Erwartungen oder Visionen mit dem Wort „utopisch" bezeichnen, zweifeln wir an einer Gleichgerichtetheit von Motiven. In diesem Sinne sind soziale Utopien eben immer auch Beschreibungen von Gesellschaften, „in denen der Wandel fehlt." (Dahrendorf 1967: 242)

Empfehlungen zum Weiterlesen

Coser, Lewis A. (1971): Masters of sociological thought. New York.
Dahrendorf, Ralf (1967): Pfade aus Utopia. München.
Vester, Heinz-Günter (2009): Kompendium der Soziologie II: Die Klassiker. Wiesbaden.

III „... mehr als einen Effekt." – Gesellschaftliche Differenzierung

1. „Harmonie und Interessen" – Arbeitsteilung und die unsichtbare Hand

Im Jahr 1960 stellte der holländische Soziologe Ernest Zahn fest: „Einst hieß es, daß es schlecht um die Wirtschaft bestellt war, wenn es den Bauern schlecht ging. Von der letzten amerikanischen Rezession sollen die Bauern wenig gemerkt haben; die Autoindustrie hat sie umso mehr gespürt." (1960: 70) In ökonomischer Hinsicht mangelt es wahrlich nicht an Wandel. Während noch bis zu Beginn des 19. Jahrhunderts ein Großteil der Bevölkerung in und für die Landwirtschaft lebte (vgl. hierzu auch Braudel 1985), vollzogen sich mit dem Beginn der Industriellen Revolution Strukturveränderungen, die alle Bereiche der Gesellschaft erfassten. Während nach Schätzungen der Sozialhistoriker um 800 n. Chr. 95 Prozent landwirtschaftlichen Beschäftigungen nachgingen, waren es um 1800 noch 62 Prozent; Ende des 19. Jahrhunderts war noch etwa die Hälfte der Erwerbstätigen in der Landwirtschaft beschäftigt, heute sind es weniger als drei Prozent. Zwar hat man für die Zeit vom 12. bis 14. Jahrhundert bereits von einer Ersten Industrialisierung gesprochen (Friedrich Philippi), aber die neben der hauswirtschaftlich betriebenen Produktion entstehenden Gewerbebetriebe wirkten sich keineswegs beschleunigend auf Produktions- und Distributionsprozesse aus. Innerhalb des Feudalismus herrschte zwar eine Vielzahl gegenseitiger Abhängigkeiten, diese wiederum gestatteten aber allenfalls eine kontrollierte Entfaltung von Talenten. Der Wunsch des Königs war dem Handwerker Befehl. In dieser Hinsicht blieb das Mittelalter und die frühe Neuzeit ein Zeitalter der Langsamkeit. Die Industrielle

Revolution dagegen führt sehr rasch vor Augen, dass ein innovationsfeindliches Privilegiensystem mit den Vorteilen, aber auch den radikalen sozialen Umwälzungen neuer Produktionsformen konfrontiert wird. Während Richard Arkwright und seinen Mitstreitern im Jahr 1769 das Patent für eine Spinnmaschine erteilt und damit die Baumwollverarbeitung industrialisiert wird, arbeitet im schottischen Glasgow der Moralphilosoph Adam Smith an dem Nachweis, dass sich Arbeitsteilung vorteilhaft für die Entwicklung des Wohlstands von Nationen erweist. 1776 erstmals veröffentlicht, wird in seinem Grundlagenwerk verdeutlicht, was es heißt, eine abstrakte Idee – nämlich die der *Emanzipation* – nicht nur zu diskutieren, sondern zu praktizieren: „In der schottischen Moralphilosophie ist die Emanzipation kein Programm, von dem man spricht, sondern eine Realität, von der man ausgeht." (Jonas 1976: 102)

Arbeitsteilung in der Stecknadelproduktion

„Wir wollen daher als Beispiel die Herstellung von Stecknadeln wählen, ein recht unscheinbares Gewerbe, das aber schon häufig zur Erklärung der Arbeitsteilung diente. Ein Arbeiter, der noch niemals Stecknadeln gemacht hat und auch nicht dazu angelernt ist (erst die Arbeitsteilung hat daraus ein eigenständiges Gewerbe gemacht), so daß er auch mit den dazu eingesetzten Maschinen nicht vertraut ist (auch zu deren Erfindung hat die Arbeitsteilung vermutlich Anlaß gegeben), könnte, selbst wenn er sehr fleißig ist, täglich höchstens eine, sicherlich aber keine zwanzig Nadeln herstellen. Aber so, wie die Herstellung von Stecknadeln heute betrieben wird, ist sie nicht nur als Ganzes ein selbstständiges Gewerbe. Sie zerfällt vielmehr in eine Reihe getrennter Arbeitsgänge, die zumeist zur fachlichen Spezialisierung geführt haben. Der eine Arbeiter zieht den Draht, der andere streckt ihn, ein dritter schneidet ihn, ein vierter spitzt ihn zu, ein fünfter schleift das obere Ende, damit der Kopf aufgesetzt werden kann. Auch die Herstellung des Kopfes erfordert zwei oder drei getrennte Arbeitsgänge. Das Ansetzen des Kopfes ist eine eigene Tätigkeit, ebenso das Weißglühen der Nadel, ja, selbst das Verpacken der Nadeln ist eine Arbeit für sich. Um eine Stecknadel anzufertigen, sind somit etwa 18 verschiedene Arbeitsgänge notwendig, die in einigen Fabriken jeweils verschiedene Arbeiter besorgen, während in anderen ein einzelner zwei oder drei davon ausführt. Ich selbst habe eine kleine Manufaktur dieser Art gesehen, in der nur 10 Leute beschäftigt waren, so daß einige von ihnen zwei oder drei solcher Arbeiten übernehmen mußten. Obwohl sie nun sehr arm und nur recht und schlecht mit dem nötigen Werkzeug ausgerüstet waren, konnten sie zusammen am Tage doch etwa 12 Pfund Stecknadeln anfertigen, wenn sie sich einigermaßen anstrengten. Rechnet man für ein Pfund über 4000 Stecknadeln mittlerer Größe, so waren die 10 Arbeiter imstande, täglich etwa 48000 Nadeln herzustellen, jeder also ungefähr 4800 Stück. Hätten sie indes alle einzeln und unabhängig voneinander gearbeitet, noch dazu ohne besondere Ausbildung, so hätte der einzelne gewiß nicht einmal 20, vielleicht sogar keine einzige Nadel am Tag zustande gebracht. Mit anderen Worten, sie hätten mit Sicherheit nicht den zweihundertvierzigsten, vielleicht nicht einmal den vierhundertachtzigsten Teil von dem produziert, was sie nunmehr infolge einer sinnvollen Teilung und Verknüpfung der einzelnen Arbeitsgänge zu erzeugen imstande waren."

Quelle: Smith 1990 [zuerst 1776]: 9f.

Der Gedanke der gegenseitigen Abhängigkeit wird hier mit der Idee eines freien Marktes gekoppelt. Am Beispiel der Stecknadelproduktion veranschaulicht Smith zunächst den Einfluss, den Arbeitsteilung auf die Produktivität nehmen kann. Die Herstellung einer Stecknadel lässt sich in etwa 18 Arbeitsschritte aufteilen. Müsste ein einzelner Arbeiter die komplette Nadel alleine produzieren und alle Arbeitsschritte lernen, würde er vielleicht eine Nadel pro Tag anfertigen können. Verteilt man aber die Arbeitsschritte auf viele Hände bzw. Talente, wird es einem kleinen Betrieb mit zehn Arbeitern möglich sein, die tägliche Produktion von Stecknadeln auf eine Summe von 48.000 zu steigern.

Als Mitglied der *Select Society* war es Adam Smith und seinen Kollegen darüber hinaus ein Anliegen, besonders herausragende Leistungen zu prämieren, beispielsweise einen guten Whisky oder einen guten Käse (vgl. Streminger 1989). Die mittelalterliche Zunftordnung galt ihm daher als unzeitgemäße Organisation von Handel und Produktion. Er und seine Professorenkollegen an der Glasgower Universität waren es, die James Watt einen Raum zur Verfügung stellten, damit er seine Arbeiten an der Dampfmaschine vollenden konnte. Die Glasgower Zunft nahm ihn nicht auf. Eine schottische 50-Pfundnote zeigt auf der Vorderseite das Konterfei des Autors von „The Wealth of Nations" und auf der Rückseite ein Modell jener Innovation, die bis zur Erfindung der Elektrizität der physische Motor der Industriellen Revolution war (vgl. hierzu auch Streminger 1989: 95).

Smith war überzeugt von der Idee, dass der menschliche Selbsterhaltungstrieb in Verbindung mit der konsequenten Umsetzung der eigenen Fähigkeiten in der Summe etwas herbeiführen wird, was sich der einzelne auf Grund seines isolierten Beitrags gar nicht vorstellen kann: „Sie verwirklichen Zwecke, an die sie selbst als Handelnde überhaupt gar nicht dachten." (Jonas 1976: 101) Obwohl Adam Smith den Begriff „Invisible hand" nur sehr selten in seinem Gesamtwerk verwandte, geht es ihm vor allem um diese nicht-intendierten Effekte: „Die Arbeitsteilung, die so viele Vorteile mit sich bringt, ist in ihrem Ursprung nicht etwa das Ergebnis menschlicher Erkenntnis, welche den allgemeinen Wohlstand, zu dem erstere führt, voraussieht und anstrebt. Sie entsteht vielmehr zwangsläufig, wenn auch langsam und schrittweise, aus einer natürlichen Neigung des Menschen zu handeln und Dinge gegeneinander auszutauschen." (Smith 1990 [zuerst 1776]: 16) Egoismus wäre also ein eher unangemessener Begriff für die Beschreibung des Sachverhalts, dass Menschen fast immer auf die Hilfe anderer angewiesen sind und dass es sowohl in ihrem Interesse liegt, dem anderen zu helfen als auch dessen Hilfe in Anspruch zu nehmen. Berühmt und zugleich überzeugend bleibt in diesem Zusammenhang das folgende Beispiel: „Nicht vom Wohlwollen des Metzgers, Brauers oder Beckers erwarten wir das, was wir zum Essen brauchen, sondern davon, daß sie ihre eigenen Interessen wahrnehmen. Wir wenden uns nicht an ihre Menschen- sondern ihre Eigenliebe, und wir erwähnen nicht die eigenen Bedürfnisse, sondern sprechen von ihrem Vorteil." (Smith 1990 [zuerst 1776]: 17) In der Überzeugungskraft dieser Erfahrung liegt die Ursache für soziale Differenzierung begründet.

Im Werk von Adam Smith wird man also vergeblich nach historischen Gesetzmäßigkeiten oder Modellen der gesellschaftlichen Entwicklung suchen. Aber die Tatsache, dass der soziale Wandel seit der Mitte des 18. Jahrhunderts Tempo aufnimmt, hat zu einer intensiven Auseinandersetzung mit den Ursachen dieser Veränderungen geführt. Der Begriff „Gesetz" hat zugleich etwas Irreversibles. Daher scheint es angemessener, von der Suche nach den dominanten Entwicklungslinien zu sprechen, innerhalb derer es zu Abweichungen von einer geradlinigen Fortschrittsvision kommen kann. Wenn im Folgenden wiederum einige Antworten auf diese Herausforderung präsentiert werden, spiegelt sich in diesen die unterschiedliche Akzentuierung von evolutionären versus revolutionären Vorstellungen, und ebenso eine unterschiedliche Gewichtung von der Wirkkraft abstrakter Ideen im Vergleich zu konkreten Erfahrungen. Differenzierungstheorien haben aber zumindest zwei Dinge gemeinsam: Sie analysieren die Herausforderungen und Konsequenzen, die aus einer zunehmenden Arbeitsteilung für die Differenzierung der Aufgabenfelder in Gesellschaften resultieren, zugleich die Ausstrahlungseffekte auf die Wahrnehmung der eigenen Rolle und damit die Herausbildung einer Identität; ebenso wird der Blick auf die Folgen einer funktionalen Differenzierung gelenkt, weil an die Stelle von Institutionen mit allumfassendem Vertretungsanspruch nun spezialisierte Institutionen mit konkreten Aufgaben treten. Die Trennung von Haushalt und Betrieb führt beispielsweise dazu, dass die Familie nunmehr eher Lebens- als Wirtschaftseinheit ist.

Angesichts des Anspruchs, den Auguste Comte mit der Soziologie als Wissenschaft verband (vgl. Kapitel II), kann es nicht verwundern, dass ihn die Umwälzungen des 19. Jahrhunderts und die gerade in Frankreich besonders intensiv wahrnehmbaren sozialen und politischen Umwälzungen zu einer Antwort auf die Frage veranlassten, was die industrielle Gesellschaft nun auszeichnet. Für ihn lässt sich die beobachtbare soziale Dynamik wiederum im Sinne seines Drei-Stadien-Gesetzes interpretieren: Das theologische Stadium repräsentierte für ihn nicht nur eine bestimmte Dominanz des Denkens, sondern zugleich auch eine bestimmte Form der gesellschaftlichen Organisation, in der die Verteidigung des Glaubens unter Inanspruchnahme der militärischen Kunst, der zugleich auch Vorrang eingeräumt wurde, dominierte. In einer Gesellschaft, die vermehrt durch den Erfindergeist Einzelner, durch eine Entzauberung einer vormals vermeintlich undurchschaubaren Welt gekennzeichnet ist, hat das theologische Denken keine Zukunft mehr. An dessen Stelle tritt das positive Denken in Gestalt der Wissenschaft, auf organisatorischer Ebene wird der militärische durch den industriellen Typus ersetzt, der mit rationalen Mitteln das „Spiel gegen die Natur" (Bell 1976a: 352) vorantreibt und damit die Prinzipien einer neuen sozialen Ordnung maßgeblich mit bestimmt. Es sind nun die Unternehmer, die Fabrikdirektoren, die Bankiers (vgl. zu diesen Beispielen Aron 1979: 72), die in der Organisation von Arbeit den entscheidenden Aktivitätstypus sehen. In dem Anwachsen von Arbeitermassen und der Zunahme von Armut sieht Comte kein dauerhaftes Problem. Er ist davon überzeugt, dass diese Übergangsprobleme durch Reformen beseitigt werden können. Er ist damit konsequent ein Organisationstheoretiker, der in wissenschaftlich begründeter Planung und Kontrolle das Lösungsmodell für alle Probleme der industriellen Gesellschaft sieht. Obwohl er gerade das Denken der englischen Wirtschaftswissenschaftler und damit auch die Ideen von Adam Smith in den Bereich der Metaphysik einordnet, ist er selbst davon überzeugt, dass die Mehrung des Wohlstands das Allheilmittel für alle Probleme sei: „Nach seiner Meinung gibt es keinen grundlegenden Interessengegensatz zwischen Proletariern und Unternehmern. Zwar können während einer gewissen

Zeit und nebenbei Rivalitäten wegen der Verteilung der Reichtümer entstehen. Wie die liberalen Nationalökonomen glaubt aber auch Comte, dass die Entwicklung der Produktion *per definitionem* den Interessen aller entspricht. Das Gesetz der industriellen Gesellschaft ist die Entwicklung des Wohlstandes, der am Ende die Harmonie der Interessen fordert und impliziert." (Aron 1979: 81)

2. „...diese gegenseitige Abhängigkeit der Theile" – Gesellschaft als Organismus

Der englische Philosoph Herbert Spencer (1820-1903) operiert zwar mit ähnlichen begrifflichen Instrumentarien wie Comte – zum Beispiel verwendet auch er die Begriffe soziale Statik und soziale Dynamik – ist aber realistischer, was die Wirkkraft wissenschaftlicher Methoden für die Steuerung gesellschaftlicher Prozesse bedeutet. Stattdessen hebt er in seiner Evolutionstheorie hervor: „Jede tätige Kraft produziert mehr als einen Wandel – jede Ursache produziert mehr als einen Effekt." (Spencer 1972 [zuerst 1857]: 47, zit. nach Münch 2002: 37)

Die Industrielle Revolution ließe sich durchaus auch als Kettenreaktion eines Impulses schreiben, der viele neue Impulse setzt. Der Aufschwung der Naturwissenschaften führt zu Fortschritten in der industriellen Produktion, das Wachstum der Fabriken führt zu einem Anstieg der geografischen Mobilität, insbesondere zwischen ländlichen und städtischen Regionen, die Rationalisierung von Produktionsabläufen führt zu einer Neubewertung von Zeit, Fabrikuhren werden zu Symbolen eines neuen Zeitalters. Regionen, die vormals unverbunden nebeneinander existierten, werden nun über den Austausch von Rohstoffen und Produkten enger miteinander verknüpft. Im Zuge der gegenseitigen Abhängigkeit wächst der Koordinationsbedarf und damit ein Bedürfnis nach effizienten Formen der Kommunikation. Für Spencer sind diese Entwicklungen das Ergebnis einer sukzessiv steigenden Bereitschaft zur Kooperation. Es ist nicht die staatliche Kontrolle, die diese Prozesse vorantreibt, sondern der Verzicht auf diese bei gleichzeitiger Einwilligung der Menschen in Kooperation und Konkurrenz. Bereits der Schriftsteller und Staatsphilosoph Charles de Montesquieu (1689-1755) hatte gezeigt, dass eine Emanzipation aus den Schranken der Natur die gesellschaftliche Entwicklung unabhängiger von den äußeren Bedingungen macht. Auch Spencer betont diese Besonderheiten, in dem er für Gesellschaften von einer *superorganischen Evolution* spricht. Spencers Werk besteht zu großen Teilen aus sehr detaillierten Beschreibungen der Funktionsweise von Organismen, die er als Grundlage für Erläuterungen ähnlicher Vorgänge in sozialen Organisationen heranzieht.

Die Ausdifferenzierung gesellschaftlicher „Organe"

„Die Gesellschaft ist einem fortwährenden Wachsthum unterworfen. Indem sie wächst, werden ihre Theile ungleich: sie zeigt also auch eine Zunahme der Verschiedenheiten des inneren Baues. Die ungleichen Theile übernehmen zugleich Thätigkeiten verschiedener Art. Diese Thätigkeiten weichen nicht einfach von einander ab, sondern ihre Verschiedenheiten stehen in der Beziehung zu einander, dass die eine erst die andere möglich macht. Die wechselseitige Unterstützung, welche sie sich auf diese Weise gewähren, verursacht dann wieder eine wechselseitige Abhängigkeit der Theile, und indem die wechselseitig abhängigen Theile so durch und für einander leben, bilden sie ein Aggregat, das nach demselben allgemeinen Grundsatze aufgebaut ist wie ein einzelner Organismus."

Quelle: Spencer 1877: 21

Das Ernährungssystem der Gesellschaft

„Eine Gesellschaft lebt, indem sie allerhand Stoffe aus der Erde sich aneignet: die mineralischen Stoffe, welche sie für Ge-

> bäude, als Brennmaterial etc. braucht, die pflanzlichen Stoffe, die auf der Erdoberfläche für Nahrung und Kleidung gewonnen werden, die thierischen Stoffe, die sich aus den vorigen mit oder ohne menschliche Oberleitung entwickeln; und so ist denn die niedrigste sociale Schicht diejenige, durch die solche Stoffe aufgenommen und an bestimmte Factoren abgegeben werden, welche dieselben dann in den allgemeinen Strom der Lebensbedürfnisse überleiten. Als höheren Theil dieser niedrigsten Schicht können wir demnach jene Individuen unterscheiden, welche in Werkstätten und Fabriken einen Theil dieser Stoffe bereits bearbeiten, bevor sie an die Consumenten übergehen. Offenbar also spielen die mit Handarbeit beschäftigten Classen dieselbe Rolle in der Function der Gesellschaftsernährung, wie sie die verschiedenen Theile der Ernährungsorgane bei der Erhaltung des lebenden Körpers spielen."
>
> *Quelle: Spencer 1877: 58*

Für die Pionierphase der Soziologie waren solche Analogieschlüsse keineswegs untypisch, weil sie auf den ersten Blick durch vermeintlich offensichtliche Parallelen überzeugten. Wer also den Blutkreislauf des Organismus mit der Kommunikations- oder Verkehrsinfrastruktur einer Gesellschaft vergleicht, befördert damit zunächst die Vorstellung funktionaler Äquivalente. Weiterhin wird gezeigt, dass in einem einzelnen abgeschlossenen Organismus Gegenseitigkeit ebenso existiert wie in einem sozialen Organismus: Verweigert der Magen oder ein anderes lebenswichtiges Organ seine Dienste, so hören bald auch die übrigen Teile auf zu existieren. Spencer fährt in seinen Vergleichen fort und stellt unter anderem fest: „Und wenn wir anderseits in einer Gesellschaft beobachten, wie die Eisenarbeiter ihre Thätigkeit einstellen, sobald die Bergwerksarbeiter kein Material mehr liefern; wie die Verfertiger von Kleidern ihr Geschäft nicht mehr fortführen können in Ermangelung solcher, welche Textilwaaren spinnen und weben; wie die Gesammtheit der Fabrikationsarbeiten still steht, sofern nicht die Nahrung erzeugenden und Nahrung vertheilenden Agentien in Thätigkeit sind; wie endlich auch die herrschenden Kräfte, die Regierungen, die Behörden, die Gerichtsbeamten und die Polizei, nicht mehr im stande sind, die Ordnung aufrecht zu erhalten, wenn ihnen nicht die Lebensbedürfnisse von seiten jener Theile, die in Ordnung zu halten sind, geliefert werden – so ist einleuchtend, dass diese gegenseitige Abhängigkeit der Theile hier eine ganz ebenso innige ist." (Spencer 1877, II. Teil: 9f.)

Für den Fortbestand ist also in beiden Fällen das Zusammenwirken essentiell. Für heuristische Zwecke unterscheidet Spencer daher Teilsysteme, die den Erhalt der Gesellschaft sichern: das Ernährungssystem, das Verteilungssystem und das regulierende System. Ersteres dient der Versorgung sozialer Einheiten, zum Beispiel der Familie, indem ein Einkommensbezieher den Unterhalt sichert. Dazu gehören aber auch Bauernhöfe, Mühlen oder Ölraffinerien, die unverzichtbare Ressourcen zur Verfügung stellen. Dem Verteilungssystem kommt die Aufgabe zu, den Austausch von Gütern und Personen in einer Gesellschaft möglich zu machen. Hier begegnen wir wieder den Straßen oder den Eisenbahnlinien. Schließlich kommt dem regulierenden System die Aufgabe zu, die Aktivitäten der beiden zuvor genannten Systeme zu koordinieren und eine Ordnung herzustellen. Je mehr sich freier Wille und Konkurrenz durchsetzen, desto weniger wird das regulierende System zu aktiven Eingriffen genötigt. Spencer verbindet mit seiner Evolutionstheorie gleichzeitig die Vorstellung, dass Fortschritt Ergebnis eines utilitaristischen Moralprinzips ist, in welchem das der allgemeinen Entwicklung nützliche und zuträgliche automatisch auch das richtige ist und somit als Ziel verfolgt werden sollte. Während Gesellschaften in einer frühen Phase ihrer Entwicklung durch unzusammenhängende Gleichartigkeit charakterisiert waren, führt Wachstum zu zusammenhängender Verschiedenartigkeit. Es muss nun mehr synchronisiert und koordiniert werden, weil viele Menschen sich mit verschiedenen Dingen beschäftigen.

Spätestens an dieser Stelle kommt nun aber die Differenz zwischen einem lebenden abgeschlossenen Organismus und der Gesellschaft zum Tragen. Einheiten, die vorher weitgehend getrennt agierten, stellen nun beispielsweise fest, dass sie ohne Anpassung an veränderte Bedingungen in ihrer bisherigen Form nicht fortexistieren können. Wer nach wie vor der Auffassung ist, die Stecknadel alleine produzieren zu können, wird ebenso ein Opfer der Entwicklung wie jene Hausgemeinschaften, die nach der Revolution in der Baumwollspinnerei noch auf die Produktion von Garn in Handarbeit setzten. Für Spencer folgt daraus: „Darin liegt denn also eine Grundverschiedenheit der beiden Arten von Organismen. Bei der einen ist das Bewusstsein in einem kleinen Theil des Aggregats concentrirt, bei der anderen ist es durch das Gesammt-Aggregat verbreitet: alle Einheiten besitzen hier die Befähigung zu Glück und Unglück, wenn auch nicht in ganz gleichem Grade, so doch ungefähr in annäherndem Maasse. Da es nun also kein sociales Sensorium gibt, so ist auch die Wohlfahrt des Aggregats, für sich und gesondert von derjenigen der Einheiten betrachtet, nicht ein Ziel, das erstrebt werden könnte. Die Gesellschaft existirt zum Nutzen ihrer Glieder und nicht ihre Glieder zum Nutzen der Gesellschaft." (Spencer 1877, II. Teil: 20) Es wäre also – um an John F. Kennedys berühmte Worte zu erinnern – am Ende doch auch immer zu fragen, „what your country can do for you". Die Familie müsse nunmehr den Einzelnen dazu befähigen, diese Notwendigkeit der Kooperation zu erkennen und unter den neuen Bedingungen erfolgreich zu sein. Wem dies nicht gelingt, wird den Anschluss an die gesellschaftliche Entwicklung verpassen und damit auch nicht an dem wachsenden Wohlstand partizipieren können. Spencer legitimierte damit den Erfolg des Tüchtigsten und war mit seinen Thesen sowohl im Viktorianischen England als auch in den Vereinigten Staaten von Amerika einflussreich. Seine Formulierung „Survival of the fittest" hat ihm den Vorwurf des Sozialdarwinismus eingebracht, der bis heute kontrovers diskutiert wird. Einerseits tauchte diese Formulierung nicht in den „Principles of Sociology" auf, sondern in dem bereits 1864 erschienenen Band „Principles of Biology". Aber andererseits widersprach Spencer zum Teil sehr vehement sozialstaatlichen Programmen zur Unterstützung armer und hilfsbedürftiger Menschen (vgl. hierzu zusammenfassend Heckmann/Kröll 1984: 20). Den Einfluss seiner Lehre auf die amerikanischen Industriellen mag man an der folgenden Begebenheit ablesen, die der kanadische Ökonom John Kenneth Galbraith berichtete. Danach soll John D. Rockefeller sich vor einer amerikanischen Sonntagsklasse wie folgt geäußert haben: „Das Wachstum eines großen Unternehmens bedeutet nur den Fortbestand des Tüchtigsten [...] die Rose American Beauty kann mit all der Pracht und all dem Wohlgeruch, die den Beschauer so entzücken, nur dadurch herangezüchtet werden, daß man die ringsumher aufschießenden Knospen opfert. Nun – was für die Rose gilt, das gilt auch für die »Standard Oil«." (Galbraith 1958: 59)

Die Kontroverse um Spencer bestätigt darüber hinaus den vielzitierten Satz: „Totgesagte leben länger." Die Empfehlungen reichten von Leseverzicht bis hin zur Aufforderung, Spencer doch sorgfältiger zu lesen, um Missverständnisse zu vermeiden. Jedenfalls werden auch in der gegenwärtig geführten Debatte über das Verhältnis von Soziologie und Biologie weiterhin Querverweise auf seine Arbeiten gegeben (vgl. u. a. Mayntz 2006). Unabhängig von diesen Kontroversen aber spiegelt sich in dem Evolutionsmodell von Spencer die Herausforderung der modernen Gesellschaft an das Individuum wieder. Verhältnisse, in denen bestimmt wird, was zu tun ist, werden ersetzt durch Selbstverpflichtungen, in denen Risiken eingegangen und aus Fehlern Lehren gezogen werden müssen. Leider ist dabei das Glück des einen nicht immer auch das Glück des anderen. Freiheit erfährt eine hohe Wertschätzung, aber dennoch verbindet sich damit kein Plädoyer für unbändigen Wettbewerb. Die antagonistische Kooperation funktioniert auch hier nicht ohne die Fähigkeit zur moralischen Selbstkontrolle. Hier lassen sich auch Parallelen zum Werk von Adam Smith ziehen (vgl. hierzu insbesondere Kunczik 1999: 75).

3. „...dauerhafte Leistungsabhängigkeiten zwischen den spezialisierten Akteuren" – Durkheims Analyse der Arbeitsteilung

Aber ist es realistisch anzunehmen, dass diese Selbstverpflichtung in Gesellschaften, die über viele Jahrhunderte den Ausgang aus der selbstverschuldeten Unmündigkeit (Immanuel Kant) nicht praktizierten, nun in einer Situation des radikalen sozialen Umbruchs zu optimistischen Zukunftsplanungen führt? Woher sollte dieses Klima der Zuversicht kommen? Angst ist zwar ein schlechter Ratgeber, aber die in großem Maßstab sich vollziehende Freisetzung von Freiheit, die sich innerhalb eines Jahrhunderts in verschiedenen Staaten Europas vollzog, bedeutet nicht notwendigerweise eine Vermehrung von Glücksgefühlen. Das ist ein zentrales Thema in Émile Durkheims Analyse der Arbeitsteilung. Seine Theorie wird oft mit der von Herbert Spencer kontrastiert, obwohl beide an vielen Stellen ihre Analyse auf die gleichen Ursachen stützen und auf ähnliche Wirkungen Bezug nehmen. Spencer gehört zu den meistzitierten Autoren in Durkheims Buch „De la division du travail social", das im Jahr 1893 erstmals erschien. Auch hier gilt ohne Zweifel die Aussage, dass eine Ursache mehr als einen Effekt haben kann.

Durkheim spricht von der materiellen und der moralischen Dichte der Gesellschaft und meint damit sowohl ein quantitatives als auch ein qualitatives Wachstum. Er betont dabei immer wieder, dass es die Zunahme der Bevölkerung ist, die Fortschritte im Bereich der Arbeitsteilung bestimmt (vgl. Durkheim 1988 [zuerst 1893]: 327). Arbeitsteilung bleibt für ihn immer eine daraus abzuleitende Tatsache, wenngleich er an einer Stelle ausdrücklich hervorhebt: „Die moralische Dichte kann also nicht stärker werden, ohne daß gleichzeitig die materielle Dichte zunimmt, und diese dient dazu, um jene zu messen. Es ist im übrigen unnötig zu untersuchen, welche von den beiden die andere determiniert hat; die Feststellung genügt, daß sie untrennbar sind." (ebenda: 315) Darin muss man nicht notwendigerweise ein Ursache/Wirkungsdilemma identifizieren. Vielmehr ist es ein Zweifel an der Vorstellung, den individuellen

Willen als Motor der gesellschaftlichen Entwicklung zu betrachten. Warum sollte es zu diesem kollektiven Individualismus kommen, wonach dann alle weitgehend zeitgleich die Entscheidung zur Spezialisierung treffen? Für Durkheim steht daher nicht der eigene Vorteil im Vordergrund, sondern der „Überlebenskampf" (ebenda: 325) bzw. ein Arrangement mit den „neuen Existenzbedingungen" (ebenda: 335). Spencer wirft er vor, dass er die Frage nach der Triebfeder der Spezialisierung nicht stellt, sondern auf eine selbsttätige Entwicklung setzt.

> **Bedürfnisse als Triebfeder der Spezialisierung**
>
> „Wenn sich die Menschen spezialisieren, dann gewiß in der Richtung dieser natürlichen Unterschiede, denn auf diese Weise brauchen sie sich am wenigsten anzustrengen, und sie ziehen den größten Gewinn daraus. Aber warum sollen sie sich spezialisieren? Was veranlaßt sie dazu, sich voneinander unterscheiden zu wollen? Spencer erklärt recht gut, wie die Evolution vor sich geht, wenn sie stattfindet; aber er sagt uns nicht, welches die Triebfeder ist, die sie hervorruft. In Wahrheit stellt er sich diese Frage gar nicht. Er nimmt nur an, daß sich das Glück mit der Produktivkraft der Arbeit vergrößert. Jedesmal, wenn sich ein neues Mittel findet, die Arbeit weiter zu teilen, scheint es ihm unmöglich, daß wir es nicht verwenden. Wir wissen aber, daß es nicht so zugeht. In Wirklichkeit hat dieses Mittel nur dann einen Wert für uns, wenn wir seiner bedürfen, und da der primitive Mensch kein Bedürfnis hat nach all jenen Produkten, die der zivilisierte Mensch sich zu wünschen gelernt hat und die bereitzustellen eine komplexere Arbeitsorganisation gerade vermag, können wir die wachsende Spezialisierung der Aufgaben nur begreifen, wenn wir wissen, auf welche Weise sich diese neuen Bedürfnisse ausgebildet haben."
>
> *Quelle: Durkheim 1988 [zuerst 1893]: 324f.*

Für die Richtung, die man einschlägt, sind die äußeren Bedingungen relevant, beispielsweise die Eigenschaften des Bodens oder die klimatischen Bedingungen, des Weiteren aber auch physiologische Unterschiede, zum Beispiel zwischen Mann und Frau. Die Rolle der Umwelt kann dabei eine sehr variable sein. Während zu Beginn des 19. Jahrhunderts das Wachstum der Bevölkerung von der Diskussion eines Ernährungsproblems begleitet wurde, führten die Agrar- und die Transportrevolution dazu, dass die Befürchtungen eines durch Bevölkerungsexplosion ausgelösten Versorgungsproblems, die beispielsweise der englische Pfarrer Thomas Malthus geäußert hatte, sich auf Grund der Produktivitäts- und Organisationssteigerungen nicht bestätigten. Diese Veränderungen lassen sich aber in einem Evolutionsmodell nicht exakt vorhersagen.

Die Entwicklung der Arbeitsteilung kann sich in jedem Falle in Form von Koexistenz und Konkurrenz entfalten: „Dank der Arbeitsteilung brauchen sich die Rivalen nicht gegenseitig zu beseitigen, sie können im Gegenteil nebeneinander existieren." (ebenda: 330) Die Entstehung neuer Tätigkeitsfelder und neuer Berufe kann zum gegenseitigen Vorteil sein, je verschiedener die einzelnen Ziele sind: „Der Augenarzt konkurriert nicht mit dem Irrenarzt, der Schumacher nicht mit dem Hutmacher, der Maurer nicht mit dem Tischler, der Physiker nicht mit dem Chemiker usw., da sie verschiedene Dienste erbringen, können sie sie parallel erbringen." (ebenda: 326) Übt man dagegen ähnliche Funktionen aus oder bietet etwas an, was auch andere anbieten, können Verdrängungsprozesse einsetzen, zum Beispiel zwischen einem Tuchmacher und einem Seidenfabrikant oder einem Brauer und einem Winzer (vgl. ebenda: 327). Dass mit einer Zunahme der Arbeitsteilung auch die Produktivität steigt, ist für Durkheim die Sicht der Ökonomie, die den Moment der Entscheidung zur Spezialisierung nicht erklären kann. Er spricht in diesem Zusammenhang von Fernwirkungen (vgl. ebenda: 335). Es sind die jeweils neuen Existenzbedingungen, die die Spezialisierung hervorrufen.

In diesem Prozess ist zugleich eine Steigerung angelegt, die dazu führt, dass die Menschen die sie umgebende Kultur immer intensiver und abwechslungsreicher erleben. Die Menschen verharren nicht auf dem Bedürfnisniveau der vormodernen Gesellschaft, sondern wachsen unweigerlich in eine Gesellschaft hinein, die immer wieder neue Reize bietet. Was ich nicht kenne und was nicht existiert, beunruhigt meine Gedanken nicht. Dagegen steigt mit einer Zunahme der materiellen und moralischen Dichte die Vielfalt der Anreize, ohne damit auch die Zufriedenheit zu steigern. Die Maßstäbe verschieben sich, aber sie verschieben sich nicht, weil es sich dabei um ein wirkliches Bedürfnis handelt: „Weil das Milieu nicht mehr das gleiche ist, mußten wir uns verändern, und diese Veränderungen haben zu Verschiebungen in unserer Art geführt, glücklich zu sein. Wer aber Veränderungen sagt, sagt damit nicht notwendigerweise Fortschritt." (ebenda: 334f.) Die Koexistenz unter modernen Bedingungen ist also von Differenzierung und Spezialisierung gekennzeichnet. Damit verändert sich auch die Form der Solidarität, die Menschen miteinander verbindet. Solidarität kann hier als Synonym für Moral verwandt werden. Das Bevölkerungswachstum führt zu größerer materieller Dichte, das heißt, mehr Menschen leben innerhalb eines Territoriums zusammen, und infolgedessen wachsen auch dynamische und moralische Dichte, also der Einfluss der Menschen aufeinander. Der Kontrast zur segmentären Gesellschaft, die in ihrer Abgeschlossenheit „den sozialen Horizont" (ebenda: 362) ihrer Bürger begrenzte, war durch das Nebeneinanderexistieren unverbundener, aber in sich abgeschlossener Einheiten gekennzeichnet. Diese leben weitgehend in ihrer eigenen Welt und werden kaum durch äußere Impulse in ihrer Existenz und Überzeugungskraft gestört. Man folgt den Gesetzen eines übergeordneten Ganzen, weshalb Durkheim dafür den Begriff der *mechanischen Solidarität* wählt. Fallen dagegen diese Trennwände bzw. Schutzmauern, verändern sich die Lebensbedingungen in ideeller und materieller Hinsicht. Die Solidarität wird nicht mehr religiös oder kulturell begründet, sondern ergibt sich aus einer wachsenden gegenseitigen Abhängigkeit und Kooperation. Schimank betont in diesem Zusammenhang, „dass dauerhafte Leistungsabhängigkeiten zwischen den spezialisierten Akteuren in der modernen Gesellschaft deren Zusammenhalt sichern." (Schimank 2007: 33). Gleichwohl misstraut Durkheim der Integrationskraft dieses rationalen Egoismus. Für ihn ist Arbeitsteilung nicht das Resultat der Gegenüberstellung von Individuen, sondern sozialer Funktionen (vgl. Durkheim 1988 [zuerst 1893]: 478). Die Zunahme der sozialen Differenzierung lässt eine neue *Solidarität* entstehen, die Durkheim *organisch* nennt. Obwohl diese neue Moral der modernen und organisierten Gesellschaft scheinbar wenig einfordert, nämlich keineswegs Diener idealer Mächte zu sein, sondern eben nur verlangt, „unsere Nächsten zu lieben und gerecht zu sein, unsere Aufgabe gut zu erfüllen, darauf hinzuwirken, daß jeder in die Funktion berufen wird, die ihm am besten liegt, und daß er den gerechten Lohn für seine Mühe bekommt." (ebenda: 478), verlangt sie doch sehr viel, nämlich den Individualismus zu steigern und gleichzeitig zu kooperieren. Die Sensibilisierung für dieses Problem ist ein weiteres Verdienst von Durkheim. Heute wie zur Zeit der Entstehung des Werks über die Arbeitsteilung ist man von diesem Idealzustand weit entfernt. Auch Durkheims Hoffnung, dass ein Zusammenschluss von Berufsgruppen (Solidarität aus Ähnlichkeit) eine dem Gemeinwohl dienliche Bündelung von Interessen mit sich bringt, zeigt zumindest, dass er für diese irdische Situation die Suche nach irdischen Lösungen empfiehlt.

Durkheim sieht sehr deutlich die Konsequenzen einer zunehmenden Arbeitsteilung und damit einhergehenden Rollendifferenzierung. Differenzierung und Individualisierung gehen Hand in Hand, und Situationen, in denen die ganze Persönlichkeit zählt, wirken auf den modernen Menschen vermehrt fremd. Die moderne Gesellschaft wird zu einem zunehmend unausweichlichen objektiven Tatbestand, dem durch Individualität begegnet werden muss. Diese ambivalente Situation findet sich auch in einem von Georg Simmel sehr anschaulich beschriebenen Grundkonflikt wieder: „Die Ströme der modernen Kultur ergießen sich in zwei scheinbar entgegengesetzte Richtungen: einerseits nach der Nivellierung, der Ausgleichung, der Herstellung immer umfassenderer sozialer Kreise durch die Verbindung des Entlegensten unter gleichen Bedingungen, und andererseits auf die Herausarbeitung des Individuellsten hin, auf die Unabhängigkeit der Person, auf die Selbständigkeit ihrer Ausbildung." (Simmel 1983 [zuerst 1896: 83) Dass die Verbindung des entlegensten unter gleichen Bedingungen durch die Einführung des Geldes als Tauschmedium gesteigert wurde, kann Simmel ebenfalls sehr anschaulich verdeutlichen. Es ist nicht nur eine leicht handhabbare Verrechnungseinheit, sondern auch ein Assoziationen begründendes Medium, das es den Mitgliedern gegebenenfalls sogar gestattet, seine Beteiligung auf das bloße Geldinteresse zu reduzieren, beispielsweise durch den Erwerb von Aktien (vgl. Simmel 1983 [zuerst 1896]: 79f.). Den Impuls des Geldes bzw. des Kapitals auf den Strukturwandel von Gesellschaften zu übertragen, ist daneben aber vor allem das Verdienst von Karl Marx. In einem einleitenden Beitrag zu Durkheims Arbeitsteilungstheorie wurde daher von einer „Blindstelle" gesprochen (Luhmann 1988: 35), weil – so dürfte man in weiterem Sinne interpretieren – die Fernwirkung der Arbeitsteilung vielen Arbeitskräften im Zuge der Industrialisierung doch sehr nah gewesen sein muss. Daher soll diesem Impuls noch nachgegangen werden.

So detailreich die Ausführungen zur Wirkung der Arbeitsteilung in Durkheims Werk sind, so überraschend ist auch, dass die mit sozialen Umwälzungen dieser Größenordnung verbundenen Konflikte und das Entstehen neuer sozialer Klassen allenfalls als Randthema bei Durkheim bezeichnet werden können. Er setzt große Hoffnungen in die Solidarität neuer Berufsgruppen, die den Egoismus bremsen und die Interessen bündeln sollen. Er spricht aber nicht von der Solidarität der Ähnlichen im Sinne jener, die auf Grund ihrer materiellen Verhältnisse einer Erwerbsklasse mit ähnlichen Lebensbedingungen angehören. So wird die Arbeiterklasse nur an zwei Stellen explizit erwähnt, verbunden mit dem Hinweis, dass diese nunmehr Spannungen ertragen muss, die aus Bedingungen resultieren, die die Beteiligten nicht wollten, aber notgedrungen akzeptieren müssen, „weil sie nicht über die Mittel verfügen, sie zu ändern." (Durkheim 1988 [zuerst 1893]: 424) In kleinen Industrien herrsche noch eher Harmonie, in großen Industrien dagegen spitze sich die Zerrissenheit zwischen dem Arbeitgeber und dem Arbeitnehmer zu. Die Zuweisung des Einzelnen auf einen Platz bzw. zu einer sozialen Funktion, die ihm zusteht und ihm liegt, vollzieht sich nicht ohne Reibungen, und häufig sind es gerade die niedrigen Klassen, die mit diesem Platz im Gefüge der organischen Solidarität nicht zufrieden sind. Durkheim erkennt die Notwendigkeit der Nivellierung der äußeren Bedingungen und sieht darin eine wesentliche Voraussetzung für die Harmonie der sozialen Funktionen in einer Gesellschaft, die den begonnenen Prozess der Arbeitsteilung nicht mehr rückgängig machen kann.

4. Ein „Zustand momentaner Barbarei" – Marx und die Widersprüche des Produktionsprozesses

Während das Bewusstsein, Teil eines Kollektivs zu sein, sehr häufig beschrieben und beschworen wird, ist von Klassenbewusstsein nicht die Rede. Durkheim misstraut offensichtlich nicht nur einem kollektiven Individualismus, sondern auch der Vorstellung eines Kollektivs, das als Einheit gegenüber anderen auftritt, obwohl er dies doch als wichtige Solidaritätsfunktion den Berufsgruppen zuschreibt. Aber die ordnende regulierende Kraft, die beispielsweise die mittelalterlichen Zünfte auf ihre Mitglieder ausüben konnte, erweist sich in der zunächst doch eher diffusen Wahrnehmung einer gemeinsamen sozialen Lage weitaus weniger verbindlich und richtungsweisend. Viele Klassiker der Soziologie, die sich mit dem Differenzierungsthema beschäftigt haben, sehen die darin angelegte Steigerung eines notwendig werdenden Individualismus, aber gleichzeitig scheint bei keinem dieser Entwürfe ein Ende dieses Prozesses in Sicht.

Dass alles doch anders werden könnte, ist die Vision von Karl Marx (1818-1883). Im Vorwort zur ersten Auflage des *Kapitals* spricht er von den Naturgesetzen der gesellschaftlichen Entwicklung, die, wenn sie erst einmal aufgedeckt sind, den weniger entwickelten Gesellschaften bereits das Bild ihrer eigenen Zukunft zeigen können. Man könne aus der Kenntnis historischer Abläufe den Weg zu einem idealen Endzustand zwar beeinflussen, aber eine nachhaltige Umkehrung der Richtung sei nicht möglich. Für Marx ist es auch nicht die Vernunft, die im Ideenstreit die besten Lösungen nach vorne treibt, sondern die Widersprüche, die sich aus der Organisation der Arbeit ergeben. Dem Idealismus, der die Vernunft als einen Motor der Geschichte betrachtet, setzt Marx den Materialismus entgegen und wendet darauf die dialektische Methode an. Der Widerspruch zwischen dem Alten und dem Neuen, also der These und der Antithese, löst sich auf einer höheren Ebene in einer Synthese auf. Für Marx manifestiert sich im Klassenkampf dieser Widerspruch, der, so die zentrale Aussage des Kommunistischen Manifestes, die Geschichte aller bisherigen Gesellschaften bestimmt hat.

Wie lässt sich dieser Prozess an einem Beispiel verdeutlichen? Jede Epoche lässt sich durch die in ihr vorhandenen Produktivkräfte und die sie bestimmenden Produktionsverhältnisse beschreiben. *Produktivkräfte* sind auf materieller Ebene Ressourcen, Maschinen, aber auch Produktionsverfahren und Distributionswerkzeuge. Die *Produktionsverhältnisse* lassen sich im Wesentlichen jeweils auf die Eigentumsverhältnisse, also auf die Stellung im Produktionsprozess, reduzieren, wobei damit zugleich auch die damit verbundenen Möglichkeiten, also das vorhandene Einkommen bzw. Vermögen, der Zugriff auf Grund und Boden usw. gemeint ist. Der Übergang von der Feudalgesellschaft zur kapitalistischen Gesellschaft lässt sich nicht auf ein bestimmtes historisches Datum fixieren. Der Prozess der Umwandlung bzw. des Aufkommens von Widersprüchen beginnt bereits in der Feudalgesellschaft, indem beispielsweise auf der Produktivkraftebene Neuerungen stattfinden, deren Wirkkraft zunächst noch begrenzt blieb. Auch James Watt konnte seine Dampfmaschine nicht unter dem Schutz der Glasgower Zunft entwickeln, sondern benötigte den Zuspruch der Glasgower Universität. Eine Anwendung dieser neuen Technologie im Produktionsprozess führt dann auch zu neuen Formen der Arbeitsorganisation, die durch die Möglichkeit des freien Unternehmertums noch weiter hinsichtlich ihrer Produktivität gesteigert werden kann. Jedenfalls ändern sich die Produktionsverhältnisse, weil sich die Produktivkräfte wandeln. Damit geht ein Wandel der Herrschaftsbeziehungen einher. Die für den Feudalismus typische Leibeigenschaft wird sukzessive durch einen Arbeitsmarkt ersetzt, in dem das Institut der freien Lohnarbeit existiert (vgl. Abelshauser 1995: 106). Ebenso sorgen politische Reformen dafür, dass die Mobilität der Arbeitskräfte gesteigert wird und die Nachfrage in neu entstehenden Produktionsbereichen gedeckt werden kann. So wächst allmählich der industrielle Kapitalismus und mit ihm die für ihn charakteristische Opposition zwischen Kapital und Arbeit.

Krise über Krise: Die Epidemie der Überproduktion

„Die bürgerlichen Produktions- und Verkehrsverhältnisse, die bürgerlichen Eigentumsverhältnisse, die moderne bürgerliche Gesellschaft, die so gewaltige Produktions- und Verkehrsmittel hervorgezaubert hat, gleicht dem Hexenmeister, der die unterirdischen Gewalten nicht mehr zu beherrschen vermag, die er heraufbeschwor. Seit Dezennien ist die Geschichte der Industrie und des Handels nur die Geschichte der Empörung der modernen Produktivkräfte gegen die modernen Produktionsverhältnisse, gegen die Eigentumsverhältnisse, welche die Lebensbedingungen der Bourgeoisie und ihrer Herrschaft sind. Es genügt, die Handelskrisen zu nennen, welche in ihrer periodischen Wiederkehr immer drohender die Existenz der ganzen bürgerlichen Gesellschaft in Frage stellen. In den Handelskrisen wird ein großer Teil nicht nur der erzeugten Produkte, sondern der bereits geschaffenen Produktivkräfte regelmäßig vernichtet. In den Krisen bricht eine gesellschaftliche Epidemie aus, welche allen früheren Epochen als ein Widersinn erschienen wäre – die Epidemie der Überproduktion. Die Gesellschaft findet sich plötzlich in einen Zustand momentaner Barbarei zurückversetzt; eine Hungersnot, ein allgemeiner Vernichtungskrieg scheinen ihr alle Lebensmittel abgeschnitten zu haben; die Industrie, der Handel scheinen vernichtet, und warum? Weil sie zuviel Zivilisation, zuviel Lebensmittel, zuviel Industrie, zuviel Handel besitzt. Die Produktivkräfte, die ihr zur Verfü-

> gung stehen, dienen nicht mehr zur Beförderung der bürgerlichen Eigentumsverhältnisse; im Gegenteil, sie sind zu gewaltig für diese Verhältnisse geworden, sie werden von ihnen gehemmt; und sobald sie dies Hemmnis überwinden, bringen sie die ganze bürgerliche Gesellschaft in Unordnung, gefährden sie die Existenz des bürgerlichen Eigentums. Die bürgerlichen Verhältnisse sind zu eng geworden, um den von ihnen erzeugten Reichtum zu fassen. – Wodurch überwindet die Bourgeoisie die Krisen? Einerseits durch die erzwungene Vernichtung einer Masse von Produktivkräften; anderseits durch die Eroberung neuer Märkte und die gründlichere Ausbeutung alter Märkte. Wodurch also? Dadurch, daß sie allseitigere und gewaltigere Krisen vorbereitet und die Mittel, den Krisen vorzubeugen, vermindert. [...] Die Arbeit der Proletarier hat durch die Ausdehnung der Maschinerie und die Teilung der Arbeit allen selbständigen Charakter und damit allen Reiz für die Arbeiter verloren. Er wird ein bloßes Zubehör der Maschine, von dem nur der einfachste, eintönigste, am leichtesten erlernbare Handgriff verlangt wird. Die Kosten, die der Arbeiter verursacht, beschränken sich daher fast nur auf die Lebensmittel, die er zu seinem Unterhalt und zur Fortpflanzung seiner Race bedarf. Der Preis einer Ware, also auch der Arbeit, ist aber gleich ihren Produktionskosten. In demselben Maße, in dem die Widerwärtigkeit der Arbeit wächst, nimmt daher der Lohn ab. Noch mehr, in demselben Maße, wie Maschinerie und Teilung der Arbeit zunehmen, in demselben Maße nimmt auch die Masse der Arbeit zu, sei es durch Vermehrung der Arbeitsstunden, sei es durch Vermehrung der in einer gegebenen Zeit geforderten Arbeit, beschleunigten Lauf der Maschinen usw."
>
> *Quelle: Marx 1978 [zuerst 1848]: 75f. (Aus dem Kommunistischen Manifest)*

Auf einer neuen Stufe der Entwicklung kristallisieren sich neue Widersprüche heraus, weil sich an der Stelle alter Ausbeutungsformen wie Sklaverei und Grundherrschaft nun auf der Seite der Produzenten und Kaufleute eine Steigerung des Profitstrebens zu Lasten der Ware Arbeitskraft etabliert, was unweigerlich zu wachsender Konkurrenz und Akkumulation auf der einen und steigender Verelendung und Entfremdung auf der anderen Seite führt. *Entfremdung* wird bei Marx zu einem zentralen Begriff, der das Verhältnis des Menschen zur Beherrschung der Natur beschreiben soll. Mehr und mehr wird dieses Verhältnis durch die Zwischenschaltung von Produktivkräften technischer Art bestimmt, so dass das Ergebnis menschlicher Arbeit ein vom Willen und individuellen Zielsetzungen unabhängiges Dasein führt. Man arbeitet sozusagen nicht mehr für sich, sondern gegen sich, weil sich die Verhältnisse der Produktion gegen die Beteiligten selbst wenden. Eine Aufhebung dieser Situation wird als unausweichlich betrachtet. Diese Naturgesetzlichkeit führt schlussendlich zu einer radikalen Auflösung der Verhältnisse im Kommunismus.

Aber auch diese Vision lässt offen, wie der spezialisierte Mensch der Industriegesellschaft (vgl. Aron 1979: 159) sich mit Verhältnissen arrangiert, die gar nicht mehr als Verhältnisse gedacht werden können. Denn wenn die eine Klasse verschwindet, verschwindet auch die andere. Der Klassengegensatz als die dominierende Relation wird durch etwas ersetzt, dessen Wechselwirkungen man nicht wirklich beschreiben kann. So ist es auch dieser Zwei-Klassen-Gegensatz gewesen, den man nicht nur als Vereinfachung, sondern als Ausdruck eines Egalitätsenthusiasmus (vgl. zu diesem Begriff Nipperdey 1990: 414) bezeichnet hat. Die geschichtliche Entwicklung zeigte, dass an die Stelle von Revolutionen häufig Reformen, an die Stelle von zwei dominierenden Klassen eine ungleiche und sozial differenzierte Gesellschaft trat, an die Stelle der Verelendung ein sich langsam ausbreitender Wohlstand, der auch die niedrigeren Klassen allmählich zu erfassen begann. Wer im Jahr 1900 auf die sich bis dahin vollzogene Geschichte der Industrialisierung zurückblickte, musste feststellen, dass die Industrialisierung viele Missstände beseitigte, die sich in der Anfangsphase der industriellen Revolution zunächst steigerten, dann aber – auch und vor allem unterstützt durch Reformgesetzgebungen –

erträglicher wurden. Die Flucht vom Land in die Stadt erfolgte nicht, weil man dort ein Paradies erwartete, sondern die Verhältnisse dort gegen die noch schlechteren Verhältnisse, aus denen man kam, austauschte. Den in England langwierigeren und konfliktbeladeneren Übergang zur Industriegesellschaft hat der britische Sozialhistoriker Thompson einmal damit erklärt, „daß England die industrielle Revolution zuerst durchmachte und dabei auf Cadillacs, Stahlwerke und Fernsehapparate verzichten musste, die das Ziel dieses Prozesses hätten demonstrieren können." (Thompson 1973: 92) Dennoch konnte der deutsche Ökonom Friedrich List im Jahr 1844 aus einem Vergleich der Lebensbedingungen deutscher und englischer Arbeiterfamilien die Schlussfolgerung ziehen, dass das deutsche Wehklagen über die in England herrschende Not eher den Verhältnissen in Deutschland selbst entsprach (vgl. die Ausführungen bei Abelshauser 1995: 109). Mit anderen Worten: Die Unterschiede zwischen Gesellschaften und innerhalb von Gesellschaften waren heterogener als vielfach erwartet. Die Zukunft eines vereinfachten Klassengegensatzes, der sich auflöst, hatte daher eine nur sehr geringe Plausibilität. Auch Luhmann kommt im Rahmen einer umfassenden Diskussion des Begriffs „Soziale Klasse" zu dem Ergebnis, dass „auch die Gesellschaft des 19. Jahrhunderts bereits viel zu komplex [war], als daß man sie selbst und ihre Entwicklungsaussichten mit dem Gegensatz von Kapital und Arbeit hätte begreifen können. Heute ist evident, daß keiner der drängenden Großprobleme unserer Gesellschaft durch Klassenkampf und durch Auflösung des Gegensatzes von Kapital und Arbeit gelöst werden könnte." (Luhmann 1985: 152)

Die Beschäftigung mit sozialer Differenzierung sensibilisiert somit ebenfalls für die Unwahrscheinlichkeit sozialer Utopien. Weder die Arbeitsteilung noch Klassenkonflikte schließen Richtungsänderungen ihrer Entwicklung aus, die Angleichung oder Nivellierung der Lebensbedingungen ist kein Garant für soziale Harmonie und die Institutionalisierung des Individualismus verlangt von den Beteiligten eine doppelte Selbstverpflichtung: gegenüber den eigenen Interessen und den Erwartungen eines gesellschaftlichen Umfelds, das nicht in erster

Linie auf das Individuum, sondern auf seine Leistungen angewiesen ist bzw. diese einfordert. Somit spiegelt sich auch in allen hier dargestellten Theorien eine Ambivalenz von wechselseitiger Abhängigkeit und Freiheit wider. Der Vergleich des Philosophen Immanuel Kant, wonach ein Baum, der in Freiheit sich entfalten kann, viele Äste treiben lässt, mal schief, mal krumm, mal krüppelig, ein Baum dagegen, der in einem dichten Wald steht, geradezu dazu genötigt wird, einen geraden Wuchs zu entfalten, gilt eben auch für das Wachstum von Gesellschaften, das keinen geradlinigen Vorgang darstellt: „Aus so krummem Holze, als voraus der Mensch gemacht ist, kann nichts ganz Gerades gezimmert werden. Nur die Annäherung zu dieser Idee ist uns von der Natur auferlegt." (Kant 1923 [zuerst 1784]: 22f.)

Empfehlungen zum Weiterlesen

Schimank, Uwe (2007): Theorien gesellschaftlicher Differenzierung. 3. Auflage. Wiesbaden.

Münch, Richard (2002): Soziologische Theorie. Band 1: Grundlegung durch die Klassiker. Frankfurt/Main, New York.

Aron, Raymond (1979): Hauptströmungen des modernen soziologischen Denkens. [Aus d. Franz.]. Reinbek bei Hamburg.

IV „... the doing of new things." – Innovation und Gesellschaft

1. „Der entfesselte Prometheus" – Ursprünge und Zyklen von Innovationen

In David Landes' Buch „Der entfesselte Prometheus" wird die Wirkkraft dessen, was wir Industrielle Revolution nennen, sehr anschaulich und detailliert beschrieben. Gegenüber einer Gesellschaft, die über Jahrhunderte hinweg den Wandel kaum zu spüren vermochte, wird nun, trotz des Wiederkehrens ökonomischer Krisen, die Richtung des Wandels auf Wandel gestellt: „Erst die Industrielle Revolution initiierte einen kumulativen und sich selbst tragenden technischen Fortschritt, dessen Auswirkungen in allen Bereichen des Wirtschaftslebens spürbar wurden." (Landes 1973: 17) Aber damit ist zunächst nur eine Seite der Medaille beleuchtet. Fleiß, Erfolg und Reichtum hat es in unterschiedlichen Regionen zu unterschiedlichen Zeiten immer wieder gegeben, seien es die erfolgreichen italienischen Kaufleute, die Porzellanproduktion in den Niederlanden oder die Textilindustrie in Flandern. Es ist, wie Landes in seiner Schlussbetrachtung schreibt, die „Eheschließung von Wissenschaft und Technologie" (ebenda 511) gewesen, die den entscheidenden Unterschied gegenüber einem Zeitalter markierte, in dem es neben der Religion keine andere Erfahrungsgewissheit gab – jedenfalls keine, die uneingeschränkt geduldet wurde. Dass sich in Europa im 16. und 17. Jahrhundert an verschiedenen Orten naturwissenschaftliches Denken entwickelte und Weltbilder der Vergangenheit in Frage stellte, ist für die Veränderung der sozialen und politischen Verhältnisse in seiner Wirkung ebenfalls kaum zu unterschätzen.

Insofern kann man für das Aufkommen einer Gesellschaft, die vermehrt auf Wandel programmiert wird, mindestens drei sich parallel vollziehende Entwicklungen benennen: die wissenschaftliche, die politische und die ökonomische bzw. industrielle Revolution. Dass England die politische und industrielle Revolution früher als Frankreich, und Deutschland wiederum in mehrfacher Hinsicht den „Take-off" (vgl. hierzu Rostow 1967) später vollzog, ändert letztlich nichts an den Konsequenzen dieser Allianz. Sie zeigen sich vor allem in der Ausweitung von Erfindungen, die sich über die industrielle Produktion bis in den Alltag der Lebensverhältnisse fortsetzt. Wenn in der Soziologie der Begriff „Modernisierung" verwandt wird, dann gehört dieser Prozess der Umgestaltung des Verhältnisses von Mensch und Umwelt zu den wesentlichen Merkmalen. Die Regeln und Muster, nach denen in der Vergangenheit die Lebenschancen der Menschen bestimmt bzw. zugeschrieben wurden, liegen nicht mehr in der Ständeordnung begründet, sondern werden – wie bereits an anderer Stelle angedeutet – vermehrt das Ergebnis neuer Produktionsverhältnisse, die neue Produkte und Dienstleistungen, aber eben auch neue Besitz- und Erwerbsklassen hervorbringen.

Das Bild des „entfesselten Prometheus", der den Menschen das Feuer brachte und dafür von den Göttern bestraft wurde, steht daher nicht nur für das Feuer und die damit entfachte Energie, es steht für Innovationen, die über einen langen Zeitraum den Charakter einer Basistechnologie übernehmen. Der russische Ökonom Nikolai Kondratieff (1892-1938) konnte zeigen, dass diese Erfindungen lange Zyklen begründen, die Joseph Schumpeter (1883-1950) dann als *Kondratieff-Zyklen* bezeichnete. Für den Beginn der Industrialisierung war es insbesondere die Dampfmaschine, die vielen weiteren Veränderungen im Bereich von Produktion und Organisation Vorschub leistete, gefolgt vom einem Zyklus, der von Stahl und Eisenbahn dominiert wurde, danach waren es Elektrotechnik und Chemie, dann Automobil- und Petrochemie und schließlich die Informationstechnik, die gegenwärtig den fünften Kondratieff-Zyklus trägt. Als Kandidaten für einen weiteren Kondratieff-Zyklus werden verschiedene Bereiche diskutiert, beispielsweise die Nano-Technik, die Bio-Technologie, aber gelegentlich auch alle Produkte und Dienstleistungen, die sich um das Thema Gesundheit gruppieren (vgl. zu den Kondratieff-Zyklen Schumpeter 1961: 180, zu den Kandidaten für einen nächsten Kondratieff-Zyklus insbesondere Nefiodow 2006). Innerhalb dieser Konjunkturwellen bleiben Auf- und Abschwünge nicht aus. Diese sorgen jedoch nicht dafür, dass die die Entwicklung tragende Technologie vollständig verschwindet.

Innerhalb dieser Zeitperioden vollziehen sich also Entwicklungen, die nicht nur einen Anstieg der materiellen und moralischen Dichte im Sinne Durkheims zur Folge haben, sondern Prozesse kreativer Zerstörung. Für Schumpeter ist die Geschichte des Kapitalismus ein Wettbewerb, in dem Prozesse schöpferischer Zerstörung miteinander konkurrieren. Innovation bedeutet für ihn die sinnreiche Neukombination bereits bekannter und verbreiteter Produktionsfaktoren. Entsprechend lautet seine bis heute sehr eingängige Definition: „Innovation is the doing of new things or the doing of things that are already being done in a new way." (Schumpeter 1947: 151) Im Anschluss an diese Überlegungen Schumpeters ist auch betont worden, dass sich die Auswirkungen dieser Innovationen nicht nur innerhalb des Wettbewerbs zwischen Erfindern und Unternehmen widerspiegeln, sondern ebenso in der sozialen Organisation der jeweiligen Gesellschaft. Die in Kapitel III dargestellten Theorien sozialer Differenzierung haben dies sehr intensiv reflektiert. Ergänzend soll hier auf einen vergleichsweise populär gewordenen Begriff hingewiesen werden, den William Ogburn (1886-1959) in die Diskussion eingebracht hat. Er spricht von einem „cultural lag", der eintritt, „wenn von zwei miteinander in Wechselbeziehungen stehenden Kulturelementen das eine sich früher oder stärker verändert als das andere und dadurch das zwischen ihnen bisher vorhandene Gleichgewicht stört." (1972 [zuerst 1957]: 328) Die Vorteile einer neuen Produktivkraft können also beispielsweise in der Anfangsphase ihrer Erprobung weit unter dem tatsächlichen Wertschöpfungspotential liegen. Nachdem aber neue Antriebsenergien, zum Beispiel Dampf oder Elektrizität, mit neuen Produktionsabläufen koordiniert waren, befanden sich die technologische und die organisatorische bzw. soziale Entwicklung wieder in einem Gleichgewicht. Am Beispiel des Automobils und des vorhandenen Straßennetzes lässt sich die Überlegung von Ogburn ebenfalls gut verdeutlichen: Zu Beginn des 20. Jahrhunderts waren die meisten Straßen vergleichsweise schlecht: Sie stammten aus einem Zeitalter, in dem Pferdekutschen und ähnliche Fuhrwerke die Verkehrsmobilität jenseits der Eisenbahn bestimmten. Die ersten Automobile waren aber auch langsam, so dass beide Entwicklungen sich in einem annähernden Gleichgewicht befanden. Nun wurden jedoch die Automobile zunehmend schneller, die Straßen dagegen blieben hinter dieser Entwicklung zurück: Die Wege teilweise zu schmal, die Kurven zu eng konstruiert. So wirkten sich diese Umstände zum Nachteil der schnelleren Fortbewegungsmittel aus und es kam zu einem Ungleichgewicht zwischen beiden Entwicklungen. Nachdem jedoch der Straßenbau aufgeholt hatte und viele Defizite beseitigt bzw. neue Wege geschaffen wurden, konnte sich das Automobil zu einem Langstrecken-Transport- und Verkehrsmittel entwickeln.

Beispiel Frauenerwerbstätigkeit

„Ich führte [im Rahmen einer Vorlesung über die Familie] aus, daß in der Familie viele Veränderungen vor sich gingen und daß die meisten von ihnen offenbar auf dem ökonomischen Faktor beruhten, der die produktiven Tätigkeiten wie Spinnen, Weben, Seifenmachen, Ledergerben usw. aus dem Haushalt verbannte und in die Fabrik verwies, so daß der Hausfrau viele Pflichten abgenommen wurden. Die Auffassungen über die Stellung der Hausfrau blieben jedoch unverändert. Man sagte nach wie vor, die Frau gehöre ins Haus. Noch zu Beginn des 20. Jahrhunderts diskutierte man ernsthaft, ob Frauen zum Universitätsstudium zugelassen werden sollten oder nicht, und dabei führte man wieder das Argument ins Feld, die Frau gehöre ins Haus. Mich beeindruckte die Tatsache, daß die Verlagerung der Produktion vom

> Haushalt in die Fabrik den Frauen ein neues Betätigungsfeld außerhalb des Hauses eröffnete. Aber es zeigte sich ein großer zeitlicher Zwischenraum, d. h. der Wandel in der Stellung der Frau verspätete sich; so geschah es, daß ich dieser Verspätung eine große Bedeutung zuschrieb, und da ich damals in verschiedenen Reformbewegungen tätig war, beunruhigte mich die mangelnde Anpassung in der Stellung der Frauen, die nicht aus dem Haus gelassen wurden. Ich war ein eifriger Frauenrechtler; deshalb beeindruckte mich sowohl die Verspätung als auch die schlechte Anpassung."
>
> *Quelle: Ogburn 1972 [zuerst 1957]: 330f.*

In dieser Theorie begegnen uns also mindestens zwei variable Größen, die in ihrer Fortentwicklung aufeinander angewiesen sind, wenn es zu einer gelungenen Anpassung beider Phänomene kommen soll. Zwar wurde die These des „cultural lag" in ihrer langen und andauernden Rezeptionsgeschichte immer wieder Ziel einer Kritik, die ihr einen einseitigen Technikdeterminismus (die Vorstellung also, bei dem Verhältnis zwischen technischer Entwicklung und gesellschaftlichem Wandel handele es sich um eine Art Einbahnstraße) attestierte (siehe dazu unter anderem Degele 2002), diese enge Interpretation wurde jedoch bereits von Ogburn selbst häufig bestritten (vgl. Rürup 1972: 79). Der Technik mag im Rahmen seiner Überlegungen eine Führungsrolle zukommen, nicht-technologische Kulturelemente sind allerdings nicht explizit ausgeschlossen, wie beispielsweise die Erweiterung der These durch MacIver und Page (1959: 574ff.) zeigt.

Sowohl die Idee der schöpferischen bzw. kreativen Zerstörung als auch die „cultural lag"-Theorie ähneln durchaus dem dialektischen Prozess, wie er auch von Marx beschrieben wurde. Eine weitere Parallele kann darin gesehen werden, dass sich in diesem Entwicklungsmodell die dominierenden Impulsgeber verändern. Thomas Alva Edison (1847-1931) konkurrierte nicht nur mit George Westinghouse um die Versorgung der Vereinigten Staaten von Amerika mit Elektrizität, er war nach eigener Auffassung nicht Teil einer Organisation, sondern ausschließlich von seinen Ideen getrieben: „There is no organization; I am the organization" (zit. nach Bazerman 2002: 259) Erfindungswille und Unternehmergeist fallen zusammen, Abstimmungen und Kompromisse mit anderen sind eher die Ausnahme. Während Edison mit seiner Glühbirne berühmt wurde, weiß beispielsweise heute nur ein kleinerer Kreis von Doug Engelbart, dem Erfinder eines für den heutigen Alltag wichtigen Werkzeuges: dem „X-Y Position indicator for a display system", auch bekannt als Computer-Maus. Das Patent für diese Innovation wurde vom Stanford Research Institute angemeldet und bald danach für ca. 40.000 $ an das Unternehmen Apple verkauft.

Der dynamische Unternehmer bzw. Erfinder hat es unter den heutigen Bedingungen schwerer, das Entwicklungspotential einer Gesellschaft zu bestimmen. Auch wird es ihm schwerer fallen, diese Innovation einzig und allein auf sich zurückzuführen. Im von Schumpeter beschriebenen Wettbewerb wird der dynamische Unternehmer durch marktbeherrschende Großunternehmen verdrängt, die die Rolle einer innovativen Unternehmerpersönlichkeit entwerten und den Kapitalismus sozusagen von innen aushöhlen. Die Verlagerung von Entscheidungen auf das Management führt dazu, dass sich das Genie vermehrt dem Organisationsgedanken unterwerfen muss. Diese Forschungs- und Entwicklungsabteilungen operieren vorwiegend als geschlossene Systeme, weil angesichts der Beschleunigung und gleichzeitigen Verkürzung vieler Erfindungen das Risiko des Scheiterns und Kopierens ansteigt. In jüngerer Zeit werden aber auch vermehrt sogenannte Open Innovation-Modelle diskutiert, die eine Integration externen Wissens erproben. Gleichzeitig kann aber auch die Aufforderung eintreten, eigenes Wissen nach außen preiszugeben, um von dem Know-how anderer Personen profitieren zu können. Das hat, wie verschiedene Fallbeispiele – die auch unter dem Stichwort InnoCentive diskutiert werden – zeigen, zu sehr hohen Beteiligungen und Vorschlägen geführt, die gegebenenfalls im Unternehmen selbst neue Strukturen erforderlich machen, die diese Impulse verarbeiten können. Ebenso muss die Bereitschaft vorhanden sein, diese überhaupt verarbeiten zu wollen. Das sogenannte Not-invented-here-Syndrom beschreibt eine Situation, in der Mitarbeiter eines Unternehmens sich gegen von außen eingebrachte Innovationen wehren, weil sie wie etwas Fremdes wahrgenommen werden bzw. von Beginn an eine Einstufung erfahren, die der weiteren Entwicklung einer unter Umständen durchaus guten Idee nicht förderlich sind.

Andere Probleme treten auf, wenn die Idee einer offenen Innovationskultur eine Vielzahl von Menschen zusammenbringt, die gemeinsam an einem Produkt arbeiten, ohne damit zugleich kommerzielle Interessen zu verbinden. Dies gilt zumindest für die Anfänge der Open Source-Bewegung. Hier findet man Anzeichen für ein Fortwirken des Genie-Kults, gleichzeitig aber auch Hinweise auf fehlende Kompromissbereitschaft, weil dies gleichsam als Einschränkung von Kreativität erlebt wird. Die Beschreibung, die Surowiecki von dem Betriebssystem Linux gibt, wirkt gegenüber den gerade artikulierten Bedenken wie ein modernes Märchen: „Im Unterschied zu Windows – Eigentum von Microsoft und ausschließlich von Microsoft-Angestellten betrieben – gehört Linux niemandem. Wenn bei Linux ein Funktionsproblem auftaucht, wird es nur behoben, wenn irgendjemand von sich aus eine gute Lösung anbietet. Bei Linux wird niemand von einem Chef herumkommandiert; dort gibt es weder Organigramme noch Stellenbeschreibungen. Stattdessen arbeiten die Leute an dem, was sie interessiert; alles Übrige ignorieren sie." (2007: 107) Einschränkungen an diesem Modell äußert beispielsweise Holtgrewe, die auf Grund eigener und Sekundäranalysen zu dem Ergebnis kommt, dass auch in diesem – wie in vielen anderen Fällen (z. B. Wikipedia, vgl. den Beitrag von Stegbauer/Bauer 2008) – wenige aktive Mitglieder für einen Großteil der Beiträge sorgen (vgl. Holtgrewe 2006: 232). Die Vorstellung, dass Kollektive klug und weise sein können, klingt wie die Beschreibung eines Emergenzeffekts, der alle Beteiligten überrascht. Dies mag für die Schätzungen bestimmter Parameter (z. B. das Gewicht eines Ochsen) oder den Ausgang einer Wahl (z. B. durch Beobachtung der Einschätzungen einer Wahlbörse) zutreffen; für Prozesse, die Koordination und Abstimmung erforderlich machen, dürften sich auch gegenteilige Eindrücke bemerkbar machen. Dort, wo ein erhöhtes Mitspracherecht versprochen wird, steigen paradoxerweise, so Daniel Bell, auch die Frustrationen (vgl. 1976: 355).

2. „... a very social process." – Diffusionsverläufe

Für den Prozess der Entstehung von Innovationen zeigen diese Beispiele aber, dass sich seit der Eheschließung, von der David Landes gesprochen hat, der Weg einer Innovation in die Gesellschaft hinein verändert hat. Betrachtet man diesen Ausbreitungsprozess genauer, so zeigen sich Regelmäßigkeiten, die wiederum einer bestimmten Dynamik unterliegen. Landes sprach nicht nur von der Eheschließung zwischen Wissenschaft und Technologie, sondern auch von den kumulativen Effekten, die die industrielle Revolution ausgelöst hat. Im Folgenden soll gezeigt werden, dass der Wandel im Fortschritt das Ergebnis eines Zusammenwirkens kumulativer und oszillatorischer Effekte ist.

Innovationen können eine Gesellschaft mit unterschiedlichem Tempo durchdringen. Nicht jede Neuerung wird von allen Mitgliedern eines sozialen Systems übernommen, es sei denn, dass eine gesetzliche Vorschrift die Inanspruchnahme verlangt. Wer sich während einer Autofahrt nicht anschnallt, kann dafür bestraft werden. Diese verordneten oder autoritativen Beispiele sollen im vorliegenden Zusammenhang aber nicht im Vordergrund stehen. Angenommen, eine Neuerung würde eine Gesellschaft völlig durchdringen, also von allen Mitgliedern dieser Gesellschaft übernommen werden: In diesem Fall gäbe es keinerlei Restriktionen, die eine unvollständige Diffusion erklären könnten. In der Praxis wird dies selten der Fall sein: Ökonomische Gründe können ebenso eine Rolle spielen wie fehlendes Interesse. Letzteres kann darin begründet sein, dass die Innovation sich in einem Bereich bewegt, der den eigenen Alltag nicht betrifft oder Qualitäten aufweist, die gegenüber früheren Erfindungen keinen wirklichen Vorteil versprechen. Eine erste Antwort auf die Frage, warum die Innovation A nur von 50 Prozent der Bevölkerung, Innovation B dagegen von 80 Prozent der Bevölkerung wahrgenommen wird, lässt sich entlang der fünf Bewertungskriterien bestimmen, die Rogers unterscheidet: Die Ermittlung der *relativen Vorteilhaftigkeit* dient der Abschätzung eines potentiellen Gewinns, den das Neue gegenüber dem Alten erbringen kann. *Kompatibilität* berührt die Frage, inwieweit durch die Neuerung bisherige (auch kulturell verankerte) Gewohnheiten tangiert werden. *Komplexität* bezieht sich auf erforderliche Voraussetzungen (Kenntnisse, Fähigkeiten), die eine Nutzung überhaupt erst ermöglichen. Daher ist die *Prüfbarkeit*, also das begrenzte Experimentieren mit einer Neuheit, in der Regel positiv mit der späteren Nutzung korreliert, was schließlich auch für die *Beobachtbarkeit* einer Innovation gilt. Etwas, das vermehrt im Alltag sichtbar wird, steigert in der Regel das potentielle Interesse und das Bedürfnis, eigene Erfahrungen damit zu sammeln. Dass diese Kriterien eine nicht zu unterschätzende Rolle spielen, soll an einem Beispiel verdeutlicht werden.

Im Jahr 1997, also zu Beginn der Internetverbreitung in Deutschland, war in einem Beitrag der Süddeutschen Zeitung zu lesen: „Der Normalbürger, der nicht das Glück hat, einen Internet-Zugang sein eigen zu nennen – und damit gehört er in Deutschland immer noch zu weit mehr als 95 Prozent der Bevölkerung – wird sich angesichts des weltweit grassierenden Internet-Fiebers gelegentlich fragen: ‚Was geht mich das eigentlich an?' Diejenigen, die bereits am Netz sind, fragen sich indessen, ob das Internet nicht bald im Chaos versinken werde." (Zorn 1997: 14) Im Jahr 2009 haben sich die Bewertungsmaßstäbe völlig verändert, weil sich auch entlang der fünf beschriebenen Kriterien ein Wandel vollzogen hat. Auf die Frage „Was geht mich das eigentlich an?" werden heute ganz andere Antworten gegeben als vor 12 Jahren. Viele Dienstleistungen, die früher noch mit einem persönlichen Kontakt zum Beschäftigten eines Unternehmens verbunden waren, finden heute unter dem Diktum einer Selbstbedienungsgesellschaft in digitalisierten Umgebungen statt, die im Falle der Nichtnutzung den ausbleibenden Vorteil in zunehmendem Maße evident werden lassen. In einer frühen Diffusionsphase sind solche Effekte häufig noch gar nicht absehbar, sondern das Ergebnis eines Wechselspiels sachlicher und sozialer Motivationen. Wer für einen Moment überlegt, wie weitreichend die Veränderungen der vielen technologischen Innovationen der letzten 20 Jahre gewesen sind, wird sich fragen: „Wie war das eigentlich früher?"

Wo die Dinge des Alltags herkommen und was sie bewirken, hat in unnachahmlicher Weise Nicholson Baker in seinem Roman „Rolltreppe" beschrieben. Wer macht sich, wenn er die Milch aus einem Pappbehälter trinkt, schon Gedanken über die Besonderheiten, die eine solche Form der Flüssigkeitsaufnahme mit sich bringt? Nicholson Baker jedenfalls hat es getan. Hier zwei Kostproben seiner Beschreibungen, die zugleich einen Eindruck von relativer Vorteilhaftigkeit und Kompatibilität sowie Komplexität vermitteln:

Fußböden im Großraumbüro

„Nur unter den Schreibtischen und in den wenig benutzten Konferenzräumen war der Flor noch plüschig genug, um sich die schönen Ms und Vs zu bewahren, die die Nachtkolonne als Streifen ihrer Staubsaugerdüsen hinterließ, wobei sich staubfreies Tufting bahnenweise in Richtungen abwickelte, die das Licht im Wechsel absorbierten und reflektierten. Die nahezu überall verbreitete Ausstattung von Büroräumen mit Teppichböden muß, nach Schwarzweiß-Filmen und Bildern von Hopper zu beurteilen, zu meinen Lebzeiten vorgenommen worden sein: Seit dem Siegeszug des Teppichbodens hört man die Menschen nur noch an deren Eigengeräuschen vorbeigehen – dem Rascheln des Regenmantels, dem Klimpern des Kleingelds, dem Knarren der Schuhe, den wirkungsvollen kleinen Schniefern, die sich machen, um uns und sich selbst zu signalisieren, daß sie zu tun haben und aus gutem Grund irgendwo hingehen [....]. Pro Büro schaffen es vielleicht noch einer oder zwei (in meinem Dave) mit einem besonderen, stampfenden Gang, daß man ihre Schritte hört; im allgemeinen aber schweben wir alle bei der Arbeit: eine bedeutende Verbesserung, wie jeder weiß, der sich einmal in

Bürobereiche begeben hat, die aus unterschiedlichen Gründen noch immer mit Linoleum ausgelegt sind – Cafeterias, Postzimmer, Computerräume. Linoleum war damals, als das Licht aus Glühbirnen es mit einem weichmachenden Schimmer neutralisierte, noch erträglich, doch die Kombination von Leuchtstofflicht und Linoleum, die über mehrere Jahre weit verbreitet gewesen sein muß, als beide Trends einander überlappten, ist ungut."

Quelle: Baker 1993: 18f.

Der richtige Umgang mit Strohhalmen

„Ich wollte es nicht glauben, als ich zum erstenmal sah, wie der Strohhalm aus meiner Sodadose aufstieg und über den Tisch hinausing, kaum gehalten von den Einkerbungen an der Unterseite der Metallöffnung. In einer Hand hielt ich eine Pizzaschnitte, eingeklappt in einem Dreifingergriff, damit sie sich nicht absenkte und in der anderen mit einem ähnlichen Griff ein Taschenbuch – was tun? Der einzige Sinn des Trinkhalms, so dachte ich, bestand doch darin, daß man nicht die Pizzaschnitte weglegen mußte, um einen Schluck Cola einzusaugen, während man ein Taschenbuch las. Wie viele andere fand auch ich bald heraus, daß es eine Möglichkeit gab, mit diesen neuen schwimmenden Trinkhalmen freihändig zu trinken: Man mußte sich zum Tisch hinunterbeugen, den fast horizontalen Strohhalm mit den Lippen erfassen und ihn immer, wenn man einen Schluck wollte, zurück in die Dose manövrieren, wobei man die Augen verdrehte, um sie auf der Zeile der Seite zu halten, die man gerade las."

Quelle: Baker 1993: 9

Dabei muss diese Kombinierbarkeit von Tätigkeiten alles andere als intendiert gewesen sein, wie Nicholson Baker weiter bemerkt. Was uns diese Beispiele verdeutlicht, ist die Ausstrahlung von Neuerungen in unterschiedlichste Bereiche des Alltags. Der Wandel ist also zunächst exogenen Ursprungs, der einen Anfangsimpuls für Produktinnovationen setzt, die sich nach und nach in unterschiedlichsten Situationen beobachten lassen. Im Falle des Internets sind dies bspw. neue themenbezogene Diskussionsforen, Suchmaschinen, Bewertungsportale, soziale Netzwerke.

Erste Erkenntnisse über den Verlauf solcher Diffusionsprozesse verdanken wir aber nicht dem Studium vergleichsweise moderner Phänomene, sondern zunächst und vorwiegend der agrarsoziologischen Forschung. Hier wurde untersucht, wie im landwirtschaftlichen Bereich bestimmte Innovationen von den Betrieben bzw. Inhabern übernommen wurden. So versuchte die schwedische Regierung im Jahr 1928 einem alten Brauch entgegenzuwirken, wonach es den Bauern gestattet war, ihre Tiere auch während des Sommers in den Wäldern weiden zu lassen. Um die damit verbundenen Schäden zu minimieren, bot man jenen Bauern, die am Waldrand über Weideland verfügten, eine Subvention für die Umzäunung an. Hägerstrand, der die Auswirkungen dieser politischen Innovation analysierte, stellte dabei einen typischen Ausbreitungsverlauf fest, der bis heute in der Diffusionsforschung als *S-Kurve* bekannt ist[1]. Zu Beginn waren es nur wenige Landwirte, die dieses Programm in Anspruch nahmen, nach und nach führte aber die Beobachtbarkeit der damit verbundenen Veränderungen zu einem Anstieg der Zahl der Interessenten. Je sichtbarer die Inanspruchnahme dieses Programms wurde, desto steiler stieg im Zeitverlauf die Kurve an, bis sie schließlich wieder abflachte, weil die Zahl derjenigen, die noch zögerten, immer geringer wurde. Der Anstieg dieser S-Kurve kann mal steiler, mal flacher verlaufen. Entscheidend ist aber, dass die Zahl der Übernehmer einer Innovation im Zeitverlauf normalerweise nicht linear zunimmt. Linear wäre

---

[1] Die Aufteilung in drei Phasen, deren Verlauf einer S-Kurve gleicht, findet sich bereits bei Gabriel Tarde (vgl. Tarde 2009 [zuerst 1890, aus d. Franz.]: 146)

der Anstieg, wenn beispielsweise pro Monat die Zahl der Landwirte, die die Subventionen in Anspruch nehmen, konstant bleibt. Tatsächlich aber ist dieser Prozess sowohl das Ergebnis individueller Entscheidungen als auch von Wechselwirkungen, die sich aus einer anderen Wahrnehmung der Umweltbedingungen ergeben (vgl. Hägerstrand 1965).

Eine weitere, in der Literatur zur Diffusionsforschung häufig dargestellte Studie bestätigte ebenfalls den S-förmigen Verlauf einer Innovationsübernahme. Ryan und Gross legten im Jahr 1943 die Ergebnisse einer Befragung von Farmern in Iowa vor, die ihnen Informationen über den Zeitpunkt und die Gründe für die Übernahme eines neuen Saatguts berichteten, das 1928 zunächst von der Iowa State University entwickelt und dann in Verbindung mit Verkäufern den Farmern schmackhaft gemacht werden sollte. Dieses hybride Saatgut war gegenüber seinen Vorgängern sowohl resistenter als auch ertragreicher. Aus den persönlichen Interviews mit 345 Farmern konnte rekonstruiert werden, dass in der Zeit zwischen 1928 und 1933 etwa 10 Prozent die Innovation übernahmen, danach in den drei darauffolgenden Jahren weitere 30 Prozent hinzukamen, bis schließlich im Jahr 1941 eine fast hundertprozentige Diffusionsrate erreicht war. Dieser kumulative Effekt folgte den gleichen Gesetzmäßigkeiten wie die von Hägerstrand untersuchten schwedischen Subventionsmaßnahmen. Ryan und Gross betonten darüber hinaus die Bedeutung der interpersonalen Kommunikation und des Informationsverhaltens der Farmer für den Erfolg dieser Neuerung im Agrarbereich. Ebenso waren die frühen Übernehmer risikofreudiger und in der Regel besser informiert als jene, die sich später für die Übernahme entschieden (vgl. Ryan/Gross 1943).

Skeptiker sind also eher bereit der Mehrheit zu folgen, weil deren Urteil die Nützlichkeit einer Innovation zu legitimieren scheint. Andere, sehr traditionsverwurzelte Menschen, neigen erst dann zu positiven Entscheidungen, wenn das, was es zu übernehmen gilt, eigentlich gar nicht mehr innovativ ist.

Die beiden Fallbeispiele dürfen nicht darüber hinwegtäuschen, dass ein Innovationszyklus endlich ist. In der Regel wird ein Innovationszyklus von einem neuen Zyklus überlagert bzw.

abgewechselt. Während die einen noch dem bereits alten nachhängen, beschäftigen sich die frühen Übernehmer bereits mit Dingen, die das einstmals Neue bereits alt erscheinen lassen. Im Falle dieser Investitionsmaßnahmen ist es aber eher unrealistisch anzunehmen, dass der Wechsel auf ein neues Produkt seitens der Innovatoren vorwiegend auf die Übernahme durch die Mehrheit zurückzuführen ist. Die Zunahme von Nachahmung muss also nicht notwendigerweise in Opposition münden oder, um einen anderen Begriff einzuführen, ein Bedürfnis nach Differenzierung bzw. Distinktion auslösen. Ein solcher Fall liegt vor, wenn die Tatsache eines kumulativen Effekts oszillatorische Effekte auslöst. Oszillatorisch nennt Boudon jene Prozesse, in denen die Ergebnisse der Handlungen vieler Akteure nachfolgende Entscheidungen in eine andere Richtung lenken (vgl. hierzu Boudon 1980: 149ff.). Ab einem bestimmten Grad der Verbreitung nimmt der Reiz der Übernahme ab und es wird nach neuen Möglichkeiten gesucht. Die Mode ist hierfür ein gutes Beispiel. Mode kann niemals etwas sein, das alle tun. Mode kennt keinen Gleichgewichtszustand, in dem ein bestimmtes soziales System verharrt, sondern beschreibt das dauernde Streben nach Veränderung. Die Mode, so Boudon (vgl. ebd.: 152f.), ist ein sich selbst zerstörendes Phänomen; gleichzeitig aber wohl auch ein sehr gutes Beispiel für schöpferische Prozesse bzw. kreative Prozesse der Zerstörung. Erneut ist es Georg Simmel, der uns hierzu eine treffende Beschreibung gibt: „Das Wesen der Mode besteht darin, daß immer nur ein Teil der Gruppe sie übt, die Gesamtheit aber sich erst auf dem Wege zu ihr befindet. Sobald sie völlig durchdrungen ist, d. h. sobald einmal dasjenige, was ursprünglich nur einige taten, wirklich von allen ausnahmslos geübt wird, wie es bei gewissen Elementen der Kleidung und der Umgangsformen der Fall ist, so bezeichnet man es nicht mehr als Mode. Jedes Wachstum ihrer treibt sie ihrem Ende zu, weil eben dies die Unterschiedlichkeit aufhebt. Sie gehört damit dem Typus von Erscheinungen an, deren Intention auf immer schrankenlosere Verbreitung, immer vollkommenere Realisierung geht – aber mit der Erreichung dieses absoluten Ziels in Selbstwiderspruch und Vernichtung fallen würden." (Simmel 1919: 35) Mode ermöglicht also Anpassung und Normierung, zugleich aber auch individuelle Darstellung, Abhebung und Exklusivität. Exklusivität verweist auf einen Sachverhalt, der die Überlagerung kumulativer und oszillatorischer Effekte illustrieren kann. Dies soll an einem weiteren sozialen Phänomen, dem Luxus, näher erläutert werden. Auch hier werden aus Wirkungen Ursachen.

Nicht erst seit Werner Sombart (1863-1941) wird Luxus als etwas definiert, das über das Notwendige hinausgeht. Das relationale Element, das dem Luxusbegriff durch die Gegenüberstellung mit „Notwendigkeit" von Beginn an mitgegeben wurde, setzt diese Differenzierung immer neuen Vergleichen aus. Als Bezugsebenen werden dabei die jeweils dominierenden Weltanschauungen, die Herrschaftsstruktur der Gesellschaft, der Stand der ökonomischen und sozialen Entwicklung sowie damit korrespondierende soziale Vergleichsprozesse in unterschiedlichen Mixturen wirksam (vgl. Jäckel 2008a: 20). Es ist daher nicht überraschend, dass die meisten Abhandlungen zu diesem Thema damit enden, Luxus als offenbar evolutionäre Universalie darzustellen. Im Jahr 1996 schloss Hans Magnus Enzensberger sein Essay mit dem Satz: „Es ist schwer zu sagen, wie sich die knappen Güter der Zukunft verteilen werden, aber eines ist klar: [..] Von Gerechtigkeit wird bei alledem ebenso wenig die Rede sein können wie in der Vergangenheit. Wenigstens in dieser Beziehung wird der Luxus auch in Zukunft bleiben, was er immer war: ein hartnäckiger Widersacher der Gleichheit." (1996: 118) Im Jahr 2009 endet ein Krisen-Artikel zum Luxusmarkt mit einem fast tröstlich wirkenden Hinweis: „Luxus wird es immer geben, genauso wie Menschen, die sich Luxus leisten können." (Schipp 2009: 47) Exklusivität definiert sich somit über Knappheit, Wertzuschreibungen über Verfügbarkeit. Wird Exklusivität durch zunehmende Verbreitung eines Gutes „demokratisiert", lösen Kumulationen dieser Art neue Impulse der Abgrenzung aus. Diffusion und Distinktion wechseln sich als Effekte ab und geben dem sozialen Prozess des Luxuswandels die Figur eines Perpetuum mobile. Differenzierung ist eine Reaktion auf Nivellierung, Nivellierung ein Ergebnis von Nachahmung, Nachahmung somit der Beginn eines Wertverlusts. „So diffusion is a very social process" (Rogers 2003: 19) ist nicht nur eine zutreffende Beobachtung im Felde der Verbreitung von Neuerungen materieller und ideeller Art, sondern auch für Distinktionsprozesse und deren selbstzerstörerische Eigenschaften.

Ryan und Gross rekonstruierten in ihrer Studie über die Anwendung von Mischsaat einen Diffusionsprozess, der sich über einen Zeitraum von dreizehn Jahren erstreckte. Obwohl am Ende nahezu alle Farmer das taten, was alle anderen taten, verlief die Ausbreitung nicht linear, sondern musste auch Hindernisse überwinden. Der Hinweis auf das Informations- und Kommunikationsverhalten, den Ryan und Gross in ihrer Studie gegeben haben, soll im Folgenden etwas näher beschrieben werden. Das Informationsverhalten kann sich auf unpersönliche Quellen (Medien der Massenkommunikation, z. B. Tageszeitungen, Magazine, Radiosendungen) beziehen und/oder interpersonale Kommunikation umfassen. Die Tragweite dieser Unterscheidung wird deutlich, wenn folgende Differenzierung, die auf Bass zurückgeht, berücksichtigt wird. Er spricht in seinem Diffusionsmodell von einem „coefficient of innovation" und einem „coefficient of imitation". Dabei bedeutet „coefficient of innovation", dass die Käufer/Nutzer „are not influenced in the timing of their adoption by the number of people who already have bought the product" (Mahajan et al. 1990: 4), „coefficient of imitation" dagegen „adoptions due to buyers who are influenced by the number of previous buyers." (Mahajan et al. 1990: 4) Wie verbreitet also sind unabhängige Entscheidungen im Sinne des „coefficient of innovation"? Und wie verbreitet sind abhängige Entscheidungen im Sinne des „coefficient of imitation"?

Die S-Kurve ist alles andere als ein Zufallsprodukt. Sie ist stattdessen eine weitere Bestätigung dafür, dass Handeln auch ein Ergebnis von Relationen ist (vgl. Kapitel 1). In der Diffusionsforschung herrscht daher weitgehende Einigkeit über die Bedeutung von Vorbildern. Diese wiederum lassen sich hinsichtlich ihrer Innovationsbereitschaft unterscheiden. Die von Rogers auf der Basis einer Vielzahl empirischer Studien abgeleitete Adopter-Typologie ist ein idealtypisches Abbild der Aufeinanderfolge von Übernehmern einer Innovation, die die Penetration eines sozialen Systems durch neue Produkte oder Dienstleistungen als das Ergebnis einer Art Arbeitsteilung erscheinen lassen. Innovatoren erweisen sich dabei in besonderer Weise als risikobereit, sie sind aber nicht unbedingt darauf bedacht, andere von den Vorteilen einer Innovation zu überzeugen. Diese Rolle kommt vor allem den frühen Übernehmern zu, die im wahrsten Sinne des Wortes dafür sorgen, dass eine Neuheit in ein soziales System importiert wird. Während Innovatoren also eine Gatekeeper-Funktion übernehmen, leistet die nachfolgende Gruppe Überzeugungsarbeit. Sie können in aktiver (beispielsweise als Berater) oder passiver Form (Sichtbarmachung eines Produkts) ihre Wirkung entfalten und setzen damit Nachahmungseffekte in Gang, die nach und nach noch zweifelnde Interessenten beeinflussen können. Es ist immer wieder darauf hingewiesen worden, dass diese idealtypische Differenzierung nicht auf alle Bereiche generalisierbar ist und die Trennung von Innovatoren, Früh-Adoptern und früher Mehrheit auf modernen Konsummärkten nicht immer aufrecht zu erhalten ist (vgl. hierzu insbesondere die Kritik von McAnany 1984). Einig ist man sich indes hinsichtlich der Bedeutung von Multiplikatoren. Deren Merkmale und Funktionen sind in der Meinungsführer-Forschung intensiv untersucht worden.

3. „Who influenced you?" – Meinungsführer und Tipping Points

Dass es Menschen gibt, die von anderen um Rat gefragt werden, ist ohne Zweifel keine Entdeckung des 20. Jahrhunderts. Die Idee der Meinungsführer wurde aber insbesondere im Anschluss an eine Untersuchung des amerikanischen Präsidentschaftswahlkampfs des Jahres 1940 populär. Paul Felix Lazarsfeld (1901-1976) und seine Mitarbeiter waren zu dem Ergebnis gekommen, dass im Rahmen von Wahlkämpfen die Propaganda alleine nicht der entscheidende Stimulus ist. Viel wichtiger sei die Kommunikation über das Gehörte oder Gelesene und die Rolle, die gut informierte und sozial anerkannte Menschen in diesen Gruppen spielen. Die Vorgeschichte und die Nachwirkungen dieser Idee sind von Weimann ausführlich dargestellt worden. Im Ergebnis sieht er darin eine „promising idea" (Weimann 1994: 286) Der Grundgedanke ist, so Weimann, bereits im Alten Testament festgehalten. Als Moses nach dem Auszug aus Ägypten vor einer ausweglosen Situation stand, bat er Gott um Hilfe, der ihm wiederum empfahl, die Ältesten und Anführer des Volkes im Offenbarungszelt zu versammeln, damit er diese überzeugen kann: „Ich nehme etwas von dem Geist, der auf dir ruht, und lege ihn auf sie." (Numeri 11, 16-17, zit. nach Weimann 1992: 89) Die Informationen fließen über mehrere Stufen von einem Sender über Zwischensender zu Empfängern. Ein Mehr-Stufen-Fluss der Kommunikation war also schon sehr früh bekannt. Diesem Phänomen auf den Grund zu gehen, war über viele Jahre ein wesentlicher Fokus der Studien der Columbia-Forschung. Es sollte untersucht werden, welche Bedeutung der Konsultation bzw. Orientierung an Personen aus dem eigenen sozialen Umfeld in Ergänzung zu anderen Informationsquellen (z. B. Massenmedien) zukommt. Das Netzwerk sozialer Beziehungen, das Lazarsfeld einmal als „ever-shifting web of social relations" bezeichnete, sollte mit Hilfe dieser Hinweise zu einem „understandable system of manageable knowledge" werden (zit. nach Jonas 1976: 335). Meinungsführer erwiesen sich dabei sehr häufig als Persönlichkeiten mit hohem Informationsbedürfnis und -niveau, die für unterschiedlichste Belange von zentraler Bedeutung sind. Sie bewegen sich zugleich in größeren und heterogeneren Netzwerken als ihre Gefolgschaft. Zu dieser Heterogenität können auch sogenannte „weak ties", also schwache Verbindungen, beitragen, die neue und gelegentlich unkonventionelle Ideen in relativ geschlossene Netzwerke importieren können. Für jene, die sich in ihrem Urteil nicht sicher sind, werden diese schwachen Verbindungen nur über die Zwischenschaltung von Meinungsführern relevant (vgl. ausführlich hierzu Granovetter 2005). Schwache Verbindungen gibt es nicht unter Freunden, sondern sie basieren auf Bekanntschaften unterschiedlicher Intensität. Sie haben vor allem den Vorteil, dass man Dinge erfährt, die im engeren Freundeskreis in der Regel nicht diskutiert werden. Sie verfügen über Informationen, die normalerweise außerhalb der üblichen Reichweite liegen. Wünscht man beispielsweise eine Veränderung des beruflichen Umfeldes und ist auf der Suche nach einer neuen Stelle, so empfiehlt es sich nicht, die Kollegen im engeren Umfeld nach offenen Stellen zu fragen, da diese in der Regel genauso viel wissen wie man selbst. Ein Mitarbeiter einer anderen Abteilung oder gar Firma jedoch kann mit größerer Wahrscheinlichkeit neue Informationen liefern. Die Arbeitsteilung, die sich hier beobachten lässt, hat Gladwell sehr schön in dem Satz zusammengefasst: „Es gibt Spezialisten für Menschen, und es gibt Spezialisten für Informationen." (Gladwell 2000: 73) Meinungsführer können also in zwei Richtungen wirken: Sie nehmen Informationen von Personen auf, die in der Regel in bestimmten Bereichen noch mehr wissen als sie (weak ties), und sie wirken als Vorbild in ihrem engeren sozialen Umfeld. Dort muss man sich im wahrsten Sinne des Wortes mit „my kind of people" (Parsons 1969: 419) auseinandersetzen. Ein Pionier der Columbia-Forschung, Elihu Katz, hat die Wege des Einflusses und die Grundlagen des Erfolgs einmal in den drei W's zusammengefasst: (1) Wer man ist: die Personifizierung bestimmter Werte; (2) Was man weiß: die Kompetenz in bestimmten Bereichen, und (3) Wen man kennt: die strategische soziale Platzierung (vgl. Katz 1957: 73, siehe auch Weimann 1994: 264).

Wenn Gladwell in seinem Bestseller „Tipping Point" von dem Gesetz der Wenigen spricht und Menschen charakterisiert, die eine besondere Gabe, eine Persönlichkeit darstellen und gleichzeitig über einen Bekanntenkreis verfügen, den sie jederzeit aktivieren können, ist eine große Nähe zu dem hier beschriebenen Grundgedanken gegeben.

Der „Meinungsführer" Paul Revere

„Am Nachmittag des 18. April 1775 hörte ein Junge, der in einem Reitstall in Boston arbeitete, wie ein britischer Armeeoffizier zu einem anderen sagte: „Morgen ist die Hölle los."

Der Stalljunge lief in Bostons North End in das Haus eines Silberschmieds namens Paul Revere. Revere hörte ihn sofort mit großer Aufmerksamkeit an; dies war nicht das erste Gerücht, das ihm an dem Tag zu Ohren gekommen war. [...]

Was dann geschah, ist Teil der historischen Legende Amerikas geworden, eine Geschichte, die jedem Schulkind in den USA erzählt wird. Um 22 Uhr an diesem Abend trafen sich Warren und Revere. Sie beschlossen, die Gemeinden um Boston zu warnen, dass die Briten auf dem Marsch waren, so dass die örtlichen Milizen zusammengerufen werden konnten, um sich ihnen entgegenzustellen. Revere wurde mit einem Boot über den Hafen von Boston zum Fähranleger in Charleston gebracht. Dort bestieg er ein Pferd und begann seinen „Mitternachtsritt" nach Lexington. In zwei Stunden legte er dreizehn Meilen zurück. In jeder Stadt, die auf seiner Route lag – Charlestown, Medford, North Cambridge, Menotomy –, schlug er an die Türen und verbreitete die Nachricht, dass die Briten kamen. Zugleich forderte er die Leute auf, die Botschaft weiterzutragen. Kirchenglocken begannen zu läuten. Trommeln wurden gerührt. Die Nachricht verbreitete sich wie ein Virus, da die Leute, die Paul Revere unterrichtet hatte, selbst die Pferde sattelten, um die Botschaft weiterzutragen. [...]

Woran liegt es, dass einige Ideen und Trends und Botschaften epidemisch werden und andere nicht?

Im Fall von Paul Reveres Ritt scheint die Antwort einfach. Revere hatte eine sensationelle Nachricht: Die Briten kommen! Aber wenn man sich die Geschehnisse dieser Nacht genauer ansieht, führt auch diese Erklärung nicht weiter. Zur selben Zeit, als Paul Revere seinen Ritt in den Nordwesten von Boston begann, brach ein weiterer Revolutionär – ein Gerber namens William Dawes – zu demselben dringenden Zweck auf. Auch er versuchte mit einem Bogen durch die Städte westlich von Boston nach Lexington zu kommen. Er trug dieselbe Botschaft mit sich, ritt durch genauso viele Städte und legte genauso viele Meilen zurück wie Revere. Aber Dawes' Ritt versetzte die Region keineswegs in Aufruhr. Die örtlichen Führer der Milizen wurden nicht alarmiert. [...] Wenn es lediglich die Nachricht selber wäre, die zu einer

> Mund-zu-Mund-Epidemie die entscheidende Rolle spielte, dann wäre Dawes jetzt so berühmt wie Paul Revere. Warum also hatte Revere Erfolg, wo Dawes scheiterte?
> Die Antwort lautet, dass der Erfolg jeder Art sozialer Epidemie stark von dem Engagement von Leuten abhängt, die über eine Anzahl besonderer und seltener gesellschaftlicher Gaben verfügt. Reveres Nachricht verbreitete sich rasend schnell, während Dawes Nachricht stecken blieb, und das lag an dem Unterschied zwischen den beiden Männern. Das ist das Gesetz der Wenigen."
>
> *Quelle: Gladwell 2000: 43ff.*

Die Geschichte von Paul Revere, der sich im Jahr 1775 auf sein Pferd setzte und die Gemeinden um Boston vor einem Marsch der Briten warnte, war also deshalb von Erfolg gekrönt, weil er viele Menschen kannte und anerkannt war. Hätte man ihm, so Gladwell, eine Liste mit 250 Nachnamen von Bürgern der Stadt Boston aus dem Jahr 1775 vorgelegt, so hätte er wahrscheinlich viele davon gekannt (vgl. Gladwell 2000: 71). Ähnliches hat ein weiterer Vertreter der Columbia-Schule, nämlich Robert King Merton, in den 1940er Jahren im Rahmen der sogenannten Rovere-Study praktiziert. In einer Fallstudie fragte er zunächst 86 Personen, wen diese in ihrer Gemeinde aus unterschiedlichen Anlässen konsultieren würden. Unter den Nennungen waren wiederum einige Personen, die mehrfach genannt wurden. Mit einer relativ einfachen Frage, nämlich „Who influenced you?", gelang es ihm somit, relativ einflussreiche Personen zu identifizieren. Wie viele Personen ein Meinungsführer dann tatsächlich infiziert, also von einer Idee oder einer Innovation überzeugt, ist eine andere Frage, die in jüngster Zeit vermehrt zu Kontroversen geführt hat. So stellen Watts und Dodds in einer mit Netzwerkverfahren arbeitenden Studie fest: „We are not aware of any empirical studies in which individuals have been shown to influence over hundred directly." (2007: 454) In dieser Feststellung spiegelt sich ein gewisses Unbehagen mit schematisch wirkenden Einflussketten wider. Wenn man in verschiedenen Experimenten die Probanden mit Informationen über Entscheidungen, die bereits andere Personen getroffen haben, konfrontierte, folgten diese stärker der Mehrheitsmeinung als im Falle der Präsentation aller relevanten Optionen nach dem Zufallsprinzip (vgl. Salganik u.a. 2006). Gegenstand dieser Untersuchung waren Informationen über Downloads von Musiktiteln. Wenn Ausbreitungsprozesse mit sozialen Epidemien – bei denen man ebenso von „Superspreadern" (Piloten, Stewardessen, aber auch Krankenschwestern) spricht, die Knotenpunkte für die Verbreitung darstellen – verglichen werden, sollen diese Experimente wohl darauf hinweisen, dass die Rolle von Meinungsführern kaum noch eine Rolle spielt, wenn eine kritische Masse von leicht beeinflussbaren Personen andere leicht beeinflussbare Personen beeindruckt.

Ohne Zweifel müssen aber auch Diffusionsprozesse den äußeren Umständen Rechnung tragen. Misserfolge sind in der Forschung seltener dokumentiert, was auch zu dem Vorwurf eines Pro-Innovation-Bias geführt hat. Das Fehlschlagen von Innovationen kann viele Gründe haben. Eine genauere Betrachtung führt letztlich wieder zu den Kriterien zurück, die Rogers für die Bewertung von Innovationen genannt hat. Wer beispielsweise traditionelle Vorstellungen missachtet, darf sich nicht darüber wundern, dass eine Wasserboiler-Kampagne in einem peruanischen Dorf unter anderem an der Vorstellung scheiterte, dass warmes Wasser mit Krankheit in Verbindung gebracht wird. Ebenso war das Argument, man könne damit Bakterien abtöten, nicht überzeugend, weil viele der Auffassung waren, dass etwas, was man mit dem bloßen Auge nicht sehen kann, doch auch nicht gefährlich sein kann. Der Streit um die bessere Schreibmaschinentastatur ist ein weiteres Beispiel. Die sogenannte Qwerty-Tastatur hatte eine andere Buchstabenanordnung als die Dvorak-Tastatur, die sich in Schreibexperimenten als effizienter erwiesen hatte. Dennoch war es in diesem Fall wohl vor allem der Faktor der Gewohnheit, der dazu führte, dass jene, die sich an eine bestimmte Tastatur gewöhnt hatten, ungern auf eine neue Tastatur wechseln wollten.

Der Siegeszug der QWERTY-Tastatur

„Where did QWERTY come from? Why does it persist in the face of much more efficient alternative keyboard designs? QWERTY was invented by Christopher Latham Sholes, who designed this keyboard to slow down typists. In his day, the type bars on a typewriter hung down in a sort of basket and pivoted up to strike the paper; then they fell back into space by gravity. When two adjoining keys were struck rapidly in succession, they jammed. Sholes rearranged the keys on a typewriter keyboard to minimize such jamming; he „anti-engineered" the letter arrangement in order to make the most commonly used letter sequences awkward. [...] Early typewriter salesmen could impress costumers by pecking out „TYPEWRITER" as all of the letters necessary to spell this word were found in the top row (QWERTYUIOP) of the machine.

[...] Later, as touch typing became popular, dissatisfaction with the QWERTY typewriter began to grow. Typewriters became mechanically more efficient, and the QWERTY keyboard design was no longer necessary to prevent jamming. [...]

One might expect, on the basis of its overwhelming advantages, that the Dvorak keyboard would have completely replaced the inferior QWERTY keyboard. On the contrary, after more than seventy years, almost all typists still use the inefficient QWERTY keyboard. Even though the American National Standards Institute and the Equipment Manufacturers Association have approved the Dvorak keyboard as an alternate design, it is still almost impossible to find a typewriter or a computer keyboard that is arranged in the more efficient layout. Vested interests are involved in hewing to the old design: manufacturers, sales outlets, typing teachers, and typists themselves."

Quelle: Rogers 2003: 8ff.

Dies ist zugleich ein typisches Beispiel für *Pfadabhängigkeiten* im Bereich von Innovationen. Wenn sich eine bestimmte Technik etabliert hat, ist es für nachfolgende Innovationen in der Regel schwieriger, den Markt zu erobern, als im Falle einer Neuerung, die bis zu diesem Zeitpunkt noch nicht bekannt war (vgl. zu diesen Beispielen Rogers 2003). Schließlich haben Märkte auch ihre eigenen Besonderheiten, was am Beispiel der Mode bereits illustriert wurde. Aus der bereits erwähnten Download-Studie von Salganik u. a. ist eine weitere Publikation hervorgegangen, deren Ergebnisse man im Sinne einer Vorliebe für das Unkonventionelle interpretieren kann. Musiktitel, die sich an der Spitze der Hitliste befanden, waren nicht die einzigen, die Interesse weckten, sondern auch jene, die am Ende der Liste standen. Die Vorliebe für das eine bedient daher den Mainstream, die Vorliebe für das andere hält alternative Musikpräferenzen am Leben (vgl. hierzu Salganik/Watts 2008). „The doing of new things" bedeutet daher am Anfang und Ende von Innovationskaskaden auch „the doing of other things". Letztlich begründet dies auch die Vielfalt gesellschaftlicher Erscheinungsformen, die Thema des nachfolgenden Kapitels ist.

Empfehlungen zum Weiterlesen

Tarde, Gabriel (2009): Die Gesetze der Nachahmung. [Aus d. Franz., zuerst 1890]. Frankfurt/Main.

Rogers, Everett M. (2003): Diffusion of innovations. Fifth Edition. New York.

Weimann, Gabriel (1994): The Influentials. People who influence People. Albany.

V „... dass man nichts zu wählen hat." – Soziale Ungleichheit

1. „Gleichzeitigkeit des Ungleichzeitigen" – Vom Stand zur Klasse

Ungleichheit ist ein Ausdruck der Krise, Ungleichheit ist ein Ausdruck von Unzufriedenheit. Die Auseinandersetzung mit den Ursachen ungleicher Lebensbedingungen gehört ohne Zweifel in die Geburtsphase der Soziologie, ebenso aber auch die Zurückweisung einer egalitären Utopie. Jenseits dieser wird die Differenz im Ökonomischen, also die Ungleichheit der materiellen Lebensbedingungen, stets dann manifest, wenn das subjektive Gefühl der Benachteiligung zu dominieren beginnt. Wohlstand hat daher zuvörderst eine integrierende Funktion. Er sorgt für Anerkennung von Leistung, weil auch die eigene, und nicht nur die der anderen, belohnt wird. Das bestätigen in besonderer Weise die in jüngerer Vergangenheit vermehrt geführten Debatten über die Zukunft der gesellschaftlichen Mitte. Historisch betrachtet gab es eine solche gesellschaftliche Mitte nicht, sie ist das Ergebnis eines langen Transformationsprozesses, der mit der Emanzipation des Bürgertums begann.

Das 19. Jahrhundert war radikaler in seinen Herausforderungen als das 20., es war das Jahrhundert der sozialen Bewegungen für Brot, Wohnung, Hygiene. Während der Industrialisierung wurde mehr ausgebeutet als verteilt, und nachdem schließlich die Industriegesellschaft Konturen annahm, wurde mehr sozial reformiert als revolutionär verändert. Die Organisation widerstreitender Interessen fand ihren Niederschlag in der Entstehung politischer Parteien, der nachhaltige Wandel der Beschäftigungsverhältnisse manifestierte sich nicht nur in der Entstehung neuer Beschäftigungsverhältnisse und Berufsgruppen, sondern auch in einem Konflikt zwischen Agrar- und Industriestaatskonzepten. Eine Gesellschaft, die der Leistung des Einzelnen eine zentrale Bedeutung für seine gesellschaftliche Position beimaß, musste mit einer Gesellschaft, die den Stand des Einzelnen rechtlich fixierte, in zunehmendem Maße in Konflikt geraten. Als die Akademie von Dijon im Jahr 1754 Antworten auf die Streitfrage „Was ist der Ursprung der Ungleichheit unter den Menschen?" erbat, antwortete Rousseau mit dem Hinweis auf zwei verschiedene Formen der Ungleichheit.

Physische und politische Ungleichheit

„Ich unterscheide in der menschlichen Art zwei Arten von Ungleichheit: die eine, die ich natürlich oder physisch nenne, weil sie durch die Natur begründet wird, und die im Unterschied der Lebensalter, der Gesundheit, der Kräfte des Körpers und der Eigenschaften des Geistes oder der Seele besteht; und die andere, die man moralische oder politische Ungleichheit nennen kann, weil sie von einer Art Konvention abhängt und durch die Zustimmung der Menschen begründet oder zumindest autorisiert wird. Die letztere besteht in den unterschiedlichen Privilegien, die einige zum Nachteil der anderen genießen – wie reicher, geehrter, mächtiger als sie zu sein oder sich sogar Gehorsam bei ihnen zu verschaffen.

Man kann nicht fragen, welches die Quelle der natürlichen Ungleichheit ist, weil die Antwort sich in der einfachen Definition des Wortes ausgesprochen fände. Noch weniger kann man danach suchen, ob es nicht eine essentielle Verbindung zwischen den beiden Ungleichheiten gäbe; denn das hieße mit anderen Worten zu fragen, ob jene, die befehlen, notwendigerweise mehr wert sind als jene, die gehorchen, und ob die Kraft des Körpers und des Geistes, die Weisheit oder die Tugend sich immer in denselben Individuen im entsprechenden Verhältnis zur Macht oder zum Reichtum befinden: Eine Frage, die vielleicht dazu gut ist, unter Sklaven erörtert zu werden, wenn ihnen ihre Herren zuhören, die sich

> aber nicht für vernünftige und freie Menschen schickt, welche die Wahrheit suchen.
> Worum präzise handelt es sich also in diesem Diskurs? Darum, im Fortschritt der Dinge den Augenblick zu bezeichnen, in dem das Recht die Stelle der Gewalt einnahm und die Natur somit dem Gesetz unterworfen wurde; zu erklären, durch welche Kette von Wundern der Starke sich entschließen konnte, dem Schwachen zu dienen, und das Volk, eine nur in der Vorstellung existierende Ruhe um den Preis einer wirklichen Glückseligkeit zu erkaufen."
>
> *Quelle: Rousseau 1984 [zuerst 1755]: 67ff.*

Natürliche Ungleichheiten ließen sich als Phänomene bezeichnen, die von dem Willen des Einzelnen weitgehend unabhängig sind, während all jene Ungleichheiten, die auf der Zuschreibung bzw. Aberkennung bestimmter qualitativer Kriterien beruhen, einen eher künstlichen Charakter haben (vgl. hierzu auch Hartfiel 1978: 13f). Beide Formen von Ungleichheit müssen keineswegs als sich gegenseitig ausschließend betrachtet werden. Die natürliche Ungleichheit kann sehr wohl als Basis einer sozialen Ungleichheit dienen, beispielsweise dann, wenn Über- und Unterordnungsverhältnisse und damit verbundene Rechte und Pflichten als quasi naturgegeben betrachtet werden. Wenn der griechische Philosoph Aristoteles feststellt: „Das Herrschen und Dienen gehört nicht nur zu den notwendigen, sondern auch zu den nützlichen Dingen, und vieles ist gleich von seiner Entstehung an derart geschieden, daß das eine zum Herrschen, das andere zum Dienen bestimmt erscheint." (zit. nach Hartfiel 1978: 19), dann werden aus den Unterschieden der menschlichen Natur Regeln für das Zusammenleben der Menschen abgeleitet: für das Verhältnis von Herrschern und Sklaven, aber eben auch für das Verhältnis von Mann und Frau. Es wurden auf diese Weise Rechte und Pflichten definiert, die in historischer Perspektive eine lange Geltungsdauer beanspruchen konnten.

Ungeachtet der Variationen, die dieses Regelwerk im Laufe der Geschichte erfahren hat, ist erst mit dem Aufkommen der Idee der bürgerlichen Gesellschaft eine Kontroverse über die Legitimation von Produktionsverhältnissen, und damit eine Kontroverse über die Vor- und Nachteile der Institution des Privateigentums entstanden. Für Rousseau war die Entstehung des Privateigentums ein Sündenfall, während eine vor allem in der englischen Philosophie vertretene Position das Streben nach Reichtum und Auszeichnung als einen wichtigen Schritt zur Förderung des gesellschaftlichen Fortschritts betrachtete. Die Vermehrung des gesellschaftlichen Reichtums könne nicht gelingen, wenn jene, die sich aktiv daran beteiligen möchten, gegen ihren Willen daran gehindert werden. Aus dieser Perspektive war es ein revolutionärer Gedanke, die Existenz sozialer Klassen (und nicht: sozialer Stände) aus der jeweiligen Stellung ihrer Mitglieder zum Produktionsprozess abzuleiten. Bevor Marx die Geschichte als das Ergebnis von Klassenkämpfen beschrieb, hatten die französischen Physiokraten ein Vier-Klassen-Modell entwickelt. *Physiokratie* meint wörtlich übersetzt: die Herrschaft der Natur. Gemeint ist, dass man die von der Natur vorgegebenen Zusammenhänge anerkennen muss und in dieser Naturlehre eine vernünftige Ordnung erkennt. Insofern trägt die Lehre der Physiokraten durchaus scholastische Züge, also Vorstellungen, die eine von Gott gewollte Ordnung widerspiegeln (vgl. hierzu ausführlich Jonas 1976: 46f.). Die Einführung eines Klassen-Modells dient in diesem Zusammenhang aber vor allem der Benennung gesellschaftlicher Funktionen unter Hinweis auf die von verschiedenen Klassen ausgeübten wirtschaftlichen Tätigkeiten. Der *produktiven Klasse* wird die Landwirtschaft, also Bauern und Pächter, zugeordnet. Der Name deutet bereits an, dass hier die wesentliche Quelle der Reichtumsproduktion gesehen wird. Des Weiteren wird eine *distributive Klasse* genannt, der die Grundbesitzer bzw. Grundeigentümer angehören, deren wesentliche Funktion in der Verteilung des Reichtums besteht, und eine *sterile Klasse* der Handwerker und Händler, die zwar Güter produzieren, dabei aber auf die Vorleistungen anderer angewiesen sind. Sie verarbeiten Dinge, die andere bereits hergestellt haben. Zusätzlich wird noch eine *Klasse der Besitzlosen* erwähnt, die auch als classe passive bezeichnet wird. Diese Einteilung beruhte keineswegs auf empirischen Untersuchungen, sie spiegelt eher bestimmte Vorstellungen von geschichtlichen Notwendigkeiten wider, ohne klare Vorstellungen von jenen Klassen zu haben, über die man sprach. Die Paradoxie besteht darin, dass die Unausweichlichkeit eines solchen Funktionszusammenhangs vorausgesetzt wurde, ohne sich über die Dynamik einer auf wirtschaftlichen Tätigkeiten beruhenden Klassenbildung im Klaren gewesen zu sein. Der Klassenbegriff war hier weder empirisch noch präzise. Dies gilt ohne Zweifel auch für den Marxschen Klassenbegriff, der zwar die Existenz von Zwischen-Klassen akzeptierte, ihnen aber für die geschichtliche Entwicklung keine Bedeutung zuschrieb – beispielsweise einfache Warenproduzenten wie kleinere Handwerker und Bauern, aber auch Grundeigentümer, die lediglich indirekt am Produktionsprozess teilhatten. Marx erkannte, dass diese Zwischenklassen die Vorstellung einer dichotomen Unterscheidung verkomplizierten, erwartete aber ohnehin ihre baldige Zerreibung zwischen den „großen" Klassen. Würden sie sich überhaupt an dem von ihm prophezeiten großen Konflikt zwischen den Klassen beteiligen, dann würde ihr vergleichsweise uninspiriertes und konservatives Engagement immer schon auf ihre zukünftige Rolle im Proletariat zielen (vgl. Marx 1978 [zuerst 1848]: 79).

Insgesamt wird das Aufkommen des Klassen-Begriffs von einem Beharrungsvermögen am Standes-Begriff begleitet. Der allmähliche Wegfall von Herrschaftsrechten und Privilegien spiegelt sich in der Wahrnehmung der Folgen einer rasanten wirtschaftlichen Entwicklung, die das gesamte 19. Jahrhundert durchzieht. So konfrontiert die zunehmende Beschleunigung der Geschichte den Adel und seine angestammten Vorrechte mit dem aufstrebenden Bürgertum und seinen Erfolgen. In seinem Beitrag „Von der Stände- zur Klassengesellschaft" zitiert der Historiker Heinz Reif eindrucksvoll Klagen, die eine Unzufriedenheit und Besorgnis mit diesen gesellschaftlichen Veränderungen vermitteln. So heißt es in einem 1817 verfassten Brief des märkischen Gutsherrn Achim von Arnim: „Amerika und daß da kein Adel ist, gefällt der Zeit wohl. In unserem

Lande hat man ohne Widerspruch des Adels ihm alle Rechte bis auf den Titel „von" genommen; ... der Geldadel hat die Grundeigenthümer der alten Zeit gestürzt, die adlichen Häuser in Berlin und Königsberg sind jetzt im Besitze von Kaufleuten und Juden." (zit. nach Reif 1995: 79) Fehlendes Standesbewusstsein wiederum schlägt sich in der folgenden Passage nieder: „Wenn heute jemand Schornsteinfeger ist, morgen Rittergutsbesitzer und übermorgen den Pfarrer ernennt, so ist dies nicht passend ... , ich spreche davon, was alle Tage der Fall ist, daß gewöhnliche Wirtschaftsinspektoren, Schulzen, Müller, Schumacher, sogar Scharfrichter ... Rittergutsbesitzer werden." (ebenda: 79) Die Liste der Sorgen, wonach die Merkmale einer alten gesellschaftlichen Ordnung auf dem Altar der industriellen Entwicklung geopfert werden müssen, ließe sich verlängern. Symptomatisch für den Wandel der Zeit mag daher sein, dass im Jahre 1818 eine Ritterburg in eine Maschinenfabrik verwandelt wird (vgl. hierzu Holst/Fischer 2008: 22).

Neben dieser radikalen Transformation spiegelt sich in Deutschland, insbesondere im Kaiserreich, die wechselseitige Durchdringung zweier Schichtungssysteme: die alte Feudalordnung und das kapitalistische System (vgl. Wehler 1995: 844). In diesem Zusammenhang hat Ernst Bloch (1885-1977) auch die Formel von der „Gleichzeitigkeit des Ungleichzeitigen" als typische Beschreibung der Situation in Deutschland im 19. Jahrhundert gewählt (siehe hierzu ebenfalls Wehler 1995: 189). Vor dem Hintergrund dieser Einschätzungen wird die vergleichsweise einfache Struktur des marxistischen Klassenmodells nochmals deutlich. Ein Versuch, die gesellschaftliche Struktur in der zweiten Hälfte des 19. Jahrhunderts in Deutschland zu charakterisieren, kommt zu dem Ergebnis, dass etwa zwei Drittel bis drei Viertel der Bevölkerung dem proletarischen Sockel der ländlichen und städtischen Erwerbsklassen zugerechnet werden konnten, ein Viertel der Bevölkerung bildete den eher schlanken Hals der Mittelklassen, bestehend aus bäuerlichen Besitzklassen und einem allmählich aufkommenden neuen Mittelstand, sowie 5 % der Bevölkerung, die das Schlussstück der Oberklassen repräsentierten, in denen sich sowohl Reste des Adels als auch des Wirtschafts- und des Bildungsbürgertums versammelten. Dieser Vorschlag, den Wehler in seiner Sozialgeschichte präsentiert, ist noch weit von jenen Sozialstrukturanalysen entfernt, die sehr detaillierte, in vertikaler und horizontaler Hinsicht differenzierte Beschreibungen der gesellschaftlichen Struktur wiedergeben (siehe unten). Sie verdeutlicht, dass das alte Prinzip der Vergesellschaftung über Zuschreibung, also das Hineingeborenwerden in einen gesellschaftlichen Stand, durch das neue Prinzip der Vergesellschaftung, den Erwerb von Positionen durch Leistung, zunehmend ersetzt wird. Die Auflösung von Zunftschranken und die sukzessive Durchsetzung der Gewerbefreiheit tun ein Übriges zur Entstehung neuer Berufsgruppen, zu denen neben den Verwaltungsangestellten und kaufmännischen Angestellten in wachsender Zahl auch die Beamten zählen, von denen der Schriftsteller Honoré de Balzac (1799-1850) im Jahr 1837 bereits behauptete, dass sie daran seien, Frankreich aufzufressen (vgl. hierzu Geiger 1949: 79).

Naturwissenschaftliche und technische Innovationen lassen in Verbindung mit einer steigenden Urbanisierung neue Betätigungsfelder entstehen, die Elektrifizierung schafft ebenfalls neue Berufszweige und Industrien, die wiederum eine wachsende Zahl von Arbeitern mit unterschiedlichen Qualifikationsniveaus beschäftigen. Obwohl deren Arbeitsbedingungen vielfach Anlass zu sozialen Konflikten gewesen sind, erweist sich die Erwartung einer zunehmenden Verelendung dieser Berufsgruppen als eine nicht zutreffende Vorhersage. Geiger spricht daher in einer Auseinandersetzung mit der Verelendungstheorie des Marxismus von einer Legende. Für ihn ist zwar evident, dass immer mehr Menschen von Lohnarbeit leben, aber dieser Zuwachs wird nicht von einer Zweiteilung der Gesellschaft in Kapitalisten und Proletarier begleitet. Dichotome Klasseneinteilung wäre Ossowski zufolge ohnehin realitätsfern: „Wenn wir es mit einer Teilung, die auf den Besitzverhältnissen beruht (Arme und Reiche) zu tun haben, kommt die Dichotomie in Kollision mit der Tatsache, daß der Reichtum abgestuft ist, daß eine ganze Skala von Zwischenstufen existiert." (Ossowski 1962, S. 48) Stattdessen entstehen neue Schichtungslinien unter den Lohnempfängern, was wiederum mit unterschiedlichen Qualifikationsanforderungen zusammenhängt. Seine Analysen führen ihn zu dem Ergebnis bzw. Ratschlag: „Hat man als Statistiker sein Papier fein säuberlich in Spalten eingeteilt und Zahlen rechts und links vom Strich gesetzt, so muß man als Soziograph das Handgelenk locker halten: Das Leben zieht keine klare Grenzen, sondern verspielt sich in tausend Zwischenformen." (Geiger 1932: 14) Diese vielen Zwischenformen verdeutlicht Geiger in einer umfassenden Analyse der Sozialstruktur der Weimarer Republik, in dem er dort fünf Hauptmassen unterscheidet, die er wiederum einer sehr feingliedrigen Analyse unterzieht. Dabei spricht er nicht nur von der Industriearbeiterschaft und den Kapitalisten, Großrentnern und Großagrariern, sondern auch von dem alten Mittelstand der kleinen und mittleren Unternehmer sowie dem neuen Mittelstand aus Beamten und freien Berufen, schließlich von Tagewerkern, die auf eigene Rechnung tätig sind (vgl. hierzu ausführlich Geiger 1932: 82ff.).

2. „... in tausend Zwischenformen" – Ungleichheiten in der Nachklassengesellschaft

Etwa 30 Jahre nach Erscheinen des Großmassen-Vorschlags von Theodor Geiger überraschte der deutsche Soziologe Helmut Schelsky mit der These einer *nivellierten Mittelstandsgesellschaft*, die sich als das Ergebnis – auch kriegsbedingter – kollektiver Auf- und Abstiegsprozesse entwickelte und als mobiler, weniger ungleich beschrieben wurde. Anlass für diese Beobachtung war unter anderem eine gesteigerte Möglichkeit der Teilhabe am gesellschaftlichen Wohlstand, den Schelsky insbesondere auf die Fortschritte der industriellen Massenproduktion zurückführte. Diese, so urteilte er im Jahr 1953, vermitteln einer wachsenden Zahl von Menschen das Gefühl der gesellschaftlichen Teilhabe im Sinne der Partizipation an Konsum-, Komfort- und Unterhaltungsgütern. Zugleich sieht er in einer vermehrten Ausbreitung dieses Güterspektrums eine verhältnismäßige Nivellierung in den Verhaltensstrukturen verschiedener sozialer Großgruppen angelegt. Dadurch wird vor allem das Gefühl, sich in einer Gesellschaft weiterhin ganz unten zu befinden, seltener wahrgenommen, was Schelsky schließlich zu der Annahme einer Nivellierung der Unterschiede führte. Das Zentrum dieser Anpassungsprozesse lokalisierte er in der sogenannten unteren Mitte und orientierte sich damit an einer zu dieser Zeit bereits populär gewordenen Schichteinstufung der Gesellschaft (vgl. zusammenfassend Schelsky 1965). Schelsky sah in diesen Veränderungen „die wirksamste Überwindung des Klassenzustandes der industriellen Gesellschaft" (ebenda: 333), weil ungeachtet fortbestehender objektiver materieller Unterschiede das subjektive Gefühl anstieg, für Leistung eine Gegenleistung zu erhalten. Die Popularität dieser These erklärt sich vor allem aus der historischen Situation, in der sie formuliert wurde. Das Gefühl des Wiederaufbaus vermittelte vielen Menschen das Gefühl einer ähnlichen Ausgangssituation, zumindest wurden die Startbedingungen weniger ungleich wahrgenommen als in früheren Zeiten. So spiegelt dieser Nivellierungsgedanke auch die gemeinsame Aufgabe des Wiederaufbaus eines in jeder Hinsicht zusammengebrochenen politischen und sozialen Systems wider (vgl. die Ausführungen von Rehberg 2006: 20f.).

Dennoch ist der Hinweis auf die integrierenden Wirkungen des modernen Zivilisationskomforts nicht zu unterschätzen. Eine britische Untersuchung zur Lage der Arbeiter in England kam in den 1960er Jahren zu dem Ergebnis: „Die Diskrepanz in den Besitzverhältnissen der Wohlstandsarbeiter und der unteren Angestelltenschichten verringerte sich bezüglich vieler Güter – wie etwa Fernsehgeräte, Plattenspieler, Waschmaschinen und Kühlschränke – ganz beträchtlich." (Goldthorpe u. a. 1970: 40)

Wenige Jahre zuvor hatte Dahrendorf in seiner Antrittsvorlesung an der Universität Tübingen das Bedürfnis der Menschen nach einer Wahrung von Ungleichheit in den Vordergrund gestellt. Grundtenor seiner Ausführungen ist, dass gesellschaftliche Anpassungsprozesse das Bedürfnis nach Ungleichheit nicht aus der Welt schaffen.

Die Latenz der Ungleichheit

„Daß Menschen ungleich gestellt sind, bleibt auch in der Gesellschaft im Überfluß noch eine ebenso beharrliche wie merkwürdige Tatsache. Es gibt Kinder, die sich ihrer Eltern schämen, nur weil sie meinen, durch eine akademisches Studium „etwas Besseres" geworden zu sein. Es gibt Leute, die ihre Wohnung mit einer Außenantenne verzieren, ohne den dazugehörigen Fernsehapparat zu besitzen, um ihre Nachbarn zu überzeugen, sie könnten sich diesen leisten. Es gibt Firmen, die ihre Büros mit verstellbaren Wänden einrichten, weil der Status ihrer Angestellten in Quadratmetern gemessen und jedes Arbeitszimmer daher bei jeder Beförderung seines Inhabers vergrößert wird. Es gibt Angestellte, die ihr Berufsziel darin sehen, eine Position zu erreichen, in der es ihnen nicht nur finanziell möglich, sondern vor allem sozial erlaubt ist, ein zweifarbig lackiertes Auto zu fahren. Gewiß steht hinter solchen Unterschieden nicht mehr unmittelbar die sanktionierende Kraft des Rechtes, die das Privilegiensystem einer Kasten- und Ständegesellschaft aufrechterhält. Dennoch ist unsere Gesellschaft – von den gröberen Abstufungen des Besitzes und Einkommens, des Prestiges und der Macht ganz abgesehen – durch eine solche Vielfalt ebenso subtiler wie tiefgehender Unterschiede des Ranges gekennzeichnet, daß die gelegentlich gehörte These einer Nivellierung aller Ungleichheit nur Staunen erregen kann. Es ist nicht mehr üblich, die Angst, das Leid und das Unglück zu untersuchen, das die Ungleichheit unter die Menschen bringt – doch gibt es Selbstmorde auf Grund schlechter Examensresultate, Ehescheidungen wegen „gesellschaftlicher" Unvereinbarkeit, Verbrechen aus dem Gefühl sozialer Zurücksetzung, und überall ist es die Ungleichheit in der Gesellschaft, die Menschen gegen Menschen setzt."

Quelle: Dahrendorf 1961: 5

Diese Ungleichheit wiederum ausschließlich auf das Leistungsprinzip zurückzuführen, also die gesellschaftliche Position als Ausdruck der Marktverwertung von Gütern oder Leistungen zu betrachten, unterschätzt das Bewusstsein von sozialer Herkunft und das Fortbestehen qualitativer Differenzen in der Art und Weise der Lebensführung. Soziale Unterschiede der Vergangenheit manifestierten sich eben auch in einem verpflichtenden Charakter von Lebensstilen, der dem Bewusstsein des Standes nach innen und außen Ausdruck verleihen sollte. Selbst ein verarmter Offizier wird, nur weil ihm die wirtschaftlichen Möglichkeiten fehlen, die im Prozess der Sozialisation erworbenen Wertvorstellungen und Wertmaßstäbe nicht verlieren. Max Weber ist es gewesen, der in einem Versuch der Differenzierung von Stand und Klasse auf die Gefahr einer ständischen Disqualifikation hingewiesen hat, die aber nicht notwendigerweise aus der Vermögenslosigkeit hervorgeht. Ebenso werden dort, wo ausschließlich die Rechte abhanden gekommen sind, zum Beispiel Vorrechte des Adels, bestimmte Muster der Lebensführung ein Opfer von Modernisierungsprozessen. Umgekehrt sind Vermögen bzw. Geldbesitz nicht notwendigerweise Ausdruck eines ausgeprägten Standesbewusstseins. Indem Weber mit der Klassenlage eine typische Chance der Güterversorgung, zugleich aber auch die Lebensstellung und das damit verbundene Lebensschicksal meint, weist er zugleich auf ein wichtiges Ungleichheitskriterium hin. *Besitzklassen* unterscheiden sich in ihrer Klassenlage primär auf der Basis von Besitzunterschieden, während *Erwerbsklassen* sich vorwiegend „auf dem Boden der marktorientierten Wirtschaft" (Weber 1976: 180) entfalten. Insofern sind die Erwerbsklassen von der ursprünglichen Vorstellung eines Standes am weitesten entfernt.

Der Übergang in die Industriegesellschaft und die Ungleichheiten, die diese produziert, wird also überlagert durch ein Bewusstsein historisch gewachsener Differenzen. Würden solche Unterschiede nicht existieren, wären marktbedingte Klassen vornehmlich das Ergebnis ökonomischer Konkurrenz. Des Weiteren wäre eine darauf beruhende vertikale Differenzierung der Gesellschaft ausschließlich das Ergebnis der Belohnung von Leistungen. Die anschließende Frage muss lauten, ob diese Gemeinsamkeit ein gemeinsames Bewusstsein schafft. Marx hatte mit der Unterscheidung von „Klasse an sich" und „Klasse für sich" darauf hingewiesen, dass man die Bestimmung der Lebensverhältnisse zunächst an bestimmten objektiven Merkmalen festmachen kann, darüber hinaus aber die Frage stellen muss, ob sich die auf Grund dieser Zuordnung ermittelte Klassenkonstruktion in einem Bewusstsein, Teil dieser Klasse zu sein, fortsetzt. Geht dieses Bewusstsein verloren, schwindet die Fähigkeit, gesellschaftliche Strukturen im Sinne ungleicher Strukturen wahrzunehmen. Man könnte höchstens noch von einer Art „vergesellschaftendem Klassenhandeln" im Sinne Webers sprechen – einer gleichen Reaktion auf äußere Umstände als Ergebnis eines ähnlichen Interesses aller Individuen in einer ähnlichen Lage, begünstigt durch Faktoren wie einleuchtende Ziele und technische Möglichkeiten der Organisation mithilfe von Kommunikationsmedien. Die Rede von sogenannten „Nachklassengesellschaften", die Ende des 20. Jahrhunderts sehr populär wurde, ist dann Ausdruck einer tiefgreifenden Individualisierung von Lebensschicksalen.

Interessanterweise gibt es eine vergleichbare Unterscheidung entlang des Schichtungsbegriffs nicht. Schicht an sich und Schicht für sich wird in der Literatur nicht differenziert. Der Klassenbegriff war stets konfliktreicher, während der Schicht-Begriff nicht so sehr die Spaltung einer Gesellschaft, sondern deren Abstufung betonte. Verbunden damit war – wie auch im Falle der Idee der nivellierten Mittelstandsgesellschaft – die Erwartung einer größeren Durchlässigkeit der Schichtgrenzen. Auf- und Abstiegsmobilität ist also möglich und Ausdruck einer offenen Gesellschaft. Dass die deutsche Sozialstrukturanalyse eher den Schicht-Begriff favorisierte, lag auch an einer Ablehnung eines antagonistischen Gesellschaftsmodells, das sich im Wesentlichen auf ökonomische Ungleichheiten stützte. Die formale Bildung, das verfügbare Einkommen und das vor allem über die berufliche Stellung bzw. berufliche Qualifikation erworbene soziale Prestige werden zu wichtigen Merkmalen der Bestimmung des sozialen Status. Seit 1966 stellt beispielsweise das Institut für Demoskopie Allensbach der Bevölkerung die Frage: „Hier sind einige Berufe aufgeschrieben. Könnten Sie bitte die fünf davon heraussuchen, die Sie am meisten schätzen, vor denen Sie am meisten Achtung haben?" Der Beruf des Arztes erfährt danach nach wie vor eine hohe Achtung, andere Berufe, zum Beispiel der des Politikers, haben deutlich an Ansehen verloren. Die Kriterien, nach denen die gesellschaftliche Stellung bestimmt wird, sind das Ergebnis individueller Leistungen und gesellschaftlicher Zuschreibungen. Ein konsistentes und nahezu additives Bild ergeben Schichtanalysen dann, wenn auf allen relevanten Dimensionen hohe Werte erzielt werden: ein hohes Einkommen, eine hohe formale Bildung, ein hohes soziales Prestige. Inkonsistenzen ergeben sich, wenn jemand beispielweise ein hohes Einkommen hat, dieses aber ausschließlich der Tatsache eines gut gehenden Geschäfts zu verdanken hat, dass er trotz des Fehlens einer erfolgreichen Bildungskarriere und trotz des Fehlens eines hohen sozialen Prestiges erfolgreich fortsetzt. Solche Fälle von Statusinkonsistenz vermitteln das Problem einer additiven Konstruktion sozialer Ungleichheit. Jedenfalls erlangt man kein vollständiges Bild von Ungleichheit, wenn man sich ausschließlich auf die Berufs- oder Bildungshierarchie konzentriert.

Dennoch spielt in der Schichtungstheorie die Ungleichheit auf einer Leistungsbasis eine zentrale Rolle. Die Differenzen im sozialen Prestige von Berufen spiegeln eine selektive Wirkung sozialer Positionen wider. Damit ist gemeint, dass ungleiche Belohnungen das Ergebnis ungleicher Anforderungen sein müssen. Wer einen schwierigen und verantwortungsvollen Beruf anstrebt, darf erwarten, dass er für eine entsprechende Vorleistung (schulische und berufliche Qualifikation) höhere Anreize in Aussicht gestellt bekommt als jemand, der einer eher einfachen Beschäftigung nachgeht. In der funktionalistischen Schichtungstheorie wird behauptet, dass dieser Mechanismus einen positiv funktionalen Beitrag für die Gesellschaft leistet und auch unvermeidbar ist, damit die Bereitschaft, nach solchen Positionen zu streben und sie auszufüllen, fortbesteht. Diese Theorie spiegelt insgesamt aber eher eine Erwartung und nicht einen evidenten Ursache-Wirkungszusammenhang wider. So ergeben sich neben einer Übereinstimmung im Grundsätzlichen viele spezifische Fragen, die etwa den uneingeschränkten

Talentwettbewerb thematisieren und die Offenheit von Bewerbungsverfahren für begehrte Positionen, ebenso die objektive Bestimmbarkeit der funktionalen Bedeutung von Berufen problematisieren. Sind beispielsweise die Differenzen in den Gehältern von Lehrern, Bankdirektoren, Pfarrern und Krankenschwestern im Sinne dieses Grundgedankens begründbar? Die Theorie muss offensichtlich häufig auf einen Konsens zurückgreifen, den sie nicht begründen kann (vgl. Mayntz 1970: 22 f.). Weitere „Schönheitsfehler" (ebenda: 18) ergeben sich aus einer Vernachlässigung von Bedingungen, die einen freien Zugang zu allen erwerbbaren Positionen beeinträchtigten können (zum Beispiel Durchlässigkeit des Bildungssystems, Protektionssysteme, Statusvererbungsprozesse). Ebenso wird vermehrt kritisiert, dass in Teilbereichen der Gesellschaft jene, die über die Höhe der Belohnung bestimmen, auch jene sind, die von der Höhe der Belohnung profitieren. Dies gilt sowohl für Boni-Zahlungen für Elitepositionen als auch für Vertragssummen, die im Spitzensport gehandelt werden. So kommt beispielsweise in Anbetracht der Tatsache, dass der Fußballspieler Ronaldo dem Verein Real Madrid 90 Millionen Euro wert war, Gomez Bayern München hingegen 30 Millionen, schnell die Frage auf, ob ersterer denn nun auch dreimal so gut spiele wie letzterer. Und man kann durchaus die Auffassung vertreten, dass solche Ausgaben betriebswirtschaftlich gerechtfertigt seien, da Spitzenspieler nicht nur das entscheidende Quäntchen zum Sieg eines kommerziell wichtigen Spieles beitragen können, sondern unter Umständen dafür sorgen, dass Fernsehrechte teurer verkauft werden können und der Absatz an Trikots und anderen Fan-Artikeln steigt (vgl. Vöpel 2009).

Dennoch: Die Versorgungsmentalität, die hier beklagt wird, orientiert sich nicht nur an diesen spektakulären Fällen. Die Zunahme von Menschen, die ihren Lebensunterhalt vorwiegend auf der Basis von staatlichen Transferleistungen bestreiten bzw. bestreiten müssen, findet seinen Niederschlag in dem Begriff der *Versorgungsklasse*. In gesellschaftlichen Krisensituationen werden solche Phänomene wesentlich sensibler wahrgenommen. Ebenso musste die Ungleichheitsforschung auf diese Veränderungen reagieren und eine zu starke Fokussierung auf die Erwerbsarbeit als Hauptlinie sozialer Ungleichheit überdenken.

Die Bevölkerung ordnet sich zwar in Umfragen vorwiegend der Mittelschicht zu (zwischen 1980 und 2006 schwankte der Wert in Westdeutschland zwischen 53,9 und 59,4 Prozent), im Wesentlichen ist dies zunächst aber nur ein Indikator für die Existenz einer gesellschaftlichen Mitte. Die Frage, welche Lebensqualität und welche Lebensentwürfe sich mit solchen subjektiven Zuordnungen verbinden, löste eine verstärkte Analyse horizontaler und vertikaler Ungleichheiten aus. Dafür steht insbesondere die Lebensstilforschung.

3. „Subjektivierung der gesellschaftlichen Lage" – Die Pluralisierung von Lebensstilen

Vergleicht man die Themen, mit der die soziologische Ungleichheitsforschung seit den 1980er Jahren vermehrt befasst war, mit der kollektiven Erfahrung sozialer Ungleichheit im Zuge der industriellen Revolution, wird ein doppelter Prozess der Freisetzung von Freiheit sichtbar. Während der Auflösung der Ständegesellschaft eine nach Klassen und Schichten differenzierte Sozialordnung folgte, wird nunmehr selbst die einigende oder verbindende Klammer der sozialen Herkunft in Frage gestellt. Sie tritt zumindest mehr und mehr in den Hintergrund und dominiert nicht mehr das individuelle Verhalten der Menschen. Ein Wegfall dieser direkten und indirekten Formen sozialer Kontrolle wird begleitet von einer zunehmenden Aufforderung, das Leben selbst in die Hand zu nehmen. Dieser Individualisierungsschub ist insbesondere in dem 1983 erstmals erschienenen Beitrag von Ulrich Beck mit dem Titel „Jenseits von Stand und Klasse?" thematisiert worden.

Zwischen Individualisierung und Kollektivschicksal

„Ein Prozeß der Individualisierung wurde bislang vorwiegend für das sich entfaltende Bürgertum in Anspruch genommen; er ist – in anderer Form – aber auch kennzeichnend für den „freien Lohnarbeiter" des modernen Kapitalismus, für die Dynamik von Arbeitsmarktprozessen unter Bedingungen wohlfahrtsstaatlicher Massendemokratien: Mit dem Eintritt in den Arbeitsmarkt sind für die Menschen immer wieder aufs neue Freisetzungen verbunden, relativ zu Familien-, Nachbarschafts- und Berufsbindungen sowie Bindungen an eine bestimmte regionale Kultur und Landschaft. Diese Individualisierungsschübe konkurrieren mit Erfahrungen des Kollektivschicksals am Arbeitsmarkt, etwa in Form sozialer Risiken der Lohnarbeiterexistenz (Arbeitslosigkeit, Dequalifizierung usw.). Sie führen umgekehrt erst in dem Maße, in dem diese Risiken abgebaut werden – also unter den Bedingungen relativen Wohlstands und sozialer Sicherheit –, zur Auflösung ständisch gefärbter, klassenkultureller Lebenswelten.

In bezug auf die Interpretation der Sozialstruktur entsteht so eine ambivalente Situation: Für den Schichtungsforscher (ebenso für den marxistischen Klassentheoretiker) hat sich möglicherweise nichts Wesentliches verändert. Denn die Abstände in der Einkommenshierarchie und fundamentale Bestimmungen der Lohnarbeit sind, allgemein betrachtet, gleichgeblieben. Auf der anderen Seite tritt für das Handeln der Menschen die Bindung an eine soziale Klasse (im Sinne Max Webers) eigentümlich in den Hintergrund. Es entstehen der Tendenz nach individualisierte Existenzformen und Existenzlagen, die die Menschen dazu zwingen, sich selbst – um des eigenen materiellen Überlebens willen – zum Zentrum ihrer eigenen Lebensplanung und Lebensführung zu machen."

Quelle: Beck 1994: 44f.

Hier ergibt sich eine ausgesprochen ambivalente Situation: Auf der einen Seite wird der Wegfall dieser Orientierungsgrößen als Befreiung erlebt, auf der anderen Seite wird diese Befreiung zu einer Herausforderung, weil die Maßstäbe der Lebensführung nun selbst gesetzt werden müssen. Beck spricht in diesem Zusammenhang auch von dem Wegschmelzen sozial-moralischer Milieus, die zwar als Einengung persönlicher Freiheiten, aber eben auch als Institutionen der Identifikation und Entlastung fungierten (vgl. Beck 1994: 50). Als sich Lepsius mit der Sozialstruktur des Kaiserreichs beschäftigte, unterschied er noch vier dominierende *sozialmoralische Milieus*, die die Funktion einer politisch-sozialen Einheit übernahmen, für bestimmte Wertvorstellungen standen und eine Binnenmoral lebten, die bei aller Heterogenität eine integrierende Klammer darstellte. Aus einer differenzierten Betrachtung religiöser, politischer und beruflich-sozialer Dimensionen resultierten Beschreibungen des katholischen Sozialmilieus, des bürgerlich-protestantischen Milieus, des konservativen Milieus und des sozialistischen Milieus. Damit wurden gleichsam trennende Linien gezogen, die Geschlossenheit nach innen und Abgrenzung nach außen markieren sollten. Innerhalb dieser Linien waren gleichwohl die von Geiger beschriebenen Zwischenformen und internen Unterschiede durchaus beobachtbar (vgl. zusammenfassend Lepsius 1966: insbesondere 391ff.).

Der Eindruck, dass diese Strukturen verblassen und an deren Stelle eine Pluralisierung von Lebensstilen tritt, hat die Ungleichheitsforschung in den letzten drei Jahrzehnten als Leitgedanke beherrscht. Die kollektive Steigerung des Lebensstandards hatte als eigentümliche Konsequenz ein Bekenntnis zur gesellschaftlichen Mitte bei gleichzeitiger Betonung von Unabhängigkeit. Ebenso war die „Subjektivierung der gesellschaftlichen Lage" (Esser 2000: 131) Ausdruck einer Zunahme von Handlungsoptionen einerseits und Entscheidungsnotwendigkeiten andererseits. Der Individualismus gelangt nunmehr zur vollen Entfaltung, weil mehr und mehr erkennbar wird, dass Traditionen keinen Marktwert mehr besitzen. Dem Bild einer Gesellschaft der Individuen, die sich nur noch sich selbst verpflichtet fühlen und Beteiligung an Gesellschaft als Wahl eines eigenen Lebensstils verstehen, hat teilweise zu romantischen Sozialentwürfen geführt, in denen das Gespür für nach wie vor bestehende Formen sozialer Ungleichheit unterbelichtet scheint. In sehr markanter Form hat Geißler an diesem Orientierungswechsel Kritik geübt und seine Vorbehalte gegenüber diesem Paradigmenwechsel in folgenden Thesen zusammengefasst: 1.) An die Stelle der Erforschung von Ungleichheit ist die Erforschung der Vielfalt getreten. 2.) An die Stelle der Analyse von Lebenschancen ist die Analyse von Lebensstilen getreten. 3.) An die Stelle der Kritik sozialer Ungerechtigkeiten ist die Freude über die bunte Vielfalt getreten (vgl. Geißler 1996: 322). In diesem Klima einer individualisierten Nachklassengesellschaft wurde Einzigartigkeit zur Norm erhoben. Von einer Philosophie der Fitness (Zygmunt Bauman) wird gesprochen, die vom Einzelnen in diffuser Form verlangt, auf alle Erfordernisse des Lebens gefasst zu sein. Ein gesellschaftliches Klima dieser Art steigert das Bedürfnis nach Orientierung und Sicherheit gleichermaßen. Um dieses Bedürfnis aber konkurrieren heute weitaus mehr Institutionen als in der Vergangenheit, an prominenter Stelle auch Angebote der Massenmedien. Zu deren Einfluss auf diesen Prozess schreibt Niklas Luhmann (1927-1998): „Die Einteilung der Massenmedien in Programmbereiche, aber auch innerhalb der Programmbereiche, machen den Zerfall der Ordnung sichtbar, die man früher als Klassengesellschaft bezeichnet hatte, und tragen dadurch ihrerseits zur Auflösung von Klassenstrukturen bei." (Luhmann 1996: 128) Zwar bedeute dies nicht, dass ein Nivellierungsprozess eingesetzt hätte oder dass keine Unterschiede sozialer Prominenz mehr vermittelt würden, die Illusion einer durchgehenden Über- bzw. Unterlegenheit werde jedoch zerstört.

Dennoch wurde dem durch die Vielfalt vermittelten Eindruck der Unübersichtlichkeit auf verschiedenen Wegen entgegengetreten. Mehrdimensionale Ungleichheitsmodelle versuchten zu zeigen, dass sich die Ungleichheit auf neuen Wegen Geltung verschafft, die soziologische Lebensstilforschung wiederum arbeitete konsequent an Modellen, die eine strukturelle Erfassung von Lebenschancen mit der kulturellen Bestimmung von Lebensformen verknüpften (vgl. hierzu Müller 1992: 369).

In dieser Verknüpfung sieht Müller den entscheidenden Beitrag einer Forschung, die sich unter den Bedingungen einer entwickelten Industriegesellschaft mit Erscheinungs- und Ausdrucksformen sozialer Ungleichheit beschäftigt. Bunte Beschreibungen einer Lifestyle-Forschung erfüllen dieses Kriterium nicht, erfreuen sich aber einer besonderen Aufmerksamkeit, weil gerade in diesen Modellen mit der gesellschaftlichen Vielfalt gespielt wird. Damit dieses Spiel nicht selbstläuferische Eigenschaften entwickelt, sind verschiedentlich Plädoyers für eine verbindende Klammer vorgetragen worden. Müllers Vorschlag beispielsweise lautete: „Expressives, interaktives, evaluatives und kognitives Verhalten bilden die vier zentralen Dimensionen, in denen Lebensstile *soziologisch* aussichtsreich analysiert werden können." (Müller 1992: 378) In diesen Dimensionen bündeln sich die Interessen der Menschen, ihr Aktivitätsspektrum, Formen der Einbindung in unterschiedlich komplexe soziale Verkehrskreise sowie das Feld der Einstellungen und Wertorientierungen, denen in unterschiedlichsten Bereichen Ausdruck verliehen wird (z. B. Religiosität, Wahlverhalten). Für eine soziokulturelle Ungleichheitstheorie plädierte auch der französische Soziologe Pierre Bourdieu, der an die Stelle einer individualisierten Nachklassengesellschaft die These eines Fortbestands soziokultureller Praktiken setzt. Das alltägliche Handeln der Menschen wird bei ihm nicht dem voluntaristischen Belieben überlassen. Er sucht nach einer zweiten „Natur" des Menschen und findet diese in klassenspezifischen Einstellungs- und Verhaltensdispositionen, die als Grenzen der jeweiligen Lebenswelt fungieren. Er zeigt am Beispiel der französischen Gesellschaft, dass es einen Zusammenhang zwischen höchst disparaten Dingen gibt: zwischen der Art und Weise, wie sich jemand kleidet, wie und was er isst, mit wem er Freundschaften unterhält, welche Musikpräferenzen er äußert, welche Theaterstücke er gerne sieht, welche Sportarten ihm besonders lieb sind usw. Das Wählen aus Optionen wird bei ihm nicht individualisiert, gleichzeitig wird aber auch nicht behauptet, dass man nichts zu wählen hat. Es gibt mit anderen Worten Grenzen des Geschmacks, innerhalb derer man sich relativ frei bewegen kann, aber jenseits dieser Grenzen befinden sich eben ideelle und materielle Phänomene, die nicht der eigenen Lebenswelt entsprechen und die mit den eigenen Wertvorstellungen nicht kompatibel sind.

In diesem Konkurrenzfeld gesellschaftlicher Klassen ist durchaus Bewegung, aber diese führt nicht zu einem völligen Verschwinden von Spielregeln, die man im Laufe der Sozialisation erworben hat. Bourdieu wählt zur Verdeutlichung dieses Verbindungsglieds des Einzelnen mit seinem gesellschaftlichen Umfeld den Begriff *Habitus*. Das Leben hält quasi viele Partituren bereit, aber es bleiben Unterschiede in der Art und Weise, wie diese Partituren gespielt werden. Das ist die Logik der Praxis, die sich in mehr oder weniger bescheidenen oder mehr oder weniger distinguierten Lebensformen zur Geltung bringt (vgl. umfassend Bourdieu 1984). Seine Analysedimensionen werden nach Kapitalsorten gruppiert: das ökonomische Kapital (ausdrückbar in Einkommen und Vermögen), das kulturelle Kapital (z. B. erworbene Bildungsgrade und aktualisierbares Wissen) sowie soziales Kapital (Ressourcen, die sich aus der Zugehörigkeit zu bestimmten sozialen Gruppen ergeben können). Diese Dimensionen helfen eine Gesellschaft zu strukturieren und verdeutlichen, dass nach wie vor eine Verbindung zwischen Klassenlagen und Lebensstilen existieren kann, wenn auch gelegentlich in sehr subtiler Form. Differenzierung und Vielfalt sind also keineswegs Synonyme für eine Gesellschaft, der der Sinn für Ungleichheit abhanden gekommen ist. Man redet zwar nicht gerne über die Existenz sozialer Klassen, aber in vielen Situationen des Alltags treten diese unsichtbaren Grenzen, innerhalb derer der Einzelne durchaus erfinderisch sein kann, immer wieder zu Tage. Im Folgenden soll an einigen Beispielen gezeigt werden, wo sich diese Ungleichheiten beobachten lassen.

4. „Der Mensch ist, was er isst." – Drei Phänomene sozialer Ungleichheit

Die Wirkkraft unseres Handelns ist im Alltag an eine Vielzahl von Entscheidungen gekoppelt. Die Lebensstil-Konzepte zeigen, dass es unterschiedliche Möglichkeiten der Zusammenführung dieser Merkmalsvielfalt gibt (siehe den Überblick bei Otte 2005). Wenn in der empirischen Sozialforschung von einem Indikatorenuniversum gesprochen wird, dann soll damit nicht Beliebigkeit der Messung soziologisch relevanter Merkmale signalisiert, sondern eine Komplementärfunktion von Signalen hervorgehoben werden, die wir in unserer Umwelt beobachten können. Ungleichheit im hier diskutierten Sinne kann daher an vielen Indikatoren festgemacht werden. Dadurch, dass der eine Ansatz drei, der andere fünf und wieder ein anderer zwanzig verschiedene Phänomene aufführt, wird die Ungleichheit nicht größer. Gezeigt wird lediglich, dass sie uns nach wie vor in (nahezu) allen Bereichen der Lebensführung begegnet. Dass das verfügbare Einkommen einen entscheidenden Handlungsspielraum vorgibt, soll dabei nicht ausführlich erläutert werden. Es markiert eine jener Grenzen, von denen Bourdieu gesprochen hat. Auch der Begriff „Lebenschancen" kommt ohne eine Bezugnahme auf diese materielle Dimension nicht aus.

Abschließend sollen drei Beispiele genannt werden, die bewusst auf den ersten Blick keine evidente Klammer erkennen lassen: die Wahl des Vornamens für Kinder, die Ernährungsgewohnheiten und die Realisierung von Wünschen. Jürgen Gerhards konnte in einer Studie zur Vergabe von Vornamen eine veränderte Bedeutung einer religiös begründeten Selektion nachweisen. Während noch Ende des 19. Jahrhunderts die Namen heiliger Schutzpatrone sehr häufig gewählt wurden, zeichnet sich im Laufe des 20. Jahrhunderts eine in Schüben beobachtbare Abkehr von diesen Vorbildern ab, um dann ab 1980 wieder anzusteigen. Dieser Anstieg wird weniger als Reaktion auf eine Zunahme von Säkularisierungsprozessen, also eines Verschwindens religiöser Symbolik aus dem Alltag der Menschen (vgl. Kapitel VI), zurückgeführt, sondern eher als Ergebnis eines Trends zur Generierung neuer Namen interpretiert, also als ein Prozess der Abgrenzung, wie er auch aus der Beobachtung von Modezyklen bekannt ist (vgl. Gerhards 2003: 52). Diese Beobachtung alleine signalisiert zwar schon ein Moment von Ungleichheit, koppelt dieses aber noch nicht an Indikatoren sozialer Ungleichheit. Im weiteren Verlauf der Untersuchung werden daher zwei Hypothesen untersucht, die wie folgt lauten: Ehepaare aus oberen Schichten meiden die Auswahl von Namen, die von vielen benutzt werden, bevorzugen also im Umkehrschluss jene Namen, die zu einem bestimmten Zeitpunkt selten oder gar nicht vorkommen. Diese Annahme impliziert gleichzeitig die in einem früheren Kapitel bereits beschriebenen oszillatorischen Effekte (vgl. Kapitel IV), weil die eigene Entscheidung als Resultat der Entscheidungen anderer, in diesem Falle nicht im Sinne der Nachahmung, sondern der Abgrenzung gefällt wird. Die zweite Annahme konkretisiert sich daher in der Behauptung, dass Eltern mit einer niedrigeren formalen Qualifikation (Bildungsniveau) sich in stärkerem Maße modeaffin verhalten und Namen auswählen, die gerade sehr populär sind. Im Ergebnis zeigt sich, dass, je höher die soziale Schicht verortet werden kann, die Bereitschaft zu Mitläufer-Effekten im Sinne der Übernahme eines Trends geringer ausgeprägt ist. Die Unterschiede erweisen sich unter Berücksichtigung schichtspezifischer Kriterien nicht als Ergebnis einer Entweder/Oder-Wahl. Man könnte auch sagen: Das Bedürfnis nach Abgrenzung ist in oberen Schichten stärker ausgeprägt als in unteren Schichten. Daher ergeben sich ungleiche Präferenzen in der Namenswahl. In einem Interview des Jahres 2008 bemerkte der Autor beispielsweise: „Die Namensgebung an nur amerikanischen Namen ist ein Unterschichtphänomen. Höhere Schichten haben ein starkes Abgrenzungsbedürfnis. Unten ist es eher egal." (Interview Welt online 26.2.2008) Die Oberschicht erweist sich als traditionsbewusster und greift aus diesem Grund wieder etwas häufiger auf deutsche Namen zurück. Insgesamt wird der Trend zu anglo-amerikanischen Namen in der zweiten Hälfte des 20. Jahrhunderts vor allen Dingen auf die Faktoren Wohlstand und kulturelle Nähe zurückgeführt.

Kulturelle Nähe bzw. Distanz lässt sich als Ordnungsmerkmal für die Lebensformen verschiedener sozialer Gruppen, vor allem auch im Bereich der Ernährung, beobachten. In dem Satz von Ludwig Feuerbach „Der Mensch ist, was er isst" tritt uns Ernährung nicht nur als eine notwendige Maßnahme zur physischen Erhaltung von Körperfunktionen, sondern auch als soziales Phänomen gegenüber. Ernährung, so der Durkheim-Schüler Marcel Mauss (1872-1950), sei ein Beispiel für ein soziales Totalphänomen, weil darin „alle Arten von Institutionen gleichzeitig und mit einem Schlag zum Ausdruck [kommen]: Religiöse, rechtliche und moralische [...]; ökonomische [...]; ganz zu schweigen von den ästhetischen Phänomenen." (Mauss 1968 [zuerst 1925]: 17f.) Die Ernährungssoziologie hat sich in den letzten Jahrzehnten zu einer speziellen Soziologie entwickelt und das Essen und Trinken der Menschen in quantitativer und qualitativer Hinsicht analysiert. Einen Eindruck von dem sozialen Totalphänomen vermittelte unter anderem bereits René König (1906-1992) in seinem Beitrag „Die soziale und kulturelle Bedeutung der Ernährung in der industriellen Gesellschaft". Er zeigte darin nicht nur die Entstehung und Wirkung von Speiseverboten, sondern auch die Verfeinerung von bestimmten Grundnahrungsmitteln, die wiederum den unterschiedlichen Bedürfnissen – vor allem denen nach Abgrenzung – verschiedener sozialer Schichten zuzurechnen waren. Ebenso lebten ursprünglich religiös begründete Diffamierungen von bestimmten Formen des Konsums auch in einer eher säkularisierten Form fort, was am Beispiel des Pferdefleischs anschaulich illustriert wird. Während sich „[u]rsprünglich religiöse Meinungsverbote" (König 1965: 495) in Mittel- und Nordeuropa zum einen in einer generellen Abneigung gegenüber dieser Form des Konsums aufrecht erhielten, kam eine soziale Differenzierung hinzu, indem man den Genuss dieses Fleisches vor allen Dingen den Unterklassen vorbehalten wollte (vgl. ebenda: 496). Nicht-Konsum galt als Ausdruck von Exklusivität. Zugleich können solche Formen von Exklusivität Nachahmungseffekte auslösen, wie König am Beispiel des Mais- und Weizenkonsums in Mittel- und Südamerika zeigte. Während Mais ursprünglich der Unterklasse vorbehalten war und Weizen ein Nahrungsmittel der Oberklasse darstellte, führte beispielsweise das „politische [...] Erwachen der Unterklassen" (ebenda: 498) in Mexiko zu veränderten Nahrungsmittelnachfragen in einem Land, das eigentlich auf den Weizenanbau nicht spezialisiert war. Je mehr die Bedeutung bestimmter Speiseverbote in den Hintergrund tritt und je mehr sich der Wohlstand eines Landes auf mehreren Schultern verteilt, desto eher werden die Konsummöglichkeiten erweitert, und damit auch ehemalige Differenzen einem Nivellierungsprozess unterworfen. König spricht in diesem Zusammenhang von einer „Demokratisierung gewisser Ernährungsgüter" (ebenda: 502). Auch hier begegnen uns folgerichtig wieder ähnliche Prozesse von Angleichung und Differenzierung, die in einem anderen Zusammenhang als Gegenüberstellung von „stratification hypothesis" und „leveling hypothesis" (Munters 1977: 154) diskutiert wurden.

Da man nicht ständig auf Differenzierung aus ist, ist gerade das Feld der Ernährung ein Beispiel für das Nebeneinanderexistieren von gleichen und ungleichen Ernähungsformen. Die Märkte haben sich darauf eingestellt und offerieren einfaches und raffiniertes Essen, sie bieten Fast Food und Slow Food, sie offerieren Kulinarisches in demokratischer und exklusiver Form. Symptomatisch für diese andere Form der Gleichzeitigkeit des Ungleichzeitigen mag folgende Einschätzung von Konsummöglichkeiten sein: „Vollmilch und Trauben-Nuß gibt es noch immer, aber in der sozialen Rangordnung sind sie abgerutscht. Es gibt jetzt Schokoladenboutiquen und Schokoladenseminare, in denen Chocolatiers über Duft, Farbe und Herkunft der Kakaobohne räsonieren. Konditoreien kreieren immer neue Pralinen, Weingeschäfte bieten dunkle Tafeln mit Chili- oder Orangenaroma an. Der Schokoladenmarkt ist heute so gespalten wie der Rest der Gesellschaft, und manche Marken, manche Sorten liefern neben dem Zucker inzwischen etwas, das noch viel süßer schmeckt: Sozialprestige." (Kohlenberg/Uchatius 2007: 19) Ob man der Schlussfolgerung, die die Differenzierung des Schokoladenmarkts hier nahelegt, folgen möchte oder nicht: Offensichtlich lassen sich soziale Unterschiede in vielfältiger Form zur Geltung bringen bzw. verpacken. Gelegentlich mag dann auch schon die Namensgebung genügen, um bestimmte soziale Kreise von dem Konsum dieser Produkte abzuhalten. Ungeachtet dessen existieren Träume von einem schöneren und besseren Leben.

Manche glauben, dass sie diese Träume mit Glück im Spiel, vor allen Dingen im Lotteriespiel, realisieren können. Eine Studie konnte zeigen, dass Lotto-Spieler sich vor allem aus der unteren Mittelschicht mit geringem Bildungsniveau, aber mittlerem absoluten Einkommen rekrutieren (vgl. Beckert/ Luther 2008: 252). Einige von ihnen gewinnen, aber in der Summe finanzieren sie damit Einrichtungen, an denen sie selbst wiederum unterdurchschnittlich partizipieren.

> **Lotterie als Instrument**
>
> „Lotterien sind Instrumente der Umverteilung. Dies gilt in dreifacher Hinsicht: Zum einen erklären sich die Spieler damit einverstanden, dass ihr Spieleinsatz so umverteilt wird, dass eine nach dem Zufallsprinzip ermittelte kleine Gruppe der Spieler, die Gewinner, den gesamten zur Ausschüttung kommenden Betrag für sich vereinnahmen. Die große Mehrheit der Spieler verliert hingegen ihren Spieleinsatz.
>
> Zum zweiten sind Lotterien insofern Instrumente der Umverteilung, als nicht der gesamte Spielumsatz, abzüglich der Kosten für die Durchführung der Lotterie, an die Gewinner ausgeschüttet wird, sondern nur ein Teil. Die Umverteilung findet in diesem Fall nicht zwischen den Spielern statt, sondern zwischen Spielern und dem Staat. Im deutschen Lotto werden ungefähr 48 Prozent der Spieleinsätze an die Gewinner ausgeschüttet. Mit 13 Prozent der Einsätze werden die Kosten der Durchführung der Lotterie gedeckt, 39 Prozent gehen als Steuern bzw. als Konzessionsabgaben an den Staat. Lotterien sind damit eine besonders hoch besteuerte wirtschaftliche Transaktion. Historisch betrachtet waren Lotterien wesentlich ein Instrument der Finanzierung öffentlicher Ausgaben, womit die Absicht der Einnahmeerzielung im Vordergrund der staatlichen Organisation von Lotterien steht. So diente z. B. die erste in Deutschland durchgeführte Lotterie, die 1611 in Hamburg stattfand, der Finanzierung eines Werk- und Zuchthauses [...]. Derzeit werden in Deutschland jährlich rund fünf Mrd. Euro aus staatlich konzessionierten Glücksspielen vom Staat vereinnahmt, das Lottospiel allein steuert mit etwa zwei Mrd. Euro den größten Anteil dazu bei.

> Schließlich sind Lotterien, möglicherweise zumindest, Instrumente der Umverteilung in einer dritten Hinsicht. Sollten nicht alle Bevölkerungsschichten sich gleichermaßen an dem Lotteriespiel beteiligen und die mit den Lotterieeinnahmen staatlich finanzierten Güter nicht von allen Bevölkerungsschichten gleichermaßen nachgefragt werden, wären Lotterien auch ein Instrument staatlicher sozialer Umverteilung. Die vom Staat durch Lotterien vereinnahmten Mittel lassen sich dabei unter denselben normativen Kriterien von Steuergerechtigkeit beurteilen, wie sie für andere Einnahmequellen der öffentlichen Haushalte angelegt werden. Daraus ergeben sich zwei Fragen: Welche Bevölkerungsgruppen tragen durch überdurchschnittliche Spielbeteiligung überproportional hohe Anteile zu dem Einnahmenaufkommen der Länder aus dem Lottospiel bei? Welche Bevölkerungsgruppen profitieren insbesondere von den durch die staatliche Lotterie finanzierten Gütern?"
>
> *Quelle: Beckert/Luther 2008: 234*

Ca. 40 Prozent der Bevölkerung spielt im Jahr mindestens einmal Lotto, der Staat nimmt durch Glücksspiel im Jahr ca. 5 Milliarden Euro ein. Mit diesem Geld wird unter anderem der Breitensport gefördert. Im Breitensport sind aber jene, die überdurchschnittlich Lotto spielen, wiederum unterrepräsentiert. So finanzieren die Begehrlichkeiten der einen die Interessen der anderen. Solange dieser Effekt das Ergebnis eines Zufallsprinzip ist, wird er letztlich kaum für Beunruhigung sorgen. Da aber gerade in wirtschaftlich schlechten Zeiten auf dieses Glück gesetzt wird, bestätigt sich auch hier auf subtile Weise jene Beobachtung, mit der dieses Kapitel eingeleitet wurde. Die Bedeutung der Klassengesellschaft „verschwimmt im Wohlstand und tritt in Krisen [...] deutlicher wieder hervor." (Rehberg 2006: 23)

📖 Empfehlungen zum Weiterlesen

Beck, Ulrich (1996): Riskante Freiheiten. Individualisierung in modernen Gesellschaften. Frankfurt/Main.

Rehberg, Karl-Siegbert (2006): Die unsichtbare Klassengesellschaft. In: Ders. (Hrsg.): Soziale Ungleichheit, kulturelle Unterschiede. Verhandlungen des 32. Kongresses der Deutschen Gesellschaft für Soziologie in München 2004. Frankfurt/Main, S. 19-38.

Geißler, Rainer (2008): Die Sozialstruktur Deutschlands. Zur gesellschaftlichen Entwicklung mit einer Bilanz zur Vereinigung. 5. Auflage. Wiesbaden.

VI „To what church do you belong?" – Religion und Gesellschaft

1. Eine „vorpolitische Wahrheit" – Die Rolle der Religion nach der Aufklärung

„Mit oder ohne göttlichen Beistand", so kommentierte ein Reporter die Hoffnungen der Menschen auf Eindämmung einer gefährlichen Epidemie. Diese Mischung aus Zweifel und Zuversicht verdeutlicht das Fortbestehen von Glaubensvorstellungen, die der Beherrschbarkeit der Welt durch von Menschen erforschte Zusammenhänge den Fortbestand außer- bzw. übermenschlicher Gesetzmäßigkeiten entgegenhalten. Mit der Philosophie der Aufklärung, die auch als eine Rationalreligion wahrgenommen wurde, ist ein Prozess beschleunigt worden, den Max Weber als Entzauberung der Welt bezeichnet hat. Ein Beispiel für eine solche Anschauung, die moralische Werte und Imperative in erster Linie durch die Vernunft legitimiert wissen möchte, findet sich in der ersten Vorrede von Immanuel Kants Religionsschrift.

> **Kant: Die Religion innerhalb der Grenzen der bloßen Vernunft**
>
> „Die Moral, so fern sie auf dem Begriffe des Menschen, als eines freien, eben darum aber auch sich selbst durch seine Vernunft an unbedingte Gesetze bindenden Wesens, gegründet ist, bedarf weder der Idee eines andern Wesens über ihm, um seine Pflicht zu erkennen, noch einer andern Triebfeder als des Gesetzes selbst, um sie zu beobachten. Wenigstens ist

> es seine eigene Schuld, wenn sich ein solches Bedürfnis an ihm vorfindet, dem aber alsdann auch durch nichts anders abgeholfen werden kann; weil, was nicht aus ihm selbst und seiner Freiheit entspringt, keinen Ersatz für den Mangel seiner Moralität abgibt. – Sie bedarf also zum Behuf ihrer selbst (sowohl objektiv, was das Wollen, als subjektiv, was das Können betrifft) keinesweges der Religion, sondern, vermöge der reinen praktischen Vernunft, ist sie sich selbst genug. – Denn da ihre Gesetze durch die bloße Form der allgemeinen Gesetzmäßigkeit der darnach zu nehmenden Maximen, als oberster (selbst unbedingter) Bedingung aller Zwecke, verbinden: so bedarf sie überhaupt gar keines materialen Bestimmungsgrundes der freien Willkür, das ist keines Zwecks, weder um was Pflicht sei, zu erkennen, noch dazu, daß sie ausgeübt werde, anzutreiben: sondern sie kann gar wohl und soll, wenn es auf Pflicht ankömmt, von allen Zwecken abstrahieren. So bedarf es zum Beispiel, um zu wissen: ob ich vor Gericht in meinem Zeugnisse wahrhaft, oder bei Abforderung eines mir anvertrauten fremden Guts treu sein soll (oder auch kann), gar nicht der Nachfrage nach einem Zweck, den ich mir, bei meiner Erklärung, zu bewirken etwa vorsetzen möchte, denn das ist gleichviel, was für einer es sei; vielmehr ist der, welcher, indem ihm sein Geständnis rechtmäßig abgefordert wird, noch nötig findet, sich nach irgend einem Zwecke umzusehen, hierin schon ein Nichtswürdiger."

Quelle: Kant 1977 [zuerst 1793]: 649f.

Das Unhinterfragte wird hinterfragt, die Legitimationsgrundlage des „immer so Gewesenen" wird in Zweifel gezogen, vormoderne Welt-Vorstellungen werden durch naturwissenschaftliche Weltbilder ersetzt. Menschen, die über einen langen historischen Zeitraum von einer Idee beherrscht wurden, die sich selbst legitimierte, entwickeln Ideengebäude, die als Grundlage sich selbst legitimierender Herrschaftssysteme dienen.

Die Ablösung der Religion durch die Wissenschaft, die häufig als ein verkürztes Faktum der historischen Entwicklung unterstellt wird, ist bei näherer Betrachtung nie eine wirkliche Ablösung gewesen. Zumindest existiert bis heute neben dem Vertrauen in die wissenschaftlich begründete Gestaltbarkeit der Zukunft ein tiefes Misstrauen gegenüber der Beherrschbarkeit der Evolution, und ebenso neigen die Menschen in gleichwohl unterschiedlicher Form zur Suche nach sinnstiftenden Elementen des Lebens, die sich jenseits einer verwissenschaftlichten Welt entfalten. Georg Wilhelm Friedrich Hegel (1770-1831) stufte die Religion beispielsweise als eine Vorstufe der Erkenntnis ein und als eine Ausdrucksform des Geistes, die früher als die Wissenschaft in der Zeit sprach (vgl. Hegel 1980 [zuerst 1807]: 430), Marx sah in der Religion den „Seufzer der bedrängten Kreatur" (Marx 1974 [zuerst 1844]: 378), und der Philosoph Friedrich Nietzsche (1844-1900) bezeichnete Gott als die extremste Hypothese, stellte aber gleichzeitig eine Summe zweifelnder Fragen an eine Welt, der diese Vorstellung von Gott abhanden gekommen scheint: „Stürzen wir nicht fortwährend? Und rückwärts, seitwärts, vorwärts, nach allen Seiten? Gibt es noch ein Oben und ein Unten? Irren wir nicht wie durch ein unendliches Nichts? Haucht uns nicht der leere Raum an? Ist es nicht kälter geworden?" (Nietzsche 2007 [zuerst 1887]: 143)

Es kommt der Gedanke auf, dass jede Annäherung an objektive Wahrheiten einen Grundzweifel nährt, weil eine bis in die feinsten Nuancen durchschaute Gesetzlichkeit etwas hinterlässt, das zumindest in Teilen dem Gefühl der Langeweile gleichkommt. Dies führt nicht zuletzt in das Paradox einer aufgeklärten Gesellschaft, die der Aufklärung selber und ihren Konsequenzen unter anderem mit den deutlichen Worten Adornos und Horkheimers misstraut, die in ihr nichts als eine „neue Art von Barbarei" erkennen (Adorno/Horkheimer 2003: 11). Im Jahr 2004 fand in der Katholischen Akademie in Bayern eine Debatte über Religion und Vernunft statt, an der Kardinal Josef Ratzinger – mittlerweile Papst Benedikt XVI – und Jürgen Habermas beteiligt waren. Ratzinger spricht in dieser Debatte von einer „vorpolitischen Wahrheit der Religion", die auch den heutigen Demokratien eine moralische Grundlage verleihe.

Habermas wiederum, der sich als „religiös unmusikalisch"[2] bezeichnet, bestreitet die Notwendigkeit einer solchen Legitimation und sieht in der säkularen Vernunft die Chance angelegt, dass rechtsstaatliche Demokratien ihre Normativität aus sich selbst heraus begründen können. Wie aber, so Ratzinger, könne eine säkulare Vernunft universale Gültigkeit beanspruchen ohne zuvor etwas zu akzeptieren, das gar nicht zur Debatte stehen darf? Die Debatte um die Humangenetik ist ihm dabei ein Beispiel, das nach seiner Auffassung die Aufsicht einer den Betroffenen übergeordneten Instanz erfordert. Habermas kommt ihm schließlich entgegen, indem er der Religion zumindest den empfehlenden Charakter nicht abspricht. Religion vermittle ein Gespür für Verfehlung und Erlösung, für Scheitern und Gelingen, und habe deshalb Einfluss auf Gesellschaft und Demokratie (vgl. Assheuer 2004).

Das Verhältnis von Religion und Wissenschaft führt nicht nur auf dieser Ebene zu Kontroversen, sondern auch hinsichtlich des inneren Bauplans einer immer komplexer werdenden Welt. Während die einen durch systematische Forschung unbeantwortete Fragen zu lösen versuchen, vertreten andere wiederum die These, dass die Artenvielfalt und Komplexität von Naturerscheinungen auf dieser Welt doch nicht ausschließlich das Ergebnis mehr oder weniger zufällig ablaufender Mutationen gewesen sein kann. Je weiter die Wissenschaft und die Wissensgesellschaft voranschreiten, umso heftiger scheinen diese Kontroversen geführt zu werden. Der Streit um die Frage, in welcher Sprache das Buch der Natur und in welcher Sprache das Buch der Gesellschaft geschrieben ist, ist trotz eines fortschreitenden Säkularisierungsprozesses nicht aus der Welt.

Für diesen Prozess der Verweltlichung, der zunächst einen nachlassenden Einfluss der Religion auf Formen der gesell-

---

[2] Diese Formulierung geht zurück auf einen Brief Max Webers an Ferdinand Tönnies: „Denn ich bin zwar religiös absolut „unmusikalisch" und habe weder Bedürfnis noch Fähigkeit irgendwelche seelischen „Bauwerke" religiösen Charakters in mir zu errichten - das geht einfach nicht, resp. ich lehne es ab. Aber ich bin, nach genauer Prüfung, weder antireligiös noch irreligiös." (Weber 1994 [zuerst 1909]: 65)

schaftlichen Organisation und Moralvorstellungen konstatiert, wird ein Bündel von Ursachen ins Feld geführt: der Aufschwung der Städte, die zunehmende Konkurrenz der Zeitrhythmik der Wirtschaft mit der Zeitrhythmik der Religion, der Fortschritt von Wissenschaft und Technik sowie das damit einhergehende Primat der Vernunft, sowie eine Zunahme der funktionalen Differenzierung der Gesellschaft. Während die Religion als Institution mitsamt ihrer Repräsentanten in der Vormoderne eine Vielzahl von Funktionen übernahm und deshalb sowohl das Außeralltägliche als auch das Alltägliche bestimmte, werden nun in zunehmenden Maße Funktionen von anderen Teilsystemen der Gesellschaft übernommen. An die Stelle allumfassender Zuständigkeiten tritt ein Wegfall von Funktionen: „Vielleicht sucht man noch bei einem Seelsorger Rat in Familienangelegenheiten; wird aber ein Familienmitglied krank, geht man zum Arzt, und wer Investitionen plant, wendet sich an einen Bankier." (Pollack 2007: 370) Dieser Ursachenkatalog verdeutlicht mit anderen Worten, dass die Industrialisierung einen wesentlichen Anteil an diesem Verdrängungsprozess hatte. Eine Veränderung von Lebensumständen führt also zu einer Veränderung von Werten. Während die mittelalterliche und neuzeitliche Agrargesellschaft in und für die Landwirtschaft lebte und gute oder schlechte Ernten vorwiegend einer höheren Macht zuschrieb, wird der Mensch in der industriellen Gesellschaft mehr und mehr auf sich selbst verwiesen. Vermittelten somit die Lebensbedingungen vermehrt den Eindruck, dass ein in diesem Sinne modernes Leben mit Spiritualität kaum noch zu vereinbaren ist, verschwanden auf der anderen Seite weder die bedrängten Kreaturen noch Zukunftserwartungen, seien sie optimistisch oder pessimistisch. Religiöses Handeln und religiöse Symbolik sind heute ein kaum noch sichtbarer Teil des öffentlichen und privaten Lebens. Es wird sowohl in Kirchen als auch im Privaten weniger gebetet, das Bewusstsein für klassische religiöse Zeremonien und auch das Verständnis dieser Zeremonien geht verloren, Feiertage werden von Freizeitaktivitäten dominiert, Religionsunterricht wird durch Ethikunterricht ersetzt, Pfarreien werden zusammengelegt, Klöster schließen ihre Pforten, es sei denn, dass durch neue

Formen der Askese zugleich neue Zielgruppen gewonnen werden können (siehe unten).

2. „...why pay me, if he doesn't believe in anything?" – Religion und Wirtschaftsordnung

Dennoch scheint mit einer Auflistung dieser Negativ-Beispiele die Faszination für das Religiöse keineswegs endgültig besiegelt zu sein. Vielfach wird in jüngster Zeit von einer Rückkehr der Religion, von einer neuen Religiosität, von unsichtbarer Religion, und vermehrt sogar von populären Religionen gesprochen. Dass diese in stärkerem Maße Ausdruck eigenständiger Sinnsuche und persönlicher Glaubensvorstellungen sind, passt zu den Individualitätsvorstellungen der Moderne, die in einem früheren Kapitel bereits diskutiert wurden. Folgt man Émile Durkheims Vorschlag, dann lässt sich die Existenz von Religion an drei grundlegenden Elementen festmachen: (1) Überzeugungen, also beispielsweise der Glaube an ein höheres Wesen; (2) soziale Praktiken, also Rituale, Zeremonien, weitergehend aber auch Handlungsanweisungen, die im Alltag regelmäßig zu befolgen sind; (3) Bildung einer moralischen Gemeinschaft, die den Mitgliedern ein einheitsstiftendes Gefühl vermittelt, gleichzeitig aber auch über Möglichkeiten der sozialen Kontrolle verfügt und verpflichtend auf das Handeln der Mitglieder der Gemeinschaft einwirken kann (vgl. Pollack 2007: 365 sowie Durkheim 1984 [zuerst 1912]).

Die Überschrift dieses Kapitels, „To what church do you belong?", nimmt Bezug auf eine Erfahrung, die Max Weber während seiner Amerika-Reise machte. Während eines sonntäglichen Mittagessens wurde er nach seiner Kirchenzugehörigkeit gefragt und während einer Bahnfahrt berichtete ihm obendrein ein Mitreisender, dass man Menschen, die keiner Kirche angehören, auch nicht vertrauen könne. Religion, so konnte Weber an vielen Stellen erfahren, galt aus Ausdruck von Zuverlässigkeit und Prinzipientreue.

Max Webers Erfahrungen in Amerika

„Der Schreiber dieser Zeilen fuhr im (damaligen) Indian Territory eine lange Fahrt mit einem Handlungsreisenden in „Undertakers hardware" (eisernen Leichensteinaufschriften) zusammen im Abteil und erhielt, als er (beiläufig) die Tatsache der immer noch auffällig starken Kirchlichkeit erwähnte, von jenem die Bemerkung gemacht: „Herr, meinethalben mag jedermann glauben oder nicht glauben was immer ihm paßt; aber: wenn ich einen Farmer oder Kaufmann sehe, der überhaupt keiner Kirche angehört, so ist er mir nicht für 50 Cts gut: – was kann ihn veranlassen, mich zu bezahlen, wenn er an garnichts glaubt? (why pay me, if he doesn't believe in anything?)" Das war nun eine immerhin etwas vage Motivierung. Etwas deutlicher wurde der Sachverhalt schon aus der Erzählung eines deutschgeborenen Nasen- und Rachen-Spezialisten, der sich in einer großen Stadt in Ohio niedergelassen hatte und von dem Besuch seines ersten Patienten erzählte. Sich auf Aufforderung des Arztes auf dem Sopha niederstreckend, um mit dem Nasenspiegel untersucht zu werden, habe dieser sich erst noch einmal aufgerichtet und mit Würde und Nachdruck bemerkt: „Herr, ich bin Mitglied der... Baptist Church in der ... Street." Ratlos, was diese Tatsache wohl für das Nasenleiden und dessen Behandlung für eine Bedeutung haben könne, habe er (der Arzt) einen ihm bekannten amerikanischen Kollegen vertraulich darüber befragt und die lächelnde Auskunft erhalten: das bedeute nur: „seien Sie wegen des Honorars ohne Sorgen.""

Quelle: Weber 1972 [zuerst 1906]: 209

Beispiele dieser Art verdeutlichen in besonders eindrücklicher Form die Durchdringung des Alltags mit religiösen Geboten. Das Studium des (religiösen) Alltags in den Vereinigten Staaten vermittelte Weber die Wirkkraft einer *puritanischen Ethik,* die sich wider den Geist der modernen Gesellschaft als asketische Tugend in einer Vielzahl zer- streuungsfeindlicher Verhaltensweisen niederschlug. Der Puritanismus setzte auf wirtschaftliche Tugenden und die Chance, damit den Zweifel an der Existenz Gottes aus der Welt zu treiben. Dass eine Vielzahl von Verboten formuliert werden musste, zeugt davon, dass diese Glaubensvorschriften nicht ausschließlich aus sich selbst heraus überzeugen konnten. Die Luxusverbote im calvinistischen Genf und die warnenden Predigten in Florenz zur Zeit Savonarolas zeigen dies ebenso wie die Befürchtung des Dekans von Gloucester aus dem Jahr 1745: „[...] unser Volk ist trunken vom Kelch der Freiheit." (zit. nach Thompson 1973: 92) So sorgten sich auch die Puritaner um die säkularisierende Wirkung des Besitzes und meinten damit eine Verdrängung des Glaubens durch wachsenden Wohlstand.

Modern gesprochen waren sich die Verfechter dieser Ideen der nicht-intendierten Effekte durchaus bewusst. Weber zitiert ausführlich den englischen Theologen John Wesley (1703-1791) mit den Worten: „Ich fürchte: wo immer der Reichtum sich vermehrt hat, da hat der Gehalt an Religion in gleichem Maße abgenommen. Daher sehe ich nicht, wie es, nach der Natur der Dinge, möglich sein soll, daß irgendeine Wiedererweckung echter Religiosität lange Dauer haben kann. Denn Religion muss notwendig sowohl Arbeitsamkeit (Industry) als auch Sparsamkeit (Frugality) erzeugen und diese können nichts anderes als Reichtum hervorbringen. Aber wenn Reichtum zunimmt, so nimmt Stolz, Leidenschaft und Weltliebe in all ihren Formen zu. Wie soll es also möglich sein, daß der Methodismus, das heißt eine Religion des Herzens, mag sie jetzt auch wie grünender Baum blühen, in diesem Zustand verharrt?" (zit. nach Weber 1920: 196) Die moralisch begründete Ablehnung ausschweifenden Konsumierens und Genießens wird in den Religionen auf unterschiedliche Weise thematisiert, um eine im weitesten Sinne produktive Askese sicherstellen zu können (vgl. hierzu ausführlich Baecker 2006: 50f.)

3. „Unsichtbare Religion" – Die Latenz religiöser Wertvorstellungen

Die Wahlverwandtschaft zwischen Protestantismus und Kapitalismus, die Weber in seinen Analysen besonders hervorhob, ist nur ein Beispiel für das Zusammenwirken von religiösen Überzeugungen und wirtschaftlichem Handeln. Die von Wesley auf den Punkt gebrachte Problematik lieferte nicht nur Methodisten einen Anlass zur Sorge, sondern führte letztlich zu einem generellen Verblassen einer religiös geprägten Moral. Umso erstaunter ist man, wenn von dem Befolgen traditioneller religiöser Regeln berichtet wird, beispielsweise von „Purity Balls", in denen junge Frauen und Mädchen ihren Vätern durch ein Ritual Keuschheit bis zur Ehe versprechen.

Keuschheitsbälle in den Vereinigten Staaten

„Zuerst sind [.] die Väter dran: Im kerzenbeschienenen Ballsaal, der wie für eine Hochzeit geschmückt ist, unterschreiben sie eine „Reinheits-Verpflichtung". Darin heißt es, als „Hoher Priester" werde der Unterzeichnende über die Keuschheit seiner Tochter wachen und selbst ein reines Leben als „Mann, Ehemann und Vater" führen. Anschließend wird den mehr als zweihundert versammelten Töchtern symbolisch der Keuschheitsgürtel angelegt: „Dad, das ist der Schlüssel zu meinem Herzen. Hüte ihn bis zum Tag meiner Hochzeit", flüstern die Mädchen, während sie ihren Vätern einen zierlichen Schlüssel übergeben. Anschließend liegen sich Väter und Töchter in den Armen, bis der Moderator ankündigt, nun sei es Zeit, das Keuschheitsversprechen gegenüber Gott zu besiegeln. Dafür wird jedem Mädchen eine weiße Rose überreicht. Wie auf dem Weg zum Traualtar schreiten die Töchter damit am Arm ihrer Väter durch den Ballsaal.
Vor der Bühne, auf der ein Brautkleid die Freuden jungfräulicher Eheschließung verheißt, teilt sich die Prozession in

> zwei weiße, mit Satinschals geschmückte Kreuze zu. Dort stapeln sich die Rosen, die die Mädchen niederlegen. Danach gibt es wieder Umarmungen, Tränen der Rührung und Gebete."
>
> *Quelle: Gelinsky 2007: 62*

Dieses Beispiel aus der amerikanischen Provinz, das sogar mit der Übergabe eines Schlüssels zu einem symbolisch angelegten Keuschheitsgürtel verbunden sein kann, wirkt wie der Ausdruck von Verzweiflung angesichts einer Welt, der ein Verhältnis zu Gott abhanden gekommen ist. Kaufmann hat beispielsweise für die Moderne von einem immer indirekteren Gottesverhältnis gesprochen, in der zugleich Erlösungsgedanken und Heilsgewissheiten kaum noch eine Rolle spielen und als Teil der gelebten Wirklichkeit verloren gehen: „Gott ist uns fern und fremd geworden. Für viele ist Gott lediglich noch ein Gerücht, von dem man nicht recht weiß, ob vielleicht doch etwas dran ist. Andere glauben bereits genau zu wissen, daß es Gott nicht gibt, nicht geben kann. Sie sagen, Gott ist kein Element unserer erfahrbaren Welt und außerhalb dieser Welt ist nichts." (Kaufmann 1989: 197) Der Diskurs über die Frage, ob man Gott verstehen kann, endet dann gelegentlich in der Einsicht, dass ein Gott, der verstanden werden kann, kein Gott ist.

Auch Durkheim sah im Integrationsverlust der Religion eine moralische Krise, der er mit dem Entwurf einer säkularen Moral entgegentrat. Der Geist der Disziplin, der Anschluss an soziale Gruppen und eine aus dem Geist der Gesellschaft inspirierte Autonomie waren für ihn die Voraussetzungen für die Funktionsweise eines modernen Kollektivbewusstseins, das den Einzelnen nicht über die Gesellschaft hob, sondern den Schutz des Einzelnen als signifikanten Ausdruck des Schutzes der Gemeinschaft interpretierte (vgl. ausführlich hierzu Müller 1986: 83ff.) Es geht Durkheim nicht um einen utilitaristischen Individualismus, der den Egoismus in den Vordergrund stellt, sondern um die Begründung eines *moralischen Individualismus*:

„Wer auch immer einem Menschen nach dem Leben trachtet, die Freiheit eines Menschen oder seine Ehre angreift, erfüllt uns mit einem Gefühl der Abscheu, in jedem Punkt analog zu demjenigen Gefühl, das der Gläubige zeigt, der sein Idol profanisiert sieht. Eine solche Moral ist also nicht einfach eine hygienische Disziplin oder eine weise Ökonomie der Existenz; sie ist eine Religion, in der der Mensch zugleich Gläubiger und Gott ist." (Durkheim 1986 [zuerst 1898]: 57) Selbst im Zuge der Säkularisierung bleiben also für Durkheim Religion und Moral ähnliche Institutionen mit ähnlichen Funktionen. Die Gesellschaft steuert sich sozusagen selbst aus dem Geist der Vernunft. Der schottische Moralphilosoph Adam Smith hatte in der Fähigkeit des Menschen zur Sympathie ebenfalls ein Korrektiv für eine übersteigerte Selbstliebe bzw. übersteigertes Eigeninteresse gesehen (vgl. zusammenfassend Raphael 1991). Man könnte diese Parallelität auch als den Versuch interpretieren, nach funktionalen Äquivalenten zu suchen. Kann also nur die Religion im traditionellen Sinne ein Bedürfnis nach Sinnfragen befriedigen oder kann es dafür ein Substitut geben? Walter Benjamin hatte beispielsweise die These vertreten, dass für die moderne Gesellschaft der Kapitalismus eine Art Religion darstellt, weil er auf seine Art und Weise Antworten auf die Sorgen und Nöte der Menschen gibt (vgl. Benjamin 2003 [zuerst 1921]: 15). Auch er neige zur Bildung von Kulten (was sich beispielsweise im nahezu blinden Vertrauen auf neue Märkte und „heilsversprechende Technologien" zeigt); und auch er werde kontinuierlich in unterschiedlicher Form zelebriert (man denke hier nur an regelmäßige Präsentationen neuer technischer Gadgets oder anderer Güter, bei denen durchaus Assoziationen zur euphorischen Predigten geweckt werden können). Allerdings sei der Kapitalismus vermutlich der erste Kult, der nicht entsühnt, sondern verschuldet – und darüber hinaus ist er letztendlich auf permanente Dauer gestellt, das heißt: „Es gibt da keinen „Wochentag", keinen Tag der nicht Festtag in dem fürchterlichen Sinne der Entfaltung allen sakralen Pompes, der äußersten Anspannung des Verehrenden wäre" (ebd.).

Der Religions-Begriff wirkt also in vielen anderen Bereichen fort, auch in dem Gedanken der *Zivilreligion*, der auf die zahlreichen Verbindungen von sakraler und profaner Ebene hinweist, sei es das Auge Gottes auf dem amerikanischen Dollar, sei es die in der Präambel des Grundgesetzes festgehaltene Formulierung „im Bewusstsein seiner Verantwortung vor Gott und den Menschen [...] hat sich das deutsche Volk Kraft seiner verfassungsgebenden Gewalt dieses Grundgesetz gegeben", oder die wiederum amerikanische Idee des „God's own country". Gleichwohl kann beispielsweise ein angehender deutscher Beamter vor seiner Vereidigung wählen, ob ihm der Satz „so wahr mir Gott helfe" vorgelesen werden soll oder nicht. Ebenso begegnet uns die Religion in vielfältiger Form in der Alltagssprache und vermittelt damit das Fortwirken einer Institution mit langer Dauer: *Um Himmels willen, ein Heidenspaß, der sündhaft teuer war, und uns letztlich doch ergötzte, paradiesisch war es, obwohl wir letztlich doch Wasser nicht zu Wein machen konnten und überhaupt sollte man den Teufel nicht an die Wand malen.* Diese konstruierte Aneinanderreihung von religiösen Bezügen in alltäglichen Floskeln mag als weiterer Beleg für ein, wenn auch indirekt bestehendes, Verhältnis zum Religiösen dienen. Als Thomas Luckmann den Begriff „unsichtbare Religion" einführte, meinte er damit gleichwohl „eine umfassende Weltansicht, die nicht in der Gestalt herkömmlicher religiöser Institutionen auftritt." (Knoblauch 2002: 222) Der Bedeutungsverlust der kirchlichen Institutionen ist hier nicht zwangsläufig ein Schwinden der Religiosität. Eher sei es, so Luckmann, zu einer Privatisierung des Religiösen gekommen. Diese neuen Formen der Sinngebung, seien sie nun individuell oder durch Institutionen getragen, fördern in einer säkularisierten Welt eine erstaunliche Diffusion des Religionsgedanken.

Zunächst ist daran zu erinnern, dass der Begriff „unsichtbare Religion", welcher der im Jahr 1967 zunächst in englischer Sprache vorgelegten Veröffentlichung zwar den Namen gab, im Buch selbst jedoch an keiner Stelle auftaucht. Er ist somit ein Oberbegriff für vermeintlich sehr disparate Phänomene, die, folgt man einer gängigen Einteilung der religionssoziologischen Forschung, für die sogenannte neoklassische Periode als rahmengebender theoretischer Entwurf fungieren sollte. Der klassischen Periode, die der Religionssoziologie ihr Profil als Antwort auf die Herausforderungen der sich entwickelnden modernen Gesellschaft gab, folgte die kirchensoziologische Periode, die sich – wie der Name bereits andeutet – in einem engeren institutionellen Rahmen bewegte: „Die neue Religionssoziologie erstellt fast nur noch Beschreibungen des Niedergangs kirchlicher Institutionen, die dem engen Blickwinkel der Pfarrsoziologie verhaftet sind." (Luckmann 1993: 51) Luckmann begründet seine Infragestellung der Gleichsetzung von Kirche und Religion vor allem mit der Heterogenität der Daseinsbedingungen in der modernen Gesellschaft. Sozialisation könne im Vergleich zur traditionalen Gesellschaft unter heutigen Bedingungen kaum noch Homogenität der Erfahrungen unterstellen. Diese fehlende Kohärenz wiederum kann dazu führen, dass das Dasein in der modernen Welt als ein persönliches Schicksal erlebt wird. Insofern plädiert Luckmann in Anlehnung an Weber und Durkheim für folgende Perspektive: „[...] daß das Problem der individuellen Daseinsführung in der modernen Gesellschaft ein »religiöses« Problem ist. Wir behaupten also, daß sich die Relevanz der Soziologie für den heutigen Menschen in erster Linie aus ihrem Bemühen um ein Verständnis für das Schicksal des einzelnen in der Struktur der modernen Gesellschaft ableitet." (Luckmann 1993: 49) Daraus folgt, dass neben der für das Kollektiv gedachten Antwort der Kirche alternative Konzepte für die Lösung dieses Schicksals analysiert werden müssen, was schließlich zu dem Vorschlag einer funktionalistisch und zugleich anthropologisch begründeten Definition von Religion führt. Hier, so Knoblauch im einleitenden Beitrag zur deutschen Übersetzung, wird der grundlegende Gedanke formuliert, dass sich Religion eben nicht mehr nur als Leitbild für Jenseitsvorstellungen interpretieren lässt, sondern eine Vielzahl von Antworten auf die Frage umfassen muss, was Mensch sein unter den heutigen Bedingungen bedeutet (vgl. Knoblauch 1993: 12). Dieser Vorschlag wurde in der religionssoziologischen Forschung sehr kontrovers aufgenommen, weil er einerseits die Perspektive auf das Religiöse signifikant erweiterte, andererseits an einem Grundproblem funktionalistischer Definitionen litt: Die Kontrastierung der institutionell verwurzelten Religion mit einer Privatisierung der Religion führe unweigerlich dazu, dass trennscharfe Operationalisierungen im Sinne von „Was gehört dazu? Und was gehört nicht dazu?" schwierig werden. Wenn sich die Orte, an denen Religion stattfindet, aber auch die Formen, in der Religion praktiziert wird, vervielfältigen, und letztlich ausschließlich die Praktizierenden über die Logik ihrer Praxis befinden, entsteht ein religiöser Pluralismus. Während einerseits der Rückgang von Kirchlichkeit, gemessen beispielsweise am Rückgang des Kirchenbesuchs, am nachlassenden Interesse an kirchlichen Fragen, schließlich auch an der Zunahme von Kirchenaustritten, gut ablesbar zu sein scheint, gibt es für den Rückzug des Religiösen ins Private kaum vergleichbare Indikatoren, die letztlich für eine Sichtbarkeit des Unsichtbaren sorgen könnten.

4. „Re-Spritiualisierung und De-Säkularisierung" – Neue Formen des Religiösen

Dass der Ort der Religion nicht mehr nur die Kirche ist, bestätigt zunächst nur die Koexistenz verschiedener Formen religiöser Praxis. Koexistenz bedeutet dabei keineswegs gegenseitige Anerkennung, eher wird den nicht-institutionellen Formen des Religiösen Unverbindlichkeit in doppelter Hinsicht vorgeworfen: Es handele sich eher um eine Befreiung vom Verbindlichen, und weniger um eine Reaktion auf fundamentale Gewissensfragen. Die Suche nach dem Sinn des Lebens bleibe ohne bestimmte Orientierungsvorgaben blind. Die Ausweitung des Religiösen auf andere sinnstiftende Institutionen wirft zudem die Frage auf, ob dann tatsächlich von einer Privatisierung der Religion gesprochen werden kann. Jede Auseinandersetzung mit Glaubensfragen ist letztlich ein vom Menschen selbst zu lösendes Problem, wobei auch hier einfache und komplexe Lösungen nebeneinander existieren. Die Suche nach den religiösen Funktionen der nicht-religiösen Strukturen (vgl. hierzu Knoblauch 1993: 28) führte daher zu einer langen Liste von Angeboten und Anbietern, die auf diesem Feld der Identitätssuche Märkte schaffen, die von sozialen Bewegungen unterschiedlichster Art getragen werden: politischer oder ökologischer Protest, Esoterik, Gesundheit, Therapie, Körperbewusstsein, Schönheit. Man ist weniger an kirchliche Institutionen und deren Autoritäten gebunden als früher. Weltanschauliche Orientierungen werden nicht mehr vorgegeben, sondern gewählt, zugleich leben religiöse Elemente in anderen Zusammenhängen, beispielsweise im Bereich der Freizeit und des Sports, fort (vgl. Pollack 2008: 172).

Was aber kann konkret gemeint sein, wenn vom Aufschwung individueller Religiosität gesprochen wird? Das Individuelle reproduziert doch eher das Gesellschaftliche, nicht das Gesellschaftliche das Individuelle! (vgl. hierzu auch Gumplowicz 1926: 172) Individuell zu sein würde doch bedeuten, etwas zu tun, was kein anderer macht – dieser Form von Individualität jedoch kann man nie gewiss sein, weil man kaum in der Lage sein wird, zu wissen, was viele andere tun. Ganz im Gegenteil ist für uns häufig das, was andere tun, ein wichtiger Gradmesser der Orientierung. Selbstverständlich spielen für Prozesse gesellschaftlichen Wandels auch Persönlichkeiten mit besonderen Eigenschaften eine wichtige Rolle, wie in Kapitel IV („Innovation und Gesellschaft") bereits erläutert wurde. Sie sind es aber in der Regel nicht, die einen bestimmten sozialen Prozess auf Dauer stellen. Für Mehrheitsfähigkeit sorgen andere Institutionen, die sich bei näherer Betrachtung der neuen Ausdrucksformen des Religiösen ebenfalls beobachten lassen. Wenn religiöse Zeremonien beispielsweise eine Form annehmen, die den Vergleich mit modernen Event-Veranstaltungen nicht scheuen muss, werden strenge Rituale mit populären Elementen vermischt und eröffnen Spielräume für neue Demonstrationen von Gemeinschaftsgefühl. Dabei ist es nicht die Masse, die von der Masse verehrt wird, sondern es sind in der Regel außergewöhnliche Personen, die eine solche Zusammenkunft wahrscheinlich machen.

„The greatest show on earth and heaven." – Über die Reisen von Papst Johannes Paul II

„Als sehr zeitgemäß erscheint die fast schon touristisch anmutende Reisefreudigkeit des Papstes [Johannes Paul II], die er (in etwas jüngeren Jahren noch) übrigens auch häufig mit entsprechend populären Freizeittätigkeiten zu verbinden wusste: Skifahren und Fußballspiele gehörten ebenso zur Reisetätigkeit des Papstes wie die Ausschmückung mediengerechter Staatsbesuche: der rote Teppich, das Abschreiten der Ehrenformation, Hymne, Flaggen, Sicherheitskräfte, Schaulustige, Sperrgitter, Reporter und Fotografen en masse und Fans, die sich mit den üblichen Pop-Devotionalien (T-Shirts, Tassen, Aufkleber) ausstatten. Selbst das im Zuge dieser Reisen eigens erfundene religiöse Ritual des Bodenkusses wendet sich gegen die Tradition, und die Geste des Segnens schleift sich ab zu einer bloßen Grußform.

Als spezifisch populär erweist sich zum einen natürlich die mediale Präsentation und Präsenz. Der Papst auf allen Kanälen gilt jedenfalls bei den großen Staatssendern – und deren populäre Erscheinungsform wird vor allem in den amerikanischen Medien sehr klar beim Namen genannt: „The whole visit was hyped as the greatest show on earth and heaven". Entsprechend populär ist das gesamte Auftreten: „Der Jet jagt von Stadt zu Stadt, das Popemobil von Kirche zu Kirche, der Papst von Messe zu Messe. In den Stadien (!) dreht das Popemobil seine Runden ebenso wie die Daimler der siegreichen Footballteams und der Popstars bei Open-Air-Konzerten." Ein Button mit dem Ausdruck „Go ahead – bless my day" gehört ebenso zu den Devotionalien.

Diese populäre Note zeichnet nicht nur den schon einige Zeit zurückliegenden Amerika-Besuch aus, von dem gerade eben die Rede war. Sie prägt auch einen jüngeren Auftritt: die Messe auf dem Wiener Heldenplatz im Jahre 1998. (Auf diesem symbolträchtigen Platz hatte er auch eine seiner ersten Auslandsmessen gehalten.) Wie schon beim Polenbesuch war auch hier die einzige Reaktionsform des Publikums: das Klatschen. Zwar hatten sich einzelne Besucher (und vor allem Besucherinnen) aufklappbare Knieschemel mitgebracht und waren vor der Veranstaltung auch entsprechend in Pose gegangen. Es stellte sich jedoch gleich heraus, dass es kaum etwas mitzubeten gab. Denn die Messe wurde auf der Bühne zelebriert: unterstützt von einem Orchester und einer Band in Rock-Besetzung sang ein riesiger Chor die Lieder in Melodien, die eigens für diesen Anlass geschrieben worden waren und die sogar mehr an Soft-Rock als an Sakropop erinnerten. Nicht einmal das Credo konnte mitgebetet werden, denn es wurde in einer neu geschaffenen Melodie von einer Opernsängerin vorgetragen. Auch wenn es sehr an die Form von Pop-Konzerten gemahnte, war Klatschen schon aus diesem Grund die einzig angemessene Reaktion."

Quelle: Knoblauch 2006

Die Parallelen solcher Veranstaltungen zu Pop-Events haben daher zu der Frage geführt, ob der Papst denn ein Popstar sei. Jedenfalls macht sich hier das kulturelle Gedächtnis der Religion (vgl. hierzu auch Knoblauch 2007: 86f.) in einer modernen Art und Weise deutlich, wie umgekehrt auch Personen, die nicht einem religiösen Kontext zugeordnet werden, durch den Rückgriff auf religiöse Elemente eine Form des Kults praktizieren, die die klassische Religion provoziert. Es sind nicht nur Popstars, die diese Themen aufgreifen, sondern auch ein gesellschaftliches Funktionssystem, das im Auftrag der Nachahmung tätig ist: die Werbung. Wie Reichertz anschaulich zeigen konnte, hat sich die Werbung schon immer aus der „Zeugkammer des Religiösen" (1998: 273) bedient und auf sprachlicher und bildlicher Ebene mit diesem kollektiven Gedächtnis gespielt: „Auf diese Steine können Sie bauen!" ist nur ein Beispiel aus vielen Verfremdungen biblischer Zitate, die auf ihre Art und Weise den Kampf um knappe Aufmerksamkeit führen. Dies geschieht sowohl in klassischer Weise zum Zwecke der Herausstellung des besonderen Produktnutzens, aber zunehmend eben auch im Sinne einer modernen „Ausfallbürgschaft" (Reichertz 1998: 296), die den moralischen Zweck des wirtschaftlichen Handelns in den Vordergrund stellt. Zugleich ist der Bereich von Werbung und Konsum ein wachsendes Feld, in dem man sich der säkularisierten Verwendung religiöser Begriffe versichern kann: Kaufhäuser werden zu Kathedralen des 21. Jahrhunderts, Warenhäuser werden als Tempel des Konsums bezeichnet, die Vorlieben der Fernsehzuschauer werden als „Gottesgericht der Einschaltquote" interpretiert, Pilgerströme führen nicht mehr nur zu Pilgerorten, sondern vermehrt auch zu musikalischen oder anderen Freizeitgroßereignissen. Den Höhepunkt in dieser Auflistung dürfte der Vergleich des Marketings mit einem „Gottesdienst am Kunden" sein (Schmidt 2000: 203 sowie Bolz 1994). Schmidt plädiert in diesem Zusammenhang für eine klare Trennung der Funktionsbereiche. Er legt Wert auf die Feststellung, dass von einer „gravierend relevanten Funktionsübernahme" (2000: 202) nicht ernsthaft gesprochen werden kann, nur weil es zu selektiven Imitationen des einen durch das andere System kommt. Stattdessen sei die Instrumentalisierung von religiösen Symbolen für andere Zwecke zunächst das augenscheinlichste dieser Entwicklung. Es werde daher zuvörderst mit systemeigenen Regeln Systemfremdes integriert mit einem primären Ziel: Beachtung finden.

In diesem Spielen mit Symbolen realisiert sich die vereinfachende und inszenierende Form dieser Angebote. Sie scheinen daher auch leicht durchschaubar und setzen kein komplexes Verständnis voraus. Die Angebote sind in der Regel diesseitsorientiert und sollen auch erkennbare und unmittelbare Gratifikationen garantieren. Glaubensvorstellungen, die eine in der Zukunft liegende Ungewissheit erträglicher machen sollen, spielen jedenfalls keine zentrale Rolle. Daher ist immer wieder behauptet worden, dass den westlichen Gesellschaften generell der Glaube an ein Jenseits abhanden gekommen sei. Stattdessen werde konsequent daran gearbeitet, das begrenzte Leben auf dieser Welt in jeglicher Hinsicht zu optimieren. Am Beispiel eines wachsenden Gesundheitsbewusstseins werden auch in diesem Zusammenhang Vergleiche mit religiöser Symbolik verwandt. So sprach ein Autor beispielsweise von der neuen

Dreifaltigkeit, die er in der Verbindung von Vorsorge, Enthaltsamkeit und Sport identifizierte. Gesundheit wird hier als eine Art von Religion bezeichnet und in zugespitzter Form als höchstes Gut betrachtet: „Wir erleben den bruchlosen Übergang von der katholischen Prozessionstradition in die Chefarztvisite. Diätbewegungen gehen als wellenförmige Massenbewegungen übers Land, in ihrem Ernst die Büßer- und Geißlerbewegungen des Mittelalters bei weitem übertreffend. Unbewusst, aber umso machtvoller richtet sich die religiöse Ursehnsucht der Menschen nach ewigem Leben und ewiger Glückseligkeit heute an Medizin und Psychotherapie. Bei Nichterfüllung Klage, versteht sich." (Lütz 2008: 45) Damit korrespondieren des Weiteren Vergleiche, die die heutigen Investitionen in den eigenen Körper als Befolgen eines umfassenden Askeseprogramms interpretieren. Während die religiös begründete Askese (beispielsweise das Fasten) in historischer Perspektive also vorwiegend der spirituellen Perfektion diente, werde heute Askese vor allem im Dienste einer körperlichen Perfektionierung betrieben (vgl. Brumberg 1994: 51) Die Arbeit am eigenen Körper wird in einer hochtechnisierten Welt zu einem wichtigen Resonanzboden. Dabei werden die Ziele, die man sich selbst setzt, wiederum durch gesellschaftliche Erwartungen überlagert und verstärkt. Deshalb ist beispielsweise von dem Fasten in seiner ursprünglichen Form zwar durchaus noch etwas übrig geblieben, aber neben dem religiös motivierten Verzicht hält die moderne Gesellschaft viele innerweltliche Orientierungs- und Nachahmungsangebote bereit, die dem Entsagen mal eine unanstrengendere, mal eine anstrengendere Form geben möchten.

Dieses Bedürfnis nach Selbstverwirklichung auf breiter Front führt zu einem Überangebot an sinnstiftenden Konzepten, was in Verbindung mit einer oberflächlichen Adaption des Religionsbegriffs zu einer tiefen Ambivalenz führt. In dieser Situation, die durch eine Koexistenz traditioneller und neuer Formen des Religiösen gekennzeichnet ist, ist daher stets mit neuen Offerten zu rechnen, aber durchaus auch mit einer Rückkehr zu früheren Formen des Religiösen. Wenn in der neueren religionssoziologischen Forschung von Re-Spiritualisierung, von De-Säkularisierung und von De-Privatisierung gesprochen wird (vgl. Pollack 2008), wird das Augenmerk auf die Bindungskraft vermeintlich unmoderner Formen des Glaubens gelenkt. Jedenfalls kann man heute durchaus wieder oder vermehrt Aufmerksamkeit erzeugen, wenn man sich als bibelfest erweist. Was scheinbar aus der „Mode" gekommen ist, erweist sich bei näherer Betrachtung eben doch noch nicht aus der Welt. In „Die Zukunft der westlichen Welt" hatte Daniel Bell bereits im Jahr 1976 auf die Grenzen der Faszination der Moderne hingewiesen (vgl. Bell 1976b). Sie wird jedenfalls nicht von einer Wertsphäre beherrscht, sondern – wie Max Weber ausführlich gezeigt hat – von dem Konflikt verschiedener Rationalitäten und ihrem Bemühen um Wahrheitsfindung.

Empfehlungen zum Weiterlesen

Faber, Richard/Hager, Frithjof (2008): Rückkehr der Religion oder säkulare Kultur? Würzburg.

Knoblauch, Hubert (2009): Populäre Religion. Auf dem Weg in eine spirituelle Gesellschaft. Frankfurt/Main u. a.

Weber, Max (1972): Die protestantischen Sekten und der Geist des Kapitalismus. [Zuerst 1906]. In: Ders.: Gesammelte Aufsätze zur Religionssoziologie, Bd. 1. 6., photomechanisch gedruckte Auflage. Tübingen, S. 207-236.

VII „... von ihrem Willen unabhängige Verhältnisse?" – Macht und Herrschaft

1. „Überlegene Organisationsfähigkeit" – Phänomene von Macht im Alltag

Das Denken in Relationen ist für soziologische Erklärungen von großer Relevanz. Wer von Gesellschaft spricht, denkt dabei gleichzeitig an die Rolle des Individuums, wer den Streit als eine Form der Vergesellschaftung einordnet, verdeutlicht die Grenzen von Selbstständigkeit, weil der Einzelne „mit der Unverfügbarkeit des Handelns des Anderen leben [muss] und damit auch mit der Möglichkeit, dass der Andere *anders* will und handelt, als man selbst meint, dass er soll." (Tyrell 1976: 256) Wird dagegen von Macht gesprochen, sind Verhältnisse impliziert, die auf der Gegenseite das Gefühl der Ohnmacht vermitteln. Diese Relation kann in ganz unterschiedlichen Variationen auftreten.

Ein naheliegender Fall ist gegeben, wenn jemand die Verfügbarkeit über Ressourcen gegenüber anderen einsetzt, um deren Widerstand zu brechen oder zu verringern. Die Grundlage der Machtausübung kann dabei exklusives Wissen sein, aber beispielsweise auch die Verfügbarkeit über knappe Rohstoffe, die ein Monopol begründen. Insbesondere marktbeherrschende Akteure sind in der Lage, ihre Ansprüche und Erwartungen an Dritte weitgehend konkurrenzlos zur Geltung zu bringen. Wenn große Handelsketten beispielsweise den Milchpreis diktieren, wenn Erdöl exportierende Länder Preisabsprachen treffen, wenn Software-Unternehmen die Weiterentwicklung ihrer Produkte nach eigenen Regeln definieren, wenn hochspezialisierte Fachkräfte ihren Marktwert durch Arbeitsverweigerung steigern wollen – immer dann werden Asymmetrien in der

Gestaltbarkeit von Handlungsfeldern deutlich. Macht wird als soziologische Kategorie aber auch dann bemüht, wenn demokratisch legitimierte Herrschaft durch konkurrierende Institutionen unterlaufen wird und eine Art Nebenstaat mit eigenen Regeln entsteht. Eigentlich staatliche Aufgaben werden alternativ organisiert und bestärken im Zuge ihrer Etablierung das Gefühl eines Versagens der herkömmlichen Institutionen. Elementare Bedürfnisse werden fortan von einem in der Regel zentral gesteuerten Netzwerk übernommen, das in der Lage ist, bestimmte Formen der Nachfrage zu befriedigen, gleichzeitig aber auch jederzeit ihre Unverzichtbarkeit durch selbstbestimmtes Nicht-Handeln unterstreichen kann. Innerhalb dieses *Klientelismus* gewährleistet man beispielsweise Schutz vor Gewalt, entwickelt aber auch eigene Regeln der Konfliktaustragung und koppelt an materielle Leistungen weitergehende Formen der Anerkennung (vgl. hierzu Elwert 2007: 283).

Die Problematik der Müllentsorgung im Süden Italiens ist dafür ein gutes Beispiel. Ein weitverzweigtes System des Lobbyismus sorgt für undurchsichtige Strukturen, die ein an sich illegales System der Müllverbrennung als einzig praktikables Konzept erscheinen lassen. Während in der Riesenprovinz Kampanien nicht eine einzige Verbrennungsanlage zu finden ist, werden Mülltransporte in deutsche Hochleistungsöfen organisiert und gleichzeitig Müllberge als Teil des Alltags am Leben erhalten. In diesem System gegenseitiger Abhängigkeiten werden diese Müllberge paradoxerweise als Ausdruck des Fortbestehens einer – wenngleich problematischen – Zuverdienstmöglichkeit wahrgenommen, so dass jeder Versuch des italienischen Staats, diese zu beseitigen, mit dem lokalen Protest der Anwohner rechnen muss. In einem Kommentar zu dieser Parallelgesellschaft bemerkte ein Journalist: „Es sind diese vor- und antistaatlichen Zustände, in denen die Camorristi gedeihen wie Schimmelpilze im Hausmüll." (Schümer 2008: 31) Dahrendorf würde in diesem Beispiel ohne Zweifel einen Beleg für seine These sehen, dass den modernen sozialen Konflikten eine klare Bestimmbarkeit ihrer sozialen Basis abhanden kommt (vgl. Dahrendorf 1992: 8).

Eine Öffentlichkeit, die die Zunahme von Gewaltexzessen im Rahmen sozialer Proteste mit Erstaunen und Ratlosigkeit zur Kenntnis nimmt, vermisst die Eindeutigkeit von Konfliktlinien und reagiert mit Unverständnis angesichts der Ungerichtetheit solcher Aktionen. Ein jüngeres Beispiel sind die Ausschreitungen in dem Athener Stadtteil Exarcheia, die im November des Jahres 2008 international diskutiert wurden. Der Tod eines Demonstranten stellte den traurigen Höhepunkt der alljährlichen Protestveranstaltungen dar, die ursprünglich einmal der Besetzung des Athener Polytechnikums durch Studenten während der Militärdiktatur am 17. November 1972 gedenken sollten, bei der damals mindestens 18 Studenten ums Leben kamen. Der eigentliche Anlass dieser Proteste ist aber immer weiter in den Hintergrund getreten, so dass ein Kommentator zwischen den damaligen Protesten und den nunmehr zu beobachtenden Exzessen Welten liegen sieht (vgl. Kisoudis 2008: 15). Als es am 1. Mai 2009 in Berlin-Kreuzberg zu heftigen Auseinandersetzungen zwischen Demonstranten und der Polizei kam, ging ein weitgehend einhelliges Urteil durch die späteren Analysen: Klare Ziele treten in den Hintergrund, der punktuellen Entladung von Unzufriedenheit fehlt es in jeder Hinsicht an Programmatik. Obwohl der Staat in diesen Situationen von seinem Gewaltmonopol Gebrauch macht und machen muss, bleibt bei den Beobachtern und Betroffenen ein Gefühl der Ohnmacht zurück.

Von Macht wird aber auch dann gesprochen, wenn in ganz alltäglichen Situationen sich Formen guter Organisationsfähigkeit zum Nachteil von Dritten auswirken, die an sich über die gleichen Chancen und Rechte verfügen. Das Liegestuhlbeispiel von Heinrich Popitz (1925-2002) beschreibt das Schicksal der Sonnenanbeter, die auf einem Passagierschiff immer wieder aufs Neue feststellen müssen, dass die begehrten Plätze bereits reserviert sind.

Machtbildung auf einem Schiff

„Ein Schiff kreuzt im östlichen Mittelmeer von Hafen zu Hafen, Waren aller Art und Passagiere aller Zungen an Bord, Händler und Touristen auf der Fahrt zum nächsten Markt oder zum nächsten Tempel, Familienbesucher, Umzügler, Flüchtende. Die meisten kampieren auf Deck. Der einzige Luxus und zugleich die einzigen Requisiten der folgenden Handlung sind einige Liegestühle. Es gibt etwa ein Drittel so viel wie Passagiere.

In den ersten Tagen, zwischen drei oder vier Häfen, wechseln diese Liegestühle ständig ihre Besitzer. Sobald jemand aufstand, galt der Liegestuhl als frei. Belegsymbole wurden nicht anerkannt. Diese Übung setzte sich vollkommen durch und erwies sich als zweckmäßig. Die Zahl der Liegestühle reichte für den jeweiligen Bedarf etwa aus, man fand meist einen, den man wollte. Ein Gebrauchsgut, das in begrenzter Zahl zur Verfügung stand, wurde nicht knapp.

Nach der Ausfahrt aus einem Hafen, in dem wie üblich die Passagiere gewechselt hatten, brach diese Ordnung plötzlich zusammen. Die Neuankömmlinge hatten die Liegestühle an sich gebracht und erhoben einen dauerhaften Besitzanspruch. Sie deklarierten also auch einen zeitweilig nicht von ihnen besetzten Liegestuhl als „belegt". Das war durch Belegungssymbole nach wie vor nicht durchsetzbar. Aber es gelang durch den gemeinsamen Kraftaufwand aller Auch-Besitzer: Näherte man sich einem freien Liegestuhl in irgend verdächtiger Weise, so wurde man durch Posen, Gesten und Geschrei der Auch-Besitzer zurückgewiesen. Die Abschreckungsaktionen waren so eindrucksvoll, daß ein handgreiflicher Konflikt nicht zustande kam. Sie wurden überdies im Laufe der Zeit noch dadurch bekräftigt, daß die Besitzenden ihre Liegestühle näher aneinanderschoben, bis sich schließlich Konzentrationen ergaben, die wehrhaften Wagenburgen glichen. Die gerade nicht besetzten Liegestühle wurden zusammengeklappt und dienten als Ringmauer.

> Nach der Durchsetzung exklusiver Verfügungsgewalten einer Teilgruppe über ein allgemein begehrtes Gebrauchsgut bekam das Sammelsurium der Passagiere Struktur. Zwei Klassen hatten sich etabliert, Besitzende und Nicht-Besitzende, positiv und negativ Privilegierte."
>
> *Quelle: Popitz 1992: 187ff.*

Ähnliches vollzieht sich in Hotelanlagen des modernen Tourismus, wenn es um die schönen Plätze am Swimmingpool oder auf der Restaurantterrasse geht: Immer finden sich Gleichgesinnte, die sich der Rechtmäßigkeit ihrer Handlungen gegenseitig versichern. Das Phänomen verschwindet auch nicht, wenn jene, die sich verbündet haben, abreisen müssen. Die Unzufriedenheit der zunächst Benachteiligten wandelt sich in die Bereitschaft zu neuen Koalitionsbildungen um. Ohne das Vorliegen von Herrschaftsbefugnis erhöht sich erneut die Chance, den eigenen Willen gegenüber anderen durchzusetzen.

Damit kann zunächst festgehalten werden: „Macht kann beruhen auf persönlicher, physischer oder psychischer Überlegenheit, auf Charisma, Wissen, höherer Informiertheit, Prestige; exklusiver (andere ausschließender) Verfügungsgewalt über knappe, begehrte Güter (Eigentum, Besitz); auf überlegener Organisationsfähigkeit." (Hillmann 2007: 516) Der Hinweis auf die Chancen soll überleiten zu einer Definition, die die Auseinandersetzung mit dem Machtphänomen in der Soziologie maßgeblich mit bestimmt hat.

2. „... a relational concept" – Soziologische Ansätze zum Verständnis von Macht

Aus soziologischer Perspektive über das Phänomen *Macht* zu sprechen, heißt in der Regel, sich mit einem Vorschlag Max Webers auseinander zu setzen: „Macht bedeutet jede Chance, innerhalb einer sozialen Beziehung den eigenen Willen auch gegen Widerstreben durchzusetzen, gleichviel worauf diese Chance beruht." (Weber 1984 [zuerst 1921]: 89) Die Aussage „gleichviel, worauf diese Chance beruht" deckt sich mit den gerade genannten Grundlagen, auf die sich Macht stützen kann. Vor der Herausbildung des modernen Rechtsstaats war dies häufig die Anwendung oder Drohung mit Gewalt, letztlich also die Bedrohung von Autonomie. Bevor Gewalt zum Einsatz kommt, können andere „Kräfte" vorbereitend wirken. Eine weitreichende Wirkung des geschriebenen Worts unterstellte Karl Kraus in „Die letzten Tage der Menschheit". Über den Ersten Weltkrieg schrieb er: „Invalide waren wir durch die Rotationsmaschinen, ehe es Opfer durch Kanonen gab." (Kraus 1919: 593f.)

Weber galt der Begriff *Herrschaft* verglichen mit dem Begriff Macht als wesentlich präziser und daher für die Soziologie als fruchtbarere Kategorie. Daher steht die Ausarbeitung einer Herrschaftssoziologie über dem Anliegen, eine Machtsoziologie zu skizzieren. Denn Herrschaft ist für ihn definitionsgemäß „die Chance, für einen Befehl bestimmten Inhalts bei angebbaren Personen Gehorsam zu finden." (Weber 1921/1984: 89) Diese Definition lenkt den Blick auf die Legitimität einer durch Über- und Unterordnungsverhältnisse bestimmten sozialen Beziehung bzw. sozialen Ordnung. Macht als ein Phänomen zu bezeichnen, das auf einer gesatzten Ordnung beruht, bedeutet letztlich: Weil es eine gesatzte Ordnung gibt, können sich auf der Grundlage der dadurch geschaffenen Strukturen neue Ressourcen entwickeln, die dann als Machtphänomene erscheinen mögen. Macht und Herrschaft repräsentieren den Konflikt zwischen institutionalisierten und autorisierten Herrschaftsverhältnissen einerseits und Einfluss- und Machtverhältnissen andererseits. Die amerikanische Soziologie hat in dieser Hinsicht das Machtphänomen, dort mit dem Begriff „Power" bezeichnet, als etwas betrachtet, das bestimmte Dinge in Gang bringt („to get things done"). Diese Formulierung hat beispielsweise Talcott Parsons verwandt (Parsons 1965: 182). Wrong hingegen definiert Macht „as a synonym for capacity, skill, or talent. This use encompasses the capacity to engage in certain kinds of performance, or 'skill' in the strict sense, the capacity to produce an effect of some sort on the external world, and the physical or psychological energies underlying any and all human performances – the 'power to act' itself, as it were." (Wrong 1979: 1)

Wenn somit Herrschaft und Macht differenziert werden, müssen auch Legitimations- und Ressourcengrundlage unterschieden werden. Das bedeutet: Die jeweilige Legitimation muss mit der Ressource verknüpft werden, die erforderlich ist, um bestimmte Dinge überhaupt in Bewegung bringen zu können. So fallen beispielsweise bei einem gewählten Berufspolitiker, der seine politische Macht nutzt, um den Bau eines öffentlichen Gebäudes in die Wege zu leiten, Ressource und Legitimation zusammen; nutzt jedoch der Aktieninhaber eines Fernsehsenders seine Möglichkeiten für politische Einflussnahme, ist dies nicht der Fall. Hennen und Prigge, die in den 1970er Jahren eine systematische Analyse der Begriffe Autorität und Herrschaft vorgelegt haben, kamen zu folgendem Ergebnis: „Systematisch betrachtet ist Macht für uns eine Randerscheinung, obwohl ihre Bedeutung für bestimmte Prozesse in der Gesellschaft damit keineswegs geleugnet werden soll." (Hennen/Prigge 1977: 5) Damit vergleichbar ist die Auffassung Arons, wonach Herrschaft ein engeres Gebiet absteckt, „in dem derjenige, der seinen Willen durchsetzt, sich des Befehls bedient und Gehorsam erwartet." (Aron 1974: 75) Wer daher häufig den Macht-Begriff zur Beschreibung gesellschaftlicher Prozesse verwendet, muss mit dem Vorwurf rechnen, alles über einen Kamm zu scheren. Die Nähe zum Alltagsverständnis ist in diesem Falle evident.

Ein weiterer Zugang bietet sich über den britischen Philosophen und Mathematiker Bertrand Russell (1872-1970), der Macht als das „Hervorbringen beabsichtigter Wirkungen" (Russell 1947: 29) definiert hat. Als Klassifikation von Machtphänomenen schlägt er vor, die Möglichkeiten der Einflussnahme auf Individuen zu berücksichtigen und darüber hinaus den Typus der jeweiligen Organisation zu betrachten.

Klassifikation von Machtformen

„Es gibt mehrere Möglichkeiten, Machtformen zu klassifizieren. Jede dieser Möglichkeiten hat ihre Vorzüge. Zunächst einmal gibt es Macht über Menschen und Macht über tote Materie und nichtmenschliche Lebensformen. Ich werde mich vor allem mit der Macht über Menschen beschäftigen, aber es wird notwendig sein, daran zu erinnern, daß die Hauptursache für Veränderungen in der modernen Welt das Anwachsen der Macht über die Materie ist, das wir der Wissenschaft schulden.

Macht über Menschen kann nach der Weise, wie Individuen beeinflußt werden, oder nach dem Typus der betreffenden Organisation klassifiziert werden.

Ein Individuum kann beeinflusst werden: a) durch direkte physische Gewalt über seinen Körper, d.h. wenn es gefangen gesetzt oder getötet wird; b) durch Belohnungen oder Strafen als Mittel der Veranlassung, z. B. durch das Vergeben oder Nicht-Vergeben von Arbeit; c) durch Beeinflussung der Meinung, d.h. Propaganda im weitesten Sinne. In diese letzte Abteilung würde ich die Gelegenheit, bei anderen begehrte Gewohnheiten hervorzurufen, einschließen, zum Beispiel durch militärischen Drill, wobei der einzige Unterschied darin besteht, daß in solchen Fällen das Handeln ohne einen derartigen mentalen Zwischenträger erfolgt, wie ihn die Meinung darstellt."

Quelle: Russell 1947: 29f.

Russell unterscheidet folgende Organisationen nach der Art der Macht, die diese ausüben: „Heer und Polizei üben zwingende Macht über den Körper aus; wirtschaftliche Organisationen gebrauchen hauptsächlich Belohnungen und Strafen zur Verleitung und Abschreckung; Schulen, Kirchen und politische Parteien streben nach Beeinflussung der Meinung. Aber diese Unterschiede heben sich nicht schroff von einander ab, da jede Organisation andere zusätzliche Machtformen benützt, außer der für sie am meisten bezeichnenden." (Russell 1947: 31) Die Einschränkung, die Russell in dieser Klassifikation vornimmt, verdeutlicht nochmals, dass die Ressourcengrundlage von Macht häufig aus der Einbindung in Netzwerke resultiert. Dieser Gedanke scheint für das Verständnis von Macht sehr zentral zu sein.

Zu diesem Zweck ist die Einführung eines weiteren Begriffs notwendig, der bisher noch nicht definiert wurde: Autorität. Wenn *Autorität* die Eigenschaft einer Person oder einer Gruppe von Personen sein soll, Herrschaft dagegen die Eigenschaft eines sozialen Systems, so ist die Organisation von Herrschaft ohne die Vernetzung von Autoritäten kaum vorstellbar. Diese Vernetzung aber ist es, die auf der Grundlage von Herrschaft eine Eigendynamik entfalten kann und sogenannte Autoritätskartelle hervorbringt. Autorität gewinnt hier eine Eigendynamik, die sich aus einer Art Halo-Effekt ergibt: Legitimierte Autorität auf einem fest definierten Gebiet strahlt auf andere Gebiete aus und entfaltet ihre Wirkung ohne Legitmationsgrundlage (vgl. Hennen/Prigge 1977: 123). Damit soll verdeutlicht werden, dass „Machtbeziehungen [...] aus der Interaktion hervor[gehen], während Herrschaftsbeziehungen auf Legitimitätsvorstellungen beruhen." (Hennen 1990: 216) Anthony Giddens hat dies treffend formuliert, indem er Macht als ein relationales Phänomen definierte: „Power is a relational concept, but only operates as such through the utilization of transformative capacity as generated by structures of domination." (Giddens 1979: 100) Es wird auch von relativer Macht gesprochen (vgl. Aron 1974: 77). Mit anderen Worten: Wer auf der Basis von Herrschaft Autoritätsbefugnisse hat, besitzt nicht nur die Möglichkeit, innerhalb eines formal legitimierten Rahmens zu agieren, seine Durchsetzungschancen beruhen gerade darauf, dass sich über diesen Rahmen ganz neue Möglichkeiten eröffnen. Das ist mit *Autoritätskartellen* gemeint, die Hennen und Prigge auch entsprechend interpretieren. Solche Interaktionsmechanismen sind es, die das Gefühl vermitteln, dass eine spezifische Autorität dazu neigt, sich zu generalisieren. Damit entsteht der Vorwurf der Manipulation oder es wird ein solcher Tatbestand als Verdacht unterstellt. Daran liegt es, dass das Pendant von Macht häufig Ohnmacht ist, gelegentlich auch der Begriff der Willkür Pate steht. Formale Herrschaftsprinzipien sind also die Grundlage von bindenden Entscheidungen, gehen jedoch über diese hinaus und lassen Einflussmöglichkeiten entstehen, die als paradoxer Effekt des Vorliegens von Herrschaft bezeichnet werden müssen. Aus dieser Perspektive sind es also die Spielräume, die es den Akteuren gestatten, Macht zu entfalten. Im Französischen unterscheidet man „puissance" (= die Fähigkeit, etwas zu tun), und „pouvoir" (= Macht, also die Ausübung) (vgl. Aron 1974: 72). Dort findet sich auch die Unterscheidung von formeller und informeller Macht im Sinne einer offiziellen und einer wirklichen Verteilung derselben (vgl. ebenda: 80).

Wenn von der Macht der Verhältnisse gesprochen wird, sind diese Differenzierungen eher nicht gemeint. Die Vorstellung aber, an diesen Konstellationen nichts ändern zu können, birgt eine Nähe zum Zwang in sich. Die Unterscheidung zwischen Macht und Zwang spielt sowohl bei Max Weber (vgl. 1921/1984: 59f.), aber auch in der Auseinandersetzung Luhmanns mit dem Macht-Begriff (vgl. 1975: 9) eine zentrale Rolle. Luhmann betrachtet Macht – ähnlich wie Kommunikation – als den Versuch, die Selektionen Dritter zu beeinflussen bzw. zu dirigieren. Macht wirkt also über die Beeinflussung der Selektion von Handlungen (anderer „Akteure"). (vgl. Luhmann 1975: 8) Das Potential von Macht steigt mit den Freiheitsgraden, den möglichen Alternativen, die den Handelnden zur Verfügung stehen. Eben hier liegt die Differenz zum Zwang. Zwang reduziert die Wahl auf Null. Wer Zwang ausübt, hat die Selektions- und Entscheidungslast. Er muss quasi mitteilen, was zu tun ist. Ein Schachspieler, der durch einen geschickten Zug den Spielraum seines Gegenübers begrenzt, legt damit noch nicht den nächsten Schritt fest. Aber er sorgt dafür, dass etwas geschieht, was nicht mehr aus freien Stücken erfolgt.

In dieser direkten Form wird Macht im Alltag wahrscheinlich selten erfahren. Eher scheint das Bild des Katalysators treffender zu sein: Ähnlich wie dieser im technischen Sinne der Beschleunigung oder Verlangsamung von Prozessen dient, so fungiert Macht als Beschleuniger oder Verlangsamer innerhalb zwischenmenschlicher Interaktionen. Macht erhöht somit die Chance, aus etwas Unwahrscheinlichem etwas Wahrscheinliches zu machen.

Jedenfalls kann man sagen, dass Macht ein häufig bemühter Faktor zur Erklärung sozialer Phänomene ist. Dabei wird der Begriff in der Regel ohne theoretische Reflexion verwandt, also nicht überlegt, ob der Begriff und der gemeinte Sachverhalt in einem angemessenen Verhältnis stehen. Die Alltagssprache ist dennoch insofern ein wichtiger Indikator, weil die häufige Verwendung des Begriffs auch etwas über die persönliche Chance, Dinge in eine bestimmte Richtung lenken zu können oder gestalterisch tätig sein zu können, verrät. Je stärker die Gesellschaft als System von Über- und Unterordnungsverhältnissen wahrgenommen wird, desto häufiger werden eher fatalistische Stimmen laut, die in dem Zwang der Verhältnisse oder den gegebenen Umständen die Ursache für Entscheidungen sehen, die sich aus der Sicht der Betroffenen als unausweichlich darstellen. Der Begriff Herrschaft wird in diesem Sinne kaum verwandt, er ist nicht Teil der Alltagssprache, obwohl er der präzisere Begriff ist.

Dennoch bleibt es wichtig herauszustellen, dass es zunächst einmal Herrschaft ist, die den Einsatz von Ressourcen und damit die Gestaltung von Handlungsspielräumen ermöglicht. Macht kann auch ohne das Vorliegen einer Herrschaftsordnung ausgeübt werden. Macht kann aber auch ermöglicht werden und aus diesem Grund zur Ausdehnung tendieren, wenn sie auf der Basis einer geltenden Ordnung ausgeübt wird. Schließlich können sich innerhalb einer gegebenen Herrschaftsordnung Formen der Machtausübung beobachten lassen, die sich typischerweise dort nicht erwarten lassen. So erschöpft sich beispielsweise traditionale Herrschaft nicht ausschließlich darin, dass sie sich auf den Glauben an das bislang Bewährte und auf die Gültigkeit von althergebrachten Traditionen berufen kann, sondern innerhalb dieser Herrschaftsform gibt es auch Formen von Meinungsführerschaft, Formen von charismatischen Verehrungen usw. Die soziale Wirklichkeit tritt uns also häufiger in Mischformen, sehr selten oder fast nie als Idealtypus gegenüber. Mit Elias kann man die Ursache für diese Mischformen in dem *„polymorphen Charakter der Machtquellen"* (Elias 1970: 97) sehen. Das Unbehagen, das Macht auslöst, liegt eben zum Teil in der Undurchsichtigkeit der Strukturen, die ihr eine Wirkkraft verleihen. Deshalb ist und bleibt dieses Thema emotional besetzt: „Macht eines Anderen ist etwas, das man fürchtet: er kann uns zwingen, etwas zu tun, ob wir es wollen oder nicht. Macht ist suspekt: Menschen gebrauchen ihre Macht, um andere für ihre eigenen Zwecke auszubeuten. Macht erscheint als unethisch: jeder Mensch sollte in der Lage sein, alle Entscheidungen für sich selbst zu treffen. Und der Geruch von Furcht und Verdacht, der den Begriff anhaftet, überträgt sich verständlicherweise auf seinen Gebrauch in einer wissenschaftlichen Theorie." (ebenda: 97) Elias schlägt daher vor, sich um eine möglichst hohe Transparenz der Struktureigentümlichkeiten, über die gesprochen wird, zu bemühen. Konkret heißt dies, dass soziale Beziehungen immer dadurch gekennzeichnet sind, dass die beteiligten Subjekte nicht wirklich unabhängig sind. Sie orientieren sich beispielsweise in ihrer Handlungsplanung an den Erwartungen Dritter und diese tun es vice versa. Immer dann, wenn eine dieser Richtungen dominanter als die andere ist, entsteht eine Asymmetrie in den sozialen Beziehungen, die unterschiedlichste Gründe haben kann: Der eine weiß mehr als der andere und ist daher überzeugender, er nutzt seine materiellen Ressourcen, um Abhängigkeiten aufzubauen, er befindet sich in einer Position, die andere begehren und aus diesem Grund Zugeständnisse machen müssen usw. So kann für Zweierbeziehungen ein Machtsaldo ermittelt werden, aber auch für Interdependenzketten, die für eine Vielzahl von Menschen, Elias spricht hier vorwiegend von Figurationen, von Bedeutung sind. Je höher die Anzahl der in eine bestimmte Situation involvierten Akteure, desto undurchschaubarer und schwieriger wird es, die Wirkungsketten von Überlegenheit/Unterlegenheit in Form eines Machtsaldos darzustellen.

3. Die „Wirklichkeit des Vernünftigen" – Macht als Stabilisator

Wenn nach einer Gemeinsamkeit gesucht wird, die trotz wachsender Komplexität der zu berücksichtigenden sozialen Beziehungen vorhanden ist, dann ist es die Instabilität, die all diesen sozialen Systemen innewohnt. Sie beruhen auf einem Ordnungsprinzip, dem nicht wirklich zugestimmt wurde, zumindest nicht aus innerer Überzeugung. Hennen und Prigge haben daher festgestellt: „Soziale Systeme, die mit Macht und Gewalt auszukommen suchen, sind immer labil und gefährdet. Diese Instabilität bringt es im Bereich des Erkenntnisinteresses mit sich, daß Fragen nach der Naturnotwendigkeit von sozialer Reglementierung und herrschaftlicher Ordnung gestellt werden." (1977: 34)

Ein Kernsatz lautet daher: Wo keine Gesellschaft ist, da ist auch keine Herrschaft. Wenn Belohnungen und Bestrafungen bestimmten, nachvollziehbaren Grundsätzen folgen, haben wir es im Sinne Webers mit gesellschaftlich organisierter Herrschaft zu tun. Die Notwendigkeit der Einwilligung in ein solches Regelwerk ist in der Geschichte der Sozialtheorie eng an historische Erfahrungen gekoppelt. Wenn dem Gesellschaftszustand der Naturzustand gegenüber gestellt wird, dann bedeutet dies im Falle des englischen Philosophen Thomas Hobbes (1588-1679) den Vergleich von Zuständen, in denen in dem einen Fall die Regeln vorhanden und akzeptiert werden, in dem anderen Fall Regellosigkeit existiert und deshalb die stabilisierende Kraft von Institutionen fehlt.

Der Krieg eines jeden gegen jeden

„Die Natur hat die Menschen hinsichtlich ihrer körperlichen und geistigen Fähigkeiten so gleich geschaffen, daß trotz der Tatsache, daß bisweilen der eine einen offensichtlich stärkeren Körper oder gewandteren Geist als der andere besitzt, der

Unterschied zwischen den Menschen alles in allem doch nicht so beträchtlich ist, als daß der eine auf Grund dessen einen Vorteil beanspruchen könnte, den ein anderer nicht ebensogut für sich verlangen dürfte. Denn was die Körperstärke betrifft, so ist der Schwächste stark genug, den Stärksten zu töten – entweder durch Hinterlist oder durch ein Bündnis mit anderen, die sich in derselben Gefahr wie er selbst befinden. [...]

Und wenn daher zwei Menschen nach demselben Gegenstand streben, den sie jedoch nicht zusammen genießen können, so werden sie Feinde und sind in Verfolgung ihrer Absicht, die grundsätzlich Selbsterhaltung und bisweilen nur Genuß ist, bestrebt, sich gegenseitig zu vernichten und zu unterwerfen. [...]

Und wegen dieses gegenseitigen Mißtrauens gibt es für niemand einen anderen Weg, sich selbst zu sichern, der so vernünftig wäre wie Vorbeugung, das heißt, mit Gewalt und List nach Kräften jedermann zu unterwerfen, und zwar so lange, bis er keine andere Macht mehr sieht, die groß genug wäre, ihn zu gefährden. [...]

Daraus ergibt sich klar, daß die Menschen während der Zeit, in der sie ohne eine allgemeine, sie alle im Zaum haltende Macht leben, sich in einem Zustand befinden, der Krieg genannt wird, und zwar in einem Krieg eines jeden gegen jeden. Denn Krieg besteht nicht nur in Schlachten oder Kampfhandlungen, sondern in einem Zeitraum, in dem der Wille zum Kampf genügend bekannt ist."

Quelle: Hobbes 1966 [zuerst 1651]: 94ff.

Hobbes' Vorstellung eines „bellum omnia contra omnes" ist empirisch zwar kaum vorstellbar. Gesellschaft bedeutet für ihn aber vor allem: Begrenzung des Selbstinteresses aus eigenem Interesse. Der Verzicht dient dem eigenen Schutz und zugleich der Stärkung einer übergeordneten Instanz. Dieses Bollwerk gegen den menschlichen Egoismus, das Hobbes als *Leviathan* bezeichnet, ist das Ergebnis eines Vertrages, in dem die Mitglieder der Gesellschaft die Rolle des Untertan annehmen und akzeptieren und als Gegenleistung für diese Form des Gehorsams Schutz erhalten (vgl. auch Hennen/Prigge 1977: 34f.). Freiheit wird daher bei Hobbes nicht zu unbändiger Freiheit, sondern zu einer Freiheit, die man auch anderen zugestehen würde. Dieses Balancekonzept beschreibt somit das Ideal symmetrischer sozialer Beziehungen und die Auslagerung der Machtfrage auf eine übergeordnete Institution. Hobbes hat damit ein zentrales Ordnungsproblem formuliert, das die Soziologie bis heute beschäftigt. Die Antworten, die im Kontext der sogenannten Vertragstheorie gegeben wurden, unterschieden sich im Wesentlichen in der Einschätzung der menschlichen Natur und der daraus abgeleiteten Rolle des Staates. Begleitet wird diese Kontroverse von einer unterschiedlichen Einschätzung der Selbstregulierungskraft von Gesellschaften. Die „Wirklichkeit des Vernünftigen", von der der deutsche Philosoph Hegel sprach, wird von Adam Smith beispielsweise in der regulierenden Wirkung des Marktgeschehens (invisible hand) gesehen, von Marx dagegen in einer Überwindung von Klassenkämpfen, weil der darin angelegte Antagonismus Machtverhältnisse repräsentiere, deren Verschwinden auch die Notwendigkeit eines Staates entbehrlich mache. Die historische Erfahrung hat gezeigt, dass weder das eine (die Entbehrlichkeit des Staates) noch die Kraft der Selbststeuerung durch Marktgesetzlichkeiten einen Zustand garantiert, der frei von Konflikten ist. Schließlich spielt bei allen diskutierten Vorschlägen die Rolle des Eigentums unter Einschluss des Eigentums an der eigenen Person (im Sinne einer elementaren Schutzfunktion) eine maßgebliche Rolle. Dafür stehen beispielsweise die Ideen des Staatsrechtlers Hugo Grotius (1583-1645) oder die Ideen des Philosophen John Locke (1632-1704). Da Eigentum ungleich verteilt ist, differiert auch die Wertschätzung, die dem daran gekoppelten Schutzgedanken zuteil wird. Ein neutraler Standpunkt, von dem aus die Frage „Warum ist Gesellschaft und warum ist Herrschaft notwendig?" widerspruchsfrei beantwortet werden kann, ist also schwer zu finden. Denn im Falle beispielsweise von Hobbes' Gesellschaftsvertrag hat Luhmann mit seinem Einwand nicht ganz unrecht: Von wem genau hätte denn ein solcher Vertrag ausgedacht und beschlossen werden sollen? Und wer hat ihm explizit zugestimmt? Das Zustandekommen eines solchen Vertrages benötigt bereits jene gesellschaftliche Ordnung, für die er als Ursache identifiziert wird. Die beim Modell des Gesellschaftsvertrags vorausgesetzte Wahlsituation gibt es nicht (vgl. Luhmann 1984: 444).

Max Weber hat sich dennoch intensiv mit der Frage befasst, wie sich die in historischer Perspektive beobachtbaren Herrschaftsformen im Hinblick auf die Stabilisierung von Erwartungen unterscheiden lassen. Mit Erwartungen ist dabei gemeint, dass in einer Vielzahl von Situationen mit berechenbaren Handlungsabläufen bzw. Reaktionsformen zu rechnen ist. Diese Stabilität kann als Ausdruck von Anerkennung interpretiert werden. Die Anerkennung einer geltenden Ordnung kann wiederum unterschiedlich motiviert sein und durchaus auch in einer Mischform auftreten: Wenn als Begründung das Argument vorgetragen wird, es sei schon immer so gewesen, wird vor allem die Tradition bemüht und die Unumstößlichkeit historisch tradierter Gewohnheiten. Die Begründung ist diffus, zugleich ist die Bereitschaft zum Wandel, also zur Änderung der bestehenden Verhältnisse, unter diesen Bedingungen in der Regel gering. Eine emotional bzw. affektuell begründete Zustimmung ist weniger sachlich motiviert, sondern das Ergebnis der Anerkennung eines Vorbildes, einer herausragenden Persönlichkeit, der man gefühlsmäßig eine besondere Fähigkeit zur Lenkung der Geschicke eines Landes oder einer anderen sozialen Einheit zuschreibt. Anders gestaltet sich die Anerkennung, wenn in der geltenden Ordnung etwas erkannt wird, dass den eigenen Wertvorstellungen zutiefst entspricht. Das, was man persönlich als erstrebenswert betrachtet, wird als Spiegelbild der geltenden Regeln interpretiert und umgekehrt sind die eigenen Lebensprinzipien auf Grund ihrer Verbindlichkeit in gleicher Weise Anlass für eine Zustimmung zu einer Ordnung, die diese unterstützt. Schließlich kann die Anerkennung dem Glauben an die Legalität einer Ordnung entspringen, sei diese nun durch den Abschluss eines Vertrages herbeigeführt worden oder durch eine von vielen unterzeichnete Vereinbarung oder schlicht durch Entscheidungen einer anerkannten übergeordneten Instanz (z. B. eine nach demokratischen Regeln gewählte Regierung).

Die Chance, für einen Befehl spezifischen Inhalts Gehorsam zu finden, kann das Ergebnis verschiedener Anerkennungsformen sein. Dieser positiven Herbeiführung muss aber auch die Chance zur Durchsetzung hinzugefügt werden, indem gegebenenfalls mit Sanktionen für die Realisierung eines gewünschten Ziels gesorgt wird. Die Verbindlichkeit einer bestehenden Ordnung wird durch die Chance des flexiblen Einsatzes dieses Instruments gestärkt. Wer dagegen ausschließlich mit negativen Sanktionen droht, konterkariert damit die nichtvertraglichen Elemente eines solchen Vertrags. Ein Blick auf Webers „drei reine Typen der Herrschaft" vermittelt in diesem Zusammenhang die jeweils dominierenden Eigentümlichkeiten und Strukturen.

Ein wesentliches Charakteristikum der *traditionalen Herrschaft* ist für Weber der Glaube an die „Unverbrüchlichkeit des Immersogewesenen als solchem". Die traditionale Herrschaft beruft sich auf Traditionen und es sind die Traditionen, die diesen Herrschaftstypus fortsetzen. Die Vergangenheit dient als Legitimation und die Zukunft wird in ihrer Komplexität reduziert. Die soziale Ordnung folgt unumstößlichen Grundsätzen, was sich beispielsweise an dem dichten Regelwerk der ständischen Gesellschaft verdeutlichen lässt. Wenngleich die Beziehungen zwischen Herr und Diener, zwischen Feudalherren und Vasallen, vorgegeben sind, fehlt es den existierenden Herrschaftsbefugnissen an einer klaren Begrenzung, so dass sich traditionelle Elemente auch mit willkürlichen Elementen mischen können (vgl. hierzu Münch 2002: 178f.).

Während die traditionale Herrschaft von dem Fortbestehen bestimmter sozialer Strukturen lebt, tritt *charismatische Herrschaft* eher dann auf, wenn bestehende Herrschaftsstrukturen aufgelöst werden und an die Stelle eines Übermaßes an Reglementierung die Überzeugungskraft herausragender Persönlichkeiten tritt. Charismatische Herrschaftsformen sind daher typisch für gesellschaftliche Übergangssituationen bzw. Transformationsprozesse, in denen eine etablierte Herrschaftsform durch eine andere abgelöst wird. Aber auch im Falle der charismatischen Herrschaft ist es wichtig darauf hinzuweisen, dass jenseits der Definition als Übergangstypus Charisma auch unter anderen Herrschaftsformen eine bedeutende Rolle spielen kann. Die Aussage „Ideen sind kalt, Personen sind heiß" soll schließlich auf die Steigerung der Wahrscheinlichkeit des Durchsetzens von Interessen hinweisen, wenn die Person, die diese Interessen vertritt, nicht nur rational, sondern auch affektiv wirkt. Je länger eine solche Situation vorherrscht, desto problematischer erweist sich in der Regel die Gestaltung der Nachfolge. Charismatische Herrscher sind in einem übertragenen Sinne Alleindarsteller, die ihre Überlegenheit auch zu ihrem eigenen Schutze einsetzen. Schwindet erst einmal die affektive Bindung an diesen Herrschaftstypus, erweisen sich die durch ihn geschaffenen Strukturen als labil.

Die charismatische Herrschaft kommt zwar in der Regel nicht ohne Rechtsordnungen aus, aber es ist für Weber insbesondere die *rationale Herrschaft*, die ihre Existenz auf den Glauben an die Legalität von Rechtsordnungen und daraus ableitbare Formen von Entscheidungsbefugnissen zurückführt. Idealtypisch handelt es sich hier um eine Herrschaftsform, die den persönlichen Einfluss auszuschalten und Herrschaft in Übereinstimmung mit den formalen Verfahrensregeln zu bringen versucht. Deshalb sieht Weber diesen Typus in besonderer Weise in der Bürokratie realisiert. Als Weber die Merkmale einer effizienten Organisation analysierte, kam er zu der Auffassung, dass Bürokratie allen anderen Verwaltungsformen technisch überlegen sei. Die Effizienz und die volle Rationalität entfalte sich insbesondere dann, wenn feste Zuständigkeiten, die klare Abgrenzung von Autorität und Verantwortung sowie ein festgelegtes System von Über- und Unterordnung bestünden. Daneben werde die Aufgabenerfüllung vom „Prinzip der Aktenmäßigkeit" bestimmt. Deshalb sei auch die Vorschrift zur Schriftlichkeit ein wesentliches Erfordernis des Arbeitsalltags. Die Figur des Beamten spielt in diesem Modell eine zentrale Rolle, weil er an bestimmte Anforderungen gebunden ist und seine Amtspflichten unter strikter Wahrung der Neutralität erfüllen muss. Weber schreibt hierzu: „Die rein buereaukratische, also: die buereaukratischmonokratische aktenmäßige Verwaltung ist nach allen Erfahrungen die an Präzision, Stetigkeit, Disziplin, Straffheit und Verläßlichkeit, also Berechenbarkeit für den Herrn wie für den Interessenten, Intensität und Extensität der Leistung, formal universeller Anwendbarkeit auf alle Aufgaben, rein technisch zum Höchstmaß der Leistung vervollkommenbare, in allen Bedeutungen: formal rationalste, Form der Herrschaftsausübung." (Weber 1976 [zuerst 1922]: 128) Dass eine solche Paragraphenherrschaft Unbehagen erzeugen kann, verdeutlicht nicht nur die Metapher vom stahlharten Gehäuse der Bürokratie, sondern auch die diffuse Angst vor übertriebenem Gehorsam, dessen Ursprung und systematischer Herausbildung beispielsweise der französische Philosoph und Historiker Michel Foucault (1926-1984) in einigen seiner Werke analysiert (siehe dazu Kapitel VIII). Letztlich geht es aber in der rationalen Herrschaft auch darum zu zeigen, dass Herrscher und Beherrschte denselben Regeln folgen müssen und die Anwendung von Recht und Gesetz ohne Ansehen der Person erfolgt.

Während im Falle der charismatischen Herrschaft die affektive Bindung an eine herausragende Persönlichkeit weniger den Eindruck vermittelt, dass man sich in einem System bewegt, in dem die Herrschaftsverhältnisse vom eigenen Willen unabhängig sind, wird Macht häufig als etwas erlebt, dem man sich zu fügen hat und innerhalb dessen Gestaltungschancen ausbleiben. So konnten die Zwänge eines höfischen Zeremoniells im Rahmen der traditionalen Herrschaft die Beteiligten einem sozialen Druck aussetzen, der sie an den Rand der ökonomischen Existenzfähigkeit brachte. Symbolische Handlungen werden Teil eines ausdifferenzierten Systems von Prestige und Anerkennung, so dass quasi jeder Schritt und jede Handlung Teil einer rationalen Organisation wird, die zugleich bis in die feinsten Nuancen des Alltags hinein die Machtverteilungen deutlich werden lässt. Norbert Elias hat dies in seiner Analyse der höfischen Gesellschaft ausführlich dargelegt. Dort heißt es zum Beispiel: „Der König nutzte seine privatesten Verrichtungen, um Rangunterschiede herzustellen und Auszeichnungen, Gnadenbeweise oder entsprechend auch Missfallensbeweise zu erteilen." (Elias 1969: 145f.) Innerhalb der rationalen Herrschaft ist es die Bürokratie und ihr „Apparate"-Charakter, der den Nachteil des unpersönlichen Elements dieser Form von Herrschaft als Ausdruck einer Entfremdung von den dadurch zu regelnden Verhältnissen widerspiegelt (vgl. die Ausführungen bei Hennen/Prigge 1977: 76ff.). Die darin angelegte formale Rationalität wird als Korsett, als unflexibel, starrsinnig, paragraphenlastig und bevormundend erlebt.

Aber es ist eben häufig auch die in diesen Unmutsäußerungen angelegte Unzufriedenheit, die Veränderungen in Gang setzt. Um nicht ein Opfer der eigenen Verhältnisse zu werden, entwickeln viele formale Organisationen beispielsweise brauchbare Formen von Illegalität. Wer heute über formale Organisationen spricht, denkt quasi gleichzeitig die informalen Elemente mit. Gelegentlich gewinnt man sogar den Eindruck, dass selbst die informalen Elemente als fester Bestandteil der Organisationsstruktur gedacht werden. Dort, wo ein Übermaß an Über- und Unterordnungsregeln praktiziert wird, wird abweichendes Verhalten provoziert. Wenn die Verhältnisse dagegen als anarchisch wahrgenommen werden, wächst der Ruf nach regulierenden Eingriffen. Die Selbstständigkeit des agierenden Subjekts (vgl. zu dieser Formulierung Tyrell 1976: 255) wird sowohl in überschaubaren sozialen Beziehungen als auch in komplexen sozialen Strukturen immer wieder mit der Unausweichlichkeit von Herrschaft konfrontiert. Selbst dort, wo man anarchische Verhältnisse vermuten würde, wird bei genauerem Hinsehen eine Hierarchie persönlicher Beziehungen sichtbar, die auf einem System gegenseitiger Verpflichtungen beruht. Was dem Außenstehenden als sozial desorganisiert erscheint, erweist sich bei näherer Betrachtung als eine Herrschaftseinheit mit eigenen Regeln: Das gilt beispielsweise für die Organisation des Crack-Dealens in bestimmten Stadtteilen amerikanischer Großstädte genauso wie für die Binnenstruktur von Street-Gangs, die sich untereinander befehden, aber eben auch für undurchsichtige Machenschaften im großen Stil, die, weil sie undurchschaubar zu sein scheinen, als Chaos erlebt werden, zum Beispiel Mafia oder Camorra.

4. „Löwen" und „Füchse" – Macht und Eliten

Dass Macht und Herrschaft keine statischen, sondern dynamische soziale Phänomene sind, wird am deutlichsten, wenn untersucht wird, wie jemand zu Macht gelangt und wie er sie erhält bzw. zu bewahren versucht. Eine nähere Betrachtung dieses Phänomens führt zur Rolle von Machteliten. Gerade jene Person, die ihre Staatslehre um diese Frage herum konstruierte, musste selbst erleben, dass Macht und Einfluss vergänglich sind: Niccolò Machiavelli (1469-1527). Von 1498 bis 1512 stand er in den Diensten der Republik Florenz und verlor seinen Posten, nachdem das Haus Medici die Macht in Florenz wieder an sich reißen konnte. In seinem Werk „Der Fürst" beschäftigte Machiavelli sich danach mit der Analyse von Situationen, in denen Macht erlangt oder erhalten wurde. Daraus folgernd gab er Empfehlungen, wie beispielsweise mit verfeindeten Parteien in einer gerade eroberten Stadt umzugehen sei, oder wie eine erfolgreiche Verschwörung vorzubereiten ist. Zu solchen Empfehlungen gehört beispielsweise: „Gewalttaten müssen also alle auf einmal angewandt werden, damit sie weniger gespürt werden und deshalb weniger verletzen." (Machiavelli 1978 [zuerst 1513]: 38) Weiterhin empfiehlt er: „Wohltaten dagegen soll man nur nach und nach erweisen, damit sie als besser empfunden werden." (ebd.) Wer heute als machiavellistisch bezeichnet wird, ist daher in der Regel eine Person, die strategisch agiert, um die eigene Position zu verbessern oder zu sichern. Insofern kann man im Falle von Machiavelli von einer Machtkunstlehre sprechen (vgl. hierzu ausführlich Faul 1994). In dieser Machtkunstlehre wird die Frage der Angemessenheit von Mitteln an dem damit erreichbaren Erfolg gemessen. Dies mag erklären, dass eine in den Anfängen sehr umstrittene Schrift nach Auffassung von Albig auch in Zukunft ihre Anhänger finden bzw. als Hintergrund einer spezifischen Form von Ratgeberliteratur fortbestehen wird: „Und noch im dritten Jahrtausend werden Ratgeber-Bücher wie „Machiavelli für Frauen" oder „Machiavelli für Manager" moderne Zyniker für das Überleben in Geschlechter- und Wirtschaftskriegen stählen." (Albig 2005: 146) Man könnte auch sagen: Die Regeln, die dem Fürsten als Handreichung dienten, waren auch seinen Gegnern bekannt. Wer mit Tücke und List versucht, seine Vorteile zu mehren, wäre naiv zu glauben, dass die Gegenseite oder Konkurrenten sich ausschließlich der Opferrolle hingeben. Wenn solche Regeln und Machenschaften zum Einsatz kommen, ist eine *Zirkulation von Eliten* wohl unausweichlich.

Dies hat insbesondere Vilfredo Pareto untersucht, indem er die Entwicklung der Gesellschaft vor allen Dingen unter dem Gesichtspunkt der Trennung von Elite und Nicht-Elite thematisierte. Für jede Elite in einer bestimmten historischen Situation gilt, dass sie sich zunächst durch eine besondere Eigenschaft auszeichnet, die materieller oder immaterieller Art sein kann: Jemand ist reich, jemand verfügt über besonderes Organisationstalent und ausgefeilte Kampftechniken, jemand ist gebildet, jemand wird verehrt, weil er als tugendhaft gilt usw. Wer auf Grund dieser Besonderheiten in einer bestimmten historischen Situation in die Lage versetzt wird, Macht zu erlangen, wird dennoch niemals auf einen herrschaftsfreien Raum treffen. Es geht zunächst um bestimmte Strategien der Machterlangung, die neben der Verpflichtung auf gemeinsame Ziele und das Verfolgen bestimmter Ideale auch die Anwendung von Gewalt erforderlich machen kann. Pareto spricht hier von der „Zeit der Löwen", während jene Phase, in der es um den Machterhalt geht, als die „Zeit der Füchse" bezeichnet wird. Den Fuchs, und insofern ist diese Metapher gut nachvollziehbar, verbinden wir mit List und Geschicklichkeit. Jetzt also geht es um das Taktieren, man hat die Seite gewechselt und muss nun ins Kalkül ziehen, dass eine noch Nicht-Elite in Zukunft Machtansprüche geltend machen kann. In seinem *Trattato di sociologia generale* formuliert er den berühmten Satz, dass die Geschichte ein Friedhof der Eliten ist. Die Zirkulation sei das Ergebnis der Tatsache, dass die Ausübung von Macht das Wesentliche in einer Gesellschaft sei.

Die Zirkulation der Eliten

„Die Aristokratien haben keine Dauer. Was auch die Ursachen davon sein mögen, unbestreitbar ist, daß sie nach einer gewissen Zeit verschwinden. Die Geschichte ist ein Friedhof von Aristokratien. [...] Nicht nur an Zahl verfallen bestimmte Aristokratien, sondern auch an Eigenschaften: ihre Tatkraft nimmt ab und es verschieben sich die Verhältnisse der Residuen, die ihnen ermöglichen, sich der Herrschaft zu bemächtigen und sie zu behaupten. [...] Die herrschende Klasse wird, nicht nur in der Zahl sondern, was wichtiger ist, auch in der Eigenschaft von solchen Familien fortgesetzt, die aus den Unterschichten kommen und die für die Behauptung der Macht nötige Tatkraft sowie die erforderlichen Proportionen von Residuen mitbringen. [...] Hört eine dieser Bewegungen oder, was schlimmer ist, hören beide auf, so nähert sich die herrschende Klasse ihrem Sturz, und der zieht oft die ganze Nation nach sich. Die Ansammlung von überlegenen Elementen in den Unterschichten und umgekehrt die von unterlegenen Elementen in den Oberschichten ist eine mächtige Ursache von Gleichgewichtsstörungen. [...] Durch den Kreislauf der Eliten ist die herrschende Elite in einer beständigen langsamen Umbildung begriffen. Sie strömt wie ein Fluß. Heute ist sie eine andere als gestern. Von Zeit zu Zeit beobachtet man häufige Störungen, ähnlich den Überschwemmungen eines Flusses. Dann beginnt auch die neue herrschende Elite sich langsam umzubilden: Der Fluß ist in sein Bett zurückgekehrt und strömt wieder regelrecht.

Revolutionen entstehen, weil sich bei langsamer werdendem Kreislauf der Eliten oder aus anderen Ursachen Elemente mit unterlegenen Eigenschaften in den Oberschichten ansammeln. Diese Elemente besitzen nicht mehr die Residuen, die sie an der Macht halten können; sie meiden die Anwendung von Gewalt. Zugleich entwickeln sich in den Unterschichten Elemente von überlegener Beschaffenheit, die die zum Herrschen notwendigen Residuen besitzen und zur Gewaltanwendung entschlossen sind."

Quelle: Pareto 1955 [zuerst 1916]: 229f.

Der von Pareto beschriebene Auf- und Abstieg hat keineswegs etwas demokratisches, obwohl der Elitebegriff heute vor allen Dingen zu einem „demokratischen Kampfbegriff" (Hartmann 2004: 9) geworden ist. Dennoch ist zwischen Paretos Zirkulationsmodell und der Diskussion um den Zugang zu Führungspositionen in modernen Gesellschaften eine Verbindung zu erkennen. Geht es doch letztlich um die Frage, ob Führungspositionen vererbt oder nach einem reinen Meritokratie-Prinzip vergeben werden. Während Pareto vor allem von politischen Eliten sprach, geht es heute im Zuge einer funktionalen Differenzierung der Gesellschaft vor allen Dingen um Funktionseliten, die in gesellschaftlichen Teilsystemen Verantwortung übernehmen bzw. nach begehrten Positionen streben, zum Beispiel in der Politik, in der Justiz, in der Wirtschaft, in der Kultur. Die Diskussion um moderne Eliten ist insofern auch eine Kontroverse um das Ausmaß der sozialen Ungleichheit in einer Gesellschaft. Wer zu den Eliten gehört, soll Verantwortung übernehmen, hat aus diesem Grund aber auch Zugriff auf Ressourcen, die anderen verwehrt sind. Nach wie vor ist die Chance, Teil dieses gesellschaftlichen Segments zu sein, umso geringer, je tiefer der gesellschaftliche Startpunkt ist, der nun einmal etwas darstellt, was von dem eigenen Willen zunächst einmal unabhängig ist. Elitepositionen können in der Regel also nicht einfach vererbt werden, vererbt werden können förderliche Zugangsbedingungen, die den „Hindernisparcours" weniger schwierig machen. Einen Automatismus aber gibt es in Zirkulationsprozessen dieser Art nicht.

Wann immer also über Macht gesprochen wird, ist die Tendenz zu Generalisierungen weit verbreitet. Zusammenfassend muss man aber feststellen (vgl. Hösle 1995: 381): Macht hat man nicht schlechthin, sondern über etwas; Macht muss nicht ausgeübt werden, sie hat wirkungsvolle latente Eigenschaften; Macht kann etwas verändern oder dafür sorgen, dass sich nichts verändert; Macht kann per definitionem kein symmetrisches Verhältnis beschreiben.

📖 Empfehlungen zum Weiterlesen

Hennen, Manfred; Prigge, Wolfgang U. (1977): Autorität und Herrschaft. Darmstadt.
Popitz, Heinrich (1992): Phänomene der Macht. Tübingen.
Hartmann, Michael (2004): Elitesoziologie. Frankfurt/Main u. a.

VIII „Instinktreduziert" und „weltoffen" – Institutionen, Normen und Abweichungen

1. Eine „Welt von Bedeutungen" – Institution und Kultur

Wenn wir im Alltag den Begriff „Institution" verwenden, denken wir dabei zunächst an Einrichtungen, die konsultiert werden müssen, um bestimmte Dinge erledigen zu können. Behörden, im weiteren Sinne aber auch Unternehmen bzw. Organisationen jeglicher Art gehören hierzu. Diese bauen sich durch ein eigenes Regelwerk eine Grenze zu ihrer Umwelt auf und versetzen sich damit gleichsam selbst in die Lage, bestimmte Leistungen für diese Umwelt zu erbringen. Zugleich spiegelt ein Satz wie „Das ist eine Institution!" die Tendenz zur Personalisierung wider, weil wir im Alltag dazu neigen, bestimmte herausragende Persönlichkeiten mit diesem Attribut zu versehen. Grundsätzlich sind damit Personen gemeint, die in ihren jeweiligen Fachgebieten eine prominente Position erlangt haben. In ihnen verkörpert sich sozusagen in besonderer Weise ein Erwartungsmuster, das die Mitglieder einer Gesellschaft mit bestimmten Positionen verbinden. Insofern erfasst diese Vorstellung von Institutionen durchaus den aus soziologischer Sicht zentralen Bedeutungsgehalt des Begriffs. Institution, so Hillmann, bedeutet im soziologischen Sinne „jegliche Form bewusst gestalteter oder ungeplant entstandener stabiler, dauerhafter Muster menschlicher Beziehungen, die in einer Gesellschaft erzwungen oder durch die allseits als legitim geltenden Ordnungsvorstellungen getragen und tatsächlich ‚gelebt' werden." (Hillmann 2007: 381) Entscheidend ist, dass sich in diesen Institutionen die Auseinandersetzung mit der eigenen Umwelt widerspiegelt und diese daher als kulturelle Errungenschaften bezeichnet werden können. In ihnen spiegelt sich das Grundgerüst einer gesellschaftlichen Ordnung wider.

Dieser erste Versuch einer Begriffsabgrenzung zeigt bereits, dass die Beschäftigung mit Institutionen eine Auffassung unterstreicht, nach der eine von Natur aus gegebene Ordnung nicht zu existieren scheint oder zumindest nicht ausreicht, um dem Zusammenleben von Menschen ein hinreichendes Maß an Stabilität zu verleihen. Es geht somit auch um die Unterscheidung von Natur und Kultur, mithin auch um die Differenz zwischen Tier und Mensch, die sich in der Vorstellung, dass Kultur so etwas wie die zweite Natur des Menschen sei, widerspiegelt. In seiner Positionsbestimmung des Menschen hatte der deutsche Soziologe Arnold Gehlen (1904-1976) festgestellt: „Kultur soll uns sein: der Inbegriff der vom Menschen tätig, arbeitend bewältigten, veränderten und verwertenden Naturbedingungen." (Gehlen 1971: 39) Der deutsche Philosoph Immanuel Kant hatte betont, dass der Mensch sich seiner Vernunft bedienen muss, um sich seiner rohen Natur zu entledigen und der Gemeinschaft der Menschen einfügen kann. Wörtlich heißt es bei ihm: „Der Mensch ist durch seine Vernunft bestimmt, in einer Gesellschaft mit Menschen zu sein und in ihr sich durch Kunst und Wissenschaften zu cultiviren, zu civilisiren und zu moralisiren, wie groß auch sein thierischer Hang sein mag, sich den Anreizen der Gemächlichkeit und des Wohllebens, die er Glückseligkeit nennt, passiv zu überlassen, sondern vielmehr thätig, im Kampf mit den Hindernissen, die ihm von der Rohigkeit seiner Natur anhängen, sich der Menschheit würdig zu machen." (Kant 1907 [zuerst 1798]: 324f.) Den Menschen als Kulturwesen darzustellen, heißt mit anderen Worten, seine Besonderheit in der Natur herauszustellen. Dieser Zielsetzung folgte insbesondere die sogenannte philosophische Anthropologie. Dass hier eben nicht nur von Anthropologie gesprochen wird, macht den wichtigen Unterschied aus.

Die Vorstellung, dass es in der Welt des Organischen verschiedene Stufen zu unterscheiden gilt, gehört ohne Zweifel in diesen Zusammenhang. So findet man in der Anthropologie Helmuth Plessners die Einordnung des Menschen in einen solchen Stufenbau, der zunächst von einem biologischen Ansatz ausgeht. Während beispielsweise die Pflanze unmittelbar von ihrer Umgebung abhängig ist und das Tier eine geschlossene Organisationsform repräsentiert, weil es zwar über Organe verfügt und sich selbst bewegen kann, aber eben nicht aus sich selbst heraustreten kann, sei der Mensch eben aufgrund seiner Fähigkeit zur Reflexivität in die Lage versetzt, sich zu sich selbst zu verhalten. Er nimmt quasi eine Distanz zu sich ein und erkennt sein eigenes Leben als Aufgabe, das er von Natur aus nicht ohne Kultivierung bewältigen kann. Diese Kultivierung spiegelt sich wiederum in der Ausbildung von Institutionen wider. Die Organisationsform des Menschen kann also als exzentrisch bezeichnet werden. Deshalb spricht Plessner von der *exzentrischen Positionalität*.

Für Gehlen ist der Mensch zwar biologisch gesehen ein *Mängelwesen*, weil im Vergleich zum Tierreich viele Instinkte unterentwickelt sind. Er ist aber aufgrund der Fähigkeit zur Reflexion in die Lage versetzt, den Zusammenhang zwischen einem Trieb, der Wahrnehmung und der darauf erfolgenden Reaktion kontrollieren zu können. Er kann auf Dinge verzichten, er kann sich selbst mäßigen, er kann Belohnungen aufschieben, er kann zwischen verschiedenen Alternativen wählen, mit anderen Worten: Er kann Entscheidungen treffen.

Der Mensch als Mängelwesen

„Morphologisch ist nämlich der Mensch im Gegensatz zu allen höheren Säugern hauptsächlich durch Mängel bestimmt, die jeweils im exakt biologischen Sinne als Unangepaßtheiten, Unspezialisiertheiten, als Primitivismen, d. h. als Unentwickeltes zu bezeichnen sind: also wesentlich negativ. Es fehlt das Haarkleid und damit der natürliche Witterungsschutz; es fehlen natürliche Angriffsorgane, aber auch eine zur Flucht geeignete Körperbildung; der Mensch wird von den meisten Tieren an Schärfe der Sinne übertroffen, er hat einen geradezu lebensgefährlichen Mangel an echten Instinkten und er unterliegt während der ganzen Säuglings- und

Kinderzeit einer unvergleichlich langfristigen Schutzbedürftigkeit. Mit anderen Worten: innerhalb natürlicher, urwüchsiger Bedingungen würde er als bodenlebend inmitten der gewandtesten Fluchttiere und der gefährlichsten Raubtiere schon längst ausgerottet sein."

Quelle: Gehlen 1971: 33

Weltoffenheit

„Der Mensch ist das handelnde Wesen. Er ist in einem noch näher zu bestimmenden Sinne nicht „festgestellt", d. h. er ist sich selbst noch Aufgabe – er ist, kann man auch sagen: das stellungnehmende Wesen. Die Akte seines Stellungnehmens nach außen nennen wir Handlungen, und gerade insofern er sich selbst noch Aufgabe ist, nimmt er auch zu sich selbst Stellung und „macht sich zu etwas". Es ist dies nicht Luxus, der auch unterbleiben könnte, sondern das „Unfertigsein" gehört zu seinen physischen Bedingungen, zu seiner Natur [...]. Der Mensch ist schließlich vorsehend. Er ist – ein Prometheus – angewiesen auf das Entfernte, auf das Nichtgegenwärtige in Raum und Zeit, er lebt – im Gegensatz zum Tier – für die Zukunft und nicht in der Gegenwart. Es gehört diese Bestimmung zu den Umständen einer handelnden Existenz, und was am Menschen im eigentlichen Sinne menschliches Bewußtsein ist, muß von hier aus verstanden werden."

Quelle: Gehlen 1971: 32

Die Art und Weise, wie wir auf unsere Umwelt reagieren, ist also nicht durch Instinkte gesteuert, sondern das Ergebnis eines Reflexions- und Lernprozesses, der nur möglich ist, weil der Mensch „eine gewisse Unabhängigkeit von seiner biologischen und genetischen Grundlage besitzt." (Esser 1993: 143) Damit sich diese Sonderstellung nun nicht an der Vielzahl an Möglichkeiten bricht bzw. verzweifelt, also die Vielzahl an Eindrücken und Möglichkeiten den an sich weltoffenen und eben nicht spezialisierten Menschen überfordert, müssen Einrichtungen existieren, die diese Weltoffenheit abfangen und kanalisieren. Hierin sieht Gehlen die Hauptaufgabe der Institutionen. Die Sinn stiftende Funktion von Institutionen ist damit auch eine zentrale Antwort auf die Frage, ob es denn einen philosophischen Sinn des Lebens geben kann, wenn doch die Welt zufällig entstanden ist. Institutionen verschaffen also Orientierung, sie geben einer sozialen Ordnung Kontinuität und Berechenbarkeit: Die Institution der Ehe beispielsweise berührt das Zusammenleben von Mann und Frau, die Institution des Rechts sorgt für eine kontinuierliche Reflexion über Fragen des Duldbaren und Nicht-Duldbaren, die Institution des Markts sorgt für bestimmte Regularien des Tauschs, die Institution der Religion vermittelt den Menschen Antworten auf die Frage nach dem Sinn des Lebens usw.

Institutionen sind also Teil der Kultur der Gesellschaft, weil sich in ihnen eine „Welt von Bedeutungen" (Tenbruck 1996: 104) manifestiert. Der Mensch sei eben nicht nur ein soziales, sondern vor allen Dingen ein kulturelles Wesen. Dies unterscheide ihn von anderen Formen von Gemeinschaften. Kultur, so Tenbruck, „umfasst alles, was durch menschliches Handeln entsteht und deshalb Bedeutungen enthält. Alle unsere Handlungen und deren Produkte […] sind Kulturerscheinungen, weil sie mit Bedeutung behaftet sind, sowie umgekehrt alles, was Bedeutung enthält, zur Kultur rechnet." (Tenbruck 1996: 104f.) Insofern überrascht es nicht, wenn auch Émile Durkheim die Institutionen als Ausdruck gesellschaftlicher Tatsachen betrachtet hat. Ohne diese Vorleistungen wäre der Mensch permanent aufgefordert, aus sich selbst heraus den Dingen eine Bedeutung zuzuschreiben; würde er nicht bereits auf Kultur treffen, müsste er sie selbst schaffen. Kultur hat in Gesellschaften also eine steuernde Funktion, die über Prozesse der Institutionalisierung und sozialen Kontrolle den Ablauf sozialen Handelns steuert. Der stabilisierende Faktor von Kultur dürfte außer Zweifel stehen. Gleichwohl würde es sich mit der Reflexionsfähigkeit des Menschen kaum vertragen können, wenn man in Kultur wiederum eine gesellschaftliche Einrichtung sieht, die sich gegenüber ihren Mitgliedern verselbständigt. Wenn an die Stelle der Instinktsteuerung die Kultursteuerung tritt, wird der Hinweis auf die Handlungsfähigkeit des Menschen im Grunde genommen wieder entbehrlich.

Die gesellschaftliche Tatsache der Institutionen wird im Alltag kontinuierlich erlebt und in vielen Situationen als Entlastung, als Orientierungshilfe, als Entscheidungskosten mindernd wahrgenommen. Eine Gesellschaft, die ausschließlich nach diesen Regeln funktionieren würde, käme dennoch einer beängstigenden Vorstellung gleich. Was sollte einem noch Besonderes widerfahren, wenn die Ereignisse stets ihren geregelten Gang nehmen? Die Besonderheit des Menschen, die Plessner mit dem Begriff der exzentrischen Positionalität verdeutlichte, versetzt diesen eben auch in die Lage, sich zu engagieren und zu distanzieren, sich mit gesellschaftlichen Tatsachen zu arrangieren, ohne sich mit ihnen zu identifizieren. Wenn der Mensch des Weiteren in die Lage versetzt ist, eine Welt von Bedeutungen schaffen zu können, so ist es höchst unwahrscheinlich, dass es bei einer bestimmten „Welt von Bedeutungen" bleiben wird. Gerade die moderne Kultur ist unter dem Diktum „Make it new!" (Gay 2008: 21) angetreten und hat damit einen Prozess in Gang gesetzt, in dem im Laufe des 20. Jahrhunderts jeglichen Objekten ein Innovationsgehalt zugeschrieben wurde, die ein Mindestmaß an Originalität beanspruchen konnten. Dieser sich selbst verstärkende Prozess hat eine Situation herbeigeführt, die Georg Simmel bereits zu Beginn des 20. Jahrhunderts eine Tragödie der Kultur diagnostizieren ließ: „In den Inhalt und das Entwicklungstempo von Industrien und Wissenschaften, Künsten und Organisationen werden nun die Subjekte hineingerissen […]. Unzählige Objektivationen des Geistes stehen uns gegenüber, Kunstwerke und Sozialformen, Institutionen und Erkenntnisse, wie nach eigenen Gesetzen verwaltete Reiche, die Inhalt und Norm unseres individuellen Daseins zu werden beanspruchen, das doch mit ihnen nichts Rechtes anzufangen weiß, ja, sie oft genug als Belastungen und Gegenkräfte empfindet." (Simmel 1968 [zuerst 1916]: 233) Die Tragödie der Kultur besteht darin, dass es zu einer wachsenden Kluft zwischen der *objektiven Kultur*, also der Gesamtheit der durch Menschen geschaffenen materiellen und geistigen Dinge auf der einen Seite, und der *subjektiven Kultur*, also dem Bedürfnis und der Bereitschaft des Menschen, sich diese objektive Kultur auch selbst anzueignen, kommt. Mit der fortschreitenden Entwicklung der modernen Gesellschaft entsteht ein Widerspruch, da Kultur doch eigentlich eine steuernde Funktion übernehmen sollte, jene, die sich an ihr orientieren wollen, aber schlicht an den Überangeboten verzweifeln. Dadurch entsteht die paradoxe Situation, dass die Desorientierung selbst zu einer gesellschaftlichen Tatsache wird.

Dennoch zeigt das gerade beschriebene Dilemma den Fortbestand eines tiefen Bedürfnisses nach gesellschaftlicher Orientierung. Jedenfalls dürften die Leiden in einer Gesellschaft, die sich stets mit der Unberechenbarkeit des Handelns der Menschen konfrontiert sieht, größer sein als jene, die aus einer in Routinen erstarrten sozialen Ordnung hervorgehen. Daher spiegelt sich in Institutionen immer auch der widerspruchsvolle Charakter der gesellschaftlichen Realität. Das lässt sich an der Entstehung von Institutionen, von Normen und Rollenerwartungen, zeigen.

2. „... eine eigene Wirklichkeit" – Die Objektivität von Institutionen

Karl Raimund Popper (1902-1994) hat zeigen können, dass langfristige Vorhersagen über Systeme nur dann möglich sind, wenn sich diese zum einen isolieren, zum anderen stationär und darüber hinaus zyklisch verhalten. All diese Voraussetzungen sind im Falle von Gesellschaften nicht erfüllt, so sehr sich Mitglieder von Gesellschaften auch eine hohe Stabilität wünschen. Jene, die dafür plädieren, dass doch alles so bleiben möge, wie es ist, erkennen implizit an, dass sich bestimmte Zustände nicht dauerhaft konservieren lassen. Was den einen als gute Institution erscheinen mag, wird von anderen als ihrer Wahrnehmung der gesellschaftlichen Realität zuwiderlaufend empfunden. Nach Auffassung des Soziologen Bernhard Giesen „wurde die Gesellschaftstheorie weniger von methodischen Traditionen und dauerhaften Paradigmen als von der Ausrichtung an großen Themen bewegt, die sie der Unruhe und den Krisen der jeweiligen geschichtlichen Epoche entnahm." (Giesen 1999: 389) Auch aus diesem Grund können Institutionen nicht geschichtslos sein, weil sie sowohl eine Antwort auf sich verändernde Umweltbedingungen widerspiegeln als auch als Resultat sich verändernder gesellschaftlicher Kräfteverhältnisse interpretiert werden können. In der aktuellen Situation wird ihre Relevanz jeweils an der Erfüllung von Funktionen gemessen, die sie für die Gesellschaft als Ganzes erbringen sollen. Hier wird wiederum eine Vorstellung von Institution evident, die darin das Vorhandensein bestimmter Einrichtungen sieht, beispielsweise Vorkehrungen, die Kontrollfunktionen übernehmen und ein Sicherheitsgefühl vermitteln sollen. Wer für die Öffentlichkeit eine Bedrohung darstellte, wurde in früheren Zeiten auch in der Öffentlichkeit hingerichtet, was wiederum einem öffentlichen Geständnis gleich kam. Jene, die sich quasi vorübergehend als ohnmächtig erwiesen, nämlich der Souverän, vollzogen über diese drastische Form der Strafe eine Wiederherstellung ihrer Autorität. Im Zuge der Aufklärung wurden dagegen vermehrt Freiheit und Disziplin als Ziele formuliert und damit eine andere Form von Disziplinierung des Verhaltens etabliert. Es entstehen z.B. zahlreiche Formen der systematischen Dauerbeobachtung und Dauerkontrolle, die von mehreren Institutionen parallel ausgeübt werden. Michel Foucault nannte in diesem Zusammenhang insbesondere die Schule, das Militär, die Arbeitsorganisation und – als besonders drastisches Beispiel – das Gefängnis. In Anlehnung an das berühmte *Panopticum* von Jeremy Bentham wird gezeigt, wie ein bestimmtes Beobachtungssystem die Beobachteten selbst die Zwangsmittel übernehmen lässt, die Andere geschaffen haben. Das Panopticum (auch: Panopticon) steht für eine Überwachungsanlage, in der der Wärter Einblick in alle Gefängniszellen hat, während die Gefängnisinsassen nicht sehen können, ob sie beobachtet werden.

Die Wirkungsweise des Panopticon

„Daraus ergibt sich die Hauptwirkung des Panopticon: die Schaffung eines bewußten und permanenten Sichtbarkeitszustandes beim Gefangenen, der das automatische Funktionieren der Macht sicherstellt. Die Wirkung der Überwachung ist permanent, auch wenn ihre Durchführung sporadisch ist; die Perfektion der Macht vermag ihre tatsächliche Ausübung überflüssig zu machen; der architektonische Apparat ist eine Maschine, die ein Machtverhältnis schaffen und aufrechterhalten kann, welches vom Machtausübenden unabhängig ist; die Häftlinge sind Gefangene einer Machtsituation, die sie selber stützen. Im Hinblick darauf ist es sowohl zu viel wie auch zu wenig, daß der Häftling ohne Unterlaß von einem Aufseher überwacht wird: zu wenig ist es, weil es darauf ankommt, daß er sich ständig überwacht weiß; zu viel ist es, weil er nicht ständig überwacht werden muß. Zu diesem Zweck hat Bentham das Prinzip aufgestellt, daß die Macht sichtbar, aber uneinsehbar sein muß; sichtbar, indem der Häftling die hohe Silhouette des Turms vor Augen hat, von dem aus er bespäht wird; uneinsehbar, sofern der Häftling niemals wissen darf, ob er gerade überwacht wird; aber er muß sicher sein, daß er jederzeit überwacht werden kann. [...]

Diese Anlage ist deswegen so bedeutend, weil sie die Macht automatisiert und entindividualisiert. Das Prinzip der Macht liegt weniger in einer Person als vielmehr in einer konzentrierten Anordnung von Körpern, Oberflächen, Lichtern und Blicken; in einer Apparatur, deren innere Mechanismen das Verhältnis herstellen, in welchem die Individuen gefangen sind. Die Zeremonien, Rituale und Stigmen, in denen die Übermacht des Souveräns zum Ausdruck kam, erweisen sich als ungeeignet und überflüssig, wenn es eine Maschinerie gibt, welche die Asymmetrie, das Gefälle, den Unterschied sicherstellt. Folglich hat es wenig Bedeutung, wer die Macht ausübt."

Quelle: Foucault 1976: 258f.

Diese ständige Befürchtung von Sichtbarkeit führt schließlich dazu, dass der Gefängnisinsasse „gleichzeitig beide Rollen spielt, er wird zum Prinzip seiner eigenen Unterwerfung." (Foucault 1976: 260) Wer sich detaillierter mit der Geschichte des Strafvollzugs beschäftigt, wird neben diesem Beispiel zahlreiche Hinweise finden, die Überwachen und Strafen als sich wandelnde Formen sozialer Kontrolle veranschaulichen.

Ohne Zweifel erfüllen diese Institutionen eine entlastende Funktion für die Gesellschaft, wie immer man im Einzelnen über das Ausmaß der jeweils ausgeübten Kontrolle denken mag. Ebenso entlastet die Institution der Arbeitsteilung beispielsweise davon, für viele Dinge gerüstet sein zu müssen, mit der gleichzeitig erforderlichen Konsequenz, sich auf bestimmte Tätigkeiten zu spezialisieren. In Anbetracht dieser gegenseitigen Abhängigkeit ist der Einzelne immer wieder aufgefordert, sein eigenes Verhalten an den Erwartungen Anderer zu orientieren. Als Ergebnis entstehen hier typische Abläufe und Verhaltensweisen, die erneut das Kriterium der Berechenbarkeit und Verlässlichkeit garantieren können. Wie es zu solchen übereinstimmenden Interpretationen von unterschiedlichen Situationen kommen kann, ist eines der zentralen Themen in Berger und Luckmanns Buch „Die gesellschaftliche Konstruktion der Wirklichkeit". Sie versuchen darin unter anderem einen gesellschaftlichen Urzustand zu simulieren, in dem sich zwei Menschen, A und B, in einer Situation wiederfinden, die für beide neu ist. Beide versuchen die Beweggründe des Anderen zu verstehen und leiten aus wiederkehrenden Handlungen bestimmte Intentionen ihres Gegenübers ab. Was A tut, tut auch B, und wenn sich ihre gegenseitigen Unterstellungen als kongruent zu erweisen beginnen, kann daraus die Vorstufe einer typischen Verhaltensweise erwachsen. Plötzlich werden Situationen kalkulierbar, überschaubar, vorhersehbar. Während A und B vorher füreinander fremd waren, lernen sie nun einander kennen und können zugleich jene Aufmerksamkeit, die sie zuvor dem Erkunden einer noch unbekannten Situation widmen mussten, nun dem Erkunden neuer Situationen widmen. An die Stelle des intensiven Lernens treten Routinen, die von den Beteiligten nicht mehr hinterfragt werden. So lange sich die

Situation aber nur aus A und B zusammensetzt, bleiben die gegenseitigen Zuschreibungen Ad-hoc-Konzeptionen zweier Individuen. Kommt nun eine dritte Person hinzu, erscheinen dieser die von A und B getroffenen Vereinbarungen nun plötzlich als Teil der objektiven Welt, mit der man rechnen muss. Am Ende dieses Aushandlungsprozesses steht „nun etwas, das eine eigene Wirklichkeit hat, eine Wirklichkeit, die den Menschen als äußeres, zwingendes Faktum gegenübersteht." (Berger/Luckmann 1969: 62)

Wer als Kind geboren wird, kann von der Institution der Vaterschaft beispielsweise noch nichts wissen. In einer Gesellschaft zu leben bzw. in diese hineinzuwachsen, heißt zunächst einmal ihre Regeln kennen lernen. Dies geschieht zumeist nicht in Form eines systematischen Unterrichts, sondern durch Teilhabe an einer gelebten Praxis, zumindest in den ersten Lebensjahren. In irgendeiner Weise muss sich jede Institution artikulieren, weil alles, was „im verschlossenen Raum schweigender Innerlichkeit" (ebenda: 56) verweilt, das Kriterium der *Externalisierung* nicht erfüllt. Darin sehen Berger und Luckmann eine wesentliche Voraussetzung für das Schaffen objektiver Wirklichkeiten. Wäre alles selbstverständlich (und dies im wahrsten Sinne des Wortes), wäre die Notwendigkeit, dass sich eine gesellschaftliche Ordnung bemerkbar macht, allenfalls eine Nachhilfestunde für ohnehin vorhandenes implizites Wissen. Die gesellschaftliche Wirklichkeit benötigt mit anderen Worten Ausdrucksformen, die über eine Vis-à-vis-Situation hinaus deren Existenz erfahrbar machen. Dies erfolgt über Zeichensysteme, vor allem aber über Sprache (vgl. ebenda: 38f., sowie Soeffner 2000: insb. 180ff.).

Gesellschaft als *objektive Wirklichkeit* zu betrachten heißt letztlich also: Unabhängig von den Akteuren, die in einer bestimmten sozialen Situation zusammenkommen, existiert bereits eine Vorstellung darüber, wie man sich in diesen Konstellationen verhalten soll. Wenn sich des Weiteren das Handeln der Beteiligten an erwarteten Abläufen und möglichen Wirkungen orientiert, ist der gesellschaftliche Erfahrungshintergrund zugleich zu einem individuellen Erfahrungshintergrund geworden, der in den jeweiligen Interaktionen praktisch wirkt.

Daher schreiben Berger und Luckmann: „Der Mensch wird jedoch nicht als Mitglied der Gesellschaft geboren. Er bringt eine Disposition für Gesellschaft mit auf die Welt." (ebenda: 139) Je weiter sich diese Befähigung im Laufe des Sozialisationsprozesses entwickelt, desto eher wird man in die Lage versetzt, mit gesellschaftlichen Erwartungen distanzierter umzugehen. Man kann also die Erwartungen, mit denen in bestimmten Situationen gerechnet wird, antizipieren, ohne sich damit wirklich zu identifizieren. Ebenso wird man erkennen, dass nicht eine objektive Wirklichkeit, sondern konkurrierende objektive Wirklichkeiten nebeneinander existieren. Insofern ist die Unterscheidung von Berger und Luckmann, von einer Gesellschaft als objektiver und einer Gesellschaft als *subjektiver Wirklichkeit* zu sprechen, auf einer ähnlichen Ebene anzusiedeln wie Simmels Unterscheidung zwischen objektiver und subjektiver Kultur. Während der Prozess der Sozialisation in den Anfängen also eher einer Einbahnstraße gleicht, wird im Zuge des Heranwachsens kontinuierlich zwischen Vereinnahmung und Distanzierung entschieden.

3. „...eine ärgerliche Tatsache" – Rollen und Erwartungen

Das Hineinwachsen in eine Gesellschaft beginnt im unmittelbaren Umfeld jener, die in Anlehnung an den amerikanischen Sozialphilosophen George Herbert Mead (1863-1931) als *signifikante Andere* bezeichnet werden. Gemeint ist damit in erster Linie die Nahwelt, die uns in den ersten Lebensjahren umgibt und sich noch konkurrenzlos an die erste Stelle rücken kann. Spätestens mit dem Übergang in vorschulische Einrichtungen erweitert sich der Kreis der beteiligten Sozialisationsinstanzen und zugleich wächst die Erfahrung, dass jene Erwartungen, die man in der Nahwelt kennengelernt hat, sich auch in der weiteren Umwelt beobachten lassen. Aus den signifikanten Anderen werden dann *generalisierte* bzw. *verallgemeinerte Andere*. Aber so, wie Erziehung nicht ohne Widersprüche verlaufen muss, ist auch eine Komplementarität zwischen signifikanten und generalisierten Anderen nicht immer gegeben. Relativ „natürliche"

Weltanschauungen im Kreis der engeren Bezugsgruppen erweisen sich dann als eine Sicht neben anderen. Das Auftauchen Dritter kann somit dazu führen, dass die eigenen Gewissheiten nicht generalisierungsfähig sind. Letztlich dokumentiert sich darin auch die unrealistische Vorstellung von gesellschaftlichen Naturgesetzen. Dialektik bedeutet also im Alltag: Konflikte.

In Anlehnung an Berger und Luckmann kann man sagen, dass selbst diese Konflikte eine bestimmte Form von objektiver Wirklichkeit repräsentieren. Sie sind – und darauf hat insbesondere Georg Simmel hingewiesen – ein bestimmter Typus von Interaktion, der Menschen, ob sie nun an Integration oder Desintegration interessiert sind, sozial miteinander verbindet. Der vergesellschaftende Charakter dieser Konflikte ist umso stärker, je mehr die Akteure sich an bestimmten gemeinsamen Normen und Beschränkungen orientieren (vgl. Tyrell 1976: 256). Dem Konflikt selbst werden also bestimmte Muster vorgegeben, eine Form, innerhalb derer sich die Inhalte entfalten können: Wer über Erziehungsziele streiten möchte, wählt den Weg der Debatte, wer sich im Unrecht fühlt, zieht vor Gericht, wer die Lösung in einem Wettkampf sucht, akzeptiert gleichzeitig bestimmte Spielregeln usw. Dem Konflikt liegt also ein allgemeiner Handlungsrahmen, ein Drehbuch, zugrunde, während die Dramaturgie von den Spielern abhängig ist. Die gerade verwandte Terminologie eröffnet zugleich die Verbindungslinie zur Rollentheorie, in der ähnliche Widersprüche thematisiert werden.

Aber auch für den Begriff der *sozialen Rolle* gilt zunächst einmal, dass er in sehr allgemeiner Form eine Summe von Verhaltenserwartungen beschreibt, die zum einen an den Inhaber der jeweiligen Rolle herangetragen werden, in ihrer Verbindung aber gleichzeitig die Gesellschaft als Ganzes ausmachen. Gesellschaft als ein System aufeinander bezogener sozialer Rollen zu definieren, ist nach wie vor eine populäre Sichtweise. Ebenso populär ist die Vorstellung, Gesellschaft als einen Organismus zu betrachten, in dem die Lebewesen durch ihren Zusammenschluss die Gesellschaft bilden, analog dem Zusammenwirken der Zellen in einem Organismus (vgl. Kapitel III). Der Vergleich mit der Zelle ist aber insofern unvollständig, als eine Zelle nicht darüber nachdenkt, was sie tut. Der Mensch dagegen ist immerhin in der Lage, Rollen bzw. Rollenerwartungen als eine ärgerliche Tatsache der Gesellschaft zu betrachten. Diese Formulierung geht auf Ralf Dahrendorf zurück, der in seinem Buch „Homo Sociologicus" Gesellschaft als das Ergebnis des Zusammenwirkens sozial vorgeformter Rollen beschrieb.

Wie ernst war es Dahrendorf mit dem *Homo Sociologicus*? Zunächst ging es ihm um eine Gegenüberstellung verschiedener Menschenbilder, die die Sozialwissenschaften hervorgebracht haben. Gleich zu Beginn nennt er diese Menschenbilder höchst problematisch (vgl. Dahrendorf 1964: 15). Gemeint ist der *psychological man* der Psychologie, der nach Dahrendorf in besonderer Weise das Dilemma einer gedoppelten Welt repräsentiere, weil hinter seinen angeblichen Motiven stets auch untergründige Motive zu vermuten sind (vgl. ebenda: 15f.), sowie der *Homo Oeconomicus* der Wirtschaftswissenschaften, der sich als kalkulierender und stets abwägender Mensch um beste Entscheidungen bemüht und dies in überlegter Form, weil auf umfassendem Wissen beruhend. Der Homo Oeconomicus ist darauf aus, seinen individuellen Nutzen auf der Grundlage vollkommener Information zu maximieren. Normen sind hierbei nur insofern wichtig, als sie für die Nutzenmaximierung von Bedeutung sind. Streng genommen hat auch der Homo Oeconomicus keine Wahlmöglichkeit, da er nach der besten Lösung sucht; wenn es davon ggf. mehrere gibt, neigt auch er zu nicht-logischen Handlungen (vgl. Esser 1996: 236f.). Dahrendorf stellt diesen Vorstellungen ein Menschenbild gegenüber, welches das Individuum im Kontext seiner Rollenerwartungen betrachtet. Soziale Rollen sind für Dahrendorf jeweils Bündel von Erwartungen, „die sich in einer gegebenen Gesellschaft an das Verhalten der Träger von Positionen knüpfen." (Dahrendorf 1964: 33) Diese interpretiert er im Sinne Durkheims als gesellschaftliche Tatsachen, weil sie vom Einzelnen unabhängig sind, mit anderen Worten also eine gesellschaftliche Vorgeschichte haben. Vereinfacht: Wer sich an diese Regeln hält, hat nichts zu befürchten, wer dagegen verstößt, muss mit Sanktionen rechnen. Selbst jemand, der sich stets normenkonform verhält, trifft in allen Situationen, die durch einen bestimmten Erwartungshorizont gekennzeichnet und gerahmt sind, Entscheidungen. Es geht hier nicht um einen blinden Determinismus, um eine Festlegung auf unausweichliche Verhaltensweisen, sondern um die Erkenntnis, dass „in Gesellschaft Handeln" nicht gleichgesetzt werden kann mit unabhängigen Entscheidungen.

Wenn der Homo Sociologicus in jüngster Zeit mit einem naturwissenschaftlich bestimmten Menschenbild konfrontiert wird, tritt dieser Aspekt meistens in den Hintergrund. Die Bemühungen der modernen Genetik und der Soziobiologie, bestimmte Verhaltensweisen der Menschen unter Bezugnahme auf genetische Dispositionen zu erklären, hat Renate Mayntz beispielsweise zu folgendem Vergleich angeregt: „Bisher wurden vor allem Gene identifiziert, deren Veränderung für bestimmte Krankheiten verantwortlich sind, doch sucht man auch nach Genen, die Aggressivität, Kriminalität, Homosexualität oder Altruismus bestimmen. Damit könnte die moderne Genetik Dahrendorfs *homo sociologicus,* den durch Sozialisation, Rollenerwartungen und kulturelle Werte in seinem Verhalten bestimmten Akteur als Illusion, als Ausdruck menschlicher Hybris enthüllen." (Mayntz 2008: 127) Der Vergleich verdeutlicht in besonderer Weise die Grundsätzlichkeit der Frage, um die es hier geht. Für das Verständnis von Interaktionen, in die wir tagtäglich involviert sind, wirkt dieses Dilemma aber eher wie eine Denkblockade. Gesellschaften mit einem Organismus zu vergleichen, ist zwar eine unzulässige Reduktion, dennoch fasziniert diese Analogie, weil sie eine Art intuitives Verständnis von Prozessen, die einem selbst vertraut sind, vermittelt. Wenn Talcott Parsons beispielsweise von institutionalisierten Rollen spricht, dann meint er damit Mechanismen, durch die soziales Handeln aufeinander abgestimmt wird. Wenn sich in einer Universität ein Professor und ein Student gegenüber stehen, ist dem einen, nämlich dem Professor, diese Situation schon vertrauter, dem Studenten mag sie noch neu erscheinen. Dennoch weiß er aus unterschiedlichsten Quellen, wie man sich in solchen Situationen normalerweise verhalten sollte. Man kommt also nicht in einem Seminar zusammen und bespricht zunächst ausführlich, was das eigentlich heißen soll. Für die beteiligten Akteure und die Struktur der Situation, die sich darüber konstituiert, existiert bereits eine Vorstellung. Diese ist aber nicht vergleichbar mit dem Drehbuch eines Theaterstücks, in dem zuvor jedes Wort, jede Gestik und Mimik mehrfach geprobt werden. Für die Kreativität des Handelns, von der insbesondere der Soziologe Hans Joas (1992) gesprochen hat, bleibt in diesen Situationen mehr oder weniger Spielraum. Wer das Bedürfnis hat, zu lernen, kann dies eben nicht in einer „blinden" Weise verfolgen, sondern lässt sich auf bestimmte Programme ein, die eine Gesellschaft dafür vorsieht. Insofern liegt dem Handeln immer ein bestimmter Rahmen zugrunde. Es ist daher auch normativ orientiert, zugleich verbindet man damit bestimmte Zwecke und erkennt im Zuge der Verfolgung dieser Zwecke, dass viele Handlungen durch symbolische Prozesse vermittelt werden.

Ein Analyseschema, das wiederum auf Talcott Parsons zurückgeht, vermag den Sachverhalt zusätzlich zu illustrieren. Es geht um die so genannten *Pattern Variables*, die Parsons im Anschluss an die für die historische Entwicklung der Soziologie wichtige Unterscheidung von Gemeinschaft und Gesellschaft nach Ferdinand Tönnies entwickelt hat. Der Gemeinschaft, so Tönnies, sei ein Zweck-Mittel-Denken fremd, in der Gemeinschaft zählt der Mensch als Ganzes, sein Wesenwillen sei entscheidend. Von daher seien die Beziehungen in einer Gemeinschaft viel stärker gefühlsbeladen und durch eine innere Verbundenheit der Beteiligten bestimmt. Gesellschaft dagegen verlangt spezifischen Einsatz von Einzelmenschen, die rationales Zweck-Mittel-Denken in Beziehungen zu realisieren versuchen, die wiederum durch dieses Grundprinzip definiert sind. Hier dominiert der Kürwille (vgl. Tönnies 1887). Parsons übernimmt aus diesem Gedankengebäude nicht so sehr die Idee einer darin angelegten historischen Entwicklung, sondern die Differenzen auf der Ebene der Orientierung. Er spricht von Einstellungs- und Situationsvariablen und versucht zu zeigen, dass wir in unterschiedlichen Situationen unser Handeln einmal daran orientieren, wie diese Situation beschaffen ist (Kognition) und was sie für uns bedeutet (emotionale und evaluative Komponente). Betrachte ich beispielsweise die Beziehung zwischen einer Mutter und ihrem Kind, dann handelt es sich um ein durch Affektivität gekennzeichnetes Verhältnis. Die Interessenbasis der Beziehungen ist nicht spezifisch, sondern diffus und zugleich universalistisch, weil die Interaktion nicht einem bestimmten Zweck dient. Anders wäre es, wenn ein Patient einen Arzt aufsucht, denn er benötigt ihn, um eine bestimmte Leistung zu erhalten. Die Situation wird definiert durch affektive Neutralität und Spezifität bzw. Partikularismus, weil die Konsultation des Arztes nicht zwecks Erlangung seiner Freundschaft erfolgt, sondern z.B. die Linderung von bestimmten Schmerzen erwartet wird. Zugleich erwartet man von dem Arzt, dass er sich gegenüber allen Patienten in gleicher Weise verhält, also eine Kollektivorientierung an den Tag legt und nicht jeweils seinen eigenen Vorteil in den jeweiligen Beziehungen in den Vordergrund stellt. Die Pattern Variables, deren komplette Struktur und theoretische Weiterentwicklung hier nicht im Einzelnen zu kommentieren sind, verdeutlichen also die Existenz von gemeinsamen Situationsdefinitionen. Sie dienen der Orientierung, weil sie die Kontingenz von Situationen reduzieren (siehe auch Kapitel X) und damit Erwartungssicherheit und Verhaltenssicherheit zugleich garantieren. Es kann also nicht jeder tun und lassen, was er will, man bewegt sich in einem Kanon von Rechten und Pflichten, deren Inanspruchnahme bzw. Erfüllung sich dennoch variabel gestalten kann. Der Arzt hat beispielsweise die Pflicht, bei der Behandlung ausschließlich das Wohl des Patienten vor Augen zu haben. Der Patient wiederum sollte den Willen zur Gesundwerdung mitbringen. Zugleich entstehen ihm aus der vorübergehenden Situation des Krankseins bestimmte Rechte, weil er aufgrund der Nichterfüllbarkeit seiner beruflichen Aufgaben einen besonderen Schutzstatus genießt (vgl. zu weiteren Beispielen Gerhardt 1991: 170f.). Grundsätzlich kann jede soziale Situation danach analysiert werden, welche Rollenerwartungen jeweils aufeinander treffen und von welchen Einstellungen die Beteiligten ausgehen: Ist es eine sachliche oder eine emotionale Beziehung? Verfolgen die Beteiligten eigene Interessen oder sind sie einem Kollektiv verpflichtet? Orientiert man sich in seinem Handeln an generellen Prinzipien oder handelt es sich um etwas, das in der konkreten Situation besondere Lösungen erfordert? Sind die Rollenerwartungen spezifisch, also auf einen bestimmten Kompetenzbereich reduziert, oder sind sie von sehr allgemeiner Art bzw. diffus, wie es im Falle der Mutter gegeben ist? Schließlich kann man fragen, ob die Situation durch Vorschriften so weit vorstrukturiert ist, dass sie kaum Variabilität im Handeln gestattet oder eher die individuelle Leistung einfordert (vgl. Abels 2007: 153f.). Ein Journalist, der beispielsweise für eine General Interest-Zeitschrift schreibt, sieht sich einem anderen Erwartungshorizont gegenüber als ein Fachjournalist, der sich in einem hochspezialisierten Segment bewegt.

Entscheidend ist, dass die jeweiligen Grundmuster das konkrete Handeln nicht festlegen. Es bleibt Spielraum, es bleibt Platz für Kreativität. In der Festlegung dieser Spielräume tut sich die Rollentheorie seit ihren Anfängen schwer. Auch die von Dahrendorf vorgeschlagene Unterscheidung von *Muss-Erwartungen* (verbindlichen Vorgaben für die Ausfüllung einer Rolle), *Soll-Erwartungen* (weniger verbindlichen, aber implizit gewünschten) und *Kann-Erwartungen* (deren Nicht-Erfüllung zumeist nicht sanktioniert wird) führt im Falle der praktischen Anwendung auf konkrete Rollen immer wieder zu Abgrenzungsproblemen. Die Muss-Erwartung an eine Berufsrolle sollte normalerweise eindeutig in einer Stellenbeschreibung festgehalten sein. Handelt es sich dabei um eine führende Position, so ist die Muss-Erwartung sicherlich in der Übernahme von Verantwortung zu sehen. Sollte dies nicht erfolgen, ist die Art der zu erwartenden Sanktion wahrscheinlich eine Kündigung. Die Soll-Erwartung kann sich z.B. darin äußern, dass man von dem Positionsinhaber eine hohe Flexibilität im Hinblick auf die Gestaltung seiner Arbeitszeit erwartet und er sich in besonderer Weise den Interessen der Firmenentwicklung verpflichtet sieht, also die Firma beispielsweise vor der Familie kommt. Sollte er in dieser Hinsicht andere Prioritäten setzen, kann dies im negativen Falle mit einem Karrierestopp sanktioniert werden. Die Kann-Erwartung schließlich könnte sich in einem extra-funktionalen Engagement für Belange niederschlagen, die das Betriebsklima auch außerhalb des eigentlichen Unternehmenskontexts fördern. Aber die Grenzen zwischen Kann, Soll und Muss sind nicht exakt zu ziehen. Weil dieser Spielraum bleibt, können Rollen nicht deterministisch interpretiert werden. Rollen „leben" also von den Rollenträgern. Die in ihnen angelegte „Partitur" spielt sich eben nicht immer selbst. Ihre Existenz aber steht außer Zweifel. Sie manifestiert sich beispielsweise in der Kollision unvereinbarer Erwartungen, die sich in Gestalt eines *Inter-Rollenkonflikts* manifestieren können, einer Spannung, die sich aus den widersprüchlichen Erwartungen verschiedener Rollen ergibt. Ein Personalchef, der sich plötzlich vor die Aufgabe gestellt sieht, einen Mitarbeiter zu entlassen, den er aus einem anderen Zusammenhang, z.B. aufgrund einer gemeinsamen Vereinsmitgliedschaft, gut kennt und ggf. sogar mit ihm befreundet ist, kann dies als Belastung empfinden. Ebenso können *Intra-Rollenkonflikte* auftreten, nämlich dann, wenn innerhalb der Erfüllung einer Rolle divergierende Erwartungen unterschiedlicher Bezugsgruppen den Rollenträger in ein Entscheidungsdilemma führen, weil er nicht all diesen Erwartungen in gleicher Weise gerecht werden kann: Er soll als Universitätsprofessor gute Lehre machen, er soll sich an der Selbstverwaltung beteiligen, immer ansprechbar sein, er soll sich auf internationalen Tagungen präsentieren, regelmäßig publizieren und vortragen, interessante Forschungsprojekte durchführen und alles sorgfältig nach externen Regeln dokumentieren, damit ihm bescheinigt werden kann, dass er seine Sache gut macht. Spielräume werden dann das Opfer von Überforderungen und Zeitknappheit.

Im Ergebnis aber zeigt die Beschäftigung mit Rollen, dass die darin festgelegten Verhaltensregeln stets allgemeiner sind als der konkrete Fall, in dem sie praktisch werden. Es ist vergleichbar mit einem Repertoire, auf das man zurückgreifen kann, aber vor dem Hintergrund der jeweiligen Erfordernisse stets eigene Interpretationen und Entscheidungen fällen muss. Geht diese Rollendistanz hingegen verloren, kann es zu pathologischen Erscheinungsformen kommen, die sich dann im Sinne eines Leidens an der Gesellschaft interpretieren lassen.

Der Verlust der Rollendistanz

„Die Verringerung der Rollendistanz hat [.] ihre Ursache in der Regel in der „Totalität" der Verhaltenserwartungen, die in einem Handlungsfeld oder in einer Situation an den Rollenspieler herangetragen werden. Wirkliche oder vorgebliche instrumentale Handlungszwänge vermindern die Möglichkeiten einer flexiblen Gestaltung des Rollenhaushalts und die Chancen für eigene Ich-Leistungen; alles ist bereits geregelt, der Rollenspieler kann sich aus der Umklammerung der perfektionistischen Verhaltensanweisungen nicht mehr befreien und verliert mit der Möglichkeit zur Distanz auch die Fähigkeit, sein Verhalten an sinnvollen Zielen zu orientieren. Der Druck der sozialen Kontrolle, die in manchen Organisationen (wie z.B. im Militär) und vor allem natürlich in mehr oder weniger geschlossenen Anstalten (wie in Gefängnissen und Krankenhäusern) schließlich durch keine zeitliche und räumliche Segmentierung mehr eingeschränkt und somit der Tendenz nach „total" wird, verhindert jede selbstständige Gestaltung des Rollenspiels und so letztlich die Inszenierung des Verhaltens überhaupt. Je stärker dieser Druck wird, desto geringer sind die Chancen des Rollenspielers, sich seiner durch Anpassung oder Konflikt so weit zu erwehren, daß eine Störung des ganzen Rollenhaushalts noch vermieden werden kann. Sobald eine bestimmte, (freilich je nach Ich-Stärke des Rollenspielers verschieden situierte) Grenze überschritten wird, schlägt der Abwehrmechanismus des Rollenspielers in eine Störung seines Rollenverhaltens um: Konformismus und Ritualismus werden zwanghaft, weil die Rollenidentität des Individuums nur noch durch eine Identifikation mit dem Aggressor, mit den Rollensendern und Sanktionssubjekten, gesichert werden kann. Jede Abweichung von den Rollenvorschriften, auch wenn diese von anderen Bezugspersonen nahegelegt wird, bedroht dann unmittelbar die Identität selbst."

Quelle: Dreitzel 1980: 242f.

Es ist eben kein Spiel, keine Inszenierung, keine Maskerade, jedenfalls nicht ausschließlich. Der Vergleich mit der Theaterbühne ist in der Rollentheorie immer wieder bemüht worden, in besonderer Weise durch Erving Goffman, der den Grund für diesen Vergleich selbst einmal als ein „rhetorisches Manöver" (Goffman 1969: 232) bezeichnet hat. Die Vorderbühne, also jener Ort, auf dem die Vorstellung stattfindet, und zwar im Kontext eines Bühnenbilds, das die jeweilige Situation bereitstellt, und der Hinterbühne, die als Ort des Probens und Vorbereitens, aber auch als Ort der Entlastung dient, sollte illustrieren, dass wir uns nicht permanent in Rollen bewegen und bewegen müssen. Zu behaupten, dass die Theaterwelt letztlich folgenlos sei, würde der Bedeutung dieser Bühne nicht gerecht werden. Dennoch stellt Goffman am Ende seines Klassikers „Wir alle spielen Theater" unmissverständlich fest: „Die Behauptung, die ganze Welt sei eine Bühne, ist so abgegriffen, daß die Leser ihre Gültigkeit richtig einschätzen und ihrer Darstellung gegenüber tolerant sein werden, weil sie wissen, daß sie nicht zu ernst genommen werden darf. Eine Handlung, die in einem Theater inszeniert wird, ist zugestandenermaßen eine künstliche Illusion; anders als im Alltagsleben kann den gezeigten Charakteren nichts Wirkliches oder Reales geschehen – obgleich natürlich auf einer anderen Ebene dem Ansehen der Darsteller, deren Alltagsaufgabe es ist, Theatervorstellungen zu geben, etwas Wirkliches und Reales zustoßen kann." (ebenda: 232) Wo immer wir im Alltag versuchen, einen idealisierten Eindruck zu hinterlassen, müssen wir damit rechnen, dass Andere in der Lage sind, hinter diese Fassade zu blicken. Das Beispiel des Schülers, der seine ganze Aufmerksamkeit darauf konzentriert, aufmerksam zu erscheinen, entspricht einer extremen Form von Hochstapelei. Wenn solche Vortäuschungen auffliegen, sind die Frustrationen groß. Immer wieder müssen wir im Alltag feststellen, dass wir von vermeintlich aufrichtigem Handeln ausgegangen sind.

Ebenso können sich die gegenseitigen Erwartungsunterstellungen in paradoxe Situationen hineinsteigen, die Luhmann einmal sehr schön an dem Ehemann, der nach getaner Arbeit sein Haus betritt, illustriert. Dieser sei eigentlich an der

Post interessiert, geht aber vorsichtshalber in die Küche, um dem Vorwurf der Vernachlässigung zu entgehen. Wenn er dort nun von der Frau mit der Auffassung konfrontiert wird, dass er doch nur in die Küche gegangen sei, weil er dem Vorwurf entgehen wollte, den Schreibtisch höher einzuschätzen, wird das Problem der Aufrichtigkeit evident. Dieses „Theater" lebt von folgender Paradoxie: „Ich tue das, was du willst, mit dem Bewusstsein, daß du siehst, daß ich es deshalb tue." (Luhmann 2004: 54) Die Trennung zwischen Eigen- und Fremdwahrnehmung wird hier auf eine besondere Probe gestellt. Aber es wird eben auch in deutlicher Weise illustriert, dass sich die Existenz von Gesellschaft in Makro- und Mikro-Phänomenen niederschlägt. Mit Cooley könnte man auch sagen: „Self and society are twin-born, we know one as immediately as we know the other, and the notion of a separate and independent ego is an illusion." (Cooley 1909: 5)

4. „Schatten der Zukunft" – Egoismus, Altruismus und Abweichung

An die Stelle einer deterministischen Interpretation von Rollenerwartungen muss als Konsequenz aus den bisherigen Ausführungen die Idee einer Richtschnur treten. Das Alltagshandeln baut auf Verhaltensstandards auf. Diese Verhaltensstandards befähigen uns des Weiteren zu einer Typisierung von Rollen (die typische Lehrerin) und Abläufen (ein typisches Verfahren), ohne daran notwendigerweise persönlich beteiligt gewesen zu sein. Viele Urteile und Einschätzungen, die wir gegenüber gesellschaftlichen Phänomenen einnehmen, beruhen nicht auf unmittelbarer Erfahrung, sondern auf gelernten Vorstellungen über Normalität. Die Frage, warum solche Vorstellungen für das gesellschaftliche Zusammenleben von Relevanz sind, wurde in der Soziologie häufig unter Bezugnahme auf utilitaristische Erklärungen beantwortet. Für Opp ist eine *Norm* „eine von Individuen geäußerte Erwartung derart [...], daß etwas der Fall sein soll oder muß oder nicht der Fall sein soll oder muß." (Opp

1983: 4). Der Sinn und Zweck von Normen wird unter Aspekten der Brauchbarkeit diskutiert. Dieser Gedanke hat seine Wurzeln unter anderem in der schottischen Moralphilosophie, zu deren Repräsentanten David Hume (1711-1776) und Adam Smith zählen. Moral beispielsweise wird von Hume unter dem Gesichtspunkt der Nützlichkeit diskutiert, indem er den Begriff für alles heranzieht, was an einem Menschen gut oder schlecht sein kann. Wenn über Tugenden gesprochen wird, muss es sich nach Hume um Phänomene handeln, die im Hinblick auf die Konsequenzen des jeweiligen Verhaltens als förderlich bezeichnet werden müssen (vgl. Hume 2002 [zuerst 1751]: 90ff.). Bei Adam Smith wiederum finden wir in dem Begriff der *Sympathie* und in der Figur des unparteiischen Zuschauers weitere wichtige Hinweise auf Beurteilungsmaßstäbe. Sympathie als eine „Übung der inneren Vorstellung" (Raphael 1991: 42) ist für ihn eine wichtige Basis für das Entstehen sozialer Bindungen, die über eine unmittelbar erlebte Situation hinaus die Menschen in die Lage versetzt, lobenswerte Prinzipien des Handelns zu internalisieren. Der unparteiische Zuschauer wiederum ist das Ergebnis der Verinnerlichung solcher Urteile, die eine Reflexion über gutes oder schlechtes, über angemessenes oder unangemessenes Verhalten ermöglicht. In der „Theorie der ethischen Gefühle" heißt es hierzu beispielsweise: „Wir bemühen uns, unser Verhalten so zu prüfen, wie unserer Ansicht nach irgendein anderer gerechter und unparteiischer Zuschauer prüfen würde." (Smith 1985 [zuerst 1759]: 167) Daher ist es nicht überraschend, dass George Herbert Mead, auf den die Unterscheidung zwischen einem generalisierten und signifikanten Anderen zurückgeht, Adam Smith als einen Begründer der Sozialpsychologie bezeichnet hat. Denn der generalisierte Andere ist keine den Menschen äußere Instanz, sondern ein Zuschauer, mit dem man gedanklich in Kontakt tritt. Es ist also die kooperative Verknüpfung der Gesellschaftsmitglieder, und nicht das Alleinsein in der Welt, das als Basis für gemeinsame Willensbildung identifiziert wird (vgl. Joas 1980: 51).

Während es durchaus populär ist zu behaupten, dass Menschen nur aus Selbstsucht Gutes tun, lässt sich als Gegenargument formulieren, dass es den Beteiligten schlicht um den Fortbestand sozialer Beziehungen geht. Nur auf sich selbst bedacht zu sein, kann als Massenphänomen im Ergebnis nur zu Nicht-Kooperation führen. Axelrod hat in diesem Zusammenhang von dem „Schatten der Zukunft" gesprochen. Der Schatten der Zukunft steht mithin für die Befürchtung, dauerhaft auf die Vorzüge kooperativen Verhaltens verzichten zu müssen. In diesem Zusammenhang ist erstaunlich, dass wir im Falle eines Egoisten bzw. des Egoismus die darin manifestierte Vorrangstellung des Einzelinteresses vor dem gesellschaftlichen Interesse als verwerflich empfinden, uns im Falle des Altruismus – der, wie es bereits Auguste Comte formulierte, „Zurückstellung des eigenen Vorteils hinter das Wohl der Anderen" (zit. nach Hennen 1994: 286) – zugleich fragen, warum Menschen dies tun. Beides erscheint offenbar als untypisch. Wenn Menschen einen Nutzen erhalten, ohne dafür eine Gegenleistung erbracht zu haben, sprechen wir beispielsweise von Trittbrettfahrern (Free-Rider-Problematik). Wenn Menschen trotz der unmittelbaren Einsicht in die Notwendigkeit unmittelbarer Hilfeleistung untätig bleiben, in der Erwartung, dass doch sicherlich andere helfen werden, spricht man von *Verantwortungsdiffusion*. Je größer die Zahl der Beobachter wird, desto unwahrscheinlicher werden Interventionen. Die Chancen für uneigennützige Formen der Kooperation sinken also, wenn Nicht-Handelnde keine unmittelbaren Sanktionen befürchten müssen. Von einem übersteigerten Individualismus wird wiederum dann gesprochen, wenn ein Vormarsch von Selbstentfaltungswerten ein als notwendig erachtetes Gleichgewicht von Rechten und Pflichten gefährdet. Während die Entstehung der modernen Gesellschaft vor allem auch als eine Zunahme von arbeitsteiligen Prozessen beschrieben wurde, die den Einzelnen notwendigerweise in seinem Egoismus bremsen mussten, wird nun eine Situation beklagt, in der die quantitative Ausdehnung der Beziehungen des Einzelnen eben nicht mehr im Sinne eines „Hebel[s] der Sittlichkeit" (Simmel 1892: 88) wirkt.

Der Sinnzusammenhang, der einer bestimmten gesellschaftlichen Ordnung zugrunde liegt, bleibt also nicht unhinterfragt. Die Gründe, die zu einem Schwund von Vertrauen in soziale Normen und Institutionen führen, setzen in der Regel selbst wiederum einen Reflexionsprozess in Gang, der gesellschaftliche Leitvorstellungen auf den Prüfstand stellt. Gesucht wird nach den Ursachen, die verschiedene Formen abweichenden Verhaltens erklärlich machen. Eben das Verschwinden dieses Hebels der Sittlichkeit war für Durkheim Anlass zu der Feststellung, dass in einer durch zunehmende Arbeitsteilung gekennzeichneten Gesellschaft die ausschließlich geschäftlichen oder vertraglichen Verbindungen der Gesellschaftsmitglieder ein unzureichendes Bindeglied darstellen und zu sozialen Desintegrationserscheinungen beitragen. Durkheim spricht an einer Stelle von einem „Ensemble ohne Einheit" (Durkheim 1988 [zuerst 1893]: 437), dem „ein lebhaftes und beständiges Gefühl ihrer gegenseitigen Abhängigkeit" (ebenda) abhanden kommt bzw. fehlt.

Anomie tritt nach Durkheim also ein, wenn Gesellschaft als Überforderung erlebt wird. Dies gilt nicht nur für Situationen, die als radikaler Strukturwandel erlebt werden (Übergang von der frühen Industrialisierung zur Hochindustrialisierung), sondern auch für wirtschaftliche Krisen- und Prosperitätsphasen. Die Krise steigert das Gefühl von Deprivation und Zukunftsangst, die allgemeine Steigerung des kollektiven Wohlbefindens in Zeiten wirtschaftlicher Prosperität hingegen führt zu übersteigertem Optimismus, zu einer Anspruchsinflation und einer sich vergrößernden Kluft zwischen Wunsch und Wirklichkeit (vgl. hierzu auch Boudon 1980: 20). Anomie ist für Durkheim die wesentliche Ursache für das Auftreten von Selbstmorden.

Anomie in Zeiten wirtschaftlichen Wachstums

„In der Tat kann es im Falle von Wirtschaftskatastrophen für bestimmte Menschen so etwas geben wie eine Deklassierung. Sie sind also genötigt, ihre Ansprüche herabzusetzen, ihre Bedürfnisse einzuschränken und zu lernen, sich mehr zu bescheiden. Alles ist verloren, was die Gesellschaft ihnen als

Frucht ihres sozialen Handelns zukommen ließ, ihre ganze moralische Erziehung muß erneut vollzogen werden. [...]

Aber die Dinge liegen gar nicht anders, wenn die Krise durch ein plötzliches Anwachsen von Macht und Reichtum entsteht. Da sich die Lebensbedingungen veränderten, kann das Modell, an dem sich die Bedürfnisse orientieren, nicht mehr das gleiche bleiben; denn es wandelt sich mit den zur Verfügung stehenden Mitteln, da es ja den Anteil bestimmt, der einer jeden Gruppe von Produzenten zukommt. Die Hierarchie ist in Unordnung geraten, andererseits kann man eine neue nicht improvisieren. Es braucht Zeit, für Menschen und Dinge nach den geltenden Begriffen eine andere Rangordnung zu schaffen. Solange die freigesetzten sozialen Kräfte nicht ihr Gleichgewicht gefunden haben, bleibt ihr jeweiliger Wert unbestimmt und für eine Zeitlang ist dann jede Regelung mangelhaft. Man weiß nicht mehr, was möglich ist und was nicht, was noch und was nicht mehr angemessen erscheint, welche Ansprüche und Erwartungen erlaubt sind und welche über das Maß hinausgehen. Es gibt dann nichts mehr, worauf man nicht Anspruch erhebt. [...] Wenn die öffentliche Meinung keine Orientierung mehr gibt, werden die Appetite keine Schranken mehr kennen. Zudem befinden sie sich sowieso infolge der gesteigerten allgemeinen Aktivität in einem gereizten Zustand. Wegen des gesteigerten Wohlstandes steigen auch die Bedürfnisse. Sie werden angestachelt durch die reichere Beute, die ihnen vorgehalten wird, und die althergebrachten Regeln verlieren ihre Autorität, weil man ihrer überdrüssig ist. Der Zustand der gestörten Ordnung oder Anomie wird also dadurch noch verschärft, daß die Leidenschaften zu einem Zeitpunkt, wo sie einer stärkeren Disziplin bedürfen, weniger diszipliniert sind!"

Quelle: Durkheim (1973) [zuerst 1897]: 288f.

Dass gesteigerte Wahlmöglichkeiten nicht zu einer Zunahme von Glück und Zufriedenheit führen, sondern Freiheit und

Autonomie im Gegenteil Belastungen mit sich bringen, lässt sich anhand einer Vielzahl unterschiedlicher Beispiele belegen (vgl. Schwartz 2006: 111). Merton hat Durkheims Anomietheorie erweitert und insbesondere untersucht, welche Bedeutung die sozialstrukturelle Position für die Zustimmung und Verfolgung gesellschaftlich erstrebenswerter Ziele hat. Analog zu dem Gestaltungsspielraum sozialer Rollen wird hier deutlich, dass das kulturelle Wertsystem einer Gesellschaft und die zur Realisierung dieser Ziele verfügbaren Mittel in unterschiedlicher Relation zueinander stehen können, je nachdem, an welchem Ort bzw. in welcher Lage sich das jeweilige Gesellschaftsmitglied befindet. Daraus ist die bekannte Typologie hervorgegangen, die Konformität, Innovation, Ritualismus, Rückzug und Rebellion unterscheidet. Dabei ist *Konformität* eigentlich keine anomische Abweichung, weil in diesem Falle trotz eines ggf. wahrgenommenen Konflikts zwischen den kulturellen Zielen und den vorhandenen Mitteln beides bejaht wird. Im Falle der *Innovation* dagegen haben wir es mit einer prinzipiellen Bejahung der kulturellen Ziele – beispielsweise Wohlstand oder Erfolg – zu tun, die Mittel, um diese zu erreichen, werden aber subjektiv als unangemessen oder ungerecht eingestuft. Man sucht nach neuen, ggf. nichtlegitimen Lösungen (Korruption, Kriminalität, etc.). Der *Ritualismus* wiederum ist durch ein Festhalten an Verhaltensweisen gekennzeichnet, die man aus innerer Überzeugung gar nicht mehr bejaht, z.B. jemand, der sich von seiner Religion abgewandt hat, trotzdem aber weiterhin an kirchlichen Zeremonien festhält. Hier folgt man also Regeln, ohne von Ihnen überzeugt zu sein. Auch der Bürokrat, der weiß, dass bestimmte Verfahrensregeln nicht mehr zeitgemäß sind, ihnen aber aus Pflichtbewusstsein weiterhin folgt, würde diese Form von Abweichung erfüllen. Der *Rückzug* ist nach Merton ein relativ selten vorzufindender Typus, weil er sowohl die kulturellen Ziele als auch die institutionalisierten Mittel ablehnt, im Grunde genommen eine Art von Außenseitertum repräsentiert, gleichwohl ohne dies aktiv zu propagieren. Man strebt beispielsweise weder nach beruflichem Erfolg noch nach neuen Herausforderungen. Die *Rebellion* dagegen kennzeichnet sich durch eine Ablehnung der Mittel bei gleichzeitiger Propagierung neuer Ziele. Während im Falle des Typus Innovation mit Reformvorschlägen auf der Mittelebene gerechnet werden kann, ist es im Falle der Rebellion die grundsätzliche Ablehnung.

Mertons Vorschlag ist somit eine Illustration des mehr oder weniger distanzierten Blicks auf die eigene Kultur. Nicht jeder, der ein Unbehagen an gesellschaftlichen Zuständen erlebt, ist in der Lage, diese Unzufriedenheit konkret zu artikulieren. Dass etwas falsch oder ungerecht ist, impliziert noch nicht das Vorhandensein einer alternativen und guten Lösung. Über eine Auseinandersetzung mit solchen Fragen steuern sich Gesellschaften quasi selbst. Aber gerade weil dies so ist, sind langfristige Prognosen über gesellschaftliche Entwicklungen schwierig. Daher kann am Ende dieses Kapitels noch einmal wiederholt werden: Gesellschaften sind keine isolierten, stationären und zyklischen Systeme.

Empfehlungen zum Weiterlesen

Joas, Hans (1992): Die Kreativität des Handelns. Frankfurt/Main.
Soeffner, Hans-Georg (2000): Gesellschaft ohne Baldachin. Über die Labilität von Ordnungskonstruktionen. Weilerswist.
Dreitzel, Hans Peter (1980): Die gesellschaftlichen Leiden und das Leiden an der Gesellschaft. 3., neu bearbeitete Auflage. München.

IX „... new forms of communication have brought about ..." – Kommunikation und Gesellschaft

1. „...living with the media" – Wandel der Kommunikation

Das vorangegangene Kapitel hat gezeigt, dass die Weltoffenheit des Menschen ihn in die Lage versetzt, eine zweite Natur zu schaffen, die sich aber nicht in allen Situationen im Sinne einer quasi-natürlichen Anschauung aller Beteiligten realisiert. Widersprüche gehören zur Interaktion und zeigen, dass eine so bedeutende Errungenschaft wie die Sprache nicht immer so eindeutig ist, dass Missverständnisse ausbleiben. Während Goethe die Auffassung vertrat: „Was uns zerspaltet, ist die Wirklichkeit; doch was uns einigt, das sind Worte." meinte der Schriftsteller Marcel Proust (1871-1922): „Wir stellen uns beim Reden stets vor, daß unsere Ohren und unser Geist das Gesagte vernehmen. [...] Die Wahrheit, die man in Worte kleidet, bahnt sich nicht unmittelbar ihren Weg und ist kein unbestreitbares, augenfälliges Phänomen. Es braucht eine ganze Weile Zeit, bis eine Wahrheit gleicher Ordnung sich in den anderen formen kann." (Proust 2000 [zuerst 1918]): 804)

Gemessen daran kannte die mathematische Informationstheorie (eine Theorie der Signalübertragung) zwar das Phänomen des Rauschens, widmete aber der Tatsache, dass Sprache einzigartig, aber nicht immer eindeutig ist, wenig Raum. Der Eigenwert des menschlichen Bewusstseins oder von Kommunikationssystemen wird unterschätzt. Dieser kann sich sehr kreativ auswirken, aber auch die Funktion einer Störgröße einnehmen, was unter anderem in mehreren *Axiomen der Kommunikation* verdeutlicht wurde. Hier werden insbesondere die Folgenden erwähnt:

Axiom 1: „Menschliche Kommunikation bedient sich digitaler und analoger Modalitäten. Digitale Kommunikationen haben eine komplexe und vielseitige logische Syntax, aber eine auf dem Gebiet der Beziehungen unzulängliche Semantik. Analoge Kommunikationen dagegen besitzen dieses semantische Potential, ermangeln aber die für eindeutige Kommunikation erforderliche logische Syntax." (Watzlawick et al. 1969: 68) Das Wort „Tisch" erfüllt nicht das Kriterium der Analogie, denn es hat nichts Tischähnliches aufzuweisen – „es besteht lediglich ein semantisches Übereinkommen für diese Beziehung zwischen Wort und Objekt." (Watzlawick et al. 1969: 62) Die berühmte Aussage des Erfurter Professors Galetti, wonach das Schwein deshalb Schwein heißt, weil es ein so unsauberes Tier ist, ist daran gemessen ein Fehlschluss.

Axiom 2: „Jede Kommunikation hat einen Inhalts- und einen Beziehungsaspekt, derart, daß letzterer den ersteren bestimmt und daher eine Metakommunikation ist." (Watzlawick et al. 1969: 56) Was sich auf der digitalen Ebene als eindeutig erweisen mag, zeigt auf der analogen Ebene den Faktor der Unbestimmtheit. Die Interpretation von Informationen ist somit häufig kontextabhängig, sie lässt sich weder in Face-to-Face-Situationen noch in technisch dominierten Kommunikationsumgebungen neutralisieren. „Der Inhaltsaspekt vermittelt die «Daten», der Beziehungsaspekt weist an, wie diese Daten aufzufassen sind." (Watzlawick et al. 1969: 55) Je nach Kontext kann die vom jeweiligen Beifahrer geäußerte Aussage „Die Ampel ist rot!" unterschiedlich wahrgenommen werden.

Die Axiome von Watzlawick u.a. orientieren sich an Face-to-Face-Situationen. Es ist leicht vorstellbar, dass Formen der Kommunikation, die ohne physische Anwesenheit der Beteiligten ablaufen, Verstehensprobleme vergrößern dürften. Das gilt für ein Telefonat, für das Schreiben eines Briefes oder für das Versenden elektronischer Nachrichten. Letzteres ist ein gutes Beispiel für Kreativität, weil immer wieder getestet wird, wie kurz eine Nachricht sein kann, um noch eine Botschaft vermitteln zu können. Zugleich vermischen sich in diesen Informationen Regeln von Mündlichkeit und Schriftlichkeit. Theoretisch ist der Dialog von Mensch zu Mensch zwar immer für Missverständnisse offen, aber eben auch am besten in der Lage, Mehrdeutigkeiten zu beseitigen. Diese Form der Interaktion kann viele Informationskanäle – Sprache, Gestik, Mimik – einsetzen. In der Regel geht man auch von überschaubaren Systemen aus, so dass weitere Störquellen ausbleiben. Dennoch schließt Überschaubarkeit variierende Formen gegenseitiger Aufmerksamkeit nicht aus. Goffman hat hierfür die Unterscheidung 'zentrierte' und 'nicht-zentrierte' Interaktion eingeführt: „Nichtzentrierte Interaktion besteht aus den zwischenmenschlichen Kommunikationen, die lediglich daraus resultieren, daß Personen zusammenkommen, z.B. wenn sich zwei Fremde quer durch einen Raum hinsichtlich der Kleidung, der Haltung und des allgemeinen Auftretens mustern, wobei jeder das eigene Verhalten modifiziert, weil er selbst unter Beobachtung steht. Eine zentrierte Interaktion tritt ein, wenn Menschen effektiv darin übereinstimmen, für eine gewisse Zeit einen einzigen Brennpunkt der kognitiven oder visuellen Aufmerksamkeit aufrechtzuerhalten, wie etwa in einem Gespräch, bei einem Brettspiel oder bei einer gemeinsamen Aufgabe, die durch einen kleinen Kreis von Teilnehmern ausgeführt wird." (Goffman 1973: 7) In sozialen Interaktionen bestehen für die Beteiligten nur geringe Rückzugsmöglichkeiten. Mangelnde Aufmerksamkeit wird in solchen Interaktionsprozessen sanktioniert. Die folgenden Vergleiche verdeutlichen das: „Some messages are more under the control of the receiver than others. For example, think about how hard or easy it is for you to break off communication in (1) a face-to-face conversation with another person, (2) a telephone call, and (3) a TV commercial." (Dominick 1987: 8) Ein Fehlen von Rückkopplungsmöglichkeiten und gegenseitiger Kontrolle steigert somit die Unverbindlichkeit von Interaktionen.

Das kann Folgen für die Qualität der Aufmerksamkeit haben. In Bezug auf Mediennutzung wird etwa darauf hingewiesen, dass der Rezipient „mit medialen Angeboten in der konkreten Nutzungssituation sehr viel freizügiger und ohne kommunikativ bedingte Rücksichten nach seinem Geschmack verfahren kann; sie sind nichts als ein Angebot von Symbolen, die der Rezipient nach eigener Art und Befindlichkeit als Handlungsfolgen interpretiert oder auch nicht. 'Massen'-kommunikation erweist sich so als sehr viel individueller nutzbare 'Kommunikation' als interpersonale Kommunikation, weil das Geschehen auf dem Bildschirm bloße Modelliermasse und der Nutzer direkter interpersonaler Handlungsfolgen enthoben ist." (Krotz 1992: 237) Man könnte auch sagen, dass ein Fernsehfilm oder ein Hörspiel den Rezipienten für den Handlungsablauf nicht benötigt. Krotz spricht von einer „strukturelle[n] Bedeutungslosigkeit" (Krotz 1992: 237) des Rezipienten. Dennoch ist diese Art der Kommunikation für die Empfänger gerade deshalb angenehm, weil sie es sind, die den Grad der Aufmerksamkeit steuern und keine Sanktionen zu erwarten sind, wenn beispielsweise während des Radiohörens die Wohnung renoviert wird. Aber dies ist nur ein Element von Medienkommunikation. Denn neben empirisch gut belegten Medienvorlieben in quantitativer und qualitativer Hinsicht können Medieninhalte durchaus interaktionsähnliches Verhalten evozieren, indem die fehlende Wechselseitigkeit der Orientierungen zu kompensieren versucht wird. Horton und Wohl haben beispielsweise von einer *Intimität auf Distanz* (Horton/Wohl 1956) gesprochen. Sie meinten damit die Identifikation mit einer auf dem Bildschirm sichtbaren Figur. Es entsteht die Illusion einer Begegnung von Angesicht zu Angesicht: Man glaubt, die Menschen auf dem Bildschirm zu kennen, sie zu treffen.

The role of the persona

„The persona is the typical and indigenous figure of the social scene presented by radio and television. To say that he is familiar and intimate is to use pale and feeble language for the pervasiveness and closeness with which multitudes feel his presence. The spectacular fact about such personae is that they can claim and achieve an intimacy with what are literally crowds of strangers, and this intimacy, even if it is an imitation and a shadow of what is ordinarily meant by that word, is extremely influential with, and satisfying for, the

> great numbers who willingly receive it and share in it. They 'know' such a persona in somewhat the same way they know their chosen friends: through direct observation and interpretation of his appearance, his gestures and voice, his conversation and conduct in a variety of situations. [...]
>
> The persona offers, above all, a continuing relationship. His appearance is a regular and dependable event, to be counted on, planned for, and integrated into the routines of daily life. His devotees 'live with him' and share the small episodes of his public life – and to some extent even of his private life away from the show. Indeed, their continued association with him acquires a history, and the accumulation of shared past experiences gives additional meaning to the present performance. [...]
>
> The persona may be considered by his audience as a friend, counsellor, comforter, and model; but, unlike real associates, he has the peculiar virtue of being standardized according to the 'formula' for his character and performance which he and his managers have worked out and embodied in an appropriate 'production format'. Thus his character and pattern of action remain basically unchanged in a world of otherwise disturbing change. The persona is ordinarily predictable, and gives his adherents no unpleasant surprises. In their association with him there are no problems of understanding or empathy too great to be solved. Typically, there are no challenges to a spectator's self – to his ability to take the reciprocal part in the performance that is assigned to him – that cannot be met comfortably."

Quelle: Horton/Wohl 1956: 216f.

Diese Identifikationsprozesse sind insbesondere bei sozial isolierten und älteren Menschen beobachtet worden, gelten aber mittlerweile als ein „konstitutives Moment von Medienkommunikation" (Mikos 1994: 86). Auch wenn eine Face-to-Face-Beziehung in vielen Fällen nicht gegeben ist, versuchen Medienakteure über ihre Handlungen und unterschiedliche Formen der Ansprechakte eine solche Interaktion herzustellen. Diese Adressierungen des Publikums durch die Medienakteure verweisen aber auch gerade darauf, dass es eine Vorstellung über erwartbare Reaktionen beim Publikum gibt. Mikos nennt hierfür zahlreiche Beispiele: „Moderatorensätze wie 'Das hätten Sie nicht gedacht.' (Jürgen von der Lippe), 'So, liebe Kinder, ihr müsst jetzt ins Bett; hört auf den Onkel!' (Thomas Gottschalk), 'Guten Abend, meine Damen und Herren.' (diverse Nachrichtensprecher und -innen sowie Magazin-Moderatoren), [...], machen die Zuschauer in einer Art und Weise zu Interaktionspartnern der Fernsehfiguren, die sich außer durch die mediale Konstellation nicht von Formen der Alltagskommunikation unterscheidet." (Mikos 1994: 135) Fehlende Mitteilungs- und Verständigungsmöglichkeiten werden durch den Kommunikator über eine Aktivierung relativ eindeutiger Situationen und daran gebundene Handlungen zu ersetzen versucht.

Para-soziale Interaktionseffekte können sich aber auch in der mentalen Antizipation von Handlungen niederschlagen, in der Projektion des eigenen Befindens auf Medienakteure und in dem, was mit dem Begriff Modell-Lernen (vgl. Bandura 1979) bezeichnet wird. Letzteres verweist auf Vorgänge der Nachahmung, die dann auch sozial wirksam werden können. Diese Antizipationen machen zudem deutlich, dass trotz des Nicht-Bestehens einer Interaktion im soziologischen Sinne ein wechselnder Grad an Involviertheit stattfinden kann. Man ist nicht an dem Interaktionsprozess beteiligt, kann aber dennoch Anteil daran nehmen. Was die Medien, insbesondere das Fernsehen, anbieten, ist in seiner Dramaturgie darauf angelegt, diese Medienbindung herzustellen. Aus dieser Perspektive kann das Argument einer strukturellen Bedeutungslosigkeit des Rezipienten für den Ablauf von Medienangeboten nicht mehr aufrechterhalten werden.

Wir würden auch kaum von einer „Mediengesellschaft" sprechen, wenn sich dahinter ausschließlich vielfältige Formen des Rückzugs aus der Gesellschaft verbergen würden. Zwar wird die Privatisierung der Freizeit in einem engen Zusammenhang mit dem Aufkommen von Massenmedien, vor allem mit dem Fernsehen, in Verbindung gebracht (vgl. Putnam 1995), weitreichender aber ist die Omnipräsenz von Medien in nahezu allen Handlungsfeldern. Todd Gitlins Diagnose für die Vereinigten Staaten von Amerika gehört daher zu den Aussagen mit hohem Generalisierungspotenzial: „The obvious but hard-to-grasp truth is that living with the media is today one of the main things Americans and many other human beings do." (2002: 5) Während Begriffe wie Agrargesellschaft, Industrie- oder Dienstleistungsgesellschaft die Dominanz einer bestimmten Erwerbsform und Lebensweise betonen, heben Begriffe wie Risikogesellschaft, Erlebnisgesellschaft oder Mediengesellschaft etwas qualitativ Neues hervor, das sich für eine relevante Zahl von Menschen bemerkbar macht oder von persönlicher Bedeutung ist. Die wahlweise verwandten Begriffe Medialisierung und Mediatisierung weisen darauf hin (vgl. Vowe/Dohle 2008, Imhof 2006). *Mediatisierung* lässt sich, so Krotz, als gesellschaftlicher Metaprozess beschreiben. Damit soll gesagt werden, „dass es sich um lang andauernde und kulturübergreifende Veränderungen handelt, um Prozesse von Prozessen gewissermaßen, die die soziale und kulturelle Entwicklung der Menschheit langfristig beeinflussen [...]." (2007: 27) Der Begriff „entgrenzte Medien" soll dabei verdeutlichen, dass dieser Prozess sich in einer Vielzahl von Ausweitungsvorgängen niederschlägt (vgl. Jäckel 2008b: 21; Krotz 2007: 94f.): Die Angebote erweitern sich in räumlicher Hinsicht (private und öffentliche Nutzung von Medien), das heißt medienfreie Zonen werden immer weiter reduziert (nicht nur im Sinne von „Funklöchern"). Sie erweitern sich in zeitlicher Hinsicht, nämlich zum einen durch eine Dauerpräsenz der Medienangebote und eine Entwicklung hin zu einem Rund-um-die-Uhr-Medium. Sie erweitern sich in sachlicher bzw. inhaltlicher Hinsicht, das meint eine Ausweitung des Themenspektrums mit der Erwartbarkeit entsprechender Anschlussdiskussionen. Und schließlich erweitern sich die Angebote in sozialer Hinsicht (Berufe, Altersdifferenzierung, Selbsthilfegruppen etc.), ein Aspekt, der eng mit dem dritten zusammenhängt und die Vielfalt der Gesellschaft und Vielfalt der Lebensstile repräsentieren soll, und in funktionaler Hinsicht, weil der Fernsehapparat nicht mehr nur für das Fernsehen, der Computer nicht nur für Berechnungen genutzt wird; aber auch, weil Hybridmedien entstehen, die viele Funktionen in sich vereinen. Die Kopplung von Medium und Kommunikat wird aufgebrochen. Die Liebeserklärung erfolgt beispielsweise nicht per Brief, sondern durch elektronische Kommunikationsmöglichkeiten.

2. „...unter Zwischenschaltung von Technik" – Verwendungen des Medien-Begriffs

Spätestens an dieser Stelle sind einige definitorische Hinweise erforderlich. Mit *Medien* wird allgemein ein für Vermittlungsleistungen (lat. medium = das Mittlere, Mittel, Vermittler), die über Techniken und/oder Zeichen/Symbole erfolgen, verwandter Begriff angezeigt. Die geläufigste Verwendung zielt auf tagesaktuelle Medien wie Fernsehen, Hörfunk und Tageszeitung und sorgt für eine Omnipräsenz des Wortes in der Alltagssprache. Obwohl die Vermittlungsleistung eine zentrale Rolle einnimmt, wird auch dort häufig von einem Medium gesprochen, wo es sich primär um eine Technik handelt, z.B. Speichermedien wie Festplatte oder CD-ROM. Diese Vermischung von Technik und Medium ist schwer auflösbar, weil eine Doppelfunktion gegeben ist. Ein bespieltes Videoband ist Technik und Inhalt zugleich. Medien dienen also dem Transport von Symbolen. Damit ist aber eine eindeutige Vermittlung der jeweiligen Bedeutung (des gemeinten Sinns) nicht gewährleistet. Man unterscheidet hinsichtlich dieser engeren Zweck-Mittel-Relation a) *primäre Medien*, deren Wahrnehmung die Anwesenheit von Sender und Empfänger voraussetzen; neben menschlichen (und daher körpergebundenen) Wahrnehmungsfähigkeiten (z.B. Sehen, Hören, Riechen) ist keine zusätzliche Technik erforderlich (z.B. das Registrieren von Mimik oder Gestik während eines Gesprächs unter Freunden), b) *sekundäre Medien*, die Technik auf Seiten des Senders, aber nicht auf Seiten des Empfängers erfordern, z.B. die Produktion von Zeitun-

gen oder Flugblättern für Leser sowie c) *tertiäre Medien*, die auf beiden Seiten Technik erforderlich machen, z.B. das Fernsehstudio und den Fernsehapparat oder das Telefon.
Im Kontext der Massenkommunikation ist es eine Bezeichnung für Verbreitungsmedien, die unter Zwischenschaltung von Technik ein Publikum an unterschiedlichen Orten erreichen, zum Beispiel Leser einer Tageszeitung oder Hörer einer Radiosendung. Maletzke (1963) spricht von einem *dispersen Publikum*.

Das disperse Publikum

„Als essentielle, echt konstitutive Merkmale, also als Charakteristika, die wesentlich und unabdingbar unser Objekt, das „disperse Publikum" der Massenkommunikation kennzeichnen, sind folgende zu nennen:

a) Das disperse Publikum konstituiert sich durch die gemeinsame Zuwendung mehrerer, in der Regel vieler Menschen zu einem gemeinsamen Gegenstand, nämlich zu den Aussagen der Massenkommunikation. Aus diesem Merkmal der „gemeinsamen Zuwendung" ergibt sich unmittelbar als eine wichtige Konsequenz: Das disperse Publikum, oder richtiger: disperse Publika sind keine überdauernden sozialen Gebilde. Sie entstehen jeweils von Fall zu Fall dadurch, daß sich eine Vielzahl von Menschen einer Aussage der Massenkommunikation zuwendet.

b) Die Aussagen, denen sich die Glieder der dispersen Publika zuwenden, werden durch Massenmedien, also nicht in direkter persönlicher Kommunikation vermittelt.

c) Die Glieder eines dispersen Publikums stellen in ihrer Gesamtheit ein Aggregat von räumlich voneinander getrennten Individuen oder von relativ kleinen, an einem Ort versammelten Gruppen dar. Die „relativ kleinen Gruppen" erstrecken

> sich von einem Menschenpaar über strukturierte kleinere Gruppen wie etwa die Familie bis zu den Zuschauern einer Kinovorstellung oder auch bis zu einem Großbetrieb, dessen Angehörige in Gemeinschaftsempfang eine Rundfunk- oder Fernsehsendung erleben."
>
> Quelle: Maletzke 1963: 28f.

Im Falle von Live-Übertragungen wird neben dem direkten Kontakt zu einem Präsenzpublikum eine indirekte, weitgehend einseitige (ohne Rückkopplung vom Empfänger zum Sender) und öffentliche Kommunikation ermöglicht.

Die Unterscheidung von *Medien erster und zweiter Ordnung* zielt auf die Trennung der technischen von der organisatorisch-inhaltlichen Ebene. Letzteres meint Medien im Sinne von Einrichtungen in öffentlicher oder privater Trägerschaft, deren Zweck die Beobachtung, Verarbeitung und Bereitstellung von Angeboten (Information, Unterhaltung etc.) über technische Verbreitungsmittel (also Medien erster Ordnung) ist.

Die Verbreitung von Informations- und Kommunikationstechnologien hat seit Ende der 1980er Jahre zu einer intensiven Beschäftigung mit den Besonderheiten der computervermittelten Kommunikation geführt. Diese unterscheidet sich von den typischen Formen der Massenkommunikation dadurch, dass die Senderfunktion hier nicht mehr eine komplexe Organisation (Medien zweiter Ordnung) voraussetzen muss. Zeitungsverlage, die ein Online-Angebot bereitstellen und kontinuierlich tagesaktuell halten, wählen einen neuen Distributionsweg, der der Massenkommunikation entspricht, den Nutzern dieses Angebots aber auch die Möglichkeit des gezielten Zugriffs auf bestimmte Artikel gestattet (Individualisierung). Zum Zwecke der Abgrenzung von typischen Formen der Massenkommunikation werden daher Interaktivitätsstufen unterschieden (vgl. Quiring/Schweiger 2006), die beispielsweise den Grad des gestaltenden Einflusses eines Empfängers auf das Angebot eines Senders veranschaulichen sollen. Das Eingebundensein in vernetzte Technologien (Internet, drahtlose Netze) erlaubt es aber auch einzelnen Personen eine unbestimmte Zahl von Empfängern zu adressieren, die wiederum technisch vermittelt zeitnah reagieren können (Electronic Mail, Foren, Chats, Blogs). Eine dergestalt ermöglichte interpersonale Kommunikation wird beispielsweise hinsichtlich der Besonderheiten (Schreibstil, neue Zeichensysteme) und der Qualität (Vorteile der Anonymität, Etikette) untersucht (vgl. umfassend hierzu Döring 2003).

Der Medien-Begriff taucht in einem weiteren Sinne als Voraussetzung symbolisch generalisierter Kommunikation auf, zum Beispiel in Bezug auf Sprache als Medium der Verständigung oder Geld als Medium des Tauschs. Hervorgehoben wird die Doppelfunktion von Integration und Differenzierung auf Grund einer gesellschaftsweiten Durchsetzung. Ebenso wird er für die Veranschaulichung erforderlicher Ressourcen verwandt, wenn z.B. Macht als Medium der Politik bezeichnet wird. Medien als Techniken zu betrachten, die die Wahrnehmung der Umwelt verändern, ist insbesondere durch den Medientheoretiker Marshall McLuhan (1911-1980) hervorgehoben worden, der nicht nur beispielsweise Film und Fernsehen als Medien betrachtete, sondern auch Licht, Tanz und Uhr. Medien werden hier als Erweiterung unserer Sinnesorgane betrachtet.

Die Mehrfachverwendung des Medien-Begriffs spiegelt sich auch in der Einbindung in Medientheorien wider. Wenn nachfolgend vereinfacht eine wirkungs- bzw. rezipientenorientierte und eine medienorientierte Betrachtungsweise unterschieden werden, geht es in beiden Fällen letztlich um den Nachweis von Effekten, aber die Zuschreibungsregeln differieren.

3. Ist das Medium die Botschaft? – Traditionen der Medientheorie

Der Kommunikationswissenschaftler Joshua Meyrowitz hat den Unterschied zwischen den ‚großen' Traditionen der Medienwirkungsforschung einmal wie folgt zu veranschaulichen versucht: „[...] wenn wir uns in der öffentlichen wie der wissenschaftlichen Aufmerksamkeit vor allem auf den *Inhalt* von Kommunikationen konzentrieren, gleicht das dem hypothetischen Versuch, die Bedeutung des Automobils zu verstehen, indem man ignoriert, dass es ein neues Transportmittel gibt, und sich statt dessen auf eine detaillierte Untersuchung der Namen und Gesichter von Passagieren konzentriert." (Meyrowitz 1990: 56) Medien wird somit das Erzeugen gesellschaftlicher Realitäten eigener Art zugeschrieben. So genannte Medium-Theorien betonen, dass die Existenz eines Mediums neue Formen der Umweltwahrnehmung nahe legt, die in der zum Einsatz kommenden Technologie begründet sind. Als McLuhan von einem Journalisten gefragt wurde, was er damit meinte, antwortete er: „Wenn Sie dieses Mikrofon ausschalten, ändert sich unsere Beziehung sofort." (zit. nach von Randow 2007: 1) Form und Inhalt der Kommunikation werden differenziert. Mit der These „Das Medium ist die Botschaft" wird vor allem der Formaspekt betont, Medien werden als Ausweitungen der eigenen Person betrachtet (vgl. McLuhan 1968: 13) Die Kamera ist eine Erweiterung des Auges, das Radio eine Erweiterung des Ohrs. Diese Erweiterungseigenschaften werden zusätzlich in detailarm (= kühl) und detailreich (= heiß) unterschieden. *‚Kühle' Medien* präsentieren somit keine fertigen Produkte, sondern verlangen vom jeweiligen Rezipienten eine Ergänzung der detailarmen Informationen. *‚Heiße' Medien* präsentieren detailreiche Informationen und erfordern infolgedessen nur einen geringen Grad an persönlicher Beteiligung: „Jedes heiße Medium läßt weniger persönliche Beteiligung zu als ein kühles, wie ja eine Vorlesung weniger zum Mitmachen anregt als ein Seminar und ein Buch weniger als ein Zwiegespräch." (McLuhan 1968: 30) Die Informationsstruktur ist so dicht, dass der Benutzer vereinnahmt wird. Ein ‚kühles' Medium ist dagegen durch Lücken in seiner Informationsstruktur gekennzeichnet (zum Beispiel eine Karikatur), die Präzision ist geringer. Gerade deshalb verlangt es nach der Vervollständigung durch das Publikum und begünstigt eine andere Form der Rezeption. Das Medium ist detailarm, erscheint aber dennoch als untrennbare Einheit. Im Falle des Fernsehens sind alle Informationen in einem Augenblick präsent und nicht – wie beispielsweise im

Falle des Buches – linear angeordnet. Eco spricht in diesem Zusammenhang von einer „Art Totalität und Gleichzeitigkeit aller vorhandenen Daten." (Eco 1985: 255, zu einer ausführlicheren Darstellung und Kritik siehe Jäckel 2008: 267f.)

Letztlich plädiert die Medium-Theorie nicht für eine strikte Trennung von Form und Inhalt, sondern für eine Wirkungsvorstellung, die den Rahmen der Präsentation und die Effekte der Inhalte koppelt. Meyrowitz hat diese Verbindung in seinen Arbeiten zu realisieren versucht. Für ihn verändern elektronische Medien den Zugang zu Informationen und Situationen. Das Verhalten der beobachtenden und der beobachteten Menschen bleibt davon nicht unberührt. Die Existenz neuer Medien führt zu einer veränderten *Situations-Geografie*. Gleichzeitig lassen sich aber weiterhin Elemente beobachten, die sich mit der zwischenmenschlichen Interaktion vergleichen lassen. Insofern werden alte Verhaltensweisen nicht durchgängig durch völlig neue Verhaltensweisen ersetzt. Wenn in einer alltäglichen Situation ein Vertreter einen Hausbesuch macht, prüft er zum Beispiel vorher, ob seine Krawatte richtig sitzt. Wenn wir eine für uns wichtige Person anrufen, räuspern wir sehr häufig vor dem eigentlich beginnenden Telefonat. Ebenso prüft der Nachrichtensprecher oder Moderator einer Sendung noch kurz vor dem Beginn der Übertragung, ob beispielsweise an Hemd und Krawatte alles in Ordnung ist. Beobachtungen dieses Rituals sind teilweise schon Bestandteil der Nachrichtensendung geworden.

Wenn sich das Verhalten danach richtet, wer mich sehen und hören kann, führt gerade Medienbeobachtung zu spezifischen Verhaltensänderungen, die aus der Besonderheit der Situation resultieren. Meyrowitz stellt fest: „Fernsehen ist etwa vergleichbar damit, Menschen durch einen Einwegspiegel in einer Situation zu beobachten, in der alle Beteiligten wissen, daß sie von Millionen von Menschen in isolierten Quadern beobachtet werden; Radio zu hören ist, wie Menschen durch eine Tür oder Wand zu lauschen, die sich bewußt sind, daß sie ‚abgehört' werden." (Meyrowitz 1990: 91)

Zunehmend sind es jedoch nicht bloß einige „Auserwählte" – Moderatoren, Prominente, Journalisten –, die sich bewusst in die Rolle der Beobachteten und Belauschten begeben. Vielmehr ist es das Publikums selber, das nicht mehr passiv an der Unterhaltung teilnimmt, sondern sich auf die Bühne begibt und sich dem Entwerfen, Bauen und Ausstaffieren seiner Szenenbilder und Requisiten widmet.

Das Leben, ein Heimvideo

„Zweifellos war ein Reiz, wenn nicht der vorrangige Reiz der Videokamera, der, daß sie normale Menschen auf die andere Seite der Scheibe versetzte und jeden in ihrem Visier zum Star machte. Der Vorläufer des Heimvideos, der Amateurfilm, konnte nur mit eher formlosen, lockeren und unstrukturierten Bildfolgen aufwarten, in denen aufgeregte und verlegene Menschen in die Kamera winkten oder lächelten, wodurch nur noch hervorgehoben wurde, wie wenig sie mit Stars zu tun hatten. Videos waren da anders. Die einfache Handhabung der Videokamera und ihre hohe Tonqualität, gepaart mit dem wachsenden schauspielerischen Selbstbewußtsein der Amerikaner, machten das Video schnell zum Unterhaltungsmedium, nicht mehr nur zum Medium, um bestimmte Ereignisse festzuhalten. Die Leute winkten nicht für die Videokamera und lächelten nicht nervös und vergruben ihr Gesicht nicht in den Händen, um sich zu verstecken wie damals, als sie mit der Filmkamera konfrontiert worden waren. Die Leute schauspielerten: sie sangen, tanzten, erzählten Witze, führten Kunststücke auf. Nachher konnten Titel und Effekte hinzugefügt werden, um die Show professioneller zu machen. Manche bearbeiteten die Bänder sogar, um sie zu straffen. [...]

Doch mehr noch, als nur für die Kamera zu schauspielern, fingen Leute an, die wichtigen Ereignisse ihres Lebens auf die Anforderungen der Kamera zurechtzustutzen, und diese Anforderungen waren die der Unterhaltung. Hochzeiten, Taufen, Bar-Mizwas, Jahrestage, selbst Operationen, alle Ereignisse also, die früher einmal untheatralische, wenn auch bisweilen ausgelassene Angelegenheiten waren, wurden jetzt

> häufig als Shows für die Videokamera neu gestaltet, einschließlich Erzähltext und witziger Requisiten. Oft wurde eine schnell zusammengeschnittene Version des Videobands zusammen mit Soundtrack und Effekten, die den Unterhaltungswert steigern sollten, beim Höhepunkt der Veranstaltung gezeigt, als sei der ganze Sinn und Zweck der Feierlichkeit gewesen, sie auf Video aufzunehmen."
>
> *Quelle: Gabler 1999: 265f.*

Das besondere Merkmal der Betrachtungsweise der Medium-Theorie besteht darin, dass von spezifischen Medieninhalten weniger die Rede ist. Wenn nunmehr die wirkungs- und rezipientenorientierte Perspektive skizziert wird, ist diese in ihrem thematischen Spektrum vielfältiger und spezifischer zugleich. Es kann daher nur im Sinne einer Aufzählung auf einige wichtige Forschungstraditionen hingewiesen werden.

4. „... the common socializer of our times" – Medienwirkungen

Die Kultivierungsanalyse ist den Medium-Theorien noch am nächsten. Hier wird analysiert, ob die Inhalte der Massenmedien eine spezifische Sicht auf die soziale Wirklichkeit nach sich ziehen. Insbesondere die Annenberg School of Communication und ihr prominentester Vertreter, George Gerbner, sind hier zu nennen (vgl. Gerbner et al. 2002). Diese Perspektive verbindet mit dem Aufkommen audiovisueller Medienangebote, insbesondere des Fernsehens, dramatische Veränderungen unserer Umweltwahrnehmung und erwartet, dass es einen signifikanten Zusammenhang zwischen dem Ausmaß der Nutzung (Vielseher) und der Orientierung an ‚Fernsehantworten' (also den dort präsentierten Inhalten) gibt. Für Gerbner ist das Fernsehen das zentrale Medium der modernen Kultur und entfaltet aufgrund seiner Omnipräsenz einen kumulativen Effekt auf die Wahrnehmung der Welt: „Television is the central and most pervasive mass medium in American culture and it plays a distinctive and historically unprecedented role. Other media are accessible to the individual (usually at the point of literacy and mobility) only after the socializing functions of home and family life have begun. In the case of television, however, the individual is introduced virtually at birth into its powerful flow of messages and images. The television set has become a key member of the family, the one who tells most of the stories most of the time. Its massive flow of stories showing what things are, how things work, and what to do about them has become the common socializer of our times." (Gerbner et al. 1980: 14)

Die *Agenda Setting*-Forschung (Agenda im Sinne der Aufstellung von Gesprächspunkten, Themenvorgaben) wiederum analysiert, ob sich die Prioritäten der Medienberichterstattung auf der Agenda öffentlicher und privater Akteure wiederfinden. Es geht um die Einordnung von Medieneffekten in einem mehrstufigen Wirkungsprozess, der insbesondere das Verhältnis von Medienaufmerksamkeit und öffentlicher Aufmerksamkeit (Politik, Bevölkerung) beachtet. Ein Systematisierungsvorschlag differenziert diesbezüglich ein Awareness-Modell, das die Medienwirkung auf der Ebene der Wahrnehmung lokalisiert und an unterschiedlichen Graden der Aufmerksamkeit festmacht. Diese Aufmerksamkeitsdifferenzen sind nicht nur abhängig von Interesse und/oder Betroffenheit, sondern auch von dem Ausmaß der Hervorhebung („Priming") und Rahmung („Framing") des jeweiligen Themas. Es wird angenommen, dass die Medienberichterstattung Einfluss auf die Beurteilung der Wichtigkeit von Themen nimmt („Salience-Modell"). Damit zusammenhängend ist schließlich eine Hierarchisierung der relevanten Themen zu erwarten. Dieses Prioritäten-Modell geht von der Erwartung aus, dass Medien- und Publikumsagenda in einer engen inhaltlichen und somit auch statistischen Beziehung stehen. Agenda-Setting bedeutet demzufolge zunächst Thematisierung, aber zugleich auch Strukturierung von Themen (vgl. hierzu auch die Hinweise bei Schenk 2007: 412f. sowie McCombs/Reynolds 2002).

Das Modell der *Medienselektion* nimmt – angesichts eines signifikanten Anstiegs der Medienkonkurrenz – stärker die Arbeitsweise auf der Senderebene (beispielsweise Journalismus, Moderation, Informationsschleusen [Gatekeeper]) und die Unwägbarkeiten der Medienproduktion (Selektionsproblematik) in den Blick. Zu den Strukturmerkmalen einer Mediengesellschaft gehört die Verselbständigung von Prozessen, die aus dem Zusammenwirken von Publizität und Periodizität (zum Beispiel Erscheinungsintervalle, feste Sendetermine) hervorgehen. Das ständige Bereitstellen von Informationen macht die Erwartbarkeit neuer Informationen zu einer Selbstverständlichkeit. Zugleich stellen sich Informationsanbieter auf diese kurzzeitigen Rhythmen ein, indem beispielsweise täglich Pressekonferenzen anberaumt werden. Diese müssen nicht immer inszeniert sein (Pseudo-Ereignisse), werden aber auch im Sinne gezielter Öffentlichkeitsarbeit eingesetzt. In Erweiterung eines Modells von Whetmore schlägt Weimann (2000: 11) daher eine Unterscheidung von drei Ebenen vor: die Realität, die konstruierte mediatisierte Realität und die wahrgenommene mediatisierte Realität. Die Art und Weise, wie wir unsere Umwelt wahrnehmen, ergibt sich somit aus einem Mixtum mehrerer Selektionsschritte, wobei Weimann mit Mills von einer Zunahme von „second hand"-Welten ausgeht: „The first rule for understanding the human condition is that men live in second-hand worlds. They are aware of much more than they have personally experienced, and their own experience is always indirect. [...] Their images of the world, and of themselves, are given to them by crowds of witnesses they have never met and never shall meet." (Mills 1967: 405f.) Das Publikum hat in der Regel einen geringen Einfluss auf den Themenwechsel der Medienagenda. Weil das Publikum sich in dieser Rolle befindet, erweist es sich in der Bereitschaft zum Themenwechsel wiederum als sehr beweglich. Aus dieser Konstellation hat Baecker eine Art Komplizenschaft abgeleitet. Er stellt fest: „Die Massenmedien bewegen sich in diesem turbulenten Feld des Themen-, Tonfall- und Meinungswechsels. Sie tun es nach eigenen Kriterien, sie tun es unter scharfer Beobachtung ihrer eigenen Marktseite, das heißt ihrer Konkurrenten im selben Medium und in Nachbarmedien, [...] und sie tun es mit einer ständig hochgradig irritierbaren Aufmerksamkeit für das, was die schweigenden Mehrheiten für interessant halten und was nicht." (Baecker 2004: 9)

Durch die Zunahme medienvermittelter Erfahrungen können zudem Unterstellungen kollektiver Identitäten erzeugt werden – Massenmedien fungieren hierbei als soziales Gedächtnis. Sie ließen sich daher für die Moderne als funktionale Äquivalente zu den quasi-objektivierten Ritualen und Erzähl-Mythen segmentärer Gesellschaften und zu den schichtspezifischen Formen der Lebensführung in Standesgesellschaften vorstellen. Die massenmediale Technologie führt dazu, dass mit der Verbreitung von Inhalten diese auch auf ‚Speicher' bzw. in Archiven in Form von gedruckten, akustischen, visuellen und audiovisuellen Aufzeichnungen gebannt werden. Zudem ‚merken' sich die Massenmedien zumindest kurzfristig, was bereits gesendet und geschrieben wurde (vgl. Esposito 2002: 261ff), was also alt bzw. nicht mehr publikationswürdig und was neu bzw. publikationswürdig ist. Wie jede Gedächtnisgenese basiert auch die Gedächtnisbildung durch Massenkommunikation darauf, dass das meiste, was geschieht, eben vergessen, nicht gesendet oder gedruckt wird. Die Erzeugung medialen Gedächtnismaterials ist hochselektiv und orientiert sich daran, was für ein durch die Organisationen der Massenkommunikation rekonstruiertes Publikum interessant erscheint und was nicht. Das kann wiederum massenmedial beklagt werden, zum Beispiel durch Veröffentlichungen von Listen der meist vernachlässigten Themen. Freilich muss auch dann unterstellt werden, dass sich jemand dafür interessiert. Jedenfalls erfährt das soziale Gedächtnis durch die Entwicklung neuer Medien entscheidende Erweiterungen, die sich in einer räumlichen und zeitlichen Überschreitung der „Grenzen der Mündlichkeit" (Assmann/Assmann 1994: 134) niederschlagen.

Medien werden nicht nur aus dieser Gedächtnisperspektive in der Öffentlichkeit als mächtige Institutionen wahrgenommen. Ihre Existenz wurde kontinuierlich von einer Zuschreibung starker Medienwirkungen auf die Einstellungen und Handlungen der Menschen begleitet (vgl. Prokop 1995). In dieser Tradition steht die Analyse der Macht von Medieninstitutionen, die gelegentlich als Mediengiganten bezeichnet werden (vgl. Herman/Chomsky 1988, Bagdikian 1983). Wenn Medien und Macht in Verbindung gebracht werden, wird häufig ein asymmetrisches Kräfteverhältnis erwartet. Jedenfalls erscheinen Verbreitungsmedien als Katalysatoren, die für die Beschleunigung oder Verlangsamung sozialer Prozesse sorgen können. Sie entfalten eine „Lenkkraft", auf die andere soziale Akteure reagieren können oder müssen. Wenn Habermas die Öffentlichkeit als eine vermachtete Arena (vgl. Habermas 1990 [zuerst 1962]: 28) betrachtet oder Galbraith von „countering or countervailing power" (Galbraith 1983: 79) spricht, dann ist es naheliegend, von der Konkurrenz verschiedener Autoritätskartelle zu sprechen beziehungsweise die jeweiligen Machtkonstellationen zu beachten. Marger hat dazu drei Fragestellungen vorgeschlagen: „[1] Who owns or controls the mass media, and how much access to them is afforded individuals and groups in the society? [...] [2] What do the media present to the public, and who makes decisions regarding that content? [...] [3] To what extent do the mass media shape people's views of events and personalities in their society and the world, and how do the media transmit ideology?" (Marger 1993: 238f.). Dadurch wird das Machtphänomen einerseits eng an ökonomische Macht gekoppelt, andererseits in den Kontext der Medienwirkungsforschung gestellt (Gatekeeper, Öffentliche Meinung). Zentral für eine soziologische Analyse bleibt dabei, warum – wie Marger selbst betont – Medien eine „Power Institution" wie Regierung und Ökonomie sein können. Wer sich auf der mächtigen Seite glaubt, ist davon überzeugt, dass er beabsichtigte Wirkungen herbeiführen kann. Eine zu starke Asymmetrie aber sorgt zugleich für Gegenbewegungen, die eine ansonsten nicht in Koalition befindliche Gegenseite vorübergehend zusammenführt. So kann *Medienmacht* im Mediensystem selbst für Unruhe sorgen, die Politik auf den Plan rufen und das Publikum sensibilisieren. Ebenso können Versuche seitens der Politik, den Medien einen Verzicht auf Teilhabe an der Politik nahezulegen, deren Unabhängigkeitsempfinden besonders hervortreten lassen (vgl. zu Beispielen Jäckel 2005).

Besondere Aufmerksamkeit erfahren seltene und ungewöhnliche Ereignisse, deren Folgen ebenfalls als Beispiel für Medienmacht gelten. Gemeint sind Medienangebote, die in der Regel kurzfristige und unterschiedlich starke beziehungsweise intensive Reaktionen nach sich ziehen. Dies gilt für das berühmteste Beispiel, das Hörspiel „Die Invasion vom Mars", ebenso aber auch für die Barsebäck-Panik, ein Hörfunkbericht über einen angeblichen Kernkraftwerkunfall in Schweden, grundsätzlich aber auch für jedes Planspiel, dessen Intentionen bei Hörern oder Zuschauern auf Grund fehlender Informationen Verunsicherung und Angst hervorrufen, was wiederum zunächst emotionale Verhaltensweisen evoziert. Diesen emotionalen Reaktionen folgt nach einer Phase der Orientierungssuche die kognitive Verarbeitung, was sich sehr deutlich an den Folgen einer fiktiven Nachrichtensendung im belgischen Fernsehen zeigen ließ, die mit der Meldung, der belgische Staat existiere nicht mehr, am 13. Dezember 2006 und danach für Aufregung sorgte.

Die Sendung „Bye-Bye-Belgium"

„Es ist der 13. Dezember 2006, ein Mittwochabend, 20.20 Uhr: Im ersten Programm der RTBF [Radio-Télévision belge de la communaute francaise, Anm. d. Verf.] ist die reguläre Nachrichtensendung gerade vorbei. In den Programmzeitschriften ist eine weitere Ausgabe der Enthüllungssendung „Questions à la Une" angekündigt. Noch während der Moderator seine Zuschauer begrüßt, wird das laufende Programm unterbrochen. [...] Mit ernster Miene sitzt François de Brigode im Nachrichtenstudio und entschuldigt sich bei den Zuschauern für die Programmunterbrechung.

Die Lage sei ernst: Flandern stehe kurz davor, seine Unabhängigkeit zu erklären. In einem sekundenkurzen Telefongespräch werden dem Moderator scheinbar wichtige Informationen mitgeteilt. [...] Der Reporter Christophe Deborsu meldet vom flämischen Parlament aus, dass die Unabhängig-

> keitserklärung einige Minuten zuvor verabschiedet wurde: „Es ist kaum zu glauben, aber Belgien hat soeben aufgehört zu existieren."
>
> Das ist der Auftakt einer insgesamt 94-minütigen Sendung, in der sich Live-Zuschaltungen, mit heißer Nadel gestrickte Berichte, Reaktionen von Politikern und Persönlichkeiten sowie gut recherchierte Hintergrundberichte abwechseln. [...]
>
> Kurz danach meldet die RTBF die ersten konkreten Konsequenzen: An der neuen Grenze wird eine Straßenbahn gestoppt, und die Fahrgäste müssen aussteigen. Die Brüsseler Verkehrsbetriebe dürfen Ziele im nun unabhängigen Flandern nicht mehr anfahren. Auch in einem Zug von Brüssel nach Namür werden kurzfristig Zollkontrollen durchgeführt, Passagiere ohne Reisepass müssen aussteigen. Außerdem wird der Flugverkehr durch neue Passvorschriften beeinträchtigt. Im Brüsseler Umland kommt es zu gewalttätigen Zwischenfällen. In Barcelona und Bastia gehen baskische beziehungsweise korsische Aktivisten auf die Straße, um die flämische Unabhängigkeit zu feiern und die eigenen Forderungen mit Nachdruck zu artikulieren. Währenddessen beschäftigt sich die eine flämische Werbeagentur damit, Briefmarken, Geldnoten, Polizeiwagenlackierungen oder Autokennzeichen für den neu gegründeten Staat zu entwerfen. [...]
>
> Nach insgesamt 94 Minuten – François de Brigode ist gerade dabei, eine Streikmitteilung des belgischen Gewerkschaftsbundes zu verlesen – hört man im Hintergrund einigen Lärm. Es werden nun Bilder aus einem Flugzeug gezeigt, Fallschirmjäger springen ab. Die RTBF wird unter Beschuss genommen, der Fernsehturm bricht krachend zusammen..."
>
> *Quelle: Jäckel/Pauly 2009: 46f.*

Diese Beispiele bestätigen, dass Rezipienten keineswegs immer vollständig informiert sind, sondern erst aktiv werden, wenn ein Konflikt wahrgenommen wird. Aus solchen Beispielen lässt sich kaum die Schlussfolgerung ziehen, dass diese wiederholten Reaktionsketten eine Art von Permanenz dieser Form von Medienwirkungen mit sich bringen werden. Wenn Medienanbieter Irritation zum Programm erheben, können sie auch selbst zum Opfer werden. Jedenfalls können Medienangebote ein weites Feld an Nachahmungsformen initiieren. Im Falle von Über-Identifikationen hat dies weniger eine identitätsstiftende, sondern vielmehr eine die Verhaltensunsicherheit steigernde Wirkung. Pathologische Reaktionen sind selten, durch die soziale Unwelt verstärkte oder abgeschwächte Medieneffekte (z.B. aggressives Verhalten) dagegen sind häufiger zu beobachten. Die Breitenwirkung solcher Phänomene liegt in der Ungewöhnlichkeit begründet. Offensichtlich wird ein Schwellenwert überschritten, der die Assoziation eines starken Medieneffekts affiziert. Es besteht jedoch keine Einigkeit darüber, wo dieser Schwellenwert anzusiedeln ist.

Ein zentrales Thema der Mediensoziologie ist die *öffentliche Meinung*, die in der Regel auf ungleiche Artikulationsbereitschaften in unterschiedlich aktiven Teil-Öffentlichkeiten der Gesellschaft zurückgeführt wird (vgl. insbesondere Noelle-Neumann 1996). Ihre Wahrnehmung ist eng mit Verbreitungsmedien verbunden, die selbst wiederum zu einem Strukturwandel der Öffentlichkeit beigetragen haben (vgl. die Beiträge in Neidhardt 1994). Die Verschmelzung von aktiven Öffentlichkeiten und Medienöffentlichkeiten zählt hierzu, aber auch eine permanente Ausweitung der Bereiche, denen Öffentlichkeit zuteil wird („Alles Öffentliche wird privat, alles Private öffentlich."). Die über Medienangebote verbreiteten Meinungen (Publizität) sind dabei in stärkerem Maße für die Initiierung von Anschlusskommunikation (z.B. über Meinungsführer) relevant als der Austausch von Meinungen innerhalb von Bezugsgruppen. Dieser Sachverhalt veranlasst gleichzeitig zu der Annahme, dass Medienberichterstattung eine gesellschaftliche Integrationsfunktion erfüllt (vgl. Vlasic 2004). Massenmedien aber können in diesem Zusammenhang letztlich Normen weder vorschreiben noch kann man ernsthaft die Behauptung aufstellen, dass es ihnen in erster Linie um eine Bindung ihrer Publika an übergeordnete Wertvorstellungen gehe. Im Gegenteil: Massenmedien liefern sowohl Orientierungswissen als auch vielfältige Anlässe für Kontroversen. Ohne Zweifel sind sie in vielen Bereichen auch Beförderer des Anti-Normalismus geworden. Als ein sicherer sozialer Mechanismus der Integration können sie jedenfalls nicht bezeichnet werden. Vielmehr muss eine Gesellschaft, die auf kommunikative Leistungen der Massenmedien angewiesen ist, gleichzeitig in der Lage sein, aus eigener Kraft die damit einhergehenden Herausforderungen zu meistern. Das kann auf vielfältige Art und Weise geschehen: durch eine Binnenkonkurrenz im System der Massenmedien selbst, durch Organe der Selbst- und Fremdkontrolle (Presserat, Landesmedienanstalten usw.), durch Anschlusskommunikation in unterschiedlichsten Situationen (am Arbeitsplatz, unter Freunden usw.), im weitesten Sinne über die Akzeptanz auf Seiten des Publikums. Ohne diese regelmäßig wiederkehrenden Herausforderungen der modernen Gesellschaft würde sich die Kontroverse um Integration und Desintegration durch Medien kaum stellen.

Die Inanspruchnahme von Medienangeboten spiegelt darüber hinaus ein Ungleichheitsphänomen wider. Während Personen mit höherer Bildungs- und Berufsqualifikation häufig auch ein überdurchschnittlich hohes Informationsbedürfnis aufweisen, werden Unterhaltungsangebote oder solche Angebote, die auf Grund eines weiten Verständnisses von Information einer Vielzahl alltäglicher und ungewöhnlicher Ereignisse einen Nachrichtenwert zuschreiben, von weniger gebildeten Teilen der Bevölkerung stärker genutzt. Als Ergebnis dieser ungleichen Mediennutzung ergeben *sich Informations-* und *Wissensklüfte* in der Bevölkerung. Diese Forschungstradition ist eng mit der Zuschreibung einer bestimmten Medien-Funktion verbunden (vgl. den Überblick bei Viswanath/Finnegan 1996, Schenk 2007). Wenn Diskussionen über die Funktionen von Massenmedien in modernen Gesellschaften geführt werden, ist der Hinweis auf die politische Notwendigkeit der Informationsvermittlung ein zentrales Argument. Massenmedien gewährleisten durch ihre Arbeitsweise die Bereitstellung von Informationen und leisten einen Beitrag zur politischen Willensbildung. Das idealtypische Bild eines mündigen Bürgers ergänzt diese

Sichtweise. Dieser informiert sich zum Zwecke begründeter Urteilsbildung umfassend und leistet dadurch seinen Beitrag zum Fortbestand einer informierten Öffentlichkeit. Dieser allgemeine Anspruch verpflichtet Geber und Nehmer auf ein gemeinsames Ziel. Allerdings wird hierbei nicht die Frage gestellt, ob die Notwendigkeit dieser gleichgerichteten Handlungen überhaupt von allen geteilt wird und ob die Bindung von Motivationen an dieses Programm (‚sich informieren') in der Bevölkerung gleich verteilt ist. Der Infragestellung dieses Ideals verdankt die Wissenskluftforschung, auf die im folgenden Abschnitt eingegangen wird, ihre Popularität (vgl. Horstmann 1991: 10).

5. Der „gut informierte Bürger" – Leben in der Wissensgesellschaft

Die Wissenskluftforschung ist zu einer Zeit populär geworden, als sich die Konturen der Informationsgesellschaft immer deutlicher abzuzeichnen begannen. In fortgeschrittenen Industriegesellschaften wird die Verarbeitung und Bereitstellung von Informationen zu einem immer wichtigeren Produktivitätsfaktor, in immer rascherem Tempo werden neue Informationen geschaffen und damit die Dynamik der gesellschaftlichen Entwicklung, also auch soziale Veränderungen, beschleunigt (vgl. Münch 1995). Hinzu kommt, dass eine wachsende Informationshaltigkeit aller Lebensbereiche ebenfalls Effekte auf die Wissensverteilung hat, etwa dergestalt, dass herkömmliche Informationsasymmetrien, zum Beispiel zwischen Experten und Laien, eine Neujustierung erfahren. Daniel Bell hat in seiner Analyse der postindustriellen Gesellschaft die anschauliche Unterscheidung zwischen einem Spiel gegen die Natur, das die Güter produzierende Gesellschaft gekennzeichnet hat, und einem Spiel zwischen Personen, das die Informationsgesellschaft kennzeichnet, verwandt (vgl. Bell 1976: 352ff.). Obwohl bereits in den frühen Arbeiten zur Informationsgesellschaft nicht nur der technologische Aspekt im Vordergrund stand, wird mittlerweile der Begriff der *Wissensgesellschaft* favorisiert, weil Wissen zum einen in der Regel mehr umfasst als Information, zum anderen mit diesem Begriff neben den wirtschaftlichen eben auch soziale, politische und kulturelle Aspekte betont werden (vgl. hierzu Kaase 1999 sowie ausführlich Zillien 2009, insbesondere 8ff.). Das Konzept der Wissensgesellschaft geht dabei von einer geänderten Rolle des Wissens aus, insofern es „zur eigentlichen Grundlage der modernen Wirtschaft und Gesellschaft und zum eigentlichen Prinzip des gesellschaftlichen Wirkens geworden ist." (Drucker 1969: 455f.)

Bedeutung und Charakter des Wissens haben sich also gewandelt, indem dieses selbst eine Entwicklung von der Anwendung auf Werkzeuge über die Anwendung auf Arbeit bis hin zur Anwendung auf Wissen selbst durchläuft. Es wird in zunehmendem Maße reflexiv angewandt: Wissen wird genutzt, um Schwächen des Wissens zu entdecken, neues zu produzieren und die Art und Weise seines Gebrauchs zu bestimmen (vgl. Steinbicker 2001: 443). Die Zunahme des Wissens gestaltet sich dabei als ein sich selbst verstärkender Prozess. Nicht nur der Umfang des Wissens in einer Gesellschaft nimmt zu, sondern jedes neue Wissen fördert eine Ausdifferenzierung neuer Wissensgebiete, die sich dann wieder verzweigen können usw. Ein Blick auf die Differenzierung der Fachzeitschriften in verschiedenen wissenschaftlichen Disziplinen bestätigt diesen Prozess in besonderer Weise. Der von Berger und Luckmann beschriebene Vorgang einer Objektivierung des Wissens (vgl. auch Kapitel VIII dieses Buches) wird damit zu einem immanenten Bestandteil der „Verwirklichung" der Gesellschaft, und dies in einem doppelten Sinne: Es soll die gesellschaftliche Wirklichkeit transparent machen und produziert diese Wirklichkeit gleichzeitig selbst mit. Die Relevanz dieses Wissens für den Einzelnen informiert daher auch über dessen Verhältnis zur gesellschaftlichen Wirklichkeit. Der Soziologe Alfred Schütz (1899-1959) hat entlang der Annahme unterschiedlicher Relevanzzonen eine in diesem Zusammenhang nach wie vor interessante Typologie, die im Sinne von Idealtypen zu lesen ist, konstruiert: der Mann auf der Straße, der gut informierte Bürger und der Experte. Diese lassen sich wie folgt charakterisieren: Der *Mann auf der Straße* verfügt über ein Wissen auf vielen Gebieten, das in weiten Teilen vage, aber für den praktischen Zweck genügend präzise ist. Sich für Dinge zu interessieren, die außerhalb seines primären Erfahrungsbereiches liegen, kommt ihm nicht in den Sinn. Was außerhalb seiner Kontrolle ist, kümmert ihn auch wenig oder gar nicht. Hierin besteht für Schütz „[…] einer der Gründe, warum er bei seiner Meinungsbildung viel mehr vom Gefühl als von der Information geleitet wird, warum er die Seite mit den Comics den ausländischen Nachrichten in der Zeitung, warum er die Ratespiele den politischen Kommentaren vorzieht […]." (Schütz 1972: 96) Dagegen strebt der *gut informierte Bürger* nach vernünftig begründeten Meinungen auch auf Gebieten, die ihn unmittelbar nicht tangieren (vgl. Schütz 1972: 88). Informiert zu sein gilt ihm als Pflicht. Seine Anerkennung erhält der gut informierte Bürger, wenn er als solcher betrachtet und um Rat gefragt wird. Gleiches gilt für den *Experten* mit spezifischem Detailwissen, der sowohl vom Mann auf der Straße, aber auch vom gut informierten Bürger konsultiert werden kann. Dem Mann auf der Straße genügt es dabei aber zu wissen, dass es Experten gibt, der informierte Bürger hingegen traut sich durchaus auch ein Urteil darüber zu, ob jemand als kompetenter Experte zu gelten hat oder nicht. Die Typologie soll verdeutlichen, dass mit dem gesellschaftlichen Wissensvorrat unterschiedlich umgegangen wird und dieser daher das Alltagshandeln in unterschiedlicher Weise bestimmen kann.

Bewährtes Wissen, auch Rezeptwissen genannt, gerät allerdings zunehmend unter Druck. Zweifel an der Gültigkeit von Erfahrungswissen werden durch eine permanente Konfrontation mit neuen Erkenntnissen verstärkt. Nach Auffassung des Philosophen Hermann Lübbe dominiert immer häufiger der Eindruck, in eine „veraltete Welt" (Lübbe 1995: 53) zurückzublicken. Ebenso erscheint das Zukünftige kaum noch überschaubar. Dieses Zeitbewusstsein wird als „Gegenwartsschrumpfung" (ebenda: 53) bezeichnet. Diesem Vertrautheitsschwund begegnet man beispielsweise mit einer zunehmenden Musealisierung der Vergangenheit. Vor allem aber steigert nach seiner Auffassung die Innovationsverdichtung nicht das Vertrauen in die Wissenschaft und die Planbarkeit der Zukunft. Im Zuge der Entzauberung der Welt (Max Weber) ist Wissenschaft zwar zu einer neuen Religion geworden, weil diese eben auch in zunehmendem Maße unser Leben im Griff hält (vgl. hierzu Russell 1924: 272f.). An die Stelle einer Rationalitätssteigerung tritt aber, so Robert King Merton, der Skeptizismus: „Most institutions demand unqualified faith; but the institution of science makes scepticism a virtue." (Merton 1938: 334) Und Wissen erzwingt immer auch Entscheidungen (vgl. Beck 1996b: 290), für deren Konsequenzen der Handelnde selbst verantwortlich ist. Wer sich heute „richtig" ernähren möchte, wird mit einer Unzahl von häufig auch widersprüchlichen Anweisungen zu guter Ernährung konfrontiert. Wer sich sportlich betätigen möchte, beispielsweise eine Vorliebe für den Langlauf entwickelt, wird erstaunt sein, wie viel Wissenschaft in der Konstruktion eines Laufschuhs stecken kann. Aus dem Bestreben, das Gewicht der Schuhe für Marathonläufe deutlich zu reduzieren, wird rasch ein hochspezialisierter Bereich. Und auch wer erkrankt oder sich aus anderen Gründen in medizinische Behandlung begibt, erfährt, wie sich die Rolle des Wissens gewandelt hat und welche Auswirkungen sich daraus ergeben können.

Körper und Krankheit in der Wissensgesellschaft[3]

„Triumphierend beugt sich die Wissenschaft über das weißeste aller Betten" Wenn Hans Magnus Enzensberger in seinem Gedicht „Klinische Meditation" über den Zusammenhang von Wissenschaft und Medizin schreibt, steckt darin ein Verweis auf einen andauernden Verwissenschaftlichungsprozess der Konzepte von Körper und Krankheit. Mit dieser „Entzauberung der Krankheit" (vgl. Steinebrunner 1984), dem Herauslösen der Krankheit aus einem religiösen Interpretationsschema, geht beispielsweise einher, dass Krankheit

---

[3] Ich danke Gerrit Fröhlich für diesen Beitrag.

nicht länger als Schicksal oder als gottgewollt aufgefasst wird, sondern als Ergebnis eigener Verhaltensweisen.

Peter Weingart (2003: 9) wählt die Gruppe der werdenden Eltern als Beispiel für die Auswirkungen der Verwissenschaftlichung auf Patienten: „Die Mehrzahl der Menschen denkt bei Familienplanung und Kinderaufzucht an medizinisch definierte Gesundheitsrisiken der Schwangerschaft, an psychologische und pädagogische Prinzipien der Kindererziehung, vielleicht gar noch an demographisch errechnete durchschnittliche Lebenserwartungsalter als Parameter der Altersvorsorge. Dies ist selbst dann der Fall, wenn sie sich gar nicht bewusst sind, dass sie auf wissenschaftliches Wissen Bezug nehmen, mag dieses Wissen auch nicht das allerneueste sein, falsch rezipiert, vereinfacht oder missverstanden. Entscheidend ist, dass sie sich nicht mehr primär auf die Bibel, den Astrologen oder die Weisheit ihrer Eltern verlassen."

In Folge naturwissenschaftlicher Forschung, die auf die Frage nach den Quellen von Krankheit und Gesundheit nur mit Verweis auf kausale Zusammenhänge innerhalb des menschlichen Organismus antworten kann und die Beziehung zwischen Lebensstil und Gesundheit herausarbeitet, wird die Verantwortung für Körper und Gesundheit zunehmend in das Handeln des Patienten verlegt, wodurch sein Wissen um richtiges und falsches Handeln und dessen Folgen für die individuelle Gesundheit an Bedeutung gewinnt. Daraus ergibt sich unter anderem, so Luhmann (1983: 44), dass Verhaltensanforderungen den Patienten mehr und mehr als „technisches Korrelat" apparativer oder pharmazeutischer Behandlung vermittelt werden.

Von diesen Auswirkungen der Verwissenschaftlichung sind eben auch die von Weingart ins Spiel gebrachten werdenden Mütter nicht ausgenommen: So gaben die von Kneuper (2004: 62) befragten Schwangeren an, in Gesprächen mit der Umgebung tendenziell medizinische Fakten über ihren Zustand und den ihres Kindes in den Vordergrund zu rücken, da Messergebnisse und aussagekräftige Bilder (beispielsweise von der letzten Ultraschalluntersuchung) in der sozialen Wahrnehmung der Schwangerschaft gewichtigere Punkte seien als die persönliche Erfahrung der Frau.

Und indem Gesundheit ein Idealzustand ist, der nie vollständig erreicht werden kann, finden sich in einer Wissensgesellschaft fortlaufend Anlässe, dieses Ziel als verfehlt anzusehen. Eine Eigenschaft der Schulmedizin, die bereits Thomas Mann (2002 [Zuerst 1924]: 29) in seinem „Zauberberg" aufgreift: „[Hans Castorp fügte hinzu,] daß er, gottlob, ganz gesund sei. »Wahrhaftig?« fragte Dr. Krokowski, indem er seinen Kopf wie neckend schräg vorwärts stieß und sein Lächeln verstärkte... »Aber dann sind Sie eine höchst studierenswerte Erscheinung! Mir ist nämlich ein ganz gesunder Mensch noch nicht vorgekommen.«"

Insgesamt entstehen durch die Prozesse von Entzauberung und Verwissenschaftlichung im medizinischen Bereich neue Unsicherheiten (vgl. Zillien/Fröhlich 2008). Denn auch wenn die Erkenntnisse der Wissenschaft bei weitem das beste verfügbare Wissen darstellen, so bleiben sie doch Vermutungswissen. Demgemäß bringt aufgrund reflexiven Wissens – der Einsicht in die Vorläufigkeit, Kontingenz und Korrigierbarkeit des jeweils gültigen Erkenntnisstandes – jede gewonnene Information zwangsläufig ein Wissen um mögliches Nicht-Wissen mit sich, wodurch sich der Spielraum der Unsicherheit paradoxerweise vergrößert. Je mehr gewusst wird, desto mehr Wissen kann fehlerhaft sein, desto mehr Handlungsanweisungen können übersehen und gegen umso mehr jener Handlungsanweisungen kann potentiell verstoßen werden. Zu jeder wissenschaftlich fundierten Meinung bezüglich Diagnostik, Behandlungsmethoden oder Ursachen von Krankheiten findet sich zumeist mindestens eine ebenso fundierte Meinung, die widerspricht; denn (medizinisches) Expertentum orientiert sich hier immer weniger an formelhaften Wahrheiten, sondern beruht auf einem neuen Glauben, „dessen Grundlage seinerseits der methodische Zweifel ist" (Giddens 1996: 157).

Wer eine Familie gründet und das erste Kind erwartet, ist zwar nach wie vor dankbar für den Rat der Eltern, informiert sich aber in Ergänzung zur ärztlichen Beratung über medizinische Risiken der Schwangerschaft, über erfolgreiche Methoden der Stressbewältigung, über die Vor- und Nachteile verschiedener Methoden der Kindererziehung usw. Mehrere Studien konnten zeigen, dass diese höhere Informationsaktivität in der Regel mit einer höheren formalen Bildung einhergeht (vgl. zusammenfassend hierzu Zillien 2008). Der in der Wissenskluftforschung formulierte Zusammenhang wird hier erneut bestätigt. Für den Arzt aber definiert sich seine Leistungsrolle neu, wenn er sich informierten und nicht-informierten Patienten gegenüber sieht. Medien können also nicht nur dazu führen, dass man sich zurückzieht, sondern auch neue Formen des Engagements begründen. In Zukunft wird sich die sogenannte Wissensgesellschaft vermehrt auch mit der Frage beschäftigen müssen, wie diese Partizipationsbedürfnisse organisiert werden können.

Empfehlungen zum Weiterlesen

Weingart, Peter (2003): Wissenschaftssoziologie. Bielefeld.
Bell, Daniel (1976): Die nachindustrielle Gesellschaft. [Aus d. Amerik.] Frankfurt/Main u. a.
Münch, Richard (1995): Dynamik der Kommunikationsgesellschaft. Frankfurt/Main.

X „Do not be too theoretical!" – Das Leistungsspektrum der Soziologie

1. „...other side of the fence" – Theorie und Praxis

Das Schlusskapitel beginnt mit einer Anekdote: „Wie ticken die Kunden?" Ich schnappte diesen Satz auf, als ich gerade einen Hörsaal unserer Universität betrat, in dem die Studierenden unseres Fachbereichs Informationen zu Studienschwerpunkten im Bachelor erhielten und aufmerksam den Ausführungen meines Kollegen aus dem Marketing-Schwerpunkt folgten. Der Satz ist natürlich aus dem Zusammenhang gerissen und soll nicht zu falschen Schlussfolgerungen führen. Es ging um eine alltagssprachliche Verdeutlichung dessen, was Unternehmen interessiert. Aber ich wusste sofort, womit ich deshalb meine eigene Präsentation beginnen sollte: mit einem amüsanten Vergleich von Ökonomie und Soziologie: „In der Ökonomie lernt man, wie man wählen *muß*, und in der Soziologie lernt man, daß man gar nichts zu wählen *hat*." (Wiesenthal 1987: 13) – eine bewusst gewählte Übertreibung, die zum Nachdenken anregt. Als Buchempfehlung hatte ich mich am Morgen für Robert Levines Buch „Die große Verführung" entschieden, ein anschauliches Werk über Beeinflussungsstrategien, das mit folgender Passage beginnt: „In Brooklyn, wo ich aufgewachsen bin, hatten wir eine Standardkritik für Intellektuelle parat: »Die haben Schulstubengrips, aber keinen Alltagsgrips.« Ich fürchte, daß diese Schwäche bei den Akademikern, die eine Universitätslaufbahn einschlagen, weit verbreitet ist. Schließlich bringt man uns in den meisten Fachbereichen bei, Forschungsprojekte durchzuführen und Manuskripte zu schreiben, Vorlesungen zu halten und Prüfungen abzunehmen, und nicht, uns mit List und Tücke durchs Leben zu schlagen." (2004: 9) Levines Einschätzung kann man entnehmen, dass es eine Alltagsvorstellung davon zu geben scheint, worauf es im Leben ankommt. Häufig sind eben jene, die sich mit List und Tücke durchs Leben schlagen, auch jene, die Ergebnisse wissenschaftlicher Forschung für ihre eigenen Zwecke gut umsetzen können. Sie nehmen beispielsweise die Wissenschaftlichkeit als Vorwand, um andere für ihre Produkte und Dienstleistungen zu gewinnen. Die Wirtschaftswerbung ist dafür ein anschauliches Beispiel. Zugleich werden jene Wissenschaftler, die Teil eines solchen Instrumentalisierungspakts werden, nicht mehr als unabhängig und der wissenschaftlichen Redlichkeit verpflichtet eingestuft. Wer heute nicht in der Lage ist zu verdeutlichen, wofür die eigene Forschung gut sein soll, wird erkennen müssen, dass hier ein neuer Pragmatismus Einzug gehalten hat. Das Legitimationsprinzip heißt Relevanz (vgl. auch Lübbe 1995: 79).

Der Satz „Do not be too theoretical!" aus der Überschrift stammt ursprünglich von Anderson, der in den 40er Jahren des vergangenen Jahrhunderts an der New Yorker Columbia University lehrte und der aus Deutschland emigrierten Gruppe um Max Horkheimer Hilfestellung bei der Einbindung in den US-amerikanischen Wissenschaftsbetrieb leistete. Das Institut für Sozialforschung war 1924 offiziell in Frankfurt am Main gegründet worden und von Beginn an einer kritischen Analyse der Gesellschaft verpflichtet. Die Machtergreifung der Nationalsozialisten zwang die Mitglieder des Instituts zur Emigration. Neben Horkheimer sind hier insbesondere Theodor W. Adorno (1903-1969), Herbert Marcuse (1898-1979) und Leo Löwenthal (1900-1993) zu nennen (vgl. ausführlich Jay 1976). Besonders Adorno konnte sich mit den Regeln einer „administrative research" nicht anfreunden und führte mehrfach grundsätzliche theoretische und methodologische Kontroversen. Die Idee, die Rockefeller Foundation von einem Projekt über das kulturelle Leben im faschistischen Deutschland zu überzeugen, scheiterte letztlich an unüberbrückbaren Gegensätzen zwischen einer qualitativen und kritischen Sozialforschung und dem Wunsch der Stiftung, am Ende verifizierbare und quantifizierbare Aussagen zu erhalten. Anderson, der vermitteln wollte, empfahl Adorno und Löwenthal: „Do not be too theoretical. [...]

Do not form the project in hypotheses but in terms of problems. [...] Leave out critical view on concepts." (zit. nach Kausch 1988: 32) Zuvor hatte es bereits Konflikte im Rahmen eines Hörfunk-Projekts gegeben, in dem der österreichische Sozialforscher Paul Felix Lazarsfeld (1901-1976) Adorno eine Halbtagsstelle angeboten hatte. Lazarsfeld, der nach einem Studienaufenthalt in den USA 1934 nicht mehr nach Österreich zurückkehrte, hatte seine Kontakte zur aufblühenden amerikanischen Sozialforschung genutzt und eigene Projekte durchführen können. Seine Untersuchung über die Arbeitslosen von Marienthal hatte die Rockefeller-Stiftung bereits Anfang der 1930er Jahre überzeugt und ihm ein Stipendium verschafft. Lazarsfeld etablierte sich und konnte 1936 eine Forschungsstelle an der Universität Newark übernehmen, die dann 1939 an die Columbia-Universität wechselte und schließlich 1944 in der Etablierung des Bureau of Applied Social Research mündete (vgl. zusammenfassend Kern 1982: 173ff.). Die Verschiedenheit ihrer methodischen Positionen zeigt sich in dem Versuch der Zusammenarbeit im Princeton Radio Research-Projekt. Für Lazarsfeld war empirische Forschung ein wesentlicher Bestandteil der Erfahrung, für Adorno allenfalls ein Baustein innerhalb einer umfassenden Gesellschaftstheorie. Die Beteiligung an dem Projekt kam für ihn daher einer Grenzüberschreitung gleich. In seinem Erfahrungsbericht schreibt Adorno: „Ich war durchaus gesonnen, auf jene berühmte other side of the fence mich zu begeben, also Hörerreaktionen zu studieren, und weiß noch, wie viel Freude ich hatte, und wie viel ich lernte, als ich selbst, zu meiner Orientierung, eine Reihe von freilich recht wildwüchsigen, der Systematik entratenden Interviews durchführte." (Adorno 1969: 118) Für Lazarsfeld waren es letztlich die mangelnde Kooperationsbereitschaft und die fehlenden Kenntnisse der empirischen Sozialforschung, die ihn an einer produktiven Zusammenarbeit zweifeln ließen und ihn zu deutlichen Reaktionen veranlassten (nachzulesen bei Kern 1982: 159).

Die Zusammenarbeit zwischen Adorno und Lazarsfeld scheiterte also zum einen an grundlegenden Differenzen über die Zielsetzung von Wissenschaft. Die Vertreter der kritischen Theorie gingen bei ihren Arbeiten immer davon aus, dass sie sich mit sozialen Verhältnissen auseinandersetzen, die nicht naturgegeben sind und deshalb auch verändert werden können. *Kritische Theorie* meinte für sie immer, die praktischen Bedingungen des modernen Lebens als Grundlage zu nehmen, um daraus die Verhältnisse, wie sie sind, zu analysieren und daraus Verbesserungsmöglichkeiten abzuleiten. Administrative Research dagegen klammert grundsätzliche Fragen dieser Art aus und stellt sich in den Dienst der Beantwortung ganz konkreter Fragen. Im Falle des Hörfunkprojekts ging es um den Informationsbedarf einer Medieneinrichtung, die über die Finanzierung dieses Projekts dafür sorgte, dass sehr viele Daten, auch über das Freizeitverhalten der Bevölkerung im weiteren Sinne, erhoben wurden, letztlich aber ein konkretes Verwertungsinteresse, nämlich die Optimierung des Programmangebots, Anlass für die Bereitstellung von Geldern gewesen ist. Aber der Konflikt verdeutlicht unvereinbare Gegensätze bezüglich der Frage, wie Gesellschaft erfahrbar gemacht werden kann, wie mit anderen Worten der den Sozialwissenschaften eigene Gegenstandsbereich systematisch erfasst werden kann. In historischer Hinsicht ist diese Differenz zusätzlich durch ein Gegensatzpaar belastet worden, das über die gewählten Begrifflichkeiten bereits eine Wertung vermittelt: qualitative vs. quantitative Forschung.

2. Die „Welt der Sozialforschung" – Kontroversen über Methoden und Werturteile

Diese Debatte wird heute weniger hartnäckig geführt als in den zurückliegenden Jahren. Eine Darstellung der aufeinander treffenden Extreme könnte wie folgt lauten. Die quantitative Auffassung lautet, dass eine objektive Erkenntnis des sozialen Lebens nur möglich ist, wenn man dieses in systematischer und nachvollziehbarer Weise klassifiziert, misst, tabelliert und mit statistischen Methoden auf Zusammenhänge oder Differenzen überprüft. Die qualitative Auffassung sieht bereits in der Methode selbst einen Fetisch, der dem Phänomen, das untersucht werden soll, wesensfremd ist. Man kann das soziale Leben nicht in Zahlen ausdrücken, sondern muss seine ganzheitliche Komplexität durch ein flexibles und im Forschungsverlauf variables Instrument zu erfassen versuchen. Spätestens an dieser Stelle muss an ein Zitat erinnert werden, das bereits in Kapitel I dieses Buches erwähnt wurde. Dort wurde Peter Berger mit dem Satz zitiert: „Statistische Daten allein sind keine Soziologie. Sie können Soziologie werden, wenn man sie soziologisch interpretiert und in einen theoretischen Zusammenhang bringt, der soziologisch ist." (Berger 1977: 21) Die missratenen Interviews, von denen Adorno gesprochen hat, können einem qualitativen Forscher genauso widerfahren wie einem quantitativen. Gefragt ist nicht ein blinder Gehorsam gegenüber bestimmten Instrumenten und Techniken, sondern ein kreativer Umgang mit dem „Gegenstand", den es zu erforschen gilt (vgl. Kelle 2007). Kreativität ist gefragt bei der Formulierung von Fragen, bei dem Aufbau eines Beobachtungsinstruments, bei der Konzeption eines Leitfadens für Expertengespräche. Kreativität ist aber auch gefragt, wenn es um die Darstellung der Strukturen, die in diesen Daten versteckt sind, geht. Wer bestimmte methodische Verfahren dann nicht angemessen anwendet, kann nicht zu zuverlässigen und nachvollziehbaren Ergebnissen kommen. Das gilt für die Ereignisdatenanalyse und für ein hermeneutisches Verfahren in gleicher Weise. Teil der Kontroverse ist daher immer gewesen, den qualitativen Verfahren ein höheres Maß an Beliebigkeit zu unterstellen, weil die Regeln der Vorgehensweise, also die Frage, wie ein „Instrument zu bedienen ist", nicht im Sinne einer Gebrauchsanweisung vorliegen. Wer nicht explizit macht, warum er ein bestimmtes statistisches Verfahren als die für seine Fragestellung geeignete Methode erachtet, muss sich diesen Vorwurf allerdings ebenso gefallen lassen. Jenseits der Extreme zeigt die Praxis der soziologischen Forschung, dass verschiedene Wege zum Ziel führen können und theoretische Perspektiven sowie methodische Vorgehensweisen sich komplementär verhalten können.

Zwei Beispiele sollen an dieser Stelle genügen: In der Konsumsoziologie ist es in den letzten Jahren zu einer Renaissance des Themas „Ernährungsweisen" gekommen. Eine viel diskutierte Frage ist, wie sich unterschiedliche Vorlieben des Essens und Trinkens erklären lassen. Viele Beiträge haben sich dieser Thematik in einer eher essayistischen Form genähert, unter bewusster Vernachlässigung des empirischen Details und unter Verzicht auf die letzte Gewissheit, die einem gegebenenfalls Zahlen vermitteln können. In „Das Glück des Gourmets" beschreibt Alois Hahn in sehr anschaulicher Form, von welchen Regeln und Praktiken das Wohlschmeckende umgeben wird und liefert damit eine Fundgrube für weitere empirische Forschung. Wer beispielsweise wissen möchte, welche Bedeutung Geschmacksurteile von Geschmacksexperten für Menschen einnehmen, die von sich behaupten, Geschmack zu haben, findet nahezu tagtäglich Untersuchungsmaterial dazu in Zeitungen und Zeitschriften, noch häufiger in Fernsehsendungen. Der gastronomische Diskurs vergeht also nicht nur auf der Zunge, sondern wird fortwährender Gegenstand von Kommunikation (vgl. Jäckel/Kofahl 2009).

Die religionssoziologische Forschung liefert das zweite Beispiel. Seit vielen Jahren wird die Frage diskutiert, ob es zu einer Zunahme populärer Formen von Religion gekommen ist. Symptomatisch dafür ist der in diesem Buch bereits erwähnte Vergleich von religiösen Führern mit modernen Medienstars. Diesen Vergleich zum Bestandteil eines Messinstruments zu machen, wäre leichtfertig. Ohne Kenntnis der Struktureigentümlichkeiten von verschiedenen Verehrungsformen, ohne eine Kenntnis von den Besonderheiten charismatischer Führerpersönlichkeiten, würden solche Forschungen letztlich ergebnislos bleiben oder nur bestätigen, was jemand vermutet hat. Nicht nur die Werbung hat für ihre Zwecke schon immer die religiöse Symbolik kopiert und verfremdet, auch die Art und Weise, wie die Kirche ihre Botschaften verbreitet, lässt die Schlussfolgerung zu, dass sie sich der Zeugkammer der medialen Inszenierung bedient (vgl. hierzu vor allem den Beitrag von Bergmann et al. 1993 und die Ausführungen in Kapitel VI). Soziologisch interessant sind also verschiedene Erscheinungsformen von Charisma und die methodische Herausforderung besteht darin, die Gemeinsamkeiten und Unterschiede systematisch zu erfassen (vgl. hierzu auch Forschungskonsortium WJT 2007).

Für beide Beispiele, so unterschiedlich sie sind, kann ein gesellschaftliches Interesse konstatiert werden. Dass sich die Wissenschaft dieser Fragen annimmt, setzt aber implizit voraus, dass sie dies mit einer entsprechend kritischen Distanz tut, also nicht von Beginn an mit dem Ziel antritt, eine landläufige Meinung zu bestätigen. Dass diese Distanz eine besondere Herausforderung darstellt, bezeugt einer der großen wissenschaftstheoretischen Konflikte der Vergangenheit, der sogenannte Werturteilsstreit, zu dem Max Weber bereits im Jahr 1904 schrieb: „So sehr prinzipielle Erörterungen praktischer Probleme, d.h. die Zurückführung der unreflektiert sich aufdrängenden Werturteile auf ihren Ideengehalt, in der Sozialwissenschaft vonnöten sind [...] – die Schaffung eines praktischen Generalnenners für unsere Probleme in Gestalt allgemeingültiger letzter Ideale kann sicherlich weder ihre Aufgabe noch überhaupt die irgendeiner Erkenntniswissenschaft sein." (Weber 1951: 153f.) Wissenschaft darf in keinem Falle zu einem „Einfallstor des dogmatischen Denkens" (Albert 1976: 162) werden. Für Weber stand außer Frage, dass jegliche Beschreibung von sozialen Tatsachen wertend ist, weil man aus einer schier unendlichen Menge von Forschungsfragen eine Auswahl trifft. Wenn man dies aber getan hat, dann sollten Beschreibung und Erklärung dieses Phänomens so objektiv wie möglich erfolgen und für jeden nachvollziehbar sein. Es soll eben nicht um die Wunschvorstellungen des Wissenschaftlers gehen. Selbstverständlich können Wertungen selbst zu einem Objekt wissenschaftlicher Arbeit werden, anderenfalls wäre die gesamte Forschung zum Wertewandel in modernen Gesellschaften kaum vorstellbar. Hinzu kommt, dass wissenschaftliche Ergebnisse zwar politisch oder wirtschaftlich verwertet werden können. Sie enthalten aber in der Regel keine logischen Hinweise darauf, wie dies zu erfolgen hat. Diese Feststellung lässt sich exemplarisch an dem sogenannten Coleman-Report verdeutlichen.

Der amerikanische Wissenschaftsjournalist Morton Hunt hat in seinem lesenswerten Buch „Die Praxis der Sozialforschung" fünf Fallgeschichten ausgewählt, um, wie er es selbst ausgedrückt hat, die „Welt der Sozialforschung" zu illustrieren. James Colemans Untersuchung zur Chancengleichheit im Bildungs- und Erziehungswesen der USA findet darin zu Recht eine umfangreiche Darstellung, weil diese Studie nicht nur ein „Dilemma im Klassenzimmer" veranschaulichen konnte, sondern auch das Dilemma der Umsetzung sozialwissenschaftlicher Befunde. Coleman war hin- und hergerissen, als er im Jahr 1965 um die Durchführung einer Untersuchung gebeten wurde, die sich mit der Frage der Chancengleichheit im amerikanischen Bildungswesen beschäftigen sollte. Dabei sollten Rasse, Hautfarbe, Religion und nationale Herkunft Berücksichtigung finden. Coleman war dafür sowohl in methodologischer als auch in inhaltlicher Hinsicht ein geeigneter Kandidat, wusste aber, dass er sich auf ein politisches Terrain begeben würde, das die amerikanische Gesellschaft im Zuge der Bürgerrechtsbewegung der 1960er-Jahre spaltete. Deswegen war Coleman daran gelegen, Soziologie, und nichts als Soziologie, zu praktizieren, damit die Befunde nicht von Beginn an ein Opfer einer Methodendiskussion werden können. Bereits bei der Rekrutierung von Schulen zeigte sich eine hohe Verweigerungshaltung in den Städten und Schulen des Südens, wiederum Andere störten sich an der Notwendigkeit bestimmter Fragen und bauten darauf ihre Verweigerungshaltung auf. Coleman sah sich also von Beginn an mit dem Problem der Repräsentativität konfrontiert und versuchte diesem Manko mit vertretbaren Gewichtungsprozeduren entgegenzuwirken. In dieser Hinsicht ist der Coleman-Report ein gutes Beispiel für die alltäglichen Hindernisse der Sozialforschung, gerade, wenn es um Fragen von hoher gesellschaftlicher Relevanz geht. Die Sorgfalt, mit der Coleman die Analysen der erhobenen Daten durchführte, wird in dem Bericht von Hunt sehr anschaulich beschrieben. Coleman wollte sich eine klare Vorstellung von den Zusammenhängen machen, die sich nach und nach in dem erhobenen Material abzuzeichnen begannen. Dabei wurde rasch deutlich, dass die landläufige Vorstellung, dass Schulen mit ungleicher Infrastruktur (Unterschieden beispielsweise in der Qualität der Gebäude und Bibliotheken, der Anzahl der Bücher oder der Bezahlung der Lehrkräfte) sich auch hinsichtlich der beobachtbaren schulischen Leistungen unterschieden, nicht zutraf. Jedenfalls konnte die Variable „Schuleinrichtung" die Leistungsdifferenzen zwischen den weißen und schwarzen Schülerinnen und Schülern nur zu einem geringen Teil erklären. Schaute man sich aber die Zusammensetzung der jeweiligen Klassen an, offenbarte sich ein interessanter Zusammenhang: Je höher die Zahl der weißen Schülerinnen und Schüler in einer Klasse, desto besser auch die Leistung der schwarzen Schülerinnen und Schüler. Boudon, der unter anderem in Kapitel I dieses Buches mehrfach erwähnt wurde, würde an dieser Stelle sagen: Der Blick auf das Interaktionssystem offenbart, wie bestimmte Effekte entstehen. Da sich dieser Kontexteffekt in Schulen mit guter und schlechter Ausstattung zeigte, konnte die Infrastruktur nicht die entscheidende Variable sein. Dieser Kontexteffekt resultierte aber nicht aus der Tatsache, dass man weiße und schwarze Schüler zusammenbrachte, sondern vor allem aus dem höheren sozioökonomischen Status der weißen Schüler bzw. deren Eltern, die gegenüber den zumeist ärmeren schwarzen Familien andere Erwartungen an das Bildungssystem stellten und diese Erwartungen auf ihre Kinder übertrugen. Von der Rassenintegration in Schulen profitierten nach Lage der Dinge vor allem die schwarzen Schülerinnen und Schüler.

Wie sollte man nun mit diesem überraschenden Ergebnis umgehen? Die Vertreter der Bürgerrechtsbewegung waren vor allen Dingen angetreten, um auf der Ausstattungsebene der Schulen und der benachteiligten schwarzen Familien ansetzen zu können. Nun stand zusätzlich ein Befund im Raum, der den entscheidenden Faktor gerade nicht in der schulischen Ausstattung sah. Der Konflikt über die Konsequenzen der Befunde war vorprogrammiert. Zahlreiche Pressemitteilungen wurden entwickelt und wieder verworfen, die Regierungsverantwortlichen hatten sich eine verbindliche Entscheidungsgrundlage erhofft und mussten nun eingestehen, dass sie die Tragweite möglicher Entscheidungen, die aus diesen Befunden resultieren, nicht abschätzen konnten. Nach einer Pressekonferenz fragte ein Reporter den damaligen Leiter des Office of Education: „«Sie schienen sich, im Vergleich zu anderen Pressekonferenzen, nicht wohl in ihrer Haut gefühlt zu haben. Warum?» Ich sagte: «Ich fühlte mich nicht wohl, weil ich zum Teufel nicht wusste, worüber ich sprach.»" (zitiert nach Hunt 1991: 87) Unter Berufung auf den

Coleman-Report wurde schließlich die Rassenintegration an Schulen forciert, insbesondere verlangte man in einigen Südstaaten die Aufhebung rein weißer Schulen. In diesem Zusammenhang wurde auch das sogenannte *Busing* eingeführt. Maßgeblich für die Schulbusbenutzung war fortan die geographische Nähe, nicht die Hautfarbe. Die weiße Bevölkerung reagierte in diesen Gegenden mit Abwanderung, so dass eine verordnete Desegregation zu einer Verstärkung der Segregation führte (vgl. zusammenfassend hierzu Hunt 1991: Kapitel 2).

Damit zeigt der Coleman-Report als Beispiel eben auch, dass es eine Logik der Ergebnisse, aber eben nicht notwendigerweise eine Logik der praktischen Umsetzung gibt. Jene, die eine gesellschaftliche Entwicklung steuern wollten, wurden mit Reaktionen konfrontiert, die nicht in ihrem Sinne waren. Wenn eine politische Maßnahme beispielsweise das Ziel verfolgt, Wohnraum zu günstigeren Preisen bereitzustellen, damit ökonomisch schwächer gestellten Gruppen das Leben in bestimmten Gegenden ermöglicht wird, können ähnliche Reaktionsketten beobachtet werden. So beschreibt der *Forrester-Effekt* die Folgen eines Förderprogramms für billige Wohnungen mit dem Ergebnis, dass es in jenen Gegenden zu einer Abwanderung der ansässigen Bevölkerung kam, weil sie unter anderem eine Wertminderung ihres Eigentums befürchtete: „Viertel mit subventionierten Wohnungen ziehen Bedürftige an und führen zu einer Konzentration von Armut." (Hennen 1990: 196) Die Einsicht in diese Wechselwirkungen ist gewachsen. Wer soziologische Forschung betreibt, muss also auch bedenken, dass damit unter Umständen ein neuer gesellschaftlicher Tatbestand geschaffen wird und zu antizipieren versuchen, wie dieser aufgenommen und interpretiert werden könnte.

3. „...nicht ganz allein" – Die Steuerung der Gesellschaft und das Studium der Soziologie

Allgemein gesprochen ist es diese Fähigkeit zur Antizipation, die als wesentliche Voraussetzung für das Funktionieren von Interaktionssystemen, was Gesellschaften nun letztlich sind, gesehen wird. Aber eben diese Voraussetzung ist es auch, die Gesellschaft zu einem Problem machen kann. Wenn gesellschaftliche Funktionssysteme den freien Willen des Einzelnen nicht benötigen, müssen wir im selben Atemzug die Organismus-Modelle akzeptieren. Da das Organismus-Modell aber den subjektiv gemeinten Sinn des Handelnden ignoriert, ist es als Erklärungsmodell unvollständig. Wenn nun aber die Willensäußerungen des Einzelnen eine Rolle spielen, wie kann dann garantiert werden, dass Gesellschaft mehr ist als eine Aneinanderreihung von zufälligen Interaktionseffekten? Für den amerikanischen Soziologen Talcott Parsons lag die Antwort in der Orientierung an einem Wertekonsens. Es gibt also bei aller Variabilität der Einzelhandlungen einen als verbindlich betrachteten Rahmen, der Gestaltungsräume setzt, aber auch Grenzen zieht. Dieser Wertekonsens ist es, der aus Zufälligem etwas Mögliches macht. Das elementare Dilemma der *doppelten Kontingenz* kann daher zur Verdeutlichung des Grundproblems herangezogen werden. Parsons und Shils haben diesen elementaren Sachverhalt wie folgt beschrieben: „There is a double contingency in interaction. On the one hand, Ego's gratifications are contingent on his selection among available alternatives. But in turn, Alter's reaction will be contingent on Ego's selection and will result from a complementary selection on Alter's part. Because of this double contingency, communication, which is the preoccupation of cultural patterns, could not exist without both generalization from the particularity of the specific situations (which are never identical for Ego and Alter) and stability of meaning which can only be assured by conventions observed by both parties." (Parsons/Shils 1951: 16) Parsons löst das Problem des Sich-gegenseitig-verstehen-Könnens mit dem Hinweis auf die Existenz gemeinsamer Symbolsysteme. Die im Zitat angesprochenen Ego und Alter sind also im wahrsten Sinne des Wortes nicht „ganz allein" (Hahn 1998: 497). Dieses „nicht ganz allein" ist in der Sprache Durkheims der soziologische Tatbestand. Im Falle Max Webers manifestiert sich das Phänomen in dem sozialen Handeln, das gegenüber dem bloßen Sich-Verhalten mehr als ein Automatismus, mehr als eine eindeutig berechenbare Reaktion ist. Da wir im Alltag gelegentlich dazu neigen, jedem Menschen eine Einzigartigkeit zuzusprechen, erwartet man unter Umständen im wahrsten Sinne des Wortes einzigartige Erlebnisse bzw. Erfahrungen. Wenn dem aber so ist, wird ein *Paradox der menschlichen Kommunikation* in besonderer Weise deutlich: „Weil Menschen verschieden sind, sind auch ihre Ansichten von der Welt verschieden. Gerade das ist aber ein Problem für die Kommunikation: Wie soll man Anderen etwas vermitteln, was man nur selbst genauso erlebt, wie man es schildert?" (Broschart 2001: 28) Und weiter heißt es: „Gerade weil Unterschiede zwischen den Menschen bestehen, braucht man die Kommunikation, um die Unterschiede zu überwinden: aber weil es Unterschiede gibt, die letztlich unvermittelbar sind, kann Kommunikation nie problemlos funktionieren." (ebenda: 28) Ob wir nun einzigartig sind oder nicht: In konkreten Interaktionssituationen ist es nicht möglich, sich als ganze Persönlichkeit, als „ganze konkrete Existenz" (Hahn 1998: 500f.) einzubringen. Die Lösung dieses Problems ist zugleich die Ursache des Problems. Denn jede Interaktion beruht letztlich auf der Fähigkeit, Informationen außer Acht zu lassen, die im konkreten Moment nicht von Bedeutung sind. Wollte man also stets die vollständige Informiertheit, dann käme die Gesellschaft und konkret jede Interaktionssituation einem Irrenhaus gleich. Redundanz ist also gewollt und gleichzeitig die Voraussetzung von Kommunikation (vgl. dazu ausführlich Hahn 1998 sowie Luhmann 1984). Zu den Erwartungen gehören also auch die Fähigkeit zur Differenzierung und der Umgang mit Unzumutbarkeiten. In den 1960er Jahren beauftragte der amerikanische Soziologe Harold Garfinkel seine Studenten, in alltäglichen Unterhaltungen darauf zu bestehen, dass ihre Gesprächspartner die genaue Bedeutung ihrer Aussagen klarmachten. Fast immer endeten diese Versuche im Streit. Wer jedes Wort auf die Waagschale legt, provoziert den Konflikt. Wer ständig nachfragt, provoziert den Unmut seines Gegenübers, der sich dann irgendwann nicht mehr zu helfen weiß. Dieses „Garfinkeling" bringt die Beteiligten regelmäßig in Rage, verdeutlicht aber, wie brüchig unser Alltagswissen sein kann. Es ist eben nicht nur die Situation, die dafür ausschlaggebend ist, sondern in mindestens gleichem Maße auch die Beteiligten. Auf diese Weise bekommt man ein gutes Verständnis für eine Feststellung des Schriftstellers Max Frisch vermittelt: „[...] jeder Versuch, sich mitzuteilen, kann nur mit dem Wohlwollen der anderen gelingen." (zit. nach Broschart 2001: 30)

Daher ist die frühe Vorstellung der Soziologie als *Steuerungswissenschaft* durch die Auseinandersetzung mit gesellschaftlichen Funktionssystemen (von face-to-face-Situationen bis zu Organisationen) durch die Erfahrung ersetzt worden, einem kausalen Steuerungsmythos anheimgefallen zu sein. Jedenfalls sind regelmäßig viele Steuermänner am Werk, die die Richtung der Entwicklung zu beeinflussen versuchen. So muss man wohl auch den etwas sybillinisch klingenden Satz verstehen: „Die Tatsache, dass man soziale Systeme nicht steuern kann, heißt nicht, dass man sie nicht steuern kann." (Simon 2001: 252)

Es gibt somit kein dauerhaftes technisches Patentwissen für Gesellschaften, wenngleich ein solcher Bedarf immer wieder eingefordert wird. Die Nachfrage nach Orientierungswissen, wie immer man sich letztlich selbst orientiert, hat eher zu- als abgenommen. Häufig hat man aber den Eindruck, dass Diagnosen über die „Gesellschaft" allenfalls noch eine Art von Begleitmusik, ein Rauschen darstellen, von dem man erwartet, dass es regelmäßig andere Töne annimmt. Insofern ist es nicht überraschend, dass die Trendforschung immer wieder für Aufmerksamkeit sorgen kann. Sie kann im Grunde genommen ohne den Wandel nicht leben und sichert sich hinsichtlich der Gültigkeit ihrer Prognosen vorsichtshalber durch den Einbau von Halbwertzeiten ab. Sie lebt vom Wandel und erzeugt ihn selbst. Wenn sich Soziologen selbst als Trendforscher betätigen, treffen sie gegebenenfalls Vorsorgen für Phänomene, mit denen man sich dann vielleicht noch einmal auseinandersetzen muss. Das ist nicht ketzerisch gemeint, sondern schlicht das Ergebnis einer Dauerbeobachtung gesellschaftlicher Phänomene.

Als René König seinen Vorschlag einer Soziologie als Einzelwissenschaft präsentierte, wählte er eine Formulierung, die bis heute neugierig macht: Es sollte eine Soziologie sichtbar werden, „die nichts als Soziologie ist" (König 1967: 8), weil sie sich als empirische Einzelwissenschaft konstituieren solle. Dieser hohe Anspruch, alle „Verästelungen" der Gesellschaft nach wissenschaftlich-systematischen Kriterien zu analysieren, sollte als Leitidee beherzigt und aufrichtig verfolgt werden. Daher sind Methodenkompetenz und Beobachtungsgabe sehr wichtige Voraussetzungen, ebenso der ständige Blick auf tagesaktuelle Ereignisse.

Wer das Fach Soziologie in der Erwartung wählt, es mit einem einfachen und leichten Studium zu tun zu haben, der ist nicht gut beraten. Wer das nach Mustern oder Gleichförmigkeiten ablaufende Verhalten entdecken und erforschen will, sollte ein hohes Engagement mitbringen – nicht nur um erfolgreich zu sein, sondern auch um ein Gespür zu entwickeln für die Sensibilität seines Forschungsgegenstandes.

Empfehlungen zum Weiterlesen

Hennen, Manfred (1990): Soziale Motivation und paradoxe Handlungsfolgen. Opladen.
Arbeitsgruppe Soziologie (2004): Denkweisen und Grundbegriffe der Soziologie. Eine Einführung. 15. Auflage. Frankfurt/Main u. a.
Hunt, Morton (1991): Die Praxis der Sozialforschung. Reportagen aus dem Alltag einer Wissenschaft [Aus d. Amerik.]. Frankfurt/Main, New York.

Literaturverzeichnis

Abels, Heinz (2007): Einführung in die Soziologie, Bd. 2. Die Individuen in ihrer Gesellschaft. 3. Auflage. Wiesbaden.
Abelshauser, Werner (1995): Die deutsche industrielle Revolution. In: Wehler, Hans-Ulrich (Hrsg.): Scheidewege der deutschen Geschichte. Von der Reformation bis zur Wende. 1517-1989. München, S. 103-115.
Adorno, Theodor W. (1969): Stichworte. Kritische Modelle 2. Frankfurt/Main.
Adorno, Theodor W.; Horkheimer, Max (2003): Dialektik der Aufklärung. Frankfurt/Main.
Albert, Hans (1976): Wertfreiheit als methodisches Prinzip. In: Ders.: Aufklärung und Steuerung. Hamburg, S. 160-191.
Albig, Jörg-Uwe (2005): Das Wesen der Macht. In: Geo Epoche 19, S. 144-155.
Albig, Jörg-Uwe (2006): Die Entdeckung des Nichts. In: Geo Epoche 24, S. 80-96.
Aron, Raymond (1971): Hauptströmungen des soziologischen Denkens, Bd. 1. [Aus d. Franz.]. Köln.
Aron, Raymond (1974): Zwischen Macht und Ideologie. Politische Kräfte der Gegenwart. [Aus d. Franz.]. Wien.
Aron, Raymond (1979): Hauptströmungen des modernen soziologischen Denkens. soziologischen Denkens. [Aus d. Franz.]. Reinbek bei Hamburg.
Assheuer, Thomas (2004): Auf dem Gipfel der Freundlichkeiten. In: Die Zeit, 22. Januar, S. 38.
Assmann, Aleida/Assmann, Jan (1994): Das Gestern im Heute. Medien und soziales Gedächtnis. In: Merten, Klaus u. a. (Hrsg.): Die Wirklichkeit der Medien. Eine Einführung in die Kommunikationswissenschaft. Opladen, S. 114-140.
Baecker, Dirk (2004): Die vierte Gewalt. Massenmedien und Demokratieverständnis. In: Funkkorrespondenz, Heft 8-9, 20. Februar, S. 4-9.

Baecker, Dirk (2006): Wirtschaftssoziologie. Bielefeld.
Bagdikian, Ben H. (1983): The Media Monopoly. Boston.
Baker, Nicholson (1993): Rolltreppe oder die Herkunft der Dinge. [Aus d. Amerik.]. Reinbek bei Hamburg.
Bandura, Albert (1979): Sozial-kognitive Lerntheorie. [Aus d. Amerik.]. Stuttgart.
Bazerman, Charles (2002): The Languages of Edison's Light. Cambridge.
Beck, Ulrich (1994): Jenseits von Stand und Klasse? In: Ders. (Hrsg.): Riskante Freiheiten. Frankfurt/Main, S. 43-60.
Beck, Ulrich (1996a): Riskante Freiheiten. Individualisierung in modernen Gesellschaften. 3. Auflage. Frankfurt/Main.
Beck, Ulrich (1996b): Wissen oder Nicht-Wissen? Zwei Perspektiven 'reflexiver Modernisierung'. In: Beck, Ulrich/Giddens, Anthony/ Lash, Scott: Reflexive Modernisierung. Eine Kontroverse. Frankfurt/Main, S. 289 – 315.
Beckert, Jens/Mark Lutter (2008): Wer spielt Lotto? Umverteilungswirkungen und sozialstrukturelle Inzidenz staatlicher Lotteriemärkte. In: Kölner Zeitschrift für Soziologie und Sozialpsychologie 2, S. 233-264.
Bell, Daniel (1976a): Die nachindustrielle Gesellschaft. [Aus d. Amerik.]. 2. Auflage. Frankfurt/Main u. a.
Bell, Daniel (1976b): Die Zukunft der westlichen Welt. Kultur und Technologie im Widerstreit. [Aus d. Amerik.]. Frankfurt/Main.
Benjamin, Walter (2003): Kapitalismus als Religion. [Zuerst 1921]. In: Baecker, Dirk (Hrsg.): Kapitalismus als Religion. Berlin, S. 15-18.
Berger, Peter (1977): Einladung zur Soziologie. Eine humanistische Perspektive. München.
Berger, Peter/Luckmann, Thomas (1969): Die gesellschaftliche Konstruktion der Wirklichkeit. Eine Theorie der Wissenssoziologie. Frankfurt/Main.
Bolz, Norbert (1994): Das kontrollierte Chaos. Vom Humanismus zur Medienwirklichkeit. Düsseldorf.
Boudon, Raymond (1980): Die Logik des gesellschaftlichen Handelns. Eine Einführung in die soziologische Denk- und Arbeitsweise. [Aus d. Franz.]. Neuwied.
Bourdieu, Pierre (1976): Entwurf einer Theorie der Praxis auf der ethnologischen Grundlage der kabylischen Gesellschaft. [Aus d. Franz.]. Frankfurt/Main.

Bourdieu, Pierre (1984): Die feinen Unterschiede. Kritik der gesellschaftlichen Urteilskraft. 3., durchgesehene Auflage. [Aus d. Franz.]. Frankfurt/Main.

Bourdieu, Pierre (1987): Sozialer Sinn. Kritik der theoretischen Vernunft. [Aus d. Franz.]. Frankfurt/Main.

Braudel, Ferdinand (1985): Der Alltag. Sozialgeschichte des 15.-18. Jahrhunderts. München.

Broschart, Jürgen (2001): Ein Wunder, dass wir uns verstehen. In: Geo Wissen 27, S. 22-30.

Brumberg, Joan Jacobs (1994): Todeshunger. Die Geschichte der Anorexia nervosa vom Mittelalter bis heute. [Aus dem Amerik.]. Frankfurt/Main, New York.

Comte, Auguste (1972): Das Drei-Stadien-Gesetz. [Zuerst 1831, aus dem Franz.]. In: Dreitzel, Hans Peter (Hrsg.): Sozialer Wandel. Zivilisation und Fortschritt als Kategorien des soziologischen Theorie. 2. Auflage. Neuwied, Berlin, S. 111-120.

Cooley (1909): Social Organization. A study of the larger mind. New York.

Coser, Lewis A. (1971): Masters of sociological thought. New York.

Dahrendorf, Ralf (1961): Über den Ursprung der Ungleichheit unter den Menschen. Tübingen.

Dahrendorf, Ralf (1964): Homo sociologicus. Ein Versuch zur Geschichte, Bedeutung und Kritik der Kategorie der sozialen Rolle. 4., erweiterte Auflage. Köln u. a. (16. Auf., Wiesbaden 2006).

Dahrendorf, Ralf (1967): Pfade aus Utopia. München.

Dahrendorf, Ralf (1992): Der moderne soziale Konflikt. Essay zur Politik der Freiheit. Stuttgart.

Dahrendorf, Ralf (2001): Über die Machbarkeit der guten Gesellschaft. In: Allmendinger, Jutta (Hrsg.): Die gute Gesellschaft. Verhandlungen des 30. Kongresses der Deutschen Gesellschaft für Soziologie in Köln 2000. Opladen, S. 1330-1337.

Degele, Nina (2002): Einführung in die Techniksoziologie. München.

Dodds, Peter S./Watts, Duncan J./Muhamad, Roby (2003): An Experimental Study of Search in Global Social Networks. In: Science 301, S. 827-829.

Dominick, Joseph R. (1987): The Dynamics of Mass Communication. 2nd Edition. New York.

Döring, Nicola (2003): Sozialpsychologie des Internet. 2., vollständig überarbeitete und erweiterte Auflage. Göttingen.

Dreitzel, Hans Peter (1980): Die gesellschaftlichen Leiden und das Leiden an der Gesellschaft. 3., neu bearbeitete Auflage. München.
Drucker, Peter (1969): Die Zukunft bewältigen. Aufgaben und Chancen im Zeitalter der Ungewißheit. [Aus d. Amerik.]. Düsseldorf, Wien.
Durkheim, Émile (1973): Der Selbstmord. [Zuerst 1897, aus d. Franz.]. Berlin, Neuwied.
Durkheim, Émile (1980): Die Regeln der soziologischen Methode. [Zuerst 1895, aus d. Franz.]. 6. Auflage. Darmstadt.
Durkheim, Émile (1984): Die elementaren Formen des religiösen Lebens. [Zuerst 1912, aus d. Franz.]. Frankfurt/Main.
Durkheim, Émile (1986): Der Individualismus und die Intellektuellen. [Zuerst 1898, aus d. Franz.]. In: Bertram, Hans (Hrsg.): Gesellschaftlicher Zwang und moralische Autonomie. Frankfurt/Main, S. 54-70.
Durkheim, Émile (1988): Über soziale Arbeitsteilung. [Zuerst 1893, aus d. Franz.]. 2. Auflage. Frankfurt/Main.
Eco, Umberto (1985): Über Gott und die Welt. Essays und Glossen. [Aus d. Ital.]. 3. Auflage. München, Wien.
Elias, Norbert (1969): Die höfische Gesellschaft. Untersuchungen zur Soziologie des Königtums und der höfischen Aristokratie mit einer Einleitung: Soziologie und Geschichtswissenschaft. Darmstadt, Neuwied.
Elias, Norbert (1970): Was ist Soziologie? München.
Elwert, Georg (2007): Ethnizität und Nation. [Überarbeitung von Erdmute Alber] In: Joas, Hans (Hrsg.): Lehrbuch der Soziologie. 3., überarbeitete und erweiterte Auflage. Frankfurt/Main, New York, S. 267-286.
Enzensberger, Hans M. (1996): Remineszenzen an den Überfluß. Der alte und der neue Luxus. In: Der Spiegel 51, S. 108-118.
Enzensberger, Hans. M. (2004): Die Elixiere der Wissenschaft. Seitenblicke in Poesie und Prosa. Frankfurt/Main.
Esposito, Elena (2002): Soziales Vergessen. Formen und Medien des Gedächtnisses der Gesellschaft. Frankfurt/Main.
Esser, Hartmut (1996): Die Definition der Situation. In: Kölner Zeitschrift für Soziologie und Sozialpsychologie 48, S. 1-34.
Esser (1993): Soziologie. Allgemeine Grundlagen. Frankfurt/Main, New York.

Esser, Hartmut (2000): Gesellschaftliche Individualisierung und methodologischer Individualismus. In: Kron, Thomas (Hrsg.): Individualisierung und soziologische Theorie. Opladen, S. 129-152.
Faul, Erwin (1994): Machiavellis Machtkunstlehre. In: Hennen, Manfred/Jäckel, Michael (Hrsg.): Privatheit und sozialer Verantwortung. Festschrift zum 60. Geburtstag von Friedrich Landwehrmann. München.
Ferguson, Adam (1904): Abhandlung über die Geschichte der bürgerlichen Gesellschaft. [Zuerst 1767, aus d. Engl.] Jena.
Forschungskonsortium WJT [Weltjugendtag] (2007): Megaparty Glaubensfest. Weltjugendtag: Erlebnis – Medien – Organisation. Wiesbaden.
Forster, Georg (2008): Reise um die Welt. Illustriert von eigener Hand. [Zuerst 1778]. 4. Auflage. Frankfurt/Main.
Foucault, Michel (1976): Überwachen und Strafen. Die Geburt des Gefängnisses. [Aus d. Franz.]. Frankfurt/Main.
Gabler, Neil (1999): Das Leben, ein Film. Die Eroberung der Wirklichkeit durch das Entertainment. [Aus d. Amerik.]. Berlin.
Gabriel, Oskar W./Brettschneider, Frank (1998): Politische Partizipation. In: Jarren, Otfried/Sarcinelli, Ulrich/Saxer, Ulrich (Hrsg.): Politische Kommunikation in der demokratischen Gesellschaft. Ein Handbuch mit Lexikonteil. Opladen, Wiesbaden, S. 285-291.
Galbraith, John Kenneth (1958): Gesellschaft im Überfluß. [Aus d. Amerik.]. München.
Galbraith, John Kenneth (1983): The Anatomy of Power. Boston.
Gambetta, Diego/Hertog, Steffen: Engineers of Jihad. Sociology Working Papers 10/2007. Oxford.
Gay, Peter (2008): Die Moderne. Eine Geschichte des Aufbruchs. [Aus d. Engl.] Frankfurt/Main.
Gehlen, Arnold (1971): Der Mensch. Seine Natur und seine Stellung in der Welt. 9. Auflage, unveränderter Nachdruck. Frankfurt/Main.
Geiger, Theodor (1932): Die soziale Schichtung des deutschen Volkes. Soziographischer Versuch auf statistischer Grundlage. Stuttgart.
Geiger, Theodor (1949): Die Klassengesellschaft im Schmelztiegel. Köln.
Geiger, Theodor (1987): Kritik der Reklame – Wesen, Wirkungsprinzip, Publikum. [zuerst 1943]. In: Soziale Welt 38, Heft 4, S. 471-492.

Geißler, Rainer (1996): Kein Abschied von Klasse und Schicht. Ideologische Gefahren der deutschen Sozialstrukturanalyse. In: Kölner Zeitschrift für Soziologie und Sozialpsychologie 47, S. 319-338.
Geißler, Rainer (2008): Die Sozialstruktur Deutschlands. Zur gesellschaftlichen Entwicklung mit einer Bilanz zur Vereinigung. 5., durchgesehene Auflage. Wiesbaden.
Gelinsky, Katja (2007): Schlüsselfrage für Jungfrauen. In: Frankfurter Allgemeine Sonntagszeitung, 14. November, S. 62.
Gerbner, George et al. (2002): Growing up with Television: Cultivation Processes. In: Bryant, Jennings/Zillmann, Dolf (Hrsg.): Media Effects. Advances in Theory and Research. Second Edition. Mahwah/New Jersey, London, S. 43-67.
Gerhards, Jürgen (2003): Die Moderne und ihre Vornamen. Eine Einladung in die Kultursoziologie. Wiesbaden.
Gerhardt, Uta (1991): Gesellschaft und Gesundheit. Begründung der Medizinsoziologie. Frankfurt/Main.
Giddens, Anthony (1979): Die Klassenstruktur fortgeschrittener Gesellschaften. [Aus d. Engl.]. Frankfurt/Main.
Giddens, Anthony (1988): Die Konstitution der Gesellschaft. Grundzüge einer Theorie der Strukturierung. [Aus d. Engl.]. Frankfurt/Main.
Giddens, Anthony (1996): Leben in einer posttraditionalen Gesellschaft. [Aus d. Engl.]. In: Beck, Ulrich/Giddens, Anthony/Lash, Scott (Hrsg.): Reflexive Modernisierung: Eine Kontroverse. Frankfurt/Main, S. 113-194.
Giesen, Bernhard (1999): Kollektive Identität. Frankfurt/Main.
Gitlin, Todd (2002): Media Unlimited. How the Torrent of Images and Sounds overwhelms our Lives. New York.
Gladwell, Malcolm (2000): Der Tipping-Point. Wie kleine Dinge Großes bewirken können. [Aus d. Amerik.]. 2. Auflage. Berlin.
Goffman, Erving (1969): Wir alle spielen Theater. Die Selbstdarstellung im Alltag. [Aus d. Amerik.]. München.
Goffman, Erving (1973): Interaktion: Spaß am Spiel. Rollendistanz. [Aus d. Amerik.]. München.
Goldthorpe, John H. et al. (1970): Der „wohlhabende" Arbeiter in England. Band II. Politisches Verhalten und Gesellschaft. [Aus d. Engl.]. München.

Goldthorpe, John H. et al. (1971): Der „wohlhabende" Arbeiter in England. Band III. Der „wohlhabende" Arbeiter in der Klassenstruktur. [Aus d. Engl.]. München.
Granovetter, Mark (2005): Getting a Job. Study of contacts and careers. Chicago.
Gumplowicz, Ludwig (1926): Grundriss der Soziologie. Innsbruck.
Habermas, Jürgen (1990): Strukturwandel der Öffentlichkeit. Untersuchungen zu einer Kategorie der bürgerlichen Gesellschaft. [Zuerst 1962]. Frankfurt/Main.
Hägerstrand, Torsten (1965): A Monte Carlo approach to diffusion. In: Archives européennes de Sociologie 6, S. 43-57.
Hahn, Alois (1998): Kontingenz und Kommunikation. In: Graevenitz, Gerhart v.; Marquard, Odo (Hrsg.): Poetik und Hermeneutik XVII, S. 493-521.
Hartfiel, Günter (1978): Soziale Schichtung. München.
Hartmann, Michael (2004): Elitesoziologie. Frankfurt/Main u. a.
Hayek, Friedrich August von (1996): Die Anmaßung von Wissen. Tübingen.
Heckmann, Friedrich/Kröll, Friedhelm (1984): Einführung in die Geschichte der Soziologie. Stuttgart.
Hedström, Peter (2008): Anatomie des Sozialen. Prinzipien der analytischen Soziologie. Wiesbaden.
Hegel, Georg Wilhelm Friedrich (1980): Phänomenologie des Geistes. [Zuerst 1807]. Hamburg.
Hennen, Manfred (1990): Soziale Motivation und paradoxe Handlungsfolgen. Opladen.
Hennen, Manfred (1994): Egoismus und Altruismus in der Sozialtheorie. In: Hennen, Manfred/Jäckel, Michael (Hrsg.): Privatheit und soziale Verantwortung. Festschrift zum 60. Geburtstag von Friedrich Landwehrmann. München, S. 285-330.
Hennen, Manfred/Prigge, Wolfgang U. (1977): Autorität und Herrschaft. Darmstadt.
Hennen, Manfred/Springer, Elisabeth (1996): Handlungstheorien – Überblick. In: Kunz, Volker/Ulrich Druwe (Hg.): Handlungs- und Entscheidungstheorie in der Politikwissenschaft. Eine Einführung in Konzepte und Forschungsstand. Opladen, S. 12-41.
Herman, Edward S./Chomsky, Noam (1988): Manufacturing Consent. The Political Economy of the Mass Media. New York.

Hill, Paul B./Kopp, Johannes (2006): Familiensoziologie. Grundlagen und theoretische Perspektiven. 4., überarbeitete Auflage. Wiesbaden.

Hillmann, Karl-Heinz (2007): Wörterbuch der Soziologie. 5., vollständig überarbeitete und erweiterte Auflage. Stuttgart.

Hobbes, Thomas (1966): Leviathan. Oder Stoff, Form und Gewalt eines kirchlichen und bürgerlichen Staates. [Zuerst 1651, aus d. Engl.]. Frankfurt/Main.

Holst, Insa/Fischer, Hendrik (2008): Das Ende der alten Zeit. In: Geo Epoche, Nr. 30, S. 22-23.

Holtgrewe, Ursula (2006): Flexible Menschen in flexiblen Organisationen. Bedingungen und Möglichkeiten kreativen und innovativen Handelns. Berlin.

Horstmann, Reinhold (1991): Medieneinflüsse auf politisches Wissen. Zur Tragfähigkeit der Wissenskluft-Hypothese. Wiesbaden.

Horton, Donald/Wohl, Richard R. (1956): Mass Communication and Para-Social Interaction: Observations on Intimacy at a Distance. In: Psychiatry. Journal for the Interpersonal Processes 19. S. 215-229.

Hösle, Vittorio (1995): Macht und Moral. In: Ethik und Sozialwissenschaften 6, Heft 3, S. 379-387.

Hume, David (2002): Eine Untersuchung über die Prinzipien der Moral. [Zuerst 1751, aus d. Engl.]. 3., durchgesehene Auflage. Stuttgart.

Hunt, Morton (1991): Die Praxis der Sozialforschung. Reportagen aus dem Alltag einer Wissenschaft [Aus d. Amerik.]. Frankfurt/Main, New York.

Imhof, Kurt (2006): »Mediengesellschaft und Medialisierung«, in: Medien und Kommunikationswissenschaft 54, S. 191-215.

Jäckel, Michael (1997): Zur Bedeutung der Begriffe Selbstinteresse und Sympathie in der Sozialtheorie von Adam Smith. In: Sociologia Internationalis 35, S. 87-103.

Jäckel, Michael (2005): Medien und Macht. In: Ders. (Hrsg.): Mediensoziologie. Grundfragen und Forschungsfelder. Wiesbaden, S. 295-317.

Jäckel, Michael (2008a): Wie demonstrativ war und ist der Konsum? In: Jäckel, Michael/Schößler, Franziska (Hrsg.): Luxus. Interdisziplinäre Beiträge zu Formen und Repräsentationen des Konsums. Trier, S. 11 – 37.

Jäckel, Michael (2008b): Medienwirkungen. Ein Studienbuch zur Einführung. 4., überarbeitete und erweiterte Auflage. Wiesbaden.

Jäckel, Michael/Kofahl, Daniel (2009): „Man hat etwas anderes vermutet..." Zur Phänomenologie des kulinarischen Geschmacks. In: Berliner Debatte Initial 2/2009, S. 117-134.

Jäckel, Michael/Pauly, Serge (2009): Die Spaltung Belgiens als Fernsehfiktion. Ein Medienexperiment und die Debatte um seine Ethik. In: Communicatio Socialis 42, Heft 1, S. 44-68.

Jay, Martin (1976): Dialektische Phantasie. Die Geschichte der Frankfurter Schule und des Instituts für Sozialforschung. [Aus d. Amerik.]. Frankfurt/Main.

Joas, Hans (1980): Praktische Intersubjektivität. Die Entwicklung des Werkes von George Herbert Mead. Frankfurt/Main.

Joas, Hans (1992): Die Kreativität des Handelns. Frankfurt/Main.

Jonas, Friedrich (1976): Geschichte der Soziologie I. Aufklärung Liberalismus Idealismus. Reinbek bei Hamburg.

Kaase, Max (1999): Deutschland als Informations- und Wissensgesellschaft. In: Kaase, Max/Schmidt, Günther (Hrsg.): Eine lernende Demokratie. 50 Jahre Bundesrepublik Deutschland. WZB-Jahrbuch. Berlin, S. 509-523.

Kant, Immanuel (1923): Idee zu einer allgemeinen Geschichte in weltbürgerlicher Absicht. [Zuerst 1784]. In: Kant's Werke Band VIII: Abhandlungen nach 1981. Berlin und Leipzig.

Kant, Immanuel (1907): Anthropologie in pragmatischer Hinsicht. [Zuerst 1798]. In: Kant's Werke Band VII: Der Streit der Fakultäten. Anthropologie in pragmatischer Hinsicht. Berlin.

Kant, Immanuel (1977): Die Religion innerhalb der Grenzen der bloßen Vernunft. [Zuerst 1793]. In: Ders.: Die Metaphysik der Sitten. Herausgegeben von Wilhelm Weischedel. Frankfurt/Main, S. 649-879.

Katz, Elihu (1957): The Two-Step Flow of Communication: An Up-To-Date Report on an Hypothesis. In: Public Opinion Quarterly, Vol. 21, S. 61-78.

Katz, Elihu/Lazarsfeld, Paul Felix (1962): Persönlicher Einfluß und Meinungsbildung. Wien.

Kaube, Jürgen (2009): Frauen, Quoten. In: Frankfurter Allgemeine Sonntagszeitung, 08. März, S. 63.

Kaufmann, Franz-Xaver (1989): Die Differenz von Religions- und Gottesfrage in der Gegenwart. In: Ders.: Religion und Modernität. Sozialwissenschaftliche Perspektiven. Tübingen, S. 196-208.
Kausch, Michael (1988): Kulturindustrie und Populärkultur. Kritische Theorie der Massenmedien. Frankfurt/Main.
Kelle, Udo (2007): Die Integration qualitativer und quantitativer Methoden in der empirischen Sozialforschung. Theoretische Grundlagen und methodologische Konzepte. Wiesbaden.
Kern, Horst (1982): Empirische Sozialforschung. München.
Kisoudis, Dimitrios (2008): Anarchie von unten gegen Anarchie von oben. In: Frankfurter Allgemeine Sonntagszeitung, 14. Dezember, S. 15.
Klages, Helmut (1969): Geschichte der Soziologie. München.
Kneuper, Elsbeth (2004): Mutterwerden in Deutschland. Eine ethnologische Studie. Tübingen.
Knoblauch, Hubert (1993): Die Verflüchtigung der Religion ins Religiöse. Thomas Luckmanns Unsichtbare Religion. In: Luckmann, Thomas: Die unsichtbare Religion. Frankfurt/Main, S. 7-41.
Knoblauch, Hubert (2002): Asketischer Sport und ekstatische Askese. In: Sorgo, Gabriele (Hrsg.): Askese und Konsum. Wien, S. 222-245.
Knoblauch, Hubert (2006): Die populäre Religion. In: Theologisch-Praktische Quartalsschrift 2/2006, 154. Jahrgang, 164-172.
Knoblauch, Hubert (2007): Märkte der populären Religion. In: Jäckel, Michael (Hrsg.): Ambivalenzen des Konsums und der werblichen Kommunikation. Wiesbaden, S. 73-90.
Kohlenberg, Kerstin/Uchatius, Wolfgang (2007): Von oben geht's nach oben. In: Die Zeit, 23. August, S. 15-19.
König, René (1965): Die soziale und kulturelle Bedeutung der Ernährung in der industriellen Gesellschaft. In: Soziologische Orientierungen. Köln, S. 494 – 505.
König, René (1967): Einleitung. In: Ders. (Hrsg.): Soziologie. Umgearbeitete und erweiterte Neuausgabe. Frankfurt/Main, S. 8-14.
Kraus, Karl (1919): Die letzten Tage der Menschheit. Wien.
Krotz, Friedrich (1992): Handlungsrollen und Fernsehnutzung. Umriß eines theoretischen und empirischen Konzepts. In: Rundfunk und Fernsehen 40, S. 222-246.
Krotz, Friedrich (2007): Mediatisierung. Fallstudien zum Wandel von Kommunikation. Wiesbaden.

Kunczik, Michael (1999): Herbert Spencer (1820-1903). In: Kaesler, Dirk (Hrsg.): Klassiker der Soziologie 1. Von Auguste Comte bis Norbert Elias. München, S. 74-93.

Landes, David (1973): Der entfesselte Prometheus. Technologischer Wandel und industrielle Entwicklung in Westeuropa von 1750 bis zur Gegenwart. [Aus d. Engl.]. Köln.

Leuze, Kathrin; Rusconi, Alessandra (2009): Should I Stay or Should I go? Gender Differences in Professional Employment. WZB Discussion Paper SP I 2009-501.

Levine, Robert (2004): Die große Verführung: Psychologie der Manipulation. [Aus d. Amerik.]. 2. Auflage. München u. a.

Lübbe, Herrmann (1995): Schrumpft die Zeit? Zivilisationsdynamik und Zeitumgangsmoral. Verkürzter Aufenthalt in der Gegenwart. In: Weis, Kurt (Hrsg.): Was ist Zeit? Zeit und Verantwortung in Wissenschaft, Technik und Religion. München, S. 52-79.

Luckmann, Thomas (1993): Die unsichtbare Religion. 2. Auflage. Frankfurt/Main.

Luhmann, Niklas (1975): Macht. Stuttgart.

Luhmann, Niklas (1983): Anspruchsinflation im Krankheitssystem. Eine Stellungnahme aus gesellschaftstheoretischer Sicht. In: Herder-Dorneich, P./ Schuller, A. (Hg.): Die Anspruchsspirale. Stuttgart, S. 28-49.

Luhmann, Niklas (1984): Soziale Systeme. Grundriß einer allgemeinen Theorie. Frankfurt/Main.

Luhmann, Niklas (1985): Zum Begriff der sozialen Klasse. In: Ders. (Hrsg.): Soziale Differenzierung. Zur Geschichte einer Idee. Opladen, S. 119-162.

Luhmann, Niklas (1988): Arbeitsteilung und Moral. Durkheims Theorie. In: Durkheim, Émile: Über soziale Arbeitsteilung. 2. Auflage. Frankfurt/Main.

Luhmann, Niklas (1996): Die Realität der Massemedien. 2. erweiterte Auflage. Opladen.

Luhmann, Niklas (2004): Vorsicht vor zu raschem Verstehen. Niklas Luhmann im Fernsehgespräch mit Alexander Kluge. In: Kluge, Alexander et al. (Hrsg.): Warum haben Sie keinen Fernseher, Herr Luhmann? Letzte Gespräche mit Niklas Luhmann. Berlin, S. 49-77.

Lütz, Manfred (2008): Erhebet die Herzen, beuget die Knie. In: Die Zeit, 17. April, S. 45.

Machiavelli, Niccolò (1978): Der Fürst. [Zuerst 1513, aus d. Ital.]. 2. Auflage. Stuttgart.
MacIver, Robert M.; Page, Charles H. (1959): Society. An Introductory Analyses. London.
Majahan, Vijay et al. (1990): New Product Diffusion Models in Marketing. A Review and new Directions for Research. In: Journal of Marketing 54, S. 1-26.
Maletzke, Gerhard (1963): Psychologie der Massenkommunikation. Theorie und Systematik. Hamburg.
Mann, Thomas (2002): Der Zauberberg. [Zuerst 1924]. Frankfurt/Main.
Marger, Martin N. (1993): The Mass media as a Power Institution. In: Olsen, Marvin E.; Marger, Martin N. (Hrsg.): Power in Modern Societies. Boulder, S. 238-249.
Marx, Karl (1974): Zur Kritik der Hegelschen Rechtsphilosophie. Einleitung. [Zuerst 1844]. In: Marx, Karl; Engels, Friedrich: Werke. Band 1. Berlin, S. 378-391.
Marx, Karl (1978): Manifest der kommunistischen Partei. [Zuerst 1848]. München.
Maus, Heinz (1980): Tarde, Gabriel. In: Bernsdorf, Wilhelm; Knospe, Horst (Hrsg.): Internationales Soziologenlexikon, Band 1. Stuttgart, S. 432-433.
Mauss, Marcel (1968): Die Gabe. Form und Funktion des Austauschs in archaischen Gesellschaften. [Zuerst 1925, aus d. Franz.]. Frankfurt/Main.
Mayntz, Renate (1970): Kritische Bemerkungen zur funktionalistischen Schichtungstheorie. In: König, René (Hrsg.): Soziale Schichtung und soziale Mobilität. Köln, Opladen, S. 10-28.
Mayntz, Renate (2008): Einladung zum Schattenboxen: Die Soziologie und die moderne Biologie. In: Rehberg, Karl-Siegbert: Die Natur der Gesellschaft. Verhandlungen des 33. Kongresses der Deutschen Gesellschaft für Soziologie in Kassel 2006, Teil 1. Frankfurt/Main, New York, S. 125-139.
McAnany, Emile G. (1984): The Diffusion of Innnovation: Why does it endure? In: Critical Studies in Mass Communication 1, S. 439-442.
McCombs, Maxwell E./Reynolds, Amy (2002): News Influences on our Pictures of the World. In: Bryant, Jennings/Zillmann, Dolf (Hrsg.): Media Effects. Advances in Theory and Research, 2nd edition. Mahwah/New Jersey, S. 1-18.

McLuhan, Marshall (1968): Die magischen Kanäle. „Understanding Media". [Aus d. Amerik.]. Düsseldorf, Wien.
Merton, Robert K. (1938): Science and the Social Order. In: Philosophy of Science 5(3), S. 321-337.
Merton, Robert K. (1968): Social theory and social structure. Enlarged Edition. New York.
Merton, Robert K. (1995): Soziologische Theorie und soziale Struktur. [Zuerst 1957, aus d. Amerik.]. Berlin.
Meyrowitz, Joshua (1990): Überall und nirgends dabei. Die Fernseh-Gesellschaft I. [Aus dem Amerik.]. Weinheim, Basel.
Mikos, Lothar (1994): Fernsehen im Erleben der Zuschauer. Vom lustvollen Umgang mit einem populären Medium. Berlin, München.
Mikl-Horke, Gertraude (2001): Soziologie. Historischer Kontext und soziologische Theorie-Entwürfe. 5., vollständig überarbeitete und erweiterte Auflage. München.
Milgram, Stanley (1967): The small-world problem. Psychology Today 1, S. 61-67.
Mills, C. Wright (1967): The Cultural Apparatus. In: Horowitz, Irving L. (Hrsg.): Power, Politics, and People: The Collected Essays of C. Wright Mills. New York, S. 404-420.
Moebius, Stephan (2009): Kultur. Bielefeld.
Müller, Hans-Peter (1986): Gesellschaft, Moral und Individualismus. Émile Durkheims Moraltheorie. In: Bertram, Hans (Hrsg.): Gesellschaftlicher Zwang und moralische Autonomie. Frankfurt/Main, S. 71-105.
Müller, Hans-Peter (1992): Sozialstruktur und Lebensstile. Der neuere theoretische Diskurs über soziale Ungleichheit. Frankfurt/Main.
Münch, Richard (1995): Dynamik der Kommunikationsgesellschaft. Frankfurt/Main.
Münch, Richard (2002): Soziologische Theorie. Band 1: Grundlegung durch die Klassiker. Frankfurt/Main, New York.
Munters, Quirinus J. (1977): Social statification and consumer behaviour. In: The Netherlands' Journal of Sociology 13/2, S. 153-173.
Nefiodow, Leo A. (2006): Der sechste Kondratieff. Wege zur Produktivität und Vollbeschäftigung im Zeitalter der Information. Sankt-Augustin.
Neidhardt, Friedhelm (Hrsg.) (1994): Öffentlichkeit, öffentliche Meinung, soziale Bewegungen. Opladen. (Kölner Zeitschrift für Soziologie und Sozialpsychologie, Sonderband 34).

Nietzsche, Friedrich (2007): Die fröhliche Wissenschaft. [Zuerst 1887]. Köln.

Nipperdey, Thomas (1990): Deutsche Geschichte. 1866-1918. Band 1: Arbeitswelt und Bürgergeist. München.

Noelle-Neumann, Elisabeth (1996): Öffentliche Meinung. Die Entdeckung der Schweigespirale. Erweiterte Ausgabe. Frankfurt/Main, Berlin.

Ogburn, William F. (1972): Die Theorie des 'Cultural Lag'. [Zuerst 1957, aus d. Amerik.]. In: Dreitzel, Hans Peter (Hrsg.): Sozialer Wandel. Zivilisation und Fortschritt als Kategorien der soziologischen Theorie. 2. Auflage. Neuwied, S. 328-338.

Opp, Karl-Dieter (1983): Die Entstehung sozialer Normen. Ein Integrationsversuch soziologischer, sozialpsychologischer und ökonomischer Erklärungen. Tübingen.

Ossowski, Stanislaw (1962): Klassenstruktur im sozialen Bewußtsein. Neuwied.

Otte, Gunnar (2005): Hat die Lebensstilforschung eine Zukunft? Eine Auseinandersetzung mit aktuellen Bilanzierungsversuchen. In: Kölner Zeitschrift für Soziologie und Sozialpsychologie 57, Heft 1, S.1-31.

Pareto, Vilfredo (1955): Allgemeine Soziologie. [Zuerst 1916, aus d. Ital.]. Tübingen.

Pareto, Vilfredo (1965): Traité de sociologie générale. Volume I. [Zuerst 1917ff.]. Osnabrück.

Parsons, Talcott (1965): Structure and Process in Modern Societies. 4th Edition. New York.

Parsons, Talcott (1967): Einige Grundzüge der allgemeinen Theorie des Handelns. [Zuerst 1958, aus d. Amerik.]. In: Hartmann, Heinz (Hrsg.): Moderne amerikanische Soziologie. Stuttgart, S. 153-171.

Parsons, Talcott; Shils, Edward A. (1951): Toward a General Theory of Action. Cambridge.

Pollack, Detlef (2007): Religion. In: Joas, Hans (Hrsg.): Lehrbuch der Soziologie. 3., überarbeitete und erweiterte Auflage. Frankfurt/Main, New York, S. 363-394.

Pollack, Detlef (2008): Religiöser Wandel in modernen Gesellschaften: Religionssoziologische Erklärungen. In: Faber, Richard; Hager, Frithjof (Hrsg.): Rückkehr der Religion oder säkulare Kultur? Kultur- und Religionssoziologie heute. Würzburg, S. 166-191.

Pope, Alexander (1728): An essay on criticism. The seventh edition. London.
Popitz, Heinrich (1992): Phänomene der Macht. 2., stark erweiterte Auflage. Tübingen.
Prokop, Dieter (1995): Medien-Macht und Massen-Wirkung. Ein geschichtlicher Überblick. Freiburg im Breisgau. (Rombach Wissenschaft: Reihe Litterae, Band 34).
Proust, Marcel (2000): Im Schatten junger Mädchenblüte. [Zuerst 1918, aus d. Franz.]. In: Ders.: Auf der Suche nach der verlorenen Zeit. Erster Band. Frankfurt/Main, S. 565-1253.
Putnam, Robert (1995): Bowling alone: America's declining social capital. In: Journal of Democracy 6, S. 65-78.
Quiring, Oliver/Schweiger, Wolfgang (2006): Interaktivität – ten years after. Bestandsaufnahme und Analyserahmen. In: Medien & Kommunikationswissenschaft 54, Heft 1, S. 5-24.
Randow, Gero von (2007): Leben im Netz. In: Die Zeit, 19. Januar, S. 1.
Raphael, David D. (1991): Adam Smith. [Aus d. Engl.]. Frankfurt/Main, New York.
Rehberg, Karl-Siegbert (2006): Die unsichtbare Klassengesellschaft. In: Ders. (Hrsg.): Soziale Ungleichheit, kulturelle Unterschiede. Verhandlungen des 32. Kongresses der Deutschen Gesellschaft für Soziologie in München 2004. Frankfurt/Main, S. 19-38.
Reichertz, Jo (1998): Werbung als moralische Unternehmung. In: Jäckel, Michael (Hrsg.): Die umworbene Gesellschaft. Analysen zur Entwicklung der Werbekommunikation. Opladen, Wiesbaden, S. 273-299.
Reif, Heinz (1995): Von der Stände- zur Klassengesellschaft. In: Wehler, Hans-Ulrich (Hrsg.): Scheidewege der deutschen Geschichte. Von der Reformation bis zur Wende. 1517-1989. München, S. 79-90.
Rogers, Everett M. (2003): Diffusion of Innovations. Fifth Edition. New York.
Rostow, Walt W. (1967): Stadien wirtschaftlichen Wachstums. Eine Alternative zur marxistischen Entwicklungstheorie. [Aus d. Engl.]. Göttingen.
Rousseau, Jean-Jacques (1984): Diskurs über die Ungleichheit. Kritische Ausgabe des integralen Textes. [Zuerst: 1755, aus d. Franz.]. Herausgegeben von Heinrich Meier. Paderborn u. a.
Russell, Bertrand (1924): Icarus or the future of science. London.

Russell, Bertrand (1947): Macht. Eine sozialkritische Studie. [Aus d. Engl.]. Zürich.
Rürup, Reinhard (1972): Die Geschichtswissenschaft und die moderne Technik. Bemerkungen zur Entwicklung und Problematik der technikgeschichtlichen Forschung. In: Kurze, Dietrich (Hrsg.): Aus Theorie und Praxis der Geschichtswissenschaft. Festschrift für Hans Herzfeld zum 80. Geburtstag. Berlin, S. 49-85.
Ryan, Bryce/Gross, Neal C. (1943). The diffusion of hybrid seed corn in two Iowa communities. In: Rural Sociology 8. S.15-24.
Salganik, Matthew J./Dodds, Peter S./Watts, Duncan J. (2006): Experimental Study of Inequality and Unpredictability in an Artificial Cultural Market. In: Science 311, S. 854–56.
Salganik, Matthew/Watts, Duncan (2008): Leading the herd astray: An experimental study of self-fulfilling prophecies in an artificial cultural market. In: Social Psychology Quarterly 71, S. 338-355.
Schäfers, Bernhard/Kopp, Johannes (Hrsg.) (2006): Grundbegriffe der Soziologie. 9., grundlegend überarbeitete und aktualisierte Auflage. Wiesbaden.
Schelsky, Helmut (1965): Auf der Suche nach Wirklichkeit. Gesammelte Aufsätze. Düsseldorf.
Schenk, Michael (2007): Medienwirkungsforschung. 3., vollständig überarbeitete Auflage. Tübingen.
Schimank, Uwe (2007): Theorien gesellschaftlicher Differenzierung. 3. Auflage. Wiesbaden.
Schipp, Anke (2009): Der Glamour wird stumpf. In: Frankfurter Allgemeine Sonntagszeitung, 11. Januar, S. 47.
Schmidt, Siegfried J. (2000): Kalte Faszination. Medien, Kultur, Wissenschaft in der Mediengesellschaft. Weilerswist.
Schumpeter, Joseph A. (1947): The Creative Response in Economic History. In: The Journal of Economic History VII, No. 2, S. 149-159..
Schumpeter, Joseph A. (1961): Konjunkturzyklen. Göttingen.
Schümer, Dirk (2008): Stadt, Müll und Mafia. In: Frankfurter Allgemeine Zeitung, 07. Januar, S. 31.
Schütz, Alfred (1972): Der gut informierte Bürger. Ein Versuch über die soziale Verteilung des Wissens. In: Ders.: Gesammelte Aufsätze. Band 2: Studien zur soziologischen Theorie. Den Haag, S. 85-101.
Schwartz, Barry (2006): Anleitung zur Unzufriedenheit. Warum weniger glücklicher macht. [Aus d. Amerik.]. 2. Auflage. Berlin.

Sennett, Richard (1994): Das Ende der Soziologie. [Aus d. Engl.]. In: Die Zeit, 30. September, S. 61.

Sennett, Richard (2008): Es muss mehr bleiben als die Hülsen des Wissens. Über Soziologie als Literatur. [Aus d. Engl.]. In: Süddeutsche Zeitung, 11. November, S. 14.

Simmel, Georg (1892): Einleitung in die Moralwissenschaft. Eine Kritik der ethischen Grundbegriffe. Aalen.

Simmel, Georg (1908): Soziologie. Untersuchungen über die Formen der Vergesellschaftung. Leipzig.

Simmel, Georg (1919): Philosophische Kultur. Gesammelte Essays. 2., um einige Zusätze verm. Auflage. Leipzig.

Simmel, Georg (1968): Die Krisis der Kultur [Zuerst 1916] In: Ders.: Das individuelle Gesetz. Philosophische Exkurse. Frankfurt/Main, S. 232-236.

Simmel, Georg (1983): Das Geld in der modernen Kultur. [Zuerst 1896] In: Ders.: Schriften zur Soziologie. Eine Auswahl. Frankfurt/Main, S. 79-94.

Simmel, Georg (2008): Rosen. Eine soziale Hypothese. [Zuerst 1897]. In: Ders.: Individualismus der modernen Zeit und andere soziologische Abhandlungen. Frankfurt/Main, S. 355-360.

Simon, Fritz B. (2001): Fokussierung der Aufmerksamkeit als Steuerungsmedium. In: Bardmann, T./Groth, T. (Hrsg.): Zirkuläre Positionen 3. Organisation, Management und Beratung. Wiesbaden, S. 247-268.

Smith, Adam (1985): Theorie der ethischen Gefühle. [Zuerst 1759, aus d. Engl.]. Unveränderter Nachdruck mit erweiterter Bibliographie. Hamburg.

Smith, Adam (1990): Der Wohlstand der Nationen. [Zuerst 1776, aus d. Engl.]. 5. Auflage. München.

Soeffner, Hans-Georg (2000): Gesellschaft ohne Baldachin. Über die Labilität von Ordnungskonstruktionen. Weilerswist.

Spencer, Herbert (1877): Die Principien der Sociologie. II. Band. [Aus d. Engl.]. Stuttgart.

Stegbauer, Christian/Bauer, Elisabeth (2008): Macht und Autorität im offenen Enzyklopädieprojekt Wikipedia. In: Jäckel, Michael/Mai, Manfred (Hrsg.): Medienmacht und Gesellschaft. Zum Wandel öffentlicher Kommunikation. Frankfurt/Main, New York, S. 241-264.

Steinbicker, Jochen (2001): Soziale Ungleichheit in der Informations- und Wissensgesellschaft. Berliner Journal für Soziologie, 4, S. 441-458.
Steinebrunner, Bernd (1987): Die Entzauberung der Krankheit. Vom Theos zum Anthropos – Über die alteuropäische Genesis moderner Medizin nach der Systemtheorie Niklas Luhmanns. Frankfurt/Main.
Streminger, Gerhard (1989): Adam Smith. Reinbek bei Hamburg.
Surowiecki, James (2007): Die Weisheit der Vielen. Warum Gruppen klüger sind als Einzelne. [Aus d. amerikanischen Englisch]. München.
Tarde, Gabriel (2009): Die Gesetze der Nachahmung. [Aus dem Franz., zuerst 1890]. Frankfurt/Main.
Tenbruck, Friedrich H. (1958): Georg Simmel (1858-1918). In: Kölner Zeitschrift für Soziologie und Sozialpsychologie 10, Heft 4, S. 587-614.
Tenbruck, Friedrich H. (1981): Émile Durkheim oder die Geburt der Gesellschaft aus dem Geist der Soziologie. In: Zeitschrift für Soziologie 10, Heft 4, S. 333-350.
Tenbruck, Friedrich H. (1989): Die kulturellen Grundlagen der Gesellschaft. Der Fall der Moderne. Opladen.
Tenbruck, Friedrich H. (1996): Repräsentative Kultur. In: Ders.: Perspektiven der Kultursoziologie. Gesammelte Aufsätze. Opladen, S. 99-124.
Thomas William I./Thomas, Dorothy S. (1928): The child in America. Behavior problems and programs. New York.
Thompson Edward P. (1973): Zeit, Arbeitsdisziplin und Industriekapitalismus [Zuerst 1967, aus d. Engl.]. In: Braun, Rudolf u. a. (Hrsg.): Gesellschaft in der industriellen Revolution. Köln, S. 81-112.
Tocqueville, Alexis de (1984): Über die Demokratie in Amerika. [Zuerst 1835, aus d. Franz.] 2. Auflage. München.
Tönnies, Ferdinand (1887): Gemeinschaft und Gesellschaft. Grundbegriffe der reinen Soziologie. Leipzig.
Tyrell, Hartmann (1976): Konflikt als Interaktion. In: Kölner Zeitschrift für Soziologie und Sozialpsychologie 28, Heft 2, S.255-271.
Veblen, Thorstein (1958): Theorie der feinen Leute. Eine ökonomische Untersuchung der Institutionen. [Zuerst 1899, aus d. Amerik.]. Berlin.

Vester, Heinz-Günter (2009): Kompendium der Soziologie II: Die Klassiker. Wiesbaden.
Viswanath, Kasisomayajula; Finnegan, John R. (1996): The Knowledge Gap Hypothesis: Twenty-Five Years Later. In: Burleson, Brant R. (Hrsg.): Communication Yearbook 19, S. 187-227.
Vlasic, Andreas (2004): Die Integrationsfunktion der Massenmedien. Begriffsgeschichte, Modelle, Operationalisierung. Wiesbaden.
Vöpel, Henning: Ronaldo ist sein Geld wert. Interview. In: Frankfurter Allgemeine Sonntagszeitung, 09. August, S. 29.
Vowe, Gerhard/Dohle, Marco (2008): Welche Macht wird den Medien zugeschrieben? Das Verhältnis von Medien und Politik im Spiegel der Mediatisierungsdebatte. In: Jäckel, Michael/Mai, Manfred (Hrsg.): Medienmacht und Gesellschaft. Zum Wandel öffentlicher Kommunikation. Frankfurt/Main, S. 11-37.
Watts, Duncan/Dodds, Peter (2007): Influentuals, Networks, and Public Opinion Formation. In: Journal of Consumer Research 34, S. 441–458
Watzlawick, Paul; Beavin, Janet H.; Jackson, Don D. (1969): Menschliche Kommunikation. Bern.
Weber, Max (1892): Die Verhältnisse der Landarbeiter im ostelbischen Deutschland. Leipzig.
Weber, Max (1951): Die „Objektivität" sozialwissenschaftlicher und sozialpolitischer Erkenntnis. [zuerst 1904] In: Gesammelte Aufsätze zur Wissenschaftslehre. 2., durchgesehene Auflage. Tübingen, S. 146-214
Weber, Max (1972): Die protestantischen Sekten und der Geist des Kapitalismus. [Zuerst 1906]. In: Ders.: Gesammelte Aufsätze zur Religionssoziologie, Bd. 1. 6., photomechanisch gedruckte Auflage. Tübingen, S. 207-236.
Weber, Max (1973): „Energetische" Kulturtheorien. [Zuerst 1909]. In: Ders.: Gesammelte Aufsätze zur Wissenschaftslehre. 4., erneut durchgesehene Auflage. Tübingen.
Weber, Max (1976): Wirtschaft und Gesellschaft. Grundriss der verstehenden Soziologie. [Zuerst 1922]. 5. Auflage. Tübingen.
Weber, Max (1984): Soziologische Grundbegriffe. [Zuerst 1921]. 6., erneut durchgesehene Auflage. Tübingen.
Weber, Max (1994): Briefe 1909-1910. Herausgegeben von M. Rainer Lepsius und Wolfgang J. Mommsen. Tübingen.

Wehler, Hans-Ulrich (1995): Von der „Deutschen Doppelrevolution" bis zum Beginn des Ersten Weltkrieges. 1849-1914. Deutsche Gesellschaftsgeschichte, Bd. 3. München.

Weimann, Gabriel (1992): Persönlichkeitsstärke: Rückkehr zum Meinungsführer-Konzept? In: Wilke, Jürgen (Hrsg.): Öffentliche Meinung. Theorie, Methoden, Befunde. Freiburg, München, S. 87-102.

Weimann, Gabriel (1994): The Influentials. People Who Influence People. Albany.

Weimann, Gabriel (2000): Communicating Unreality. Modern Media and the Reconstruction of Reality. Thousand Oaks.

Weingart, Peter (2003): Wissenschaftssoziologie. Bielefeld.

Wiesenthal, Helmut (1987): Die Ratlosigkeit des Homo Oeconomicus. In: Elster, Jon (Hrsg.): Subversion der Rationalität. Frankfurt/Main, S. 7-19.

Wrong, Dennis H. (1979): Power. Oxford.

Zahn, Ernest (1960): Soziologie der Prosperität. Köln.

Zillien, Nicole (2008): Internet, Macht, Gesundheit: Zum Wandel des Arzt-Patienten-Gesprächs. In: Jäckel, Michael; Mai, Manfred (Hrsg.): Medienmacht und Gesellschaft. Zum Wandel öffentlicher Kommunikation. Frankfurt/Main, New York, S. 265-284.

Zillien, Nicole (2009): Digitale Ungleichheit. Neue Technologien und alte Ungleichheiten in der Informations- und Wissensgesellschaft. 2. Auflage. Wiesbaden.

Zillien, Nicole/Fröhlich, Gerrit (2008): Informationsgewinn und Sicherheitsverlust – Empirische Ergebnisse zur Internetnutzung rund um Schwangerschaft und Geburt. In: Medien Journal. Zeitschrift für Kommunikationskultur 32 (4), S. 52-64.

Zorn, Werner (1997): Wie das Internet unsere Welt verändert. In: Süddeutsche Zeitung, 25. Juni, S. 14.

Sachregister

Abweichendes Verhalten....209
Altruismus 208
Anomie .... 209ff.
Arbeitsteilung ....62ff., 73ff.
Aufklärung..........................139

Cultural lag .... 89ff.

Derivationen 52
Differenzierung. 17, 25, 76, 143
Diffusion..............................98f.
Drei-Stadien-Gesetz 38, 66

Egoismus.......................64, 207
Elite .... 180ff.
Entzauberung .... 239ff.
Evolution..............................68

Funktion
    latente Funktion...............30
    manifeste Funktion..........30

Gesellschaft
    "gute" Gesellschaft...........35
    als Organismus ...... 18, 68ff.
    Gesellschaftsvertrag 36, 174
    höfische Gesellschaft...........
      55f., 177
    Mediengesellschaft........218
    Wissensgesellschaft.............
      236f., 239ff.

Habitus............................... 130
Herrschaft....................164, 169
    bürokratische Herrschaft....
      176
    charismatische Herrschaft..
      175
    traditionale Herrschaft. 175

Industrialisierung.....64, 67, 83, 87
Invisible Hand...................... 64

Klasse .... 83, 114f.
    an sich/für sich 122
    Klassenkampf...........84, 114
Kollektivbewusstsein 45
Kommunikation...............213ff.
    Massenkommunikation 216
Kondratieff-Zyklen............. 88f.
Konflikt................ 56f., 160, 197
Kultur.............................77, 186

Luxus................................ 101f.

Macht .... 161ff.
Mängelwesen 187
Medien .... 128, 220ff.
Meinung
    Meinungsführer ....103ff.
    öffentliche Meinung...... 234

Moral 45
    utilitaristische Moral 207

Nachahmung 26
Norm 206

Pattern Variables .... 200ff.
Pfadabhängigkeit 110
Positivismus 39, 59
Produktion
    Produktionsverhältnisse .....
    80f., 88
    Produktivkräfte .... 80f.
Protestantismusthese ...... 144ff.

Rationalität .... 51ff.
Rationalität 31
Religion
    individuelle Religion 153
    unsichtbare Religion 150
Residuen 52
Rolle .... 197ff.
    Rollendistanz .... 203f.

Säkularisierung 142, 149
Schicht .... 122f.
Self-fulfilling Prophecy 30
Small-World-Phänomen 20
Solidarität .... 76f.
Sozial
    als Begriff 15
    soziale Physik 38
    sozialer Tatbestand ...... 42ff.
    Sozialstruktur 19
Soziologismus 47
Stände 115
Struktur 16, 19

Thomas-Theorem .... 27f.
Trickle Down-Effekt 25

Ungleichheit 24
Utopie 33f., 59

Werturteilsfreiheit 249
Wissenskluft 242

Das Grundlagenbuch zur Soziologie

> Überblick zu den aktuellsten Themen der Soziologie

Nina Baur / Hermann Korte / Martina Löw / Markus Schroer (Hrsg.)
Handbuch Soziologie
2008. 505 S. Geb. EUR 34,90
ISBN 978-3-531-15317-9

Erhältlich im Buchhandel oder beim Verlag.
Änderungen vorbehalten.
Stand: Juli 2009.

Welche Deutungsangebote macht die Soziologie für die Analyse gesellschaftlicher Gegenstandsbereiche? Um dieser Frage nachzugehen, bietet das „Handbuch Soziologie" einen einzigartigen Überblick über die in deutschen, angloamerikanischen und französischen Zeitschriften am intensivsten diskutierten Themenfelder der Soziologie: Alter – Arbeit – Ethnizität – Familie – Geschlecht – Globalisierung – Individualisierung – Institution – Klasse – Kommunikation – Körper – Kultur – Macht – Markt – Migration – Nation – Organisation – (Post)Moderne – Prozess – Raum – Religion – Sexualität – Technik – Wissen – Wohlfahrtsstaat.

Für jedes dieser Themenfelder wird erläutert, mit welchen theoretischen Konzepten zurzeit geforscht wird oder in der Vergangenheit gearbeitet wurde. Die Autoren stellen konkurrierende Ansätze ebenso dar wie international existierende Unterschiede.

Das „Handbuch Soziologie" will ein besseres Verständnis von Theorie am konkreten Beispiel ermöglichen. In der Zusammenschau der Artikel werden die Systematik, Fruchtbarkeit und Grenzen theoretischer Zugriffe auf verschiedene Gegenstandsbereiche für eine breite Scientific Community vergleichbar sowie die Spezifik soziologisch-theoretischer Perspektiven in angemessener Sprache öffentlich gemacht.

www.vs-verlag.de

VS VERLAG FÜR **SOZIALWISSENSCHAFTEN**

Abraham-Lincoln-Straße 46
65189 Wiesbaden
Tel. 0611.7878-722
Fax 0611.7878-400

Das Grundlagenwerk für alle Soziologie-Interessierten

> in überarbeiteter Neuauflage

Das *Lexikon zur Soziologie* ist das umfassendste Nachschlagewerk für die sozialwissenschaftliche Fachsprache. Für die 4. Auflage wurde das Werk völlig neu bearbeitet und durch Aufnahme zahlreicher neuer Stichwortartikel erheblich erweitert.

Das *Lexikon zur Soziologie* bietet aktuelle, zuverlässige Erklärungen von Begriffen aus der Soziologie sowie aus Sozialphilosophie, Politikwissenschaft und Politischer Ökonomie, Sozialpsychologie, Psychoanalyse und allgemeiner Psychologie, Anthropologie und Verhaltensforschung, Wissenschaftstheorie und Statistik.

Werner Fuchs-Heinritz /
Rüdiger Lautmann /
Otthein Rammstedt /
Hanns Wienold (Hrsg.)

Lexikon zur Soziologie
4., grundl. überarb. Aufl.
2007. 748 S. Geb. EUR 39,90
ISBN 978-3-531-15573-9

Erhältlich im Buchhandel
oder beim Verlag.
Änderungen vorbehalten.
Stand: Juli 2009.

www.vs-verlag.de

VS VERLAG FÜR SOZIALWISSENSCHAFTEN

Abraham-Lincoln-Straße 46
65189 Wiesbaden
Tel. 0611.7878-722
Fax 0611.7878-400

MIX
Papier aus verantwortungsvollen Quellen
Paper from responsible sources
FSC® C105338

If you have any concerns about our products,
you can contact us on
ProductSafety@springernature.com

In case Publisher is established outside the EU,
the EU authorized representative is:
**Springer Nature Customer Service Center GmbH
Europaplatz 3, 69115 Heidelberg, Germany**

Printed by Libri Plureos GmbH
in Hamburg, Germany